식 품 과 학

황성연　신언환 공저

도서출판 진 로

머리말

우리는 모두 건강하기를 바란다. 육체는 물론 정신적으로 건강하여야만 필요한 지식과 경험을 얻을 수 있고 사회활동을 통하여 자신이 원하는 목표를 이룰 수 있다. 건강을 유지하기 위해서는 균형 잡힌 식사와 운동이 필요하다. 균형 있는 음식이란 우리 인체가 필요로 하는 다양한 영양소를 함유하고 있어야 한다. 이들 영양소가 들어 있는 식품은 무수히 많고 그 식품마다 들어 있는 영양소의 종류나 함량은 다르다. 우리가 일상적으로 먹는 음식이 건강에 얼마만한 가치를 지니고 있는지를 정확하게 알기는 어렵다. 그러나 식품을 공부하기 시작한 학생으로서 일상적으로 또는 무의식적으로 섭취하고 있는 음식에 대하여 정확한 지식을 가질 필요가 있다. 어떤 가공 식품이나 음식을 만들기 위해서는 좋은 재료가 필요하고 그 재료에 대한 성분이나 특성을 알아야 한다. 음식의 재료나 만들어진 식품은 시간이 지남에 따라 품질이 떨어지고 오염되었을 경우 미생물이 번식하여 식중독을 일으킬 수 있다.

따라서 적절한 영양공급을 위한 식품은 좋은 재료로 잘 가공되고 맛이 있으며 간편하고 오래 저장할 수 있으면서 위생적으로 안전하여야 한다. 이를 위해서는 식품의 재료, 성분의 특성, 가공, 저장, 위생 등에 대한 과학적 지식을 바탕으로 가공식품을 만들어야 한다. 또한 생활수준이 높아지면서 건강에 대한 관심이 많아지고 결과적으로 안전한 식품과 건강에 도움이 되는 식품을 추구하고 있다.

이 책은 이들 식품 전반에 관한 기본 지식의 개요를 다루었다. 그래서 식품가공이나 공학 그리고 식품영양 및 가정학을 공부하는 학생들에게 식품에 관한 안내서가 되도록 저술하였다. 너무 광범위한 분야를 다루다 보니 공평하지 못한 아쉬움이 있으리라 본다. 그리고 앞의 몇 장은 본인이 본 책 가운데 시사적이면서 식품의 중요도를 알릴 수 있는 부분이라고 생각되어 번역하여 넣었으니 도움이 되었으면 한다.

세계가 경제문제로 많은 어려움을 겪고 있는 요즈음 이 책을 출판할 수 있도록 도와준 도서출판 진로의 임종철 사장님께 감사드리며, 책이 나오기까지 고생을 마다않고 하여준 곡류가공실험실의 조수진과 박은애 그리고 김태희에게 진심으로 고마움을 표한다.

2012. 07

저자

차 례

1장

풍요의 종말은...(세계의 식량 위기)

풍요의 종말은...

식품가격 상승에 놀란 이집트인들이 기자의 피라밋 주변에 있는 노점상에서 국가 보조금으로 싸게 파는 빵을 사려고 아귀다툼을 하고 있다. 전 세계적으로 식량 수요는 늘어 가는데 공급은 이에 따르지 못해 증가하는 인구를 먹여 살릴 식량이 없어질지 모른다는 지난날의 논쟁이 다시 가열되고 있다.

우리는 지난 10년간 농민들이 생산한 것보다 더 많은 것을 소비해 왔다. 앞으로도 이 상황이 계속될 수 있을까?

브라질에서 중국으로 향하는 선박에 대두가 산더미처럼 선적되고 있다. 중국은 대두에서 콩기름을 뽑아낸 후 남은 대두박으로 동물사료를 만든다. 중국은 중국 인구가 필요로 하는 대부분의 식량을 생산하고 있는 실정이지만 대두 수입은 급증하고 있다.

2025년이 되면 세계 인구는 80억 명에 다다르게 된다. 이들을 먹여 살릴 식량은.........

방글라데시 : 한 여자가 수확이 끝난 들판에서 가족을 먹일 이삭을 줍고 있다. 세계 최대 쌀 소비국 중의 하나인 벵글라데시는 자국민을 먹이기 위하여 매년 더 많은 식량을 필요로 한다. 지난 2년 동안 홍수와 2007년에 몰아닥친 태풍은 모든 것을 황폐화시켰으며, 거의 2배로 뛴 쌀 가격은 3500만명을 아사지경으로 몰아넣었다.

식량과 연료 : 25갤런 탱크를 채울 에탄올을 생산하기 위하여 필요한 옥수수는

한 사람이 1년 동안 먹을 양이다.

U.S.A. 아이오와 킹스턴에서 6대째 옥수수 농사를 하고 있는 Jason Hinson이 옥수수 수확을 지켜보고 있다. 연방정부가 2008년 생산된 옥수수의 30% 까지 에탄올을 만들도록 하자, 지난 해 부셀 당 8달러 이상으로 옥수수 가격이 폭등하였다. 이는 2005년 가격의 3배에 달한다. 에너지 가격이 고공 행진을 하는 한 바이오연료는 미국 내는 물론 외국에서도 식량문제와 경쟁을 하게 될 것이다.

고기에 대한 욕구

세계에서 생산되는 곡류 가운데 35%는 고기를 얻기 위한 사료로 사용된다. 중국의 광저우에 있는 육류 판매소는 잘 살게 된 중국의 모습을 보여준다. 20년 전만 하더라도 귀한 취급을 받았던 돼지고기는 이제 중국인의 식탁에서 흔하게 찾아 볼 수 있다. 하지만 아직도 미국의 1인당 육류 소비는 중국의 2배 정도로 높다. 중국은 이제 세계 돼지의 절반을 키우고 있으며 따라서 이들을 먹일 사료를 수입하지 않으면 안 된다.

빈국에서 가장 가난하게 사는 사람들이 식량 가격 상승에 제일 큰 피해를 본다.

에티오피아 난민촌에서 얻을 수 있는 수수죽은 단백질과 지방이 부족하기 때문에 이것을 먹은 산모는 갓난아이에게 먹일 충분한 젖을 만들 수 없다. 목축을 생계로 살아갔던 아파리족은 전쟁과 가뭄을 피하여 이곳으로 왔다. 1960년 대 아시아에서 활발하게 전개되었던 녹색혁명은 이곳 사하라이남 지역에서는 꿈같은 이야기이며, 오히려 지난 몇 십 년 간 생산량이 감소되고 있다.

식탁에 앉아 고기를 맛있게 먹는 것은 마치 숨을 쉬거나 거리를 걷는 것처럼 너무나 당연한 일로 받아들여진다. 네브라스카주에서 생산한 옥수수를 아이오와 주에서 소에게 먹여 키운 다음 도살하여 판매되고 있는 소고기, 칠레산 포도, 온두라스에서 수입된 바나나, 이태리 시칠리아 산 올리브, 중국산 사과 주스, 현대 사회에서는 이 모든 것을 직접 재배하고 수확한 다음 가공하여 먹어야 하는 수고 대신 돈을 주고 사면 된다. 오직 식료품의 가격이 폭등했을 때만 우리는 관심을 갖는다. 이제까지 식량이 어떻게 생산되고 유통되는지에 대해 무관심했던 결과는 상상을 초월하게 될 것이다.

지난 해 하늘 높은 줄 모르고 올라갔던 식료품 가격은 우리 모두를 놀라게 하였다. 2005부터 2008년 여름까지 밀과 옥수수 가격은 3배로, 쌀은 5배로 오른 결과 24 개국에서 폭동이 일어났으며, 7500만 명 이상이 빈곤의 나락으로 떨어졌다. 예전에도 일어났던 단기간의 식량부족에 의한 가격 폭등과는 달리 기록적인 식량생산을 달성한 해에 이러한 일이 나타났다는 사실에 문제의 심각성이 있다. 이 같은 사태를 보면 우리의 식량체계는 언제든지 무너질 수 있다는 것을 알 수 있다.

간단히 말하자면 지난 10년간 세계는 생산한 것보다 더 많은 것을 소비하였다. 식량재고량이 해마다 줄어든 결과, 2007년도에 식량 재고량이 61일 분만 남아 있다는 사실을 알게 되었다. 이는 통계가 나오기 시작한 후 두 번째로 낮은 기록이었다.

"농산물 생산 증가량은 일 년에 겨우 1~2% 정도입니다. 이는 인구증가와 늘어가는 풍요에 대한 욕구를 따라 잡기에는 너무 낮습니다." 라고 워싱턴에 있는 국제식량정책 연구소 소장인 자힘 폰 브라운은 경고하였다.

가격이 높다는 것은 수요가 공급을 초과한다는 것을 의미하며 결국 식량이 부족하다는 뜻이다. 농산물 가격의 폭등은 가난한 나라에 살고 있는 수십억 명의 극빈층을 절망 속에 빠뜨렸는데, 이들은 수입의 50~70%를 먹을 것을 구하는데 써야 하기 때문이다. 세계 경제가 극도로 침체됨에 따라 농산물 가격도 떨어졌다고는 하지만, 아직도 높으며 재고는 충분하지 않다. 또한 인구는 증가하고 있으며, 농작물의 생산량은 제자리 걸음이다. 날은 더워지고 물 부족은 증가하는 등 기상변화에 따른 세계적 작물 생산 감소가 예상되어, 일부 과학자들은 이제 식량위기는 일시적인 문제가 아니라 언제든지 일어날 수 있는 일이 될 것이라고 예측한다. 그렇다면 무덥고 인구는 많으며, 가난한 나라에서 해야 할 일은 무엇인가?

국제 농업연구소의 컨설팅 일을 하고 있는 브라운과 그 동료들이 고민하고 있는 것이 바로 이 부분이다. 이 곳은 1950년대부터 1990년 중반까지 옥수수, 쌀, 밀의 평균 생산량을 거의 2배로 늘려 놓았던 세계적으로 저명한 농작물 연구센터이다. 그 업적은 놀라운 것이어서 이를 녹색혁명이라고 불렀다. 하지만 21세기 중반이 되면 세계 인구는 90억명이 될 것으로 예측되는 상황에서 2030년까지 현재의 식량생산을 2배로 늘려야 한다고 한다.

달리 말하면 우리는 또 다른 녹색혁명을 필요로 한다. 게다가 시간은 과거 녹색혁명 기간보다 절반 밖에 주어지지 않았다.

우리의 조상들이 12,000년 전에 수렵과 채집경제를 포기하고 농경을 시작한 후 야생동물을 가축화하고, 관개 방식을 발전시켰으며, 물을 사용하는 벼농사 등과 같은 방법을 찾아내면서 인구는 비약적으로 증가하였다. 그러나 식량이 부족할 때면 인구는 어김없이 감소하였다. 일찍부터 아랍인들과 중국인들도 인구와 식량자원에 대하여 언급하였지만, 18세기 한 영국학자가 이 두 관계에 대하여 명확하게 설명하였다. 하지만 예측이 맞게 되지 않자 역사상 가장 오명을 남긴 사회학자가 되어 버렸다.

"맬더스 붕괴" 또는 "맬더스식 저주" 라고 불리는 토마스 로버트 맬더스는 부드러운 매너를 지닌 성직자이었지만, 비판하던 사람들은 그를 결코 좋게 말하지 않았다. 프랑스 혁명의 성공에 고무된 일부 계몽주의 철학자들은 시민들의 인권이 지속적으로 좋아질 것이라고 하였지만 맬더스는 이렇게 말하는 사람들을 무시하였다. 맬더스는 인구가 25년 마다 2배로 증가하지만 농산물은 산술급수적으로 증가하기 때문에 그 차이를 극복할 수 없다고 하였다. "인구의 증가는 그를 지탱하여주는 자연의 힘을 능가한다." 고 1798년 인구론에서 말하였다. 따라서 이 같은 문제를 풀기 위해서는 강력하고도 끊임없는 조절기능이 필요하다고 하였다. 즉, 자발적으로 이루어지는 피임, 금욕, 늦게 결혼하기 등이 있으며, 비자발적인 것으로는 전쟁, 기아, 질병 등이 있다고 하였다. 그는 극히 가난한 사람에게는 식량을 나누어주어야 하겠지만 모든 사람들을 도와주는 것에는 반대하였다. 왜냐하면 그 같은 도움을 받아 태어난 아이들은 또다시 어려운 삶을 살게 되기 때문이라고 생각하였다. 이런 사고방식 때문에 그는 찰스 디킨스 소설에서 역겨운 사람의 모델로 나오게 되었다. 소설 "크리스마스 케롤"에서 스크루지가 가난한 사람을 위하여 자선금을 내도록 부탁받자, 이 비정한 은행가는 모금하러 온 사람들에게 말하기를 가난한 사람들은 구호소나 감방에 가야만 한다고 했다. 만일 그들이 그런 곳에 가느니 차라리 죽는 것이 낫다고 말하면 그렇게 하는 것이 더 나으며, 그렇게 되면 인구는 줄어들 것이라고 하였다.

산업혁명이 일어나고 영국의 황무지가 개간되면서 식량생산이 증가하자 맬더스는 빅토리아 시대의 쓰레기 정도로 취급되었다. 하지만 오늘날의 경제학자들에게도 맬더스 이론이 진정 틀렸다고 인정된 부분은 바로 녹색혁명 덕분이었다. 1950년부터 오늘날까지 세계 인구는 언제나 최고점을 갱신하였다. 맬더스 이후로 오늘날 70억 명이 지구상에서 먹고 있는 것이다. 우리는 이제 맬더스 인구론의 망령에서 영원히 벗어날 수 있지 않을까? 아님 그렇다고 착각하고 있는 것은 아닐까?

음력 9월 15일 성씨가 거의 동일한 3,680명의 마을 사람들이 중국의 야오틴 마을 광장에 쳐 있는 천막에서 13가지 코스요리를 즐기고 있었다. 전통적으로 마을 원로들을 위하여 마련된 자리였다. 뜨거운 김이 나는 스프가 먼저 제공되고, 그 다음엔 국수류에서 시작하여, 밥, 생선, 새우, 스팀에 찐 야채, 딤섬, 오리, 닭, 백합 뿌리, 비둘기, 버섯류, 돼지고기 등등 다양한 방법으로 조리된 요리가 나왔다.

세계적인 경기 침체에도 불구하고 광동성 남동부 야오틴지역 경제는 중국에서 가장 번창하는 곳 중의 하나이다. 경기가 좋으면 중국 사람들은 돼지고기를 먹는다. 중국인들은 돼지고기를 정말 좋아한다. 중국의 1인당 돼지고기 소비는 년 간 1993년의 24 kg 에서 2005년 35kg 으로 45% 정도 증가하였다.

분홍빛 줄무늬 폴로셔츠를 입은 사업가 쉔은 돼지에 관련된 컨설턴트를 하고 있다. 옛날에 그의 아버지는 매년 키우던 돼지 한 마리를 구정이 오면 잡았다. 그것이 일 년 동안에 맛 볼 수 있는 유일한 돼지고기였다고 쉔은 기억한다. 아버지가 키우던 돼지는 흑색과 백색이 뒤섞인 종자로 음식 찌꺼기, 식물 뿌리 등 못 먹는 것이 없어 키우는데 비용이 거의 들지 않았다. 그러나 요즈음 중국에서 키우는 돼지는 상황이 다르다. 1989년 식료품 가격 폭등이 정치적 불안으로 이어진 천안문 사태 이후 중국 정부에서는 늘어나는 수요를 맞추기 위하여 대규모 축산 농가에 세금 인센티브를 주었다. 쉔은 CAFO(concentrated animal feeding operations) 중의 한 곳에서 일하기로 계약을 맺었다. 최근 몇 년 동안에 급속도로 번창하고 있는 양돈 농장에서는 옥수수, 대두박 그리고 영양 성분들을 잘 배합해 놓은 사료를 사용함으로서 옛날과는 비교가 되지 않게 빨리 돼지를 키운다.

돼지고기를 좋아하는 중국 사람들에게는 희소식이 아니랄 수 없지만, 미국과 비교해 보면 아직도 미국인이 먹는 고기의 40% 정도만 소비하고 있다. 하지만 이 같은 상황은 세계 곡류 시장에 지각변동을 일으킬 수 있다. 중국과 인도 경제가 좋아질수록 더 좋은 음식을 먹고자 하고 따라서 곡류 수요는 증가할 수밖에 없다. 육류를 먹는다는 것은 식량자원의 관점에서 생각하면 무척이나 비효율적인 방법이다. 즉, 곡류를 돼지에게 먹인 다음 고기로 먹으면, 단순히 곡류를 먹을 때에 비하여 다섯 배의 곡류가 필요하다. 더구나 미국에서처럼 소에게 곡류를 먹여 비육시킬 경우 열 사람을 먹일 수 있는 곡류가 한 사람 분 소고기 밖에 되지 않는다. 고기를 더 생산하거나, 바이오 연료를 만들기 위하여 곡류 소비량이 증가함에 따라 해마다 곡류 소비추세는 증가하여 1960년에 81,500만톤에서 2008년에는 216,000만톤에 달하게 되었다. 바이오 연료를 만드는데 만 2005년 2,000만톤 정도에서 매년 증가하여 이제 5,000만톤 정도가 소비되고 있다고 지구정책 위원회의 레스터 브라운은 말하였다.

중국은 세계에서 두 번째로 옥수수 생산량이 많은 국가임에도 불구하고 자국에 있는 모든 돼지를 먹일 만큼 충분한 옥수수를 생산하지 못한다. 부족분은 추가 생산이 가능한 미국이나 브라질에서 수입하고 있다. 그러나 브라질과 같은 나라에서는 생산량을 늘리기 위하여서 열대우림을 개간할 수밖에 없는 실정이다. 즉, 식량, 사료, 바이오 연료 등에 대한 수요가 급증할수록 열대 우림지역의 파괴는 가속화되고 있는 실정이다. 1980년에서 2000년까지 열대지방에 있는 새로운 개간지의 절반이상이 천연 그대로 이었지만, 브라질의 아마존 지역에서만 1990년부터 2005년까지 매년 10% 씩 대두 경작지가 증가하였다.

브라질에서 생산된 대두 가운데 일부는 광동성에서 가장 큰 양돈 사업장인 광조우의 리지 농가에서 소비되었을 것이다. 아직 건설 중인 4차선 고속도로를 지나 녹색이 우거진 계곡에 들어서면 60여 개의 양돈장이 10만 마리의 분뇨를 처리할 수 있는 시설을 중심으로 흩어져 있다. 광저우에서는 하루 5천 마리를 도살 처리할 수 있는 공장을 짓고 있는 중이다. 중국의 인구가 향후 20년 내에 15억 명이 될 무렵에 돼지고기의 수요는 2억 마리가 될 것으로 예측한다. 그런데 이것은 중국에서만의 이야기이다. 2050년 세계 육류 소비는 지금의 2배가 될 것으로 여겨진다. 이는 더 많은 곡류가 필요하다는 것을 뜻한다.

이번에 닥친 세계적인 식량위기는 처음이 아니며 반복적으로 발생하는 사건으로 단지 가장 최근에 일어난 것일 뿐이다. 83살인 싱 칼가트는 1943년 벵갈 지역을 휩쓴 20세기 최악의 기아 사태를 기억하고 있다. 이 때 사백 만 명이 굶어 죽었다. 그 후 20여 년 동안 인도 정부는 국민을 먹여 살릴 수백 만 톤의 식량을 수입하여야 했었다.

그 후 녹색혁명이 시작되었다. 1960년 무렵 인도에서 또 다른 가뭄이 찾아와 어려움을 겪고 있을 때, 노만 보러그라는 한 미국의 식물학자가 인도 연구원들과 함께 펀잡 지방에서 다수확 밀 품종에 대한 연구를 하고 있었다. 그 당시 펀잡 지역에서 농업관계 일을 하고 있던 칼가트는 새롭게 개발된 품종을 신의 선물로 기억하고 있다. 1970년에는 과거와 동일한 정도의 노동력을 투입하여 거의 3배 정도의 양을 수확할 수 있었다. 지나치게 생산량이 많아지자 그것들을 어떻게 해야 할 지가 문제될 지경이었다고 칼가트는 말하였다. 생산된 밀을 저장하기 위해서 학교 수업을 한 달이나 먼저 끝냈었다.

아이오와 주에서 태어난 보러그는 미국의 중서부 곡창지대가 세계의 가난한 모든 나라 사람들을 먹여 살리는 것을 보았다. 그가 개발한 품종은 키가 작지만 튼튼하여 많은 양의 씨앗을 지탱할 수 있는 종자로 기적과 같은 작물이었다. 물과 비료가 충분하고 잡초가 없으면 생산량이 더할 나위 없이 많은 품종의 밀이었다. 인도 정부는 수로를 만들고 비료 구입에 보조금을 주었으며 지하수를 개발하고 여기서 물을 퍼 올리는데 무료로 전기를 사용하게 하였다. 새로운 밀 품종은 전통적인 방법으로 농사를 짓던 수백만의 아시아 지역 농가로 급속히 퍼져 나갔다. 그리고 기적의 쌀이 그 뒤를 따랐다. 이와 같은 새로운 작물들은 성장속도가 빨라 한 해에 이모작이 가능하였다. 오늘날 펀잡 지방에서는 밀, 쌀, 면화 등을 일 년에 2번 재배하고 있으며, 이웃 해리아나 지역과 함께 인도에서 필요한 밀의 90%를 생산하고 있다.

보러그에 의해 이루어진 녹색혁명은 광대한 지역에서 화학비료와 농약 그리고 단일 품목으로 농사를 짓기 때문에 오늘날의 기준에서 볼 때 환경 친화적 또는 유기농과 같은 말과는 거리가 멀다. 녹색혁명이란 용어는 러시아 전제군주인 짜르에 대항하여 노동자, 군인 그리고 배고픈 농민들이 일으킨 적색혁명에 대항하여, 당시에 미국의 국제협력기구 행정관이었던 윌리엄 고드가 만든 것이었다. 녹색혁명은 놀랄만한 성공을 거두어 보러그는 1970년 노벨 평화상을 수상하게 되었다.

하지만 이제는 녹색혁명이 일으킨 기적이 펀잡 지방에서 끝나는 것 같다. 1990년 중반을 기점으로 생산 증가세는 멈추었다. 130만개에 달하는 지하공을 사용하여 지하수를 남용한 결과 지하수 수위는 급격하게 낮아졌고, 수천 헥타르에 달하는 농지는 염도가 높아져 사용이 불가능하게 되었다. 40년 동안 집중적으로 관개시설을 확장하고 화학비료와 농약을 사용한 결과 펀잡 지방의 토양은 황폐하게 변하였으며, 이곳에 사는 사람들도 마찬가지였다.

흙먼지가 휘날리는 부티왈라 지방의 농촌마을인 무크차르 거리에 육천 명이 살고 있다. 바람에 휘날리는 턱수염과 코발트 빛 터번을 두르고 있는 마을의 원로인 자시르 싱은 지난 4년 동안 49명이 암에 걸려 죽었는데, 그 대부분이 젊은 사람들이었다고 하였다. 물이 오염되었기 때문으로 여겨지는데 아직도 사람들은 이 물을 먹을 수밖에 없다고 하였다.

소 분뇨가 피라미드처럼 쌓여 있는 좁고 더러운 길을 걸으면서 싱은 아마르지트 카우르라는 마흔 살의 여자를 소개하였다. 그녀는 가족이 마실 물을 공동 펌프에서 매일 길러오는데 작년에 그녀는 유방암이라는 진단을 받았다. 테지 카우르 역시 유방암에 걸렸다. 14살 손자가 백혈병으로 죽었다는 사실이 자신의 유방암 수술보다 더한 아픔이었다. 귀여운 얼굴을 가진 자디브 싱은 척추가 서서히 망가지는 병을 앓고 있다. 휠체어에 앉아 힌두어로 더빙된 스폰지밥 스퀘어팬쓰라는 프로를 보고 있는 동안 그의 아버지가 아들의 증세에 대하여 의사는 아들이 20살을 넘기지 못할 거라고 말하였다.

이들이 걸린 암이 농약 때문이라는 증거는 없다. 그러나 연구원들은 펀잡 지방 농부의 혈액, 식수, 야채 심지어는 모유에서까지 농약 성분을 발견하였다. 말와 지역에서 암 병동이 있는 비카너에 오는 기차에는 너무 많은 암 환자들이 있어서 이곳을 다니는 기차를 암 특급열차라고 부르기까지 한다. 정부에서는 상황이 최악인 마을들에 역삼투 정수설비를 해야 되는데 수백만 달러에 달하는 비용 때문에 난감

해 하고 있다.

만일 이 같은 상황이 걱정되지 않는다 하더라도 하늘 높은 줄 모르게 올라가는 비료와 농약 값은 펀잡 지방의 수많은 농부들을 빚더미로 몰아갔다. 한 보고서에 따르면 1988년부터 2006년까지 93개 마을에서 1,400명의 농부가 자살하였다고 하였다. 다른 그룹에 의하면 같은 기간 동안 전국에서 40,000명에서 60,000명이 자살하였다고 하였다. 많은 수가 농약을 마시고 자살하거나 자신들의 농토에서 목을 매 죽었다.

"녹색 혁명이 우리를 절망의 나락으로 몰아가고 있습니다." 라고 자잘 마을의 은퇴한 선생인 자네일 싱이 말하였다. "녹색 혁명은 토양과 환경 그리고 상수원을 파괴시켰습니다. 옛날에는 마을에 시장이 있었고 그 곳에서 사람들은 모여 즐거운 시간을 보냈지요. 이제 우리는 병원에서 모입니다. 정부는 식량을 얻기 위하여 펀잡 지방에 사는 사람들을 희생시킨 것입니다."

물론 이 같은 상황에 대하여 다른 의견을 가진 사람들도 많다. 1963년에 펀잡 농업대학을 졸업하고 현재 오하이오 주의 저명한 토양학자인 라탄랄은 문제를 일으킨 것은 녹색 혁명 그 자체가 아니라 잘못된 남용에 의한 것이라고 말한다. 즉, 화학비료와 농약, 관개수를 과다 사용 하였을 뿐만 아니라 토양의 영양분이 씻겨 나가지 않도록 농토에서 수확하고 남은 이삭 등을 남겨 두어야 하는데 모든 것을 가져가버린 탓이라고 하였다. "물의 품질과 지하수 수위가 낮아지는 등에 대한 문제가 있다는 것은 알고 있지만, 녹색 혁명이 수백 수천만 명의 생명을 구했습니다. 물론 물에 대한 대가를 치루고 있지만 문제는 식량이 없으면 대규모 기근이 발생할 것입니다."

생산이라는 관점에서만 본다면 녹색 혁명은 분명 대성공을 거둔 것이다. 보러그가 개발한 종자를 심기 시작한 이래 인도에서 기근이 사라졌으며, 세계의 곡류 생산은 2배로 증가하였다. 일부 과학자들은 이렇게 증산된 쌀만으로 지구상에서 7억 명이 더 살 수 있게 되었다고 믿는다.

많은 과학자들과 농부들은 현재의 식량위기에 대한 해결책이 새로이 등장한 유전자 변이 기술에 의한 두 번째의 녹색 혁명에 있다고 생각한다. 육종학자들은 이제 옥수수나 대두의 50,000여 유전자 배열 순위를 거의 밝혀냈고 이렇게 하여 얻은 지식을 4~5년 전만 하더라도 상상할 수 없는 방법으로 활용할 수 있게 되었다. 농업관계 일을 하는 먼산터라는 회사의 수석 책임자인 프렐리는 유전자 변이 기술을 이용하여 다른 식물의 유익한 부분 즉, 비료 사용량을 줄이고, 가뭄에 잘 견디는 성질 등을 농작물에 접목시킬 수 있다고 확신한다. 그는 바이오테크 기술을 이용하여 먼산터 사의 주력 품목인 옥수수, 면화, 대두 생산량을 2030년까지 2배로 증가시킬 수 있다고 믿는다. "우리는 아마도 영농 역사상 가장 위대한 과학의 개가를 보고 있습니다." 라고 그는 말했다.

땅은 척박해지고, 기상 상태는 예측할 수 없으며 인구는 증가하고 있는 인류의 탄생지인 아프리카의 모습에서 우리의 미래가 어떻게 될 것인지를 예측해 볼 수 있을 것 같다. 사회 인프라 부족, 부패, 시장의 부재 등 여러 가지 이유로 말미암아 녹색 혁명은 아프리카에서 이루어지지 않았다. 사하라 사막의 남부 지역에서 1970년부터 2000년 사이에 일인당 농업 생산량은 실제로 감소하였다. 그러나 인구는 폭발적으로 늘어나 매년 평균 천만 톤의 식량이 부족한 상황이다. 이제 아프리카는 세계에서 가장 배고픈 사람들의 1/4이 살고 있는 곳이 되었다.

아프리카에서 관광산업이 돌파구를 보여줄 것 같아 "마음의 고향"이라는 별명이 붙은 조그맣고 내륙에 위치한 말라위는 가난에 시달리고 있었다. 가장 가난하고 인구밀도는 제일 높은 곳에서 사는 말라위의 옥수수 농부는 하루 2달러도 안 되는 돈으로 근근이 살아가고 있었다. 뿐만 아니라 1,300만 인구의 1/3 이상이 구호물자로 간신히 생존하고 있었다. 말라위 대통령인 빈거 머타리카는 자신이 거지 나라를 통치하기 위하여 선출되지 않았다고 선언하였다. 세계은행의 지원과 녹색 혁명을 보조해 줄 수 있는 후원자를 얻는데 실패한 그는 국가 금고를 털어 교배종 씨앗과 비료를 가난한 농부들에게 나누어주기로 결정하였다. 결국 세계은행은 이사회를 열고 대통령을 설득하여 가장 가난한 농부들에게 보조금을 지불하도록 하였다. 그 결과 약 130만 농가가 교배종 씨앗 3kg과 50kg 짜리 비료 2부대를 시장의 1/3가격으로 살 수 있게 되었다.

그리고 일어난 일을 말라위의 기적이라고 부른다. 좋은 종자와 약간의 비료 그리고 많지는 않지만 적절하게 내려준 비 덕분에 다음 2년 동안 놀라운 양을 수확하였다(그러나 지난해에는 약간 감소하였다.). 2007년도 생산량은 344만 톤에 달했는데 이는 기록적인 것이었다. "식량이 44% 가 부족한 상태이었는데 새로운 방식이 도입된 후 18%가 초과되었으며 이는 2배를 생산한 것이었다." 라고 말라위 정부 고문이며 컬럼비아 대학교에 있는 열대 농업 프로그램의 책임자인 페드로 산체스는 말하였다. "내년에는 53% 초과 생산할 것이고 짐바브웨에 옥수수를 수출하게 될 것입니다. 놀라운 변화입니다."

실제 너무 놀라운 상황이 일어났기 때문에 말라위처럼 극심한 기아선상에 있는 국가들에서 가난과 빈곤을 퇴치하기 위하여 농업에 대한 투자 중요성을 점차 인식하기 시작하였다.

2007년 10월 세계은행이 제출한 보고서에 의하면 대리인, 국제 기부인들, 정부 기관들 모두 아프리카의 가난한 농부들에게 도움이 되지 못하였으며 지난 15년간 농업에 대한 투자는 거의 이루어지지 않았다고 하였다. 농업에 대한 공공투자와 시장논리에 근거한 요구사항들이 수십 년 동안 중요시되지 않다가 마침내 세계은행과 같은 기관들이 방향을 바꾸어 지난 20년 간 농업에 투자하기 시작하였다.

말라위의 보조금 프로그램은 드디어 아프리카에 녹색혁명을 일으키는 시발점이 되었다. 2006년 이래 록펠러, 빌게이츠와 그의 아내 멜리나 재단에서 거의 5억 달러에 달하는 자금을 아프리카 녹색혁명 연맹에 기부하였다. 이 자금은 아프리카 대학의 식물 육종 프로그램이나 비료 구입에 쓰이고 있다. 가난을 없애기 위하여 애쓰는 제프리 사하와 함께 컬럼비아 대학의 산체스는 80개의 작은 마을에 투자하여 얻은 성과를 아프리카 전역에서 극빈에 시달리는 수백만의 마을에 전파하려고 하고 있다. 몇몇 락 스타와 유명 배우들의 도움을 얻어 산체스와 사하는 각각의 마을에 매년 30만 달러를 지원하고 있다. 이는 말라위 국내 총생산의 1/3을 차지하고 있는데 이 같은 지원이 계속될 수 있는지에 대해서는 많은 사람들이 의문을 품고 있다.

자그마하고 마른 몸매를 가진 엔코마는 밀레니움 마을 2곳을 맡고 있는 여성 관리인인데 이 두 마을을 35,000명 살고 있는 7곳 마을에 속한다. 유엔에서 제공한 새 픽업트럭을 타고 사무실이 있는 좀바 거리에서 보라색 자카르나 꽃이 듬성듬성 피어있는 화전농 지역을 지나면서 그녀는 프로그램에 대하여 설명하였다. 교배종 씨앗과 비료에 대한 대가는 옥수수를 수확한 후 3부대를 학교에 기부한다고 하였다. 그들은 모기장과 말라리아 약을 얻을 수 있으며, 의료혜택을 받고, 농산물을 저장할 창고가 있고 1km 이내에 안전한 식수원을 갖고 있다고 하였다. 제대로 된 초등교육, 정돈된 도로 시스템 그리고 전기와 인터넷이 마을과 마을, 그리고 한참 북쪽에 있는 마돈나 마을까지 연결하고 있다.

“마돈나라고요?” 내가 물었다.

“예, 듣기로 가장 최근에 결혼했던 남자와 이혼했다고 하는데 그게 사실인가요?”

밀레니움 마을은 분명 괜찮게 보였다. 물결무늬의 강철 지붕이 빛나고 있는 집들과 곡식과 비료로 가득 찬 창고 그리고 나무그늘 밑에서 은행직원이 농사짓는데 관련한 대부제도를 설명하는 것을 진지하게 듣고 있는 마을 사람들의 모습이 보였다. 말라위의 오퍼쳐니티 인터내셔날 은행에서 나온 방탄 차 앞에 여러 명이 모여 있었다. 야채를 팔고 있는 서른 살의 코스마스 침와라도 그 중의 한명이었다. “야채 판매는 잘되고 있지요. 나는 자전거 3대와 텔레비전, 핸드폰 그리고 좋은 집을 갖고 있답니다."

마을 지도자이며 이 프로젝트를 마을에 도입한 인 파이슨 티포티는 이 같이 성공한 이야기를 들을 때면 매우 흐뭇해하였다. "제프 사크가 찾아와 무엇을 원하느냐고 물었을 때 돈이나 밀가루가 아닌 비료와 교배종 씨앗을 달라고 하였고, 그는 그렇게 하여 준 결과 오늘의 우리가 된 것입니다." 라고 티포티가 차분하게 말하였다. 영양부족으로 인하여 배가 나오고 병든 아이들을 위하여 구걸하는 마을 사람들을 이제는 더 이상 보이지 않게 되었다. 우물가에서 뛰어 놀고 있는 아이들을 물끄러미 바라보면서 티포티는 이렇게 말하였다. "이 프로젝트를 도입하면서 모든 곳이 깨끗해졌고 맑은 물을 얻을 수 있게 되었습니다."

그러나 녹색 혁명의 시행착오에서 알게 된 화학비료, 살충제, 관개문제, 그리고 있을 수 있는 유전자 변이 종자 등의 문제를 해결하면 세계적인 식량위기가 사라질 수 있을까? 작년에 농업, 과학, 기술에 관한 대규모 국제회의에서 지난 30년간 가난한 나라를 위한 식량문제는 실패한 상태라고 평가하였다. 세계은행과 유엔의 식량과 농업기관이 주관하여 6년간 연구한 결과는 세계 9억 명의 소규모 자영 농가를 위하여서는 기업영농이 아닌 친환경적이고 지속 가능한 농경으로 패러다임이 바뀌어야 한다고 하였다.

녹색 혁명의 유산인 오염된 토양과 말라버린 지하수가 새로운 전략을 찾는 한 요인이 되었다. 캘리포니아 버클리 대학교수인 마이클 폴란은 녹색 혁명의 발목을 잡는 커다란 문제는 현재의 혁신적인 농업방법이 화석 연료에 의존한다는 것이다. 예를 들면 천연가스로 질소비료를 만드는 것 등을 말한다. "농사를 짓는 한명이 140명의 미국인을 먹여 살릴 수 있는 유일한 방법은 대규모 단일 농업인데, 이 같은 방식의 농사는 화석연료를 이용하여 제조하는 화학비료와 농약에 의존하고 있습니다." 라고 폴란교수는 말하였다. "이것은 석유, 천연가스, 석탄 등의 가격이 쌀 때만 가능한데 그런 세상은 이미 끝나가고 있습니다. 앞으로 화석연료에 의존한다는 것은 무책임한 일입니다."

유전자 변이를 통하여 비료나 물을 적게 주어도 잘 자라는 종자를 얻는 것은 아직 요원한 일로 보인다. 식물 스스로가 질소를 합성하고 가뭄에도 견디는 상황은 사람들이 생각하는 것처럼 그렇게 쉽지 않다고 폴란교수는 말한다. 유전자 변이 종을 연구하고 있는 먼산토사의 프레리는 2012년경에는 가뭄을 이겨낼 수 있는 옥수수 종자를 시장에 내놓을 수 있을 것으로 예측했다. 그러나 문제는 이 같은 품종의 옥수수라 할지라도 기존의 가뭄에 약한 옥수수보다 생산량 증가가 6~10% 정도 밖에 되지 않는다는 것이다.

그래서 아시아와 아프리카의 일부 지역에서 소규모의 또 다른 방법이 시도되고 있다. 어떤 사람은 이를 환경농업이라고 하기도 하며, 또 다른 사람은 지속적인 농업이라고 하는데 기본적인 생각은 가히 혁명적이라고 할 수 있다. 즉, 우리는 어떠한 대가를 치루든지 상관하지 않고 단지 생산량을 최대한 증가시켜야 한다는 생각을 버려야 하며, 식량생산이 환경과 사회에 미치는 영향을 고려해야 한다고 한다. 핵물리학자에서 환경농업가로 변신한 밴다나 쉬바는 인도의 녹색혁명을 신랄하게 비판한다. "나는 그것을 생각의 단일화라고 말하고 싶습니다. 사람들은 그저 쌀과 밀 생산량에만 집착하고 있는 상황에서 전체적인 식량 광주리는 줄어들고 있습니다. 녹색혁명이 도입되기 전에 펀잡 지방에는 250여 종류의 식용 가능한 작물들이 있었습니다." 라고 그녀는 말하였다. 쉬바는 소규모로 그리고 생물학적 다양성을 지닌 농작물이 화석연료 사용량을 줄이면서 더 많은 산출고를 낼 수 있다고 주장한다. 그녀의 연구에 따르면 천연가스로 만들어낸 화학비료보다 퇴비를 사용하면 토양 내에 유기질을 증가시키고 탄소 배출량을 줄이며 수분을 잡아두는 효과가 있다고 하였다. 즉, 기후변화에 직면하고 있는 농가에 두 가지 혜택을 줄 수 있는 것이다. "만일 식량문제를 해결하고 싶다면 이 같은 방법들이 필요할 것입니다." 라고 그녀는 말했다.

말라위 북쪽 지역에서 밀레니엄 프로젝트의 일부로 한 프로젝트가 수행되고 있다. 이곳에서는 교배종 옥수수 씨앗이나 무료로 나누어 주는 비료, 에크웬디니에서 본 것과 같은 새 길도 없다. 대신 토양, 식량 그리고 건강한 사회(SFHC) 프로젝트에서 땅콩, 비둘기 콩, 대두와 같은 두류 씨앗을 나누어주고 이를 경작하고 이용하는 방법을 가르쳐주고 있다. 두류는 질소를 고정할 뿐만 아니라 영양실조에 시달리는 어린이들에게도 좋은 급식이 된다. 에크웬디니에 있는 병원에서 어린이들의 심각한 영양 문제가 있다는 것을 보고, 이 같은 프로그램을 2000년에 시작하였다. 연구에 따르면 문제는 옥수수만을 재배하는 단일농작에 의해서 농토는 황폐화되었고, 비료 가격은 올라 소규모 농가에서의 생산량이란 보잘 것 없게 되었기 때문이었다.

프로젝트 보조원인 보이드 짐바와 식량 안보 감독관인 자카라 엔코냐는 말라위가 이룩한 기적 가운데 다른 면에 대하여 이야기하였다. "첫 번째 비료 보조금이 계속 나갈 수 없으며, 두 번째 모든 사람에게 보조금을 줄 수 없고, 세 번째 화학비료는 일 년에 한번만 지원되는데 반하여 두류를 경작하면 화학비료와는 달리 매년 토양을 개선하는 효과가 있어 장기적으로 좋습니다."

엔콘걸웨니에 있는 작은 마을에서 24명의 SFHC 농부들이 대두와 비둘기 콩으로 만든 음식을 준비하여 놓고 우리를 맞이하였다. 그들은 두류 경작이 어떻게 그들의 삶을 변화시켰는지에 대하여 이야기하였다. 아킴 몬의 이야기가 전형적 사례이다. 두류를 윤작한 결과 비료 사용량은 절반으로 줄이면서 옥수수 생산량은 두 배로 증가하였다. "우리 가족의 삶을 바꾸어 주었지요." 라고 몬은 말하였다. 늘어난 소득으로 집을 고치고 가축을 샀다. 67살의 알리스 섬피라는 할머니는 자신이 키운 토마토를 자랑하였다. 두류 경작 프로젝트가 시작 된지 8년이 지난 다음 캐나다인 연구원들은 7,000가구 이상에서 자라는 어린이들의 몸무게가 증가하였으며, 토양의 질은 물론 사회적 건강도 좋아졌다고 하였다.

이와 같은 이유로 아프리카에서 녹색혁명을 일으키기 위하여 많은 돈을 쏟아 붓는 것과 같은 사업에 레이첼 베즈너 커르는 깊은 우려를 나타낸다. "농사짓는 사람들이 주변에서 사용할 수 있는 친환경적인 자원이나 기술은 이용하지 않고 점점 더 돈이 많이 들어가는 대기업 방식을 쓴다는 것은 문제의 해결책이 아니라고 봅니다."

환경 친화적이나 또는 하이테크 산업이든지, 아니면 이 두 가지를 섞어 놓은 것 등 어떤 방식을 사용하더라도 2050년경에 90억 명이 먹고 살아야 된다는 사실은 암울하기만 하다. 20억 명의 인구가 이미 지구상에서 매우 건조한 지역에서 살고 있으며, 지구 온난화 현상은 이 지역의 상황을 더욱 악화시킬 것이다. 잠재적인 생산 증가량이 아무리 크다 하여도 식물은 물을 필요로 한다. 그리고 그렇게 멀지 않은 미래에 지구에는 대규모의 가뭄이 해마다 닥칠 것이다.

기상 연구에 따르면 2003년 서유럽에서 13,000여명이 죽었으며 농작물에 막대한 피해를 가져온 열섬 현상과 같은 극단적인 기후가 열대와 아열대 지역에서 일상적인 일이 될 것이라고 한다. 중국과 인도의 수천만 명과 가축 그리고 농경지가 히말리아 산맥의 빙하에서 녹아 흘러내리는 물에 의존하고 있다. 그런데 현재의 추세대로 진행될 경우 2035년경이 되면 히말라야의 빙하는 거의 사라질 것으로 예측된다. 최악의 시나리오에 따르면 2030년까지 아시아 남부지역의 곡류 생산량은 10~15% 감소한다고 한다. 아프리카 남부는 더욱 문제가 심각하다. 이곳 일부 지역에서는 벌써 물 부족과 식량문제에 직면하고 있는데 가장 중요한 옥수수 수확량이 30% 정도 감소할 수 있으며, 최악의 경우에는 47%까지 줄어들 것이라고 한다. 그런데 인구는 무서울 정도로 증가하고 있어 일 초마다 2.5명이 새로 태어나고 있다. 여러분들이 이 글을 읽는 동안에만도 먹여야 할 인구가 4,500명 더 태어났다.

이 모든 상황은 맬더스 인구론을 다시 생각하게 한다.

어느 가을 날 런던에 있는 도서관을 찾아 맬더스 인구론의 초판본을 빌려 보았다. 맬더스 인구론은 마치 중학교의 과학 입문서 같았다. 강하고 분명한 어조의 산문체 문장을 써나간 소박한 교구 목사였던 맬더스는 자신이 틀렸기를 바라는 것 같았다.

"맬더스가 틀렸다고 말하는 대부분의 사람들은 사실 그가 쓴 책을 읽지 않은 경우가 대부분이지요." 런던 경제 대학에서 인구문제를 연구하고 있는 팀 다이슨 교수가 말하였다. "맬더스는 아담 스미스가 쓴 국부론의 내용과 별반 다른 견해를 갖고 있지 않습니다. 올바른 사고방식을 갖고 있는 사람이라면, 사람의 생존 문제가 그들이 갖고 있는 자원 양에 따른다는 것을 부인할 수 없을 것입니다. 또한 사회가 필요로 하는 자원을 늘릴 수 있는 능력에는 한계가 있는 것입니다." 맬더스가 인구를 줄이는 적극적인 요인으로 본 것은 기아와 질병 그리고 전쟁이었다. 인구 억제의 또 다른 방법으로, 일하는 사람 수가 증가하면 임금이 줄어들고 따라서 가족을 부양하기 힘들기 때문에 결혼을 늦게 한다는 것이다. 결혼을 늦게 하면 출산율이 저하되고 결국 인구 억제에 효과적인 수단이 된다. 이 같은 상황은 서구 사회에서 300여 년 동안 즉, 산업혁명이 일어나기 전부터 인구조절 역할을 하여 왔다고 다이슨은 말한다.

영국이 최근에 20파운드 지폐에 맬더스가 아닌 아담 스미스를 그려 넣기로 결정한 것을 보면 맬더스는 아직까지 사회에서 좋게 받아들여지지 않는 것 같다. 우리는 모든 것에 끝이 있다는 사실을 잘 인정하지 않는다. 하지만 지구의 인구는 90억 명을 향해 나가고 있으며, 이 모든 사람들은 동일한 기회와 같은 생활 스타일, 그리고 맛있고 충분한 음식을 먹고자 한다. 그러나 모든 것이 충분하지 않다는 사실은 생각하고 싶어 하지 않는다.

과거에 아무리 위대하였던 경제학자들일지라도 산업혁명이 오는 것을 보지 못하였고 경제의 형태가 바뀌는 것을 보지 못하였다. 또한 산업혁명과 경제 변화에 의하여 농업의 형태가 변화하는 것을 알 수 없었다. 산업혁명이 일어날 당시에는 석탄이 가장 저렴한 에너지원이었고 그 다음 순서로 석유가 등장하면서 식량 생산은 증가되고 삶의 질은 높아졌으며 인구는 맬더스 시대에 비하여 7배가 많아졌다. 그런데 굶주림과 기아, 영양부족이 맬더스가 생존하던 때와 마찬가지로 오늘날에도 상존하고 있다.

"몇 년 전에 중국의 한 인구 학자와 이야기를 나누고 있었습니다. 어느 날 그는 나에게 人口 라고 써진 글을 보여주면서 사람과 먹을 입에 대하여 설명하였는데 그건 충격으로 다가왔습니다. 결국 사람들과 이들이 쓸 수 있는 자원 간에는 균형이 맞아야 합니다. 이 같은 상황을 알고 있다면 경제란 영원히 계속하여 성장할 수 없다는 사실을 알겠지요." 라고 다이슨은 말하였다.

아마도 배스 에비 수도원의 어느 알 수 없는 땅 속에서 맬더스가 조용히 뼈만 남은 손을 흔들면서 이렇게 말하지 않을까요? "그래서 내가 오래 전에 이미 이 같은 상황이 일어난다고 말하지 않았겠어...."

2009. 6

National Geographic

2장

유전자가 영양조절?

— 영양조절 유전자가 개인에 따른 특징적 다이어트를 결정할까! —

2004년 샬롯 벤크너가 114살로 사망하자 미국 오하이오 주에서는 그녀를 기념하여 한 다이닝 홀에 그녀의 이름을 붙였다. 세계에서 가장 오래 산 사람 중의 하나인 샬롯은 평상시 대식가로 알려져 있었다. 한 부고란에 따르면 그녀는 대단한 식성을 지녔다고 하였다. 이 같은 소식은 일반 사람들의 기분을 떨떠름하게 만든다. 우리들이 70살 넘게 장수하기를 원한다면 식사량을 줄이고 야채를 충분히 먹어야 하는데 반해 샬롯은 그렇게 나이 들어서까지 폭찹에 케이크 등을 듬뿍 먹었다는 사실이 놀랍기만 하다.

해답은 새로이 주목 받기 시작한 영양에 관한 유전자에 있는지 모른다. 영양조절 유전자에 관한 학문이란 우리가 먹는 음식에 함유된 영양소에 유전자가 어떻게 반응하는지에 대한 것을 연구하는 분야이다. 과거에도 식품과 유전자에 관한 연구가 일부 행해졌다. 예를 들면 "lactose intolerance"란 우유에 함유된 유당을 소화시키지 못하는 것을 말하는데 이는 유당 분해효소 유전자의 변이 때문인 것으로 알려졌다. "어떤 식품이 영양적으로 좋다고 말하는 것은 개인별로 차이가 나는데, 이는 각 개인의 유전적 소양에 따라 달라지는 것을 의미한다." 라고 터프 대학교 생화학과에서 영양조절 유전자가 관상동맥질환에 미치는 영향을 연구하고 있는 호세 올도바스가 말하였다. 예를 들면 어떤 사람은 기름기를 거의 먹지 않는데도 불구하고 심장병에 걸릴 확률이 매우 높은 사람이 있다. 이 같은 일이 일어날 수 있는 것은 유전자의 미세한 차이에 의하여 이들의 식사에 함유된 포화지방의 양이 너무 적을 경우 몸에서 스스로 해로운 저밀도 지단백질 콜레스테롤 수준을 높이는 동질이상(polymorphism)현상이 나타나기 때문이다. 사람들은 각 개인의 유전자에 단일 뉴클레오타이드 동질이상이라고 알려진 미세한 차이를 15만에서 30만개 정도 갖고 있다. 이들이 머리카락이나 눈의 색을 다르게 하고, 신체의 대사 속도에 차이를 보이게 하며 또는 당뇨병이나 골다공증에 쉽게 걸리는 사람이 있는 등 서로간에 차이를 나타나게 한다. 이 같은 유전자의 대부분은 화학적 촉매제에 의하여 활성화된다. 예를 들면 브로콜리를 먹으면 브로콜리에 들어 있는 비타민 B_6 가 트립토판 하이드록시라제 유전자를 자극하여 L-트리토판을 만들어 낸다. 아미노산인 L-트리토판은 사람의 기분을 차분하고 기분 좋게 만들어주는 세로토닌이라는 일종의 호르몬 물질의 합성에 사용된다. "유전자가 총이라면 환경은 방아쇠를 당기는 손가락에 해당된다고 비유할 수 있지요." 라고 올도바스는 이야기하였다. "수천 년 또는 수십 만 년에 걸쳐 발생한 유전자의 차이가 후손들에게 전해졌기 때문에 오늘날 우리는 일상적으로 먹는 음식에 거부반응을 일으키지 않는 것입니다."

각각의 유전자의 차이에 따라 영양소가 서로 다르게 작용할 수 있다는 것을 입증하기란 쉽지 않다. 또한 특정 유전자에 맞추어 식단을 조절한다는 것은 혁명적인 발상이라고 볼 수 있다. 데이비스에 있는 캘리포니아 대학교와 시카고 일리노이 대학교에서 영양조절 유전자에 관한 연구를 하고 있는 짐 캐퍼트는 사람 가운데 약 1%는 당을 에너지로 전환시키는 효소를 만드는 GPDH 유전자에 이상이 있다고 하였다. 이 같은 변이는 비타민의 일종인 나이아신의 이용을 어렵게 만든다. 그러나 밝혀진 바에 의하면 이런 문제를 안고 있는 사람일지라도 나이아신을 과잉 투여할 경우에는 쉽게 고칠 수 있다. "바로 이 같은 점이 영양조절 유전학이 중요한 이유입니다." 라고 캐퍼트는 말하였다. "이론적으로는 적어도 복합 비타민을 적절히 복용할 경우 유전적 동질이상의 문제점들을 해결할 수 있습니다."

물론 건강문제를 이처럼 단순히 해결할 수 있는 경우는 매우 드물다. 동일한 동질이상의 문제를 갖는 사람들일지라도 그들을 구성하고 있는 나머지 형질이 어떤가에 따라 달라질 수 있다. 예를 들면 고혈압은 소금과 연계하여 혈압상승에 관여하는 유전자의 동질이상과 관련이 있다. 조사결과에 의하면 특정인들은 보다 더 민감하게 반응하는 사람들이 있는 반면 유전적 변이가 있는 사람일지라도 고혈압과 무관한 사람이 있다.

또 다른 도전 가운데 하나는 영양소와 유전자의 상호작용을 입증하는 것이며 상호작용할 경우 어떻게 하는지를 밝혀내는 것이다. 적포도주, 포도, 블루베리, 땅콩 등에 존재하는 리스베라트롤(resveratrol)은 생명을 연장할 수 있는 유전자와 관련이 있다. 하지만 이것은 실험실의 효모를 상대로 확인된 것일 뿐이다. 블루베리와 같은 것들은 신경계에 좋은 영향을 미치며 노화를 방지하는 효과가 있는데 아마도 이는 블루베리에 함유된 항산화 물질이 염색체를 안정화시키기 때문으로 생각된다. 하지만 지금까지 결정적인 효과가 있는 영양소를 찾는 것은 성공하지 못했다.

"한번에 모든 것을 해결할 수는 없습니다." 올도바스가 말하였다. "우리가 현재 하는 일들이 추상적일지 모르지만 어떤 식품과 유전자를 조합될 때 확실하게 좋다는 사실을 알게 될 경우 어떤 영양소가 좋은 유전자는 활성화시키고 나쁜 유전자는 무력화시키는지가 밝혀지면 우리는 이상적인 약을 만들어 낼 수 있을지 모릅니다." "이 같은 의문점들이 정리되면 개인 영양에 관한 새로운 학문이 될 것입니다." "궁극적으로 우리는 각각의 단일 식품에 대한 목록을 만들어, 이것은 당신에게 좋고, 저것은 당신에게 더 좋다. 라고 미래에는 한층 더 과감하게 이야기할 것입니다." 암허스트에 있는 메사추세츠 대학교에 식품학을 담당하고 있는 퍼거스 크리데스데일이 말하였다. 앞으로는 온라인 수퍼마켓에서 나의 유전자 정보를 입력한 다음 자신의 유전자에 적합한 재료로 만들어진 식품을 구매할지 모릅니다. 언젠가는 양파 링 맛이 나는 케일이 나올지 모른다.

2005. 10
Discover

3장

미량성분의 중요성

— 비타민과 미네랄이 폭력적 성향을 감소시키며 우울증을 억제할 수 있을까? —

비좁은 우리에 들어 있는 돼지 가운데 일부는 그 상황을 견디기 힘들어 하면서 함께 있는 돼지들의 귀나 꼬리를 물어뜯는 난폭한 성향을 보인다. 돼지를 사육하는 사람들은 이 같은 문제를 "귀와 꼬리를 물어뜯는 증상"이라고 말한다.

캐나다 알버타의 남부에서 돼지 사료 판매업을 하고 있는 데이비 하디는 오랜 경험으로 이 같은 행동을 보이는 돼지에게 충분한 양의 비타민과 미네랄을 사료에 섞어 먹일 경우 증상을 완화시킬 수 있다는 사실을 알고 있었다.

1995년 11월 어느 저녁 하디는 친구 토니 스테판과 집안일에 대해 이야기하고 있었다. 토니의 아내 데보라는 그녀의 아버지 자살에 따른 상실감과 심한 조울증에 시달리다 지난해에 자살하였는데, 이제 그의 10명의 자식 가운데 2명이 어머니와 비슷한 경향을 보이기 시작한다는 것이었다. 22살난 딸 오텀은 정신병원에 입원하고 있으며 15살 조셉은 공격적이고 쉽게 화를 낸다고 하였다. 병원에서 그는 조울증 진단을 받아 약을 먹고 있는데도 불구하고 너무 폭력적이기 때문에 가족들이 그를 두려워한다는 것이었다.

조셉의 성격은 하디에게 익숙한 것이었다. 하디가 조셉의 아버지 스테판에게 자신은 사람의 정신질환에 대해서 잘 알지 못하지만 돼지농장에서 일어나는 돼지들의 행동양식과 비슷한 점이 많으며 이는 쉽게 고칠 수 있다고 하였다.

그래서 두 사람은 하디가 돼지에게 처방하였던 것을 사람에게 적용하여 보기로 하였다.

그들은 건강식품 가게에서 다량의 비타민과 미네랄을 구입한 후 스테판의 부엌 테이블에서 배합하기 시작하였다. 1996년 1월 20일 조셉에게 쓴맛이 나는 조제품을 먹이기 시작하였다. 며칠이 지나지 않아 몇 달 전과 비교하여 상태가 많이 호전되었다. 30일이 지나자 조셉의 병적인 증상은 모두 사라졌다.

스테판은 다음으로 몇 년에 걸쳐 정신상태가 점점 악화되고 있는 오텀에게 적용해보기로 하였다. 딸은 뚫어진 가슴 사이로 악마가 나오고 있다고 확신할 정도로 정신상태가 불안정하였다. 자살미수사건으로 인하여 입원하였던 정신병원에서 갓 퇴원한 오텀은 자해하거나 3살 난 아들을 해치지 못하도록 24시간 감시가 필요한 상황이었다.

스테판은 딸에게 조제한 약을 강제로 먹였다. 약을 먹고 나서 바로 이틀 만에 조증과 우울증 사이를 급격하게 왔다 갔다 하던 증상이 멈추었다. 4일이 지나자 딸이 갖고 있던 환상이 사라졌다. 딸이 나중에 "이럴 수가 내 몸의 구멍이 사라졌어요." 라고 말한 것을 기억한다고 하였다. 한주일이 끝날 무렵 복용하고 있던 약 5가지 중 한 가지 만 제외하고 나머지는 먹지 않아도 되었다.

9년 후 조셉과 오텀 모두에게 문제되었던 증상은 모두 사라지고 기존에 복용하던 약도 더 이상 먹지 않게 되었다. 그리고 소위 영양제라고 말하는 것만을 매일 먹고 있다. 결혼 후의 이름이 오텀 스트링검인 그녀는 완전히 몸이 괜찮아진 다음에 태어난 세 딸과 아들을 키우는 어머니로서 인생을 즐기며 맑은 눈을 지닌 논리정연한 여성이 되었다. 그녀가 말하길, 자신은 치료되었다고 생각하지는 않으며 자신의 느낌이 기능적이고 스스로를 관리할 수 있는 무언가를 얻은 것 같다고 하였다. 아마도 기능적인 것보다 나은 그 무언가를...

스테판의 치료방식이 속임수이거나 부질없는 기대감 만을 주는 별난 치료법이라고 말할지도 모른다. 그들이 만든 영양제는 대규모 임상시험에서 그 효과가 입증되어야 한다. 한편 이를 연구하는 과학자들은 영양제가 효능이 있다고 믿는 사람들과 구전되는 증거 그리고 이를 무시하는 사람들 사이에서 갈등을 겪고 있다. 하지만 정신불안 상태를 미량의 영양소로 치료할 수 있다는 생각은 나름대로 의미가 있다고 전문가들은 이야기 한다. 미량 영양소들은 뇌의 구조를 형성하거나 유지하는데 도움을 주며 뇌의 생화학적 반응을 일으키게 하며, 또한 인체 세포의 작용에 중요한 역할을 한다. 오클랜드 아동병원 연구소에 있는 부르스 에미스는 비타민, 미네랄, 필수 지방산 등 40가지 미량 영양소들을 식사를 통하여 섭취하여야 한다고 하였다. 에미스는 아연과 철분이 뇌세포에 미치는 영향을 연구하고 있다. 만일 이들 중 한 가지라도 충분하지 못하면 생리학적 기능에 문제를 야기할 수 있다고 하였다.

괴혈병, 각기병, 펠라그라, 악성빈혈 등 영양결핍으로 인한 여러 가지 질병이 짜증이나 우울증 같은 정신문제를 일으킬 수 있다. 그러나 선진국에서 이 같은 질병은 매우 드문 일이다. 각기병에 걸린 사람을 마지막으로 본 것이 언제인가?

우리들 대부분은 우리가 필요로 하는 모든 영양소를 고루 섭취하고 있지는 않다. 1997년 영국의 한 연구보고서는 1930년대와 1980년대에 자라던 과일과 야채에 함유된 미네랄 함량을 서로 비교하여 보았다. 이에 따르면 여러 가지 영양소 함량이 놀랄 정도로 감소하였는데 이 가운데 칼슘은 거의 30%, 철분은 32%, 마그네슘은 21%가 줄어들었다.

일부 연구자들은 비록 약한 결핍증상이라 할지라도 신체에 영향이 미치기 훨씬 전에 정신에 영향을 미칠 수 있다고 하였다. 스테니슬로스에 있는 캘리포니아 주립대학교 사회학자인 스테펀 숀텔러는 교도소 수감자들과 미성년 범죄자들을 상대로 영양소와 정신건강 간의 관계에 대하여 연구하고 있었다. 1980년대 초 연구를 시작한 이래 숀텔러는 수감자들의 영양상태가 개선되면 싸우는 빈도수, 위반행위 및 반사회적 행동 등이 40% 정도까지 감소한다는 사실을 발견하였다. 각각의 경우에서 적지 않은 수의 성미 급한 사람들의 마음이 누그러지는 것을 알아내었다. 그가 찾아낸 바로는 걸핏하면 주먹질하는 수감자들은 영양소가 부족한 식사를 하거나 중요한 영양소가 극도로 결핍된 경우들이었다.

숀텔러의 발견은 연구방법에 문제가 있다고 하여 무시되었다. 그 이유는 그가 수감자 혈액 분석에 대하여 정확한 방법을 제시하는데 실패하였기 때문이다(1월에 대학 위원회는 학문과 과학에 대한 잘못된 행위, 관계없는 연구에 대한 제제조치로 1학기 동안 급여없는 정직을 명하였다.). 그 후 1990년 말 옥스퍼드 대학의 생리학자인 버나드 거쉬는 엄격한 방법을 사용하여 다음과 같은 실험을 하였다. 영국에서 중범죄자들을 수감하고 있는 교도소의 231명의 수감자를 두 그룹으로 나누었다. 이 중 절반은 매일 생선유 캡슐과 달맞이 꽃 종자에서 채취한 Ω-6 기름뿐만 아니라 표준화된 비타민과 무기질을 공급하였고 나머지 절반은 가짜 약을 받았다. 그 결과는 2002년 The British Journal of Psychiatry에 발표되었으며 숀텔러의 결과와 거의 유사하였다. 약 9 개월간의 과정 중에서 약을 먹은 수감자들은 위약을 받은 수감자들에 비하여 반사회적 활동이 35% 정도 감소하였다. 실험이 시작된 몇 주 후에 한 간수가 거쉬에게 말하길 그달의 행정보고에 폭력사고가 없었다고 기록

한 것은 자신이 아는 한 이 곳의 역사상 처음이라고 하였다.

미량 영양소와 정신건강에 관한 연구는 두 번 노벨상을 수상한 리너스 폴링이 1968년 에세이에서 언급한 용어인 "orthomolecular psychiatry"(몸의 분자성분을 영양으로 조절하는 정신병 치료법)와 관계가 있다. 폴링은 정신치료 또는 약물치료와 달리 영양공급은 정신에 대한 적절한 분자적 환경조건을 조성해 주는 것이라고 하였다. 인체에 존재하는 물질의 농도를 적절하게 조절해 주는 것이 기존 치료방식보다 더 나을 수 있다고 하였다.

오늘날 The Society for Orthomolecular Health Medicine는 200명의 미국인 회원을 갖고 있다. 저명한 개업의 가운데 한명인 캐나다인 정신과 의사 에이브럼 호퍼는 다량의 비타민 C와 나이아신을 정신병을 앓고 있는 수 천 명의 사람들에게 투여한 결과, 효과를 보았다고 하였다. 그는 산화물이 뇌에 축적될 때 환각작용을 일으키게 되는데 비타민이 이를 중화시킬 수 있다고 주장한다. 최근까지만 하여도 이 같은 치료는 과학적 근거를 갖지 않으며 단지 환자들 사이에 전해지는 이야기로만 알려져 있었다. 영양 치료사들은 일반적으로 이런 연구에 대하여 실험하는 것을 달가워하지 않는다. 심지어는 연구가 완료되었을 때도 진지하게 받아들이려고 하지 않는다고 조울증을 연구하고 있는 하버드 대학 정신약학분야의 찰스 파퍼는 말한다.

1973년 American Psychiatric Association에서 다량의 비타민 투여에 대한 주장이 신뢰도가 낮다고 결론지으면서 "몸의 분자성분을 영양으로 조절하는 정신병 치료법"을 문제 삼았다. 그 결과 이 같은 연구에 대한 지원이 향후 20여 년 동안 거의 이루어지지 못하였다. 학계는 등을 돌렸고 업계는 비타민과 미네랄이 다른 약처럼 특허를 받을 수 있는 것이 아니기 때문에 연구를 하여도 이익이 되지 않는다고 생각하였다. 그러나 최근 1998년에 설립된 The National Center for Complementary and Alternative Medcine에서 관심을 보이기 시작하였다. 뇌 생화학에 관한 새로운 발견들 덕분으로 연구자들의 발길이 영양치료쪽으로 다시 돌아오게 되었다. 오늘날 가장 큰 증거 중의 하나는 뇌세포 간의 신경세포 자극 전달부와 세포막뿐만 아니라 거쉬가 수감자들에게 주었던 것과 같은 생선기름에 풍부하게 들어 있는 Ω-3 지방산에 있다. 1999년의 연구는 이정표가 될 만한데 하버드 대학 정신과 의사인 앤드류 스톨은 조울증 환자에게 다량의 Ω-3 지방을 섭취하게 한 결과 분명하게 상태가 호전되었으며 위약이 투여된 대조군에 비하여 훨씬 더 재발현상이 감소되었다.

스톨의 연구결과는 아직도 더 검증되어야 하지만 그 후 다른 연구자들도 우울증,

정신병, 경계역 인격 불안정, 주의산만 과행동 무질서증(attention deficit hyper-activity disorder or ADHD) 등에 대한 치료제로서의 Ω-3 지방의 역할에 대하여 연구하고 있다. 모든 경우에 있어 나타난 데이터는 긍정적인 효과를 보이고 있다고 스톨은 말한다. 또 다른 연구에 의하면 적은 양의 여러 가지 영양소(아연, 칼슘, 마그네슘, 비타민 B군)와 우울증이 상관관계를 갖는다고 하였다. 연구자들은 정신질환자 가운데 15~38% 정도는 폴릭산 결핍증세가 있다고 하였다. 2000년 연구 결과에 의하면 중장년 여성 가운데 약한 우울증 증세를 보이는 17%가, 심각한 우울증을 나타내는 27%의 여성이 비타민 B_{12} 결핍상태였다고 하였다.

지금까지는 복합적으로 발생할 수 있는 변수를 제거하기 위하여 영양소에 관한 연구는 단일 영양소를 가지고 그 결핍증 등에 관하여 이루어져 왔다. 하지만 스톨과 같은 일부 연구자들은 영양소의 효과란 추가적인 것으로 영양소가 정말 그 효력을 발휘하기 위해서는 복합영양소 배합이어야 한다고 주장한다. 토니 스테판과 데이빗 하디가 맨처음 돼지 농장에서 하였던 것과 같은 배합인 것이다.

스테판과 하디가 치료효과를 본 다음 그들은 남부 알버타에 있는 모르몬교 친구들에게 그 결과를 알리기 시작하였다. 그들은 모르몬교 사람들 가운데 경미한 우울증에서부터 ADHD, 정신분열증까지 모든 종류의 불안정한 상태를 치료할 수 있는 적당한 배합을 만들었다. 1997년 초 하던 일을 그만 두고 EMPowerplus 라는 제품(EM은 essential mineral이란 뜻)을 만들기 시작하였다. Truehope Nutritional Support 회사는 하디의 고향이자 조그만 농촌마을인 레이몬드에 공장을 두고 35명을 고용하고 있다. 52살인 스테판은 다부지고 정력적이면서 금발과 회색빛이 감도는 머리, 푸른 눈 그리고 약간 오른쪽으로 구부러져 마치 부러진 것과 같은 코를 가지고 있다. 55살인 하디는 키가 크고 말랐으며 사각형의 테안경을 쓰고 있는 것으로 보아 그가 한때 고등학교 과학 선생이었다는 것은 바로 알 수 있을 정도이다. 두 사람 모두 인간의 정신적 고통을 덜어주어야 한다는 사명감을 받았다고 생각하는 열렬한 모르몬교도이다. 비록 영양제는 싸지는 않지만(한 달분이 약 7만원 정도)스테판과 하디는 제조비용이 많이 들어 손익분기점을 간신히 넘기고 있다고 하였다.

수 년 동안 그들은 오텀을 실험대상으로 삼아 시행착오를 겪어가며 여러 가지 배합을 만들었다. 만일 당신이 조울증이라면 50밀리그램의 아연이 필요하다는 것은 분명하다. 가장 최근에 만들어진 것에는 36종류의 비타민, 미네랄, 아미노산 및 항산화제가 들어 있다. 대부분이 일반적으로 구입할 수 있는 복합비타민제에 들어있는 성분들이지만 그 함량이 훨씬 많다. 예를 들면 1일 복용량에 비타민 E가

120mg이 들어 있는데 이는 하루 권장량의 6배에 해당하는 터무니없이 많은 양이다. 지금까지 나타난 부작용으로는 구역질과 설사 정도인데 그러나 장기간 많은 양의 비타민과 미네랄을 복용할 때 나타날 수 있는 위험에 대해서는 아직 아무도 모르고 있다.

영양제에 대한 소식은 인터넷과 환자들을 통하여 빠르게 퍼져나갔다. 정신적 문제를 지닌 약 6,000명의 사람이 복용하고 있으며, 또한 다발성 경화증, 파킨슨병, 뇌졸중 및 스트레스에 시달리는 몇 천 명의 사람들이 이용하고 있다고 하디는 말한다. 많은 다른 대체요법 등과 마찬가지로 이 영양제에 대하여 치료효과를 보았다는 극적인 이야기들이 떠돌고 있지만 스테판과 하디는 그 효과를 확실히 증명하기 위하여 심도 있는 연구를 필요로 하였다. 몇 년 전에 캘거리 대학에서 정신연구를 담당하는 보니 케플란과 하버드 대학의 찰스 파퍼를 초대하여 그 영양제를 검토해 달라고 하였다. 두 과학자들은 똑같은 반응을 나타냈다. 후일 케플란이 리포터에게 말하길 이는 마치 뱀기름의 효능을 알아 달라고 하는 것과 같았다고 하였다. 파퍼는 훨씬 더 조심스러워서 두 사람을 처음 만나 그들이 준 영양제를 받았을 때 다른 사람들이 보지 못하게 옷 속에 감추고서 사무실에 들어갔다.

마침내 1996년 케플란은 두 사람과 만나는 것에 동의하였다. 그들의 진지함에 감동되어 그녀는 기존의 약으로는 치료효과를 볼 수 없는 환자들에게 영양제를 투여하는 실험을 시작하였다. 맨 처음 케플란은 폭발적인 감정과 감정조절이 되지 않는 두 소년에게 영양제를 투여하였다. 한 소년은 폭력적 환상에 너무 집착하여 단 한 순간도 총기를 생각하지 않는 때가 거의 없었다. 케플란이 나중에 기록한 결과에 의하면 영양제를 복용하기 시작한 후로 그 소년에게 집착과 폭발적인 분노가 사라졌다고 하였다. 그가 영양제 복용을 중단하자 집착과 분노가 다시 시작되었으며, 재복용하면서 그 증상은 감소되었다.

이 같은 결과에 고무되어 몇 개월 내에 그녀는 기존 치료법으로는 효과를 볼 수 없는 11명의 조울증환자에게 임상실험을 실시하였다. 6개월 후 11명 모두 조증과 우울증의 두 증상이 개선되는 것을 확인하였다. 대부분이 기존으로 먹고 있던 약을 줄일 수 있었으며 일부는 기존에 복용하던 약을 완전히 끊을 수 있었다.

2000년 케플란은 다른 과학자들에게 이런 발견을 이야기하기 위하여 하버드 맥린 병원으로 하디, 스테판과 함께 갔었다. 케플란과는 달리 파퍼는 회의적이었다. 그러나 그날 밤 파퍼는 한 동료로부터 그의 아들이 갑자기 조울증 증세를 빠져들면서 매일 격렬한 울화증에 시달린다는 전화를 받았다. 파퍼는 내키지 않았지만 하디와 스테판이 그에게 주었던 영양제를 동료에게 주면서 해롭지는 않을 것이라고 하였다. 그렇다고 그는 영양제가 도움이 되리라고도 생각하지 않았다. 4일 후 아버지가 아들의 울화증이 사라졌다고 전화하였다. 어린아이는 짜증도 내지 않았다고 파퍼는 회상하면서, 정신병 치료에 이 같은 경우는 없었다고 말하였다.

케플란과 마찬가지로 파퍼도 기존의 약으로는 치료가 되지 않는 조울증 환자에게 이 영양제를 주기 시작하였다. 영양제는 80%의 환자에게 효과가 있었을 뿐만 아니라 대부분의 환자들에게 기존의 약보다 효과가 훨씬 빠르게 작용하였다. 6 개월간의 임상 실험과 24명의 환자에게서 효과를 본 다음 파퍼는 이 사실을 다른 과학자들과 함께 알 가치가 있다고 생각하였다. 2001년 그와 케플란은 각각 The Journal of Clinical Psychiatry에 그들이 발견한 것과 앞으로 해야 할 분야 등에 대하여 논문을 발표하였다. 파퍼는 이 글에서 만일 기존의 비싸고 특허제품이 아닌 비타민과 미네랄로 정신병을 치료할 수 있다면 어떤 일이 일어날 것인가? 라고 언급하였다. 이는 믿기 어려운 생각에 대하여 놀라울 정도로 낙관적인 발표이었다. 이 같은 사실을 많은 관계자들이 좋아하지 않을 것이란 것도 알고 있으며 그의 경력에 문제를 일으킬 수 있다는 사실도 알지만 영양제가 효과가 있다는 것을 확신한다고 그는 말하였다.

1960년대와 1970년대 초 정신병 치료에 몸의 분자 성분을 영양으로 조절하는 방법이 무시되었던 이유 중 하나는 뇌에 영양소가 미치는 영향을 생화학자들이 거의 이해하지 못하였기 때문이다. 하지만 지난 20년 동안 연구자들은 뇌의 생화학적 기능을 보다 잘 알게 되었다. 영양소가 뇌의 조절요소이며 끊임없는 세포 재구성과 유지, 역할 분담 등을 하고 있다는 것을 정신과 의사들도 인정하고 있다. 또한 영양소들은 평안한 마음을 유지할 수 있게 하는 화학적 매개체 예를 들면 세로토닌, 도파민, 노르에피네프린 등과 같은 것들을 만들어 내는 중요한 역할을 한다. 특히 아연은 300가지가 넘는 효소반응에 관여하는 다양한 역할을 하는데 만일 아연이 결핍될 경우 세포의 DNA와 이를 수리하는 과정에 손상을 가져올 수 있다.

알버타 리스브리지에 있는 행동 신경과학을 위한 캐나다 센터에서 신경과학자인 브리안 콜브는 뇌세포가 마약, 호르몬 및 상해 등에 의하여 어떻게 영향을 받는지에 대하여 연구하고 있다. 1997년도 스테판과 하디가 그와 처음 접촉하였을 때 자신은 인간의 정신문제에 대한 전문가가 아니며 동물실험이 주라는 이유로 연구를 시작하기를 정중하게 거절하였다.

그 후 2년 뒤에 콜브는 관점을 달리 취하기로 결정하였다. 케플란, 파퍼 및 여러 연구자들이 행했던 임상효과와 일치할 수 있는 생화학적 경로를 찾아보고자 하는 노력의 일환으로 그는 일련의 쥐 실험을 행하였다. 먼저 그는 어린 쥐 뇌의 두 부분에 상처를 내었다. 한 부분은 계획하고 일을 실행하는 능력을 지닌 부분인 전두엽과 다른 부분은 정수리부로, 이 부위는 공간지각 능력을 갖는다. 실험구는 EMPowerplus와 비슷한 성분을 첨가한 사료를 주었고 대조구는 일반사료를 먹였다. 콜브가 이 쥐들을 대상으로 일련의 인지능력과 공간능력 시험을 하였을 때 비타민을 먹인 그룹은 대조구에 비하여 뚜렷하게 우수함을 나타냈다.

콜브는 실험구에서 또 다른 점을 발견하였는데 영양소를 투여한 쥐들이 믿을 수 없을 만큼 조용하였다고 하였다. 실험실에 있는 쥐들은 일반적으로 예민하여 귀에 인식표를 붙일 때 무척 소란스러웠지만 영양소가 투여된 쥐들은 마치 아무 일도 없는 것처럼 보였다. 콜브가 쥐의 뇌를 해부하자 영양소를 투여한 실험구는 대조구에 비하여 뇌가 더 컸으며, 상처를 입혔던 부위에서는 전기적 신호를 전달하는 길고 촉수같은 뉴런의 수지상 돌기가 수 백 개의 새로운 시냅스로 이어지는 새 가지를 뻗었다(이것보다 먼저 한 연구에서 콜브는 콜린이 수지상 돌기의 성장을 촉진할 수 있는 것을 발견하였다. 하지만 그 결과가 아직 확정되지는 않았다.).

이 같은 신경의 연결이 정신적 고통을 경감할 수 있는지에 대하여서는 말할 수 없다고 하였다. 정신병이란 뇌의 구조가 비정상적인 상태로 여겨지며, 우울증 또는 조울증 같이 기분이 무질서한 것은 아니라고 여겨진다. 그 과정이 무엇이든지 간에 영양소가 뇌의 기능을 분명히 바꿀 수 있다고 콜브는 말한다.

물론 영양소 결핍증이 모두에게 폭력적이거나 우울증으로 나타나지는 않는다. 그렇다면 왜 영양소 투여가 일부 사람들에게 도움이 될까? 케플란의 해석에 따르면 다음과 같다. 태어나면서부터 인체 대사에 문제가 있는 일부 사람이 있다. 우리는 정신 기능에 영향을 미치는 특별한 영양소를 필요로 한다. 정신질환은 일부 유전적인 문제로 여겨지지만(한 예로 조울증은 가계에 유전된다.) 아직까지 정신질환에 관련된 유전자를 발견한 적은 없다. 케플란이 생각하는 바로는 아마도 유전되는 것은 여러 가지 영양소에 영향을 받는 대사경로에 관련된 유전자일 것이라고 추정한다. 사람들 중 일부는 정상보다 더 많은 양의 비타민과 미네랄을 필요로 하는 유전자를 물려받기도 한다. “나에게 적당한 양이 정신질환을 가진 사람에게는 적절한 양이 아닐 수도 있다”고 2003년 American Psychiatric Association의 모임에서 케플란이 이야기 하였다. “어떤 사람들은 과외의 영양소를 필요로 하는 반면에, 자기와 같은 경우처럼 불규칙한 식사를 하면서도 정신적인 문제를 일으키지 않고 안정된 태도를 가질 수 있다는 것은 참으로 축복받은 일이다”고 말하였다.

다음 연구단계는 영양제를 먹는 조울증 환자와 위약을 투여 받은 환자들과 임의 비교가 되어야 한다. 이 같은 비교는 기존 약과 영양제 간의 비교 시금석이 된다.

그러나 케플란과 파퍼의 노력이 논쟁의 소용돌이에 휘말리게 되었다. 두 과학자는 온타리오 키츠너에 있는 피부과 의사인 테리 폴리보이가 주도하는 그룹(HealthWatcher. net)으로부터 비난을 받기 시작하였다. 한때 성령에 의한 치료에 심취하기도 하였던 폴리보이는 이제 스스로 말도 안 되는 것으로 치부하는 대체의약을 공격하는 십자군의 역할을 자청하고 있다. 지난 4년 동안 그와 그 동료들은 입증되지 않은 약을 스테판과 하디가 무책임하게 판매하고 있다고 비난하고 있다. 회사의 지시를 따르고 있는 직원들은 의학지식에 관한 교육을 받지 않았을 뿐만 아니라 대부분이 정신질환자인 사람들에게 기존으로 사용하던 약을 끊고 영양제에 완전히 의존하라는 식으로 고객들을 부추기고 있다고 폴리보이는 지적한다.

하디와 스테판은 반대로 폴리보이가 제약업계의 앞잡이 역할을 하고 있다고 비난하였다. 이점에 대하여 폴리보이는 제약회사에서 주최하는 미팅에 1년에 몇 번씩 참가하기는 하지만 금품을 수수하지는 않았다고 말하였다.

케플란과 파퍼가 영양제에 대한 실험결과를 발표하자 폴리보이는 이 같은 사실에 대하여 적절한 공적인 검토가 없이 실험적 연구를 한 것을 비난하였다. 이런 주장들은 캐나다와 미국의 보건당국뿐만 아니라 학회에서의 조사를 촉발시켰다. 케플란과 파퍼에 대한 모든 혐의는 깨끗한 것으로 판명 났지만 그 시련이 너무나도 혹독하였기 때문에 두 사람은 더 이상 공개적으로 영양제에 대하여 말하지 않게 되었다(케플란은 이 기사에 대하여 인터뷰하는 것도 거부하였다. 그녀뿐만 아니라 여기에 관련된 모든 사람들이 영양제에 관련하여 재정적 지원을 받았다는 사실은 없다.).

두 과학자들 모두 정신병 연구에 관한 정부지원을 받는데 어려움을 겪고 있다. EMPowerplus가 캐나다에서 판매되기 위해서는 아직 인증절차가 남아 있다. 캐나다 식품과 의약품을 관장하고 있는 캐나다 보건 당국은 이 영양제를 수입하기를 바라는 캐나다 사람들에게 상품을 광고한 Truehope사를 고발한 상태이다. "제조회사는 영양제의 안전과 효능에 대한 과학적 입증자료를 제출하지 않고 있다" 라고 당국의 대변인인 지리안 빌크는 말하였다. 하디와 스테판은 반대로 캐나다 보건당국을 국경에서부터 영양제 선적을 봉쇄한다는 이유에서 고발하고 있는 상태이다. 캐나다 보건당국은 케플란이 이미 알버타 주정부로부터 연구비를 지원받고 있음에도 불구하고 그가 100명의 조울증 환자에게 임의로 영양제를 공급하려고 하는 실험을 처음에는 허용하지 않았다. 그러나 천연 건강제품과 영양제를 관장하는 새로운 기관이 만들어진 이후, 2004년도에 실험을 허용하였다.

한편 미국에서 파퍼와 케플란은 최근에 영양제에 대한 대규모 임상실험을 실시할 수 있도록 FDA로부터 허가받았다. 다른 과학자들은 이 같은 일이 오래 전에 실시되었어야 한다고 말한다. "다량의 비타민과 무기질이 정신에 미치는 영향에 대하여 연구할 필요가 있다"라고 오하이오 주립대학 정신과의사 유진 아놀드는 말한다. 그는 ADHD치료에 아연의 필요성을 실험중이다. 의문점에 대한 데이터 없이 효능이 있다 또는 없다 라고 사람들이 말하는 것은 바람직하지 않다. 아놀드는 감정혼란에 대한 대체의약 치료를 주장하는 사람은 아니지만 비타민과 미네랄이 영향을 미칠 수 있다는 사실은 합리적이라고 생각한다. 조울증을 치료하는 정형적 방식은 리치움 투여라고 그는 지적한다. "그것이 바로 미네랄 아닌가?"

하디와 스테판에게는 과학적 입증을 위하여 그렇게 오래 기다려야 한다는 사실이 매우 힘든 일이지만 그러나 그들은 인내심을 가지고 기다리고 있다. "새로운 발견이 받아들여지기까지는 시간이 많이 걸린다. 하지만 변화는 올 것이고 받아들여질 것이다. 라고 스테판은 말한다.

2005. 5

Dicover

4장

식품에 들어있는 성분들

식품 중에 들어있는 성분들은 우리 몸에 필요한 영양소 이외에도 빛깔이나 맛 그리고 촉감을 좋게 하는 성분들이 들어 있다. 천연의 재료에는 우리 몸에 필요하지 않거나 해로운 것들도 들어 있다. 우리에게 유익한 성분은 잘 보호하고 해로운 성분들은 제거한 후 먹는다. 또 어떤 것들은 가공하거나 저장하는 동안에 부패되거나 산화되어 영양가를 떨어뜨리거나 해롭게 하기도 한다.

1. 물

우리 몸은 물이 60%를 차지하고 있다. 물은 우리 몸 안에서 이루어지는 모든 대사 작용에 필요하며 영양분과 노폐물의 운반, 체온조절 등에도 없어서는 안 되는 성분이다. 액상식품의 경우는 물이 물성에 절대적인 영향을 미치고 채소나 과실류 등에서는 씹는 맛에서 중요하다. 건조된 식품은 저장성을 높이기 위한 것이지만 소량 들어 있는 물은 미생물에 이용된다. 이때 이용되는 물은 자유수이다. 따라서 건조시켜 물을 제거하거나 가용성 용질을 넣어 자유수를 결합수로 바꾼다. 어류 등 신선식품을 장기 보존하기 위해서는 냉동처리를 하는데 이것은 말할 필요도 없이 물을 동결시켜 고정하는 것이다. 이와 같이 식품 중에서 물은 그 역할이 중요하고 인체에 없어서는 안 되는 성분이다.

1) 음용수

지구상에 존재하는 물은 대기층으로 증발하고 이것이 지구 표면으로 다시 내려와서 육지에서 흘러 강으로 가고 땅속에 스며들어 식물에 이용된 후 증산작용에 의하여 다시 대기 중으로 증발되는 과정을 되풀이하고 있다. 인간과 동물은 물을 마시고 여러 가지 형태의 폐기물을 생산함으로써 [그림 4-1]과 같은 순환을 하게 된다.

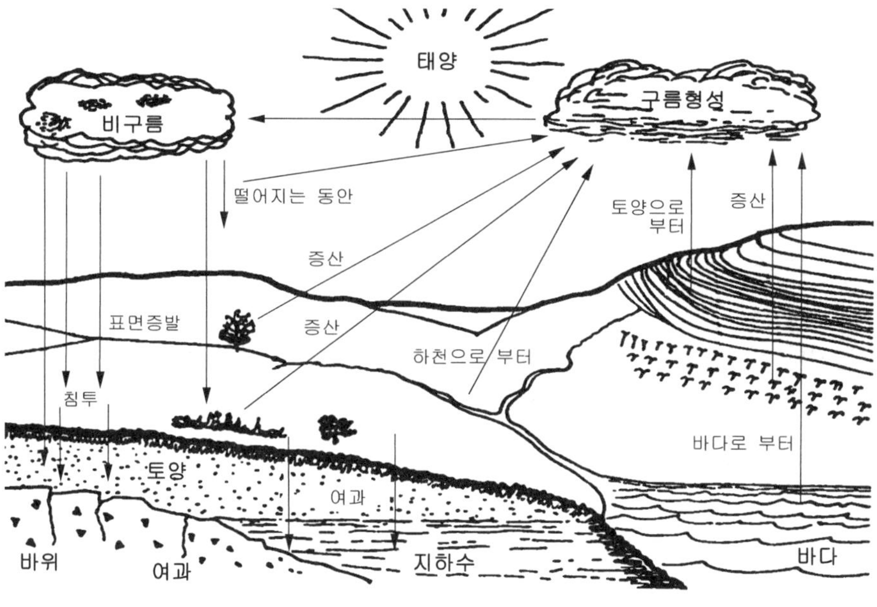

[그림 4-1] 물의 순환사이클

식품을 포함한 모든 생명체는 물을 통하여 영양물질이 이동되고 생명활동에 필요한 화학반응을 일으킨다. 인간은 식품이나 음료수를 통하여 물을 흡수하지 않고는 하루라도 생명을 유지할 수 없다. 물을 음료수로 이용하기 위해서는 정수처리를 하는데 그 방법은 물의 특성에 따라 다르다. 우선 물을 침전지에 방치하여 돌이나 자갈, 또는 그 밖의 불순물을 갈아 앉힌다. 다음에는 적당히 조절된 pH에서 알루미늄이나 철 등을 첨가하면 미생물, 유기물 등과 함께 침전물을 형성하는데 이를 모래판을 통과시켜 걸러낸다. 그 다음에 염소처리를 하는데 이때 나머지 세균을 죽이고 냄새나 착색물질들은 산화되어 제거된다. 염소제재로 히포클라이트의 칼슘 또는 나트륨염이나 가스 상의 염소를 사용하는데 불순물이 많을수록 염소 첨가량이 많아야 하지만 잔류 염소량은 0.2~0.6ppm이 적합하다. 때로는 암모니아와 함께 처리하는데 이때 클로라민이 형성되어 냄새가 나지 않으므로 효과적이다.

식품공장에서 사용되는 물은 일정한 규격에 합격해야 한다. 미국과 한국의 음용수 규격은 [표 4-1]과 같다.

[표 4-1] 먹는 물의 주요 수질기준(단위 mg/L)

항 목	수질기준	항 목	수질기준
일반세균	110/ mL이하	페놀	0.005 이하
대장균군	음성/50 mL	경도	300 이하
납, 비소	각각 0.05 이하	냄새, 맛	이취 없을 것
불소	1.5 이하	색도	5도 이하
셀레늄, 카드뮴	각 0.01 이하	세제	0.5 이하
수은, 시안	불검출	염소이온	150 이하
암모니아성 질소	0.5 이하	증발잔류물	500 이하
총트리할로메탄	0.1 이하	철	0.3 이하
6가 크롬	0.05 이하	망간	0.3 이하
질산성질소	10 이하	탁도	2도 이하
황산이온	200 이하	알루미늄	0.2 이하

화학적인 성분 이외에도 음용수는 폐수, 병원미생물, 장내미생물 등에 오염되어서는 안된다. 대장균군은 100mL당 1 이하여야 한다.

자연계에 존재하는 물에는 정도의 차이가 있지만 여러 가지 물질이 녹아 있다. 물의 세기는 마그네슘, 칼슘 또는 탄산칼슘량을 ppm단위로 표시한 것으로서 100 mL의 물에 산화칼슘 1mg 또는 산화마그네슘 1.4mg이 들어 있는 것을 경도 1로 정하고 20 이상을 경수, 10 이하를 연수라고 한다.

[표 4-2] 물의 경도 범위

경도	탄산칼슘 환산		칼슘 환산
	ppm	gr/Gal	ppm
연수	< 50	< 2.9	< 20
약간 경수	50~100	2.9~5.9	20~40
경수	100~200	5.9~11.8	40~80
강한 경수	> 200	> 11.8	> 80

칼슘, 마그네슘 등의 탄산염은 끓이면 침전되므로 이런 염이 들어 있는 것은 일시적 경수라고 하고, 칼슘이나 마그네슘이 황산염이나 질산염의 형태로 존재하는 것은 끓여도 침전되지 않으므로 영구적 경수라고 한다.

이들 무기염류는 채소나 과일의 조직을 단단하게 하고 향기와 맛을 나쁘게 하며 혼탁의 원인이 되기도 한다. 또 식품공장에서 사용되는 보일러의 바닥에 스케일을 형성하여 열효율을 떨어뜨리고 세척을 어렵게 한다. 물을 연화시키는 방법에는 여러 가지가 있는데 일시적 연수는 일단 가열하면 되지만 그렇지 않은 것은 이온교환 수지를 통과시켜 제거한다.

식품 중에 들어 있는 물은 식품의 외관, 조직, 미각뿐만 아니라 식품의 저장성에도 영향을 미친다. 각종 식품 중의 수분함량은 [표 4-3]과 같다.

[표 4-3] 각종 식품의 수분함량

식 품	수분함량(%)	식 품	수분함량(%)
상 추	96	소고기	65
수 박	94	아이스크림	61
샐러리	94	햄	54
당 근	88	식 빵	36
사 과	87	건포도	18
포 도	86	버 터	16
바나나	75	팝 콘	4
달 걀	75	비스킷	3

2) 물의 구조와 특성

물은 수소 2원자와 산소 원자 1개가 공유 결합하여 분자를 이루고 이 분자들이 서로 엉켜서 액체 상태를 이루고 있다. 물은 분자량이 비슷한 암모니아나 메탄 분자 등과 녹는점과 끓는점 등에 비해서 물리적 성질이 상당히 다른데 그 이유는 수소결합을 하고 있기 때문이다.

즉, 0℃의 얼음 1g이 0℃의 물로 녹는데 필요한 융해잠열은 80칼로리이고 반대의 경우도 같은 양의 에너지가 방출된다. 한편 100℃의 물 1g이 100℃의 수증기로 바뀔 때 필요한 기화잠열은 540칼로리이다. 이와 같이 물의 기화열과 융해열 그리고 비열은 다른 용매들보다 훨씬 크다.

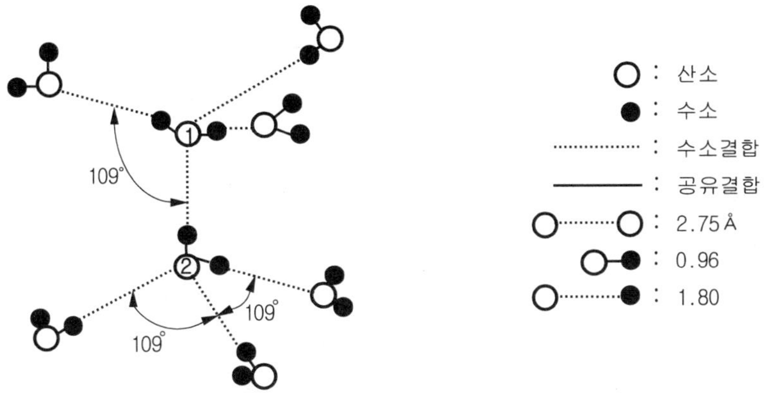

[그림 4-2] 물 분자의 구조

[표 4-4] 물 분자 및 유사분자량을 갖는 물질의 물리적 특성치

화합물	분자량	녹는점(°C)	끓는점(°C)	기화열(cal/mole)
H_2O	18	0	100	9,750
NH_3	17	-78	-33	7,220
CH_4	16	-182	-161	2,200
HF	20	-92	19	7,220

물은 4°C에서 밀도가 가장 크고 얼게 되면 오히려 작아지기 때문에 물을 동결하면 부피가 커진다. 냉동식품을 오래 저장하면 얼음이 팽창되어 조직이 파괴된다. 생선의 경우 해동시 드립(drip)현상이 나타난다.

물은 많은 화학물질들을 녹일 수 있으므로 만능용매(universal solvent)라고도 한다. 즉, 극성이 매우 크기 때문에 소금과 같은 전해질을 이온화하거나 직접 물에 녹지 않는 물질이라도 미세하게 분산시켜 교질(colloid)용액을 만든다. 그래서 커피나 차의 향미물질을 녹이고 과일이나 시럽에 들어 있는 당분을 녹인다. 물은 또한 식품이나 용기의 세척에 사용되며 이때 비누 등의 세제를 사용하면 세정력이 커진다.

3) 자유수(free water)와 결합수(bound water)

동식물 중에 들어 있는 수분의 일부는 그중에 들어 있는 성분과 결합하고 있거나 다른 물질을 녹인 용매상태로 존재하기 때문에 조직을 손상시켜도 이런 형태의 물은 흘러나오지 않는다. 이러한 물을 결합수라고 한다. 반대로 쉽게 빠져 나오는 물을 자유수라고 한다. 즉, 자유수는 0℃에서 얼고 100℃에서 증발될 수 있는 물이다. 그러나 결합수는 그렇지 못하다. 결합수는 경우에 따라 자유수로 떨어져 나오기 때문에 그 한계가 애매하다. 그 중간의 물을 때로는 중간수(intermediate moisture)라고도 한다.

결합수는 용매로 작용할 수 없고 미생물에 의해서도 이용될 수 없다. 그래서 식품 저장의 한 방법으로 미생물이 물을 이용할 수 없도록 소금이나 설탕 또는 글리세롤 등의 물질을 첨가함으로써 건조시키지 않고도 저장성을 높일 수 있다.

수분 활성도(water activity) : 식품 중에 들어 있는 수분은 주변 공기의 습도에 따라 증발되거나 주변 공기로부터 수분을 흡수하는 현상이 계속되므로 엄밀한 의미에서 일정하지 않다. 이때 식품 중의 자유수는 자유로 드나들지만 결합수는 그렇지 못한다. 식품을 저장할 때나 가공할 때 문제가 되는 것은 자유수이므로 자유수가 얼마나 들어 있는지를 알 필요가 있다. 이것은 수분활성도로 표시되는데 같은 온도에서 식품의 수증기압(P)과 순수한 물의 수증기압(Po)의 비율로 정의된다.

$$Aw = P / Po$$

순수한 물은 전부 자유수이기 때문에 온도에 정비례하지만 식품 중의 수분은 일부가 결합수이기 때문에 그렇지 못하고 항상 적어서 수분활성은 1보다 적다. 물은 용매로 작용하므로 식품 중의 용매의 이동에 따라서 활성도가 달라지므로 수분 활성도는 다음과 같이 표시하기도 한다.

$$Aw = N_1 / N_1 + N_2 \qquad (N_1 : \text{용매의 몰수 } N_2 : \text{용질의 몰수})$$

수분함량이 대략 50% 이하일 때 수분활성은 현저히 감소하는데 이들 수분함량과 상대습도의 관계를 등온흡습곡선(sorption isotherm)으로 나타낸다. 즉, 식품 주변의 증기압이 식품 중의 물의 증기압보다 크면 수분이 오히려 식품에 흡착(adsorption)되고 그 반대의 경우는 탈착(desorption)된다.

주변의 환경은 끊임없이 변하기 때문에 식품 중의 증기압도 함께 변하는데 식품 중의 수분함량과 상대습도의 상관관계를 등온흡착곡선이라고 한다. 이렇게 증기압의 감소와 증가는 가역반응이지만 엄밀하게 일치하지는 않는다.

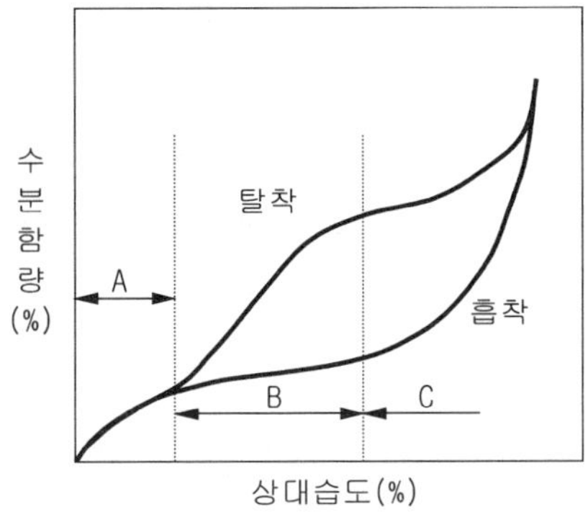

[그림 4-3] 등온흡습곡선

등온흡습곡선은 [그림 4-3]에서 보는 바와 같이 흔히 역 S자 곡선을 나타낸다. 식품 중에 들어 있는 물은 세 부분으로 구분된다. A부분은 일반적으로 경사진 부분으로 단분자층 흡착에 해당되고 경사도가 완만한 B부분은 몇 층의 흡착수에 해당한다. C부분은 식품 중의 모세관이나 공간에 응축된 물을 나타낸다.

일반적으로 등온흡착곡선은 흡습성이 식품을 관찰하는데 유용하고 등온탈착곡선은 건조과정을 연구하는데 유용하다. 이 곡선이 아주 급경사를 이루는 것[그림 4-4] A는 제품이 흡습성임을 나타내고 완만한 경우 [그림 4-4] B는 수분에 민감하지 않은 것을 뜻한다.

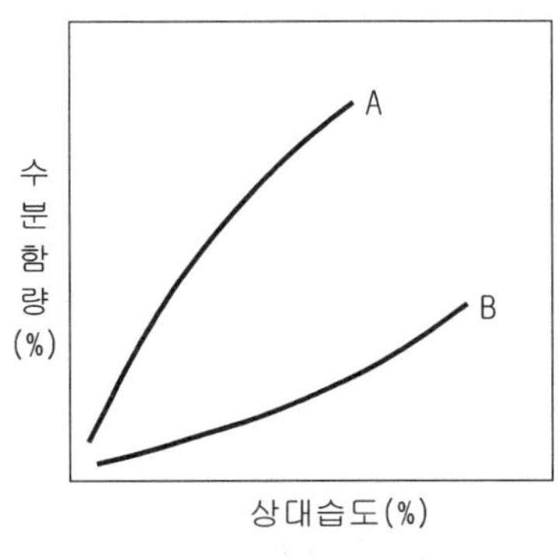

[그림 4-4] 흡습성인 식품(A)과 비흡습성인 식품(B)의 등온흡습곡선

대부분의 식품 중 수분함량 변화는 [그림 4-5]와 같이 표시되는데 처음 부분은 경사가 완만하여 흡습성이 약하고 급경사의 부분은 흡습성이 강함을 나타낸다.

수분이 많은 생선, 채소, 과일 등의 수분 활성도는 0.97~0.99이지만 수분이 적은 곡류는 0.6~0.65 정도이다. 식품을 저장할 때 건조시키는 것은 미생물의 작용을 억제하기 위한 것인데 일반적으로 세균류는 수분 활성도 0.94~0.99이며, 곰팡이류는 0.8 정도이지만 그 이하에서도 자라고 효모는 그 중간인 0.88 정도이다. 병원성 미생물은 대부분 세균류이기 때문에 수분활성도 0.9 이상을 요구한다.

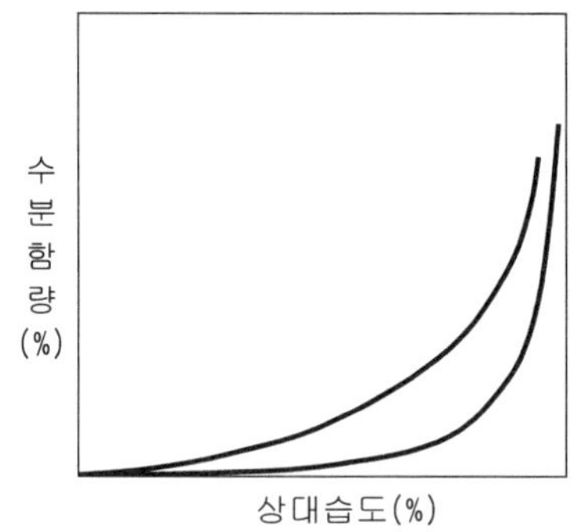

[그림 4-5] 설탕이나 식염함량이 높은 식품과 모세관 흡습이 적은 식품의 등온흡습곡선

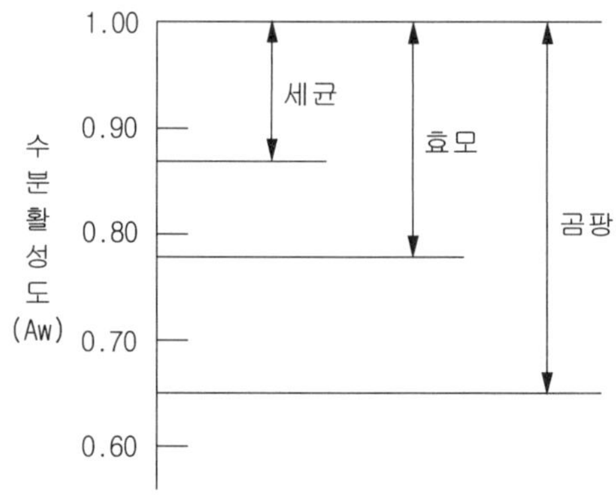

[그림 4-6] 미생물의 성장에 대한 수분활성도의 영향

미생물뿐만 아니라 효소작용이나 화학반응에도 수분활성도의 영향을 받아 자유수가 많을수록 반응은 촉진된다.

[표 4-5] 병원성 미생물이 생육 가능한 최소 수분활성도(*Aw*)

미 생 물	*Aw*
Bacillus cereus	0.94
Campylobacter jejuni	0.98
Clostridium botulinum	0.93
Clostridium perfringens	0.95
Listeria monocytogenes	0.93
Salmonella spp.	0.94
Shigella spp.	0.95
Staphylococcus aureus	0.86
Vibrio parahemolyticus	0.94

4) 물의 동결 및 얼음의 구조

물이 얼면 물 분자 4개는 다른 물 분자와 결합하여 4면체 배열을 하고 6방정계의 결정격자를 이룬다. 이 격자는 비교적 엉성하고 큰 공간을 갖는다. 얼음이 녹으면 약간의 수소결합이 파괴되고 액체상의 물 분자는 보다 치밀해진다.

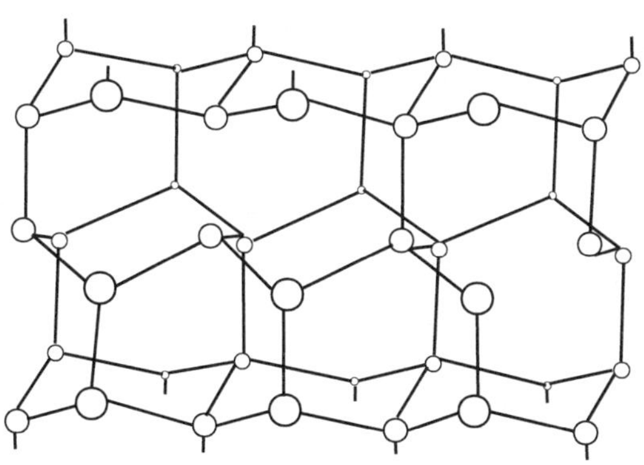

[그림 4-7] 얼음의 결정격자 구조

0℃에서 얼음의 전도율은 같은 온도의 물에 비해서 4배나 되고 열확산은 9배나 크다. 이러한 특성은 냉동이나 건조 등 식품가공 조작에 중요하며 물과 얼음의 비중차이는 식품을 냉동할 때 구조적인 손상을 초래한다.

물에는 고체, 액체 및 기체가 존재한다. [그림 4-8]에서 증기압 곡선 TA, 융해압 곡선 TC, 승화압 곡선 BT로 구분되며 이들은 3중점(triple point) T에서 만나며 이 점에서는 액체, 고체, 기체의 3 相이 공존하여 평형상태에 있다.

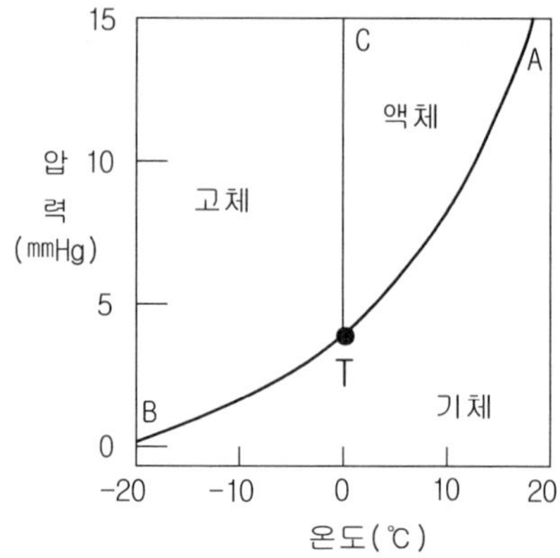

[그림 4-8] 물의 상태변화 곡선

물이 얼게 되면 HOH 분자는 질서정연하게 회합하여 액체상태의 물보다 밀도가 작은 단단한 구조를 형성한다. 물이 얼 때는 우선 결정핵이 형성되고 이 핵을 중심으로 물이 배열하여 결정이 성장해 간다. 동결이 완결될 때 얼음 결정의 크기는 핵의 수에 직접 관련되는데 핵의 수가 많을수록 결정의 크기는 작다. 이런 핵을 형성시키기 위해서 농축우유에 미세한 락토스 분말을 첨가하여 온도를 낮추면 보다 미세한 결정이 형성되어 부드러운 촉감의 아이스크림이 형성된다. 일단 형성된 얼음은 냉동 저장 중에 결정이 커지려는 경향이 있다. 즉, 저장온도의 변화폭이 클 때 재결정화가 일어난다.

완만동결은 세포와 세포사이에 큰 얼음결정이 생겨 조직이 파괴된다. 반면 식품을 급속동결하면 세포 안팎에 미세한 결정이 생겨서 조직이 유지된다.

5) 조리가공중 물의 역할

식품에 들어 있는 물은 조직에 영향을 미친다. 비스킷은 물이 적어야 아삭아삭하고 채소류는 물이 많아야 신선미가 있다. 반죽상의 식품은 수분함량이 점도를 좌우한다. 따라서 식품에 따라 적당한 수분을 함유하도록 하여야 한다.

식품을 조리할 때 물을 사용하여 삶거나 찌는 것은 식품을 태우지 않고 가열할 수 있는 매개체가 된다. 100℃ 이상의 높은 열을 필요로 할 때에는 보일러 등으로 수증기를 가압하면 250℃까지 올라간다. 또 식품을 냉각할 때 얼음 조각을 넣는데 이것도 냉각매체의 역할을 한다. 물은 용매로 작용하므로 여러 가지 성분을 추출할 때도 사용한다.

2. 탄수화물(carbohydrates)

식물체의 잎에 들어 있는 엽록체에서는 태양 에너지를 받아 공기 중의 탄소와 뿌리에서 흡수된 물로부터 탄수화물을 만들어 낸다. 이 탄수화물로부터 단백질이나 지방질 등이 만들어지고 동물은 이들 식물이 만들어 놓은 유기물질을 섭취하여 여러 가지로 이용한다. 따라서 탄수화물은 생명체의 기본물질이 되는 것이고 이 지구상에 가장 흔한 물질이다.

지구상에서 제일 흔한 탄수화물은 섬유질이지만 인간에게 가장 많이 이용되는 것은 전분이고 이 전분을 이루고 있는 기본단위는 포도당이다. 이들 탄수화물의 종류와 특성을 살펴보기로 하자.

1) 단당류(monosaccharides)

모든 탄수화물의 기본 단위구조는 각종 단당류로 되어 있는데 이 단당류는 탄소수가 5개인 5탄당과 6개인 6탄당이 대부분이며 그중에서도 6탄당인 포도당이 가장 흔한 것이다.

이들 당류의 특성은 단맛을 내고 물에 녹으며 농축 건조시키면 결정을 형성한다. 또 열량원이 되고 미생물에 쉽게 이용되지만, 고농도에서는 미생물의 번식을 억제한다.

그밖에도 가열하면 카라멜화가 일어나 갈색이 되고, 단백질과 결합해 갈변되며 용액으로 하면 보형성(body)의 촉감을 준다.

자일로오스(α-D-xylose)는 펜토산류의 하나인 자일란(xylan)의 주요 구성단위이며 식물체의 경엽 등에 분포한다. 볏짚, 밀짚, 옥수수 속대, 나무 등에 많고 녹는점 144~145℃, 단맛은 설탕의 60%이고 효모에 의해서 발효되지 않는다.

아라비노오스(β-L-arabinose) 역시 펜토산의 일종인 아라반(araban)이나 기타 일부 고분자 탄수화물들의 주요 구성분 또는 펙틴, 헤미셀룰로오스 등의 구성분으로 보통 β-형으로 존재하는데 녹는 점 160℃, 단맛이 있고 효모에 의해서 발효되지 않는다.

리보오스(α-D-ribose)는 동・식물 세포에 존재하는 핵산(ribonucleic acid, RNA), 아데노신 트리포스페이트(adenosine triphosphate, ATP)의 성분으로 핵산

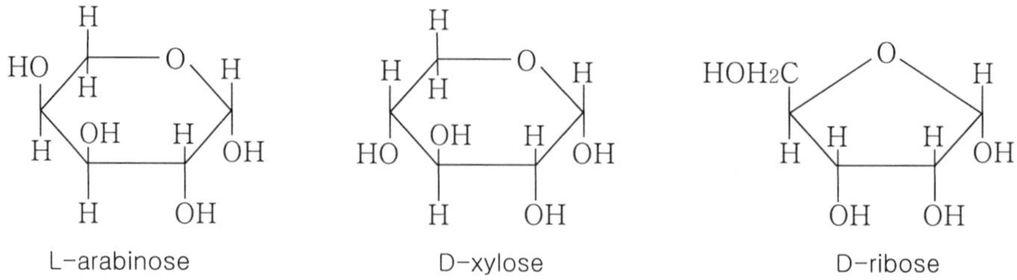

[그림 4-9] β-L-arabinose, α-D-xylose, α-D-ribose

조미료인 5′-모노뉴클레오티드의 구성분이기도 하다.

포도당(α-D-glucose, dextrose)은 전분, 글리코겐, 설탕이 가수분해되어 만들어지며 전화당 등의 주요 구성성분이다. 섬유소는 포도당의 β-중합체이다. 전분을 가수분해하여 얻은 포도당의 농축용액, 결정포도당, 분말포도당 등은 감미료로 사용되며, 조리할 때나 식품 가공할 때 중요하게 사용된다.

포도당에는 α형과 β형의 두 이성질체가 있으며 이들의 녹는 온도는 다르다. 단맛은 α형이 강하다.

사람의 혈액에서 포도당의 농도는 매우 중요하다. 뇌세포들을 비롯한 인체의 모든 세포들의 에너지원은 혈액에서 공급되는 포도당에 의존하고 있으므로 저혈당증이 지속되면 체내 여러 세포들의 정상적인 신진대사 과정이 크게 장애를 받는다.

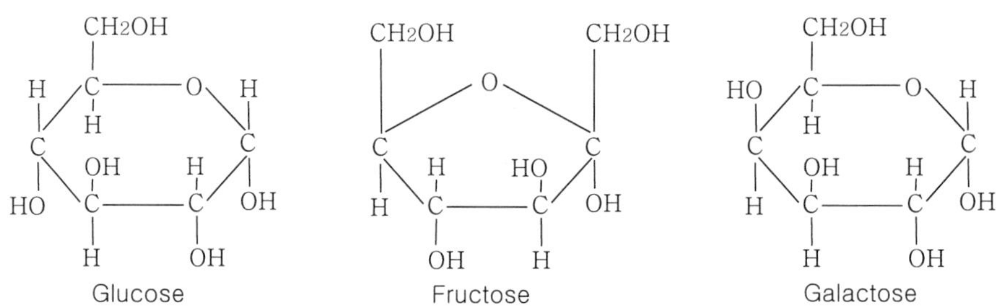

[그림 4-10] 단당류의 구조

과당(β-D-fructose, levulose)은 과실이나 벌꿀 등에 유리상태로 설탕의 주성분인 자당의 구성분이다. 과당에도 α, β형이 있는데 β형이 α형보다 달다. 다른 감미료에 비해서 잘 녹고 점성이 낮으며 흡습성이 강하고 단맛이 가장 강하다.

그밖에 갈락토오스(galactose)와 만노오스(mannose)는 자연 상태에서 유리 형태로 들어 있지는 않고 유당이나 복합 다당류의 구성분으로 존재한다.

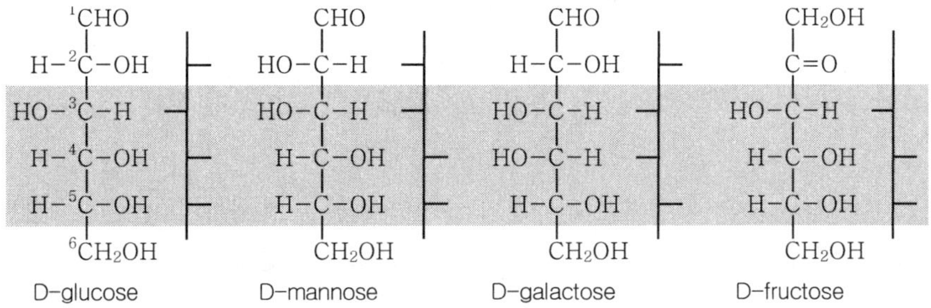

[그림 4-11] 단당류의 종류들

2) 단당류의 유도체들

단당류의 환원형인 당 알코올은 식품가공에 널리 쓰인다. 즉, 솔비톨(sorbitol)은 포도당에 수소가 첨가된 알코올로 감미도는 자당의 반 정도이며 흡습성이 강하다. 식품을 연하게 하거나 수분을 보유할 수 있는 보습제로 캔디류에 사용된다. 자일리톨(xylitol)은 헤미셀룰로오스의 가수분해물인 자일로오스로부터 만들어지며, 만니톨(mannitol)은 갈조류에 들어 있고 습윤제 등에 쓰인다. 이노시톨(inositol)은 두류, 포도 기타 동식물 조직에 들어 있다.

갑각류에는 키틴(chitin)이라는 성분이 들어 있는데 그 구성분은 아미노당류인 D-글루코사민(D-glucosamine)으로 되어 있다. 갈락트론산(galacturonic acid)은 펙틴질의 구성성분으로 들어 있으며 갈락토오스가 산화된 형태이다. 이들은 대부분 복합 다당류의 구성분으로 들어 있다.

당류의 glycosidic OH에 당질이 아닌 성분이 에테르 결합을 한 배당체(glycoside)가 자연에는 많고 이들 중에는 약리작용을 나타내는 것들이 많다. 또 배당체에는 비당질부의 특성에 따라 phenol 배당체, 안토시아니딘 배당체인 안토시아닌(anthocyanin), flavonoid, saponin 등이 있다. 그 밖에도 deoxy sugar, thio sugar 등의 유도체들이 있다.

3) 이당류(disaccharides)

단당류 2개가 결합된 것으로 가장 흔한 것은 설탕의 주성분인 자당(sucrose)이다. 자당은 포도당과 과당이 결합된 것으로 사탕수수나 사탕무에 많이 들어 있다. 감미료의 대표적인 설탕은 이들 원료로부터 추출하여 만든다. 때로는 설탕을 포도당과 과당으로 가수분해한 전화당의 형태로 이용하기도 하지만 최근에는 이성화당의 개발로 전화당을 만들 필요가 없어졌다.

유당(lactose)은 우유에 3% 가량 들어 있는 당으로 포도당과 갈락토오스로 이루어져 있다. 일부 사람들은 이것을 소화시킬 수 없으므로 일부러 분해시킨 유제품도 있다.

맥아당(maltose)은 자연에는 존재하지 않지만 전분을 분해하여 얻을 수 있고 보리를 싹 틔울 때 생성되므로 붙여진 이름이다. 단맛은 그렇게 강하지 않고 물엿 등에 많이 들어 있다.

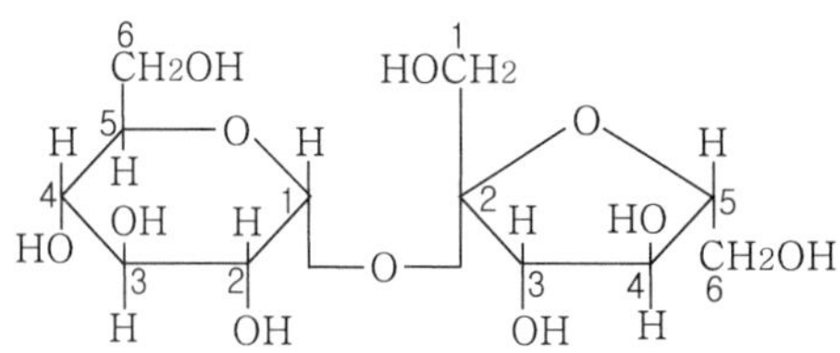

Sucrose

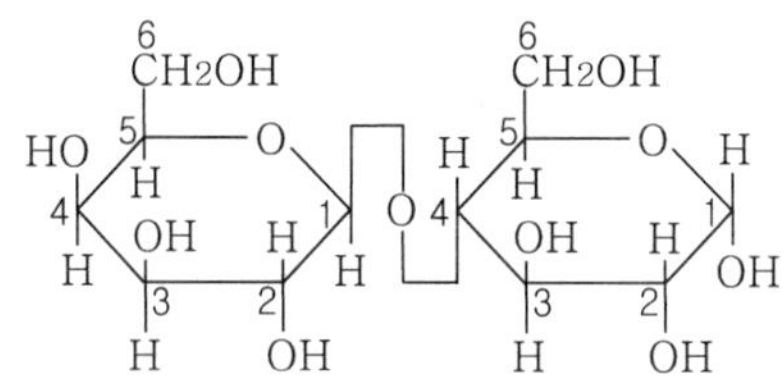

Lactose

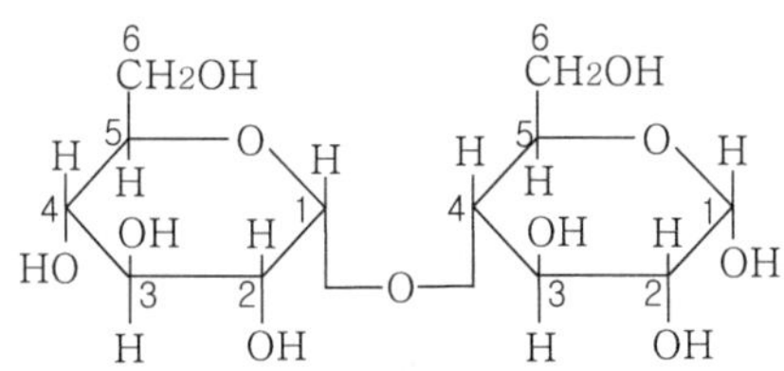

Maltose

[그림 4-12] 이당류의 구조

4) 올리고당(oligosaccharides)

단당류가 대략 3 이상 6개 정도로 이루어진 것을 올리고당이라고 하는데 자연상태로 식품 중에 들어 있는 것은 많지 않으며 구성 단당류도 포도당, 갈락토오스, 과당으로 제한되어 있다. 콩을 비롯한 식물종자와 뿌리, 줄기에 널리 분포되어 있는 3당류인 라피노오스(raffinose)와 4당류인 스타키오스(stachyose)는 소화가 잘되지 않아서 종래에는 영양학적 가치를 인정하지 않았지만 최근에 와서는 다이어트 식품, 장내 정장작용, 물리적 특성을 개선하는 등의 작용을 하고 있어서 기능성 소재로 중요시 되고 있다. 인공적으로 프럭토 올리고당, 말토 올리고당, 갈락토 올리고당 등을 만들어 이용하고 있다.

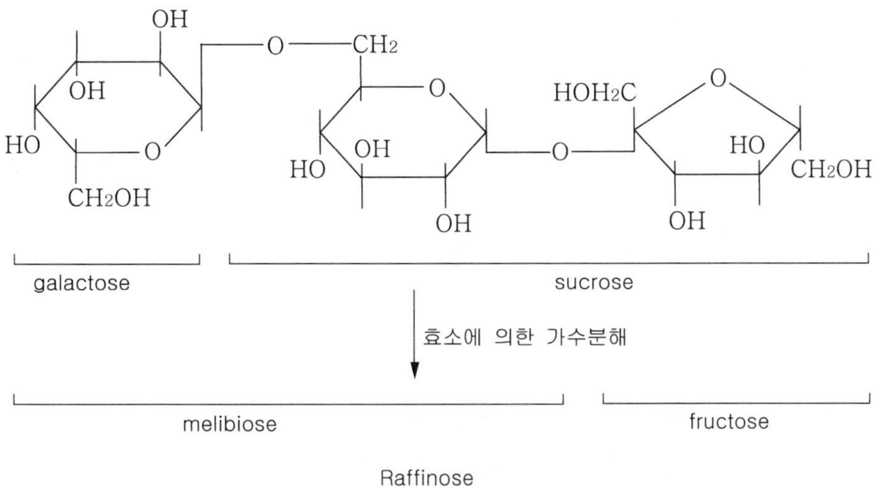

[그림 4-13] Raffinose의 구조와 효소에 의한 가수분해

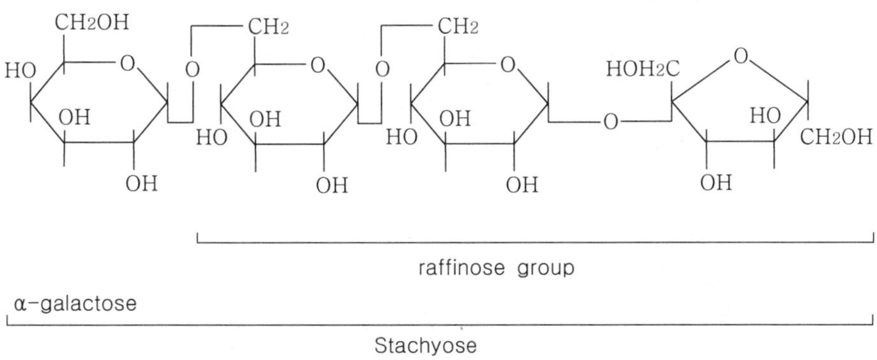

[그림 4-14] Stachyose

5) 다당류(polysaccharides)

다당류는 가수 분해될 때 많은 수의 단당류를 형성하는 분자량이 매우 큰 당류로서 그 구성 당이 한 가지일 때 단순 다당류(homo polysaccharide), 두 가지 이상일 때 복합 다당류(hetero polysaccharide)라고 하며 구성 당이 글루코스만인 경우 글루칸(glucan), 프럭토스인 경우 프럭탄(fructan), 만노스의 경우를 만난(mannan)이라고 한다.

다당류 중에서는 대표적인 것이 전분과 셀룰로오스이며 이들은 모두 포도당 분자로만 이루어져 있다. 전분은 곡류, 감자류의 주성분을 이루고 있다. 가장 많이 생산되고 값이 싸서 주식으로 이용되는 이외에도 적당히 분해시켜 여러 가지 용도로 사용하고 있다.

잎에서 만들어진 당은 종자나 뿌리 등 저장 장소에 운반되어 차곡차곡 쌓아 놓기 위하여 전분의 형태로 만들어지는데 그 구조는 나뭇가지 형태인 여러 갈래로 포도당을 이어 나가되 효과적으로 저장하기 위하여 전분입자의 형태로 존재한다. 이 전분입자는 식물의 종류에 따라 타원형, 원형, 6면체 등 여러 가지 형태로 존재한다.

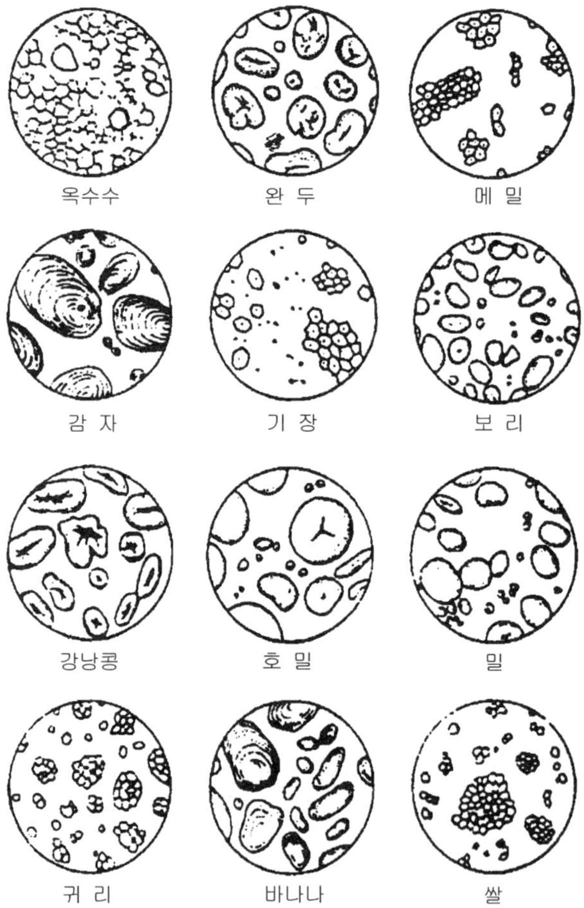

[그림 4-15] 각종 곡류의 전분입자 형태

(1) 전분(starch)과 글리코겐(glycogen)

전분은 일반적으로 세포 내의 세포질에 존재하는 색소체에서 형성되며 그 속에 입자의 형태로 존재한다.

전분분자 중 긴 직선상의 것을 아밀로오스, 가지 친 부분을 아밀로펙틴이라고 한다. 대개 그 비율은 3 : 7이지만 찹쌀과 같은 것은 대부분이 아밀로펙틴으로 되어 있고 이것은 점성이 강해서 찰진 특성을 지닌다. 아밀로펙틴의 가지 친 형태에 대해서는 여러 가지 모델을 제안하였으며 나뭇가지 모양의 메이어의 모형으로 되어 있다고 하였는데 일부 결정성을 이루는 전분입자의 특성 때문에 근래에 와서는 클러스터 모델(cluster model)을 제안하고 있다.

전분은 단맛이 없고 찬물에 녹지 않으며 뜨거운 물에서 풀이 된다. 열량원이 되고 종자나 뿌리 등에 존재한다.

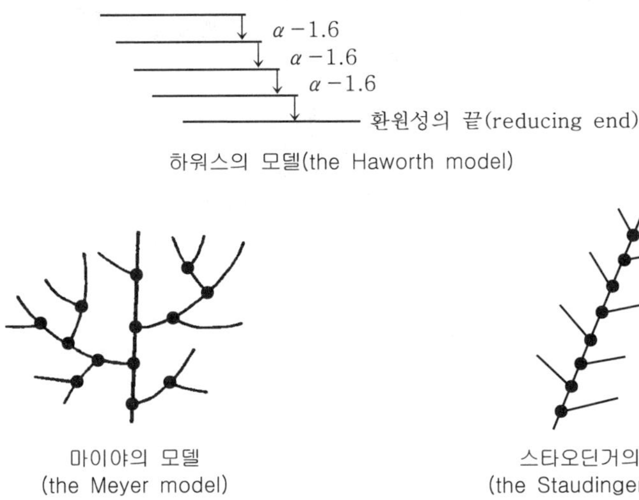

[그림 4-16] 아밀로펙틴 분자 형태의 세 가지 모델

전분입자를 물에 불리면 물을 흡수하여 팽윤하고 가열하면 입자의 미셀구조가 파괴되는데 이것을 호화(gelatinization)라고 한다. 밥을 지으면 호화되고 이렇게 된 것은 소화효소의 작용을 받기 쉽게 된다. 일단 호화된 것을 오래 놓아두면 다시 그 구조가 치밀해지는데 이것을 노화(retrogradation)라 한다. 그렇게 되면 소화가 잘 되지 않는다. 일단 호화되었던 것을 즉시 건조시켜 놓으면 노화되지 않아 물에 쉽게 풀리고 가열하지 않고도 즉석에서 먹을 수 있다. 미숫가루나 비스킷 등이 그 예이다.

전분을 산이나 효소 등을 써서 목적에 따라 적당히 분해하면 수용성 전분, 덱스트린, 말토스, 글루코스 등을 만들 수 있고 이들을 다양한 용도로 이용하고 있다.

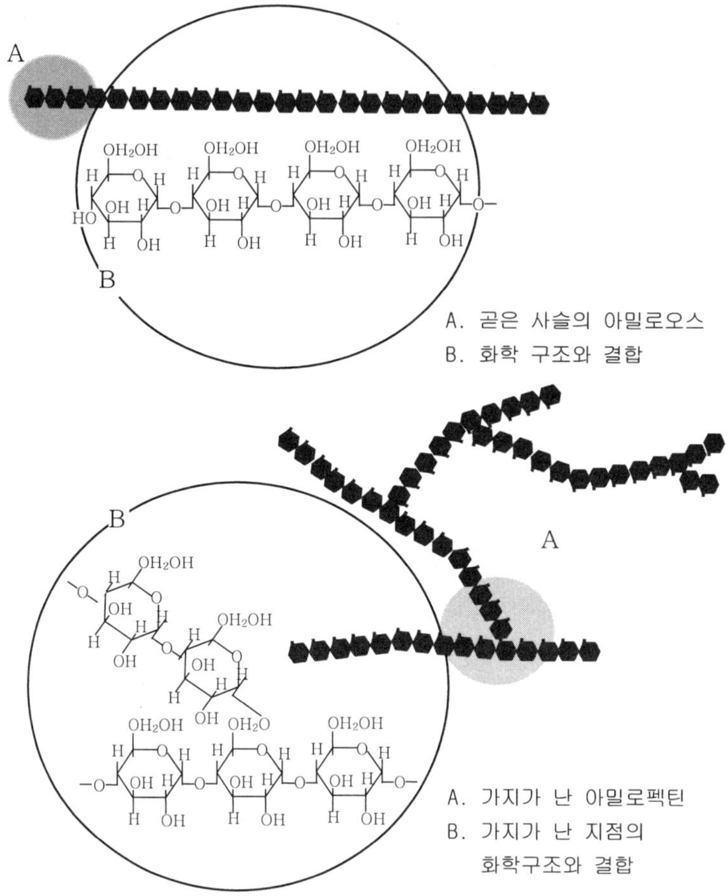

[그림 4-17] 전분의 구조

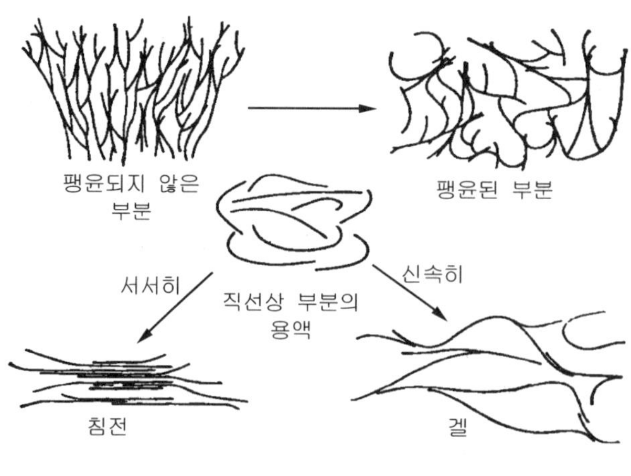

[그림 4-18] 전분의 팽윤, 용해 및 노화의 모형

[표 4-6] 덱스트린의 종류와 성질

종 류	요오드 반응	$[\alpha]^{20}$	환원력 (maltose=100)	침전에 필요한 알코올
amylodextrin	청 색	190~195°	0.6~2	40% 알코올
erythrodextrin	적갈색	194~196°	3~8	65% 알코올
achromodextrin	무 색	192°	10	70%에 녹음
maltodextrin	무 색	181~182°	26~43	70%에 녹음

[표 4-7] 전분당의 종류와 특성

명칭	포도당 당량(D.E.)	감미도	당의 결정성	점도	흡습성	분자량
결정 포도당	99~100	크다	크다	작다	크다	작다
분말 포도당	92~96	↑	↑	↓	↑	↓
고형 포도당	80~85	↑	↑	↓	↑	↓
액상 포도당	55~80	↑	↑	↓	↑	↓
물 엿	35~50	↑	↑	↓	↑	↓
분말상 물엿	20~40	작다	작다	크다	작다	크다

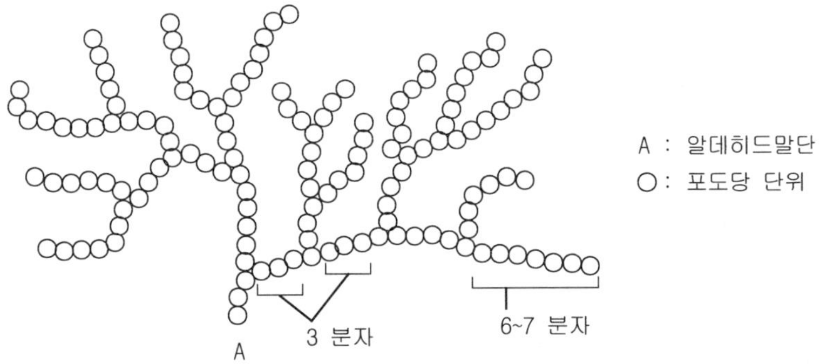

[그림 4-19] 글리코겐의 구조

전분과 그 구조가 거의 같은 글리코겐은 동물체의 간에 저장된다. 분자량은 전분보다 적지만 가지가 훨씬 많다. 이것은 물론 식물체로부터 전분을 포도당으로 분해하여 섭취한 후 에너지원으로 쓰고 남은 것을 간에 저장하므로 동물성 전분이라고도 한다.

(2) 셀룰로오스(cellulose)

식물체의 세포막 성분인 셀룰로오스(cellulose)는 포도당만으로 구성되어 있지만 그 결합형태가 β-1.4 결합을 한 것이 달라서 인체 내의 소화효소로 분해되지 않기 때문에 이용되지 못한다. 그러나 채소류나 곡류에 들어 있는 부드러운 섬유질은 음식의 소화를 도우며, 담즙산 분해물 등을 봉쇄 제거하는 등 이로운 작용을 하므로 식이 섬유를 기능성 소재로 최근에 중요시하고 그런 유사제품이 개발되고 있다.

섬유질에는 셀룰로오스 이외에도 헤미셀룰로오스(hemicellulose)나 펙틴(pectin)질을 포함시키고 있다. 헤미셀룰로오스 역시 세포벽 성분으로 셀룰로오스와 함께 들어 있지만 구성은 mannose, galactose, xylose, arabinose 등 다양한 성분으로 이루어진 구조가 복잡한 당이다.

셀룰로오스의 구조를 일부 화학적으로 변경시킨 유도체들은 그 종류가 많으며 식품, 섬유 기타 공업용으로 널리 쓰인다. 카복시메틸셀룰로오스의 나트륨염은 cellulose gum이라고도 하며 점도를 증가시키거나 교질을 안정시키는 작용을 하여 아이스크림 등에 요긴하게 쓰인다.

(3) 펙틴질(pectic substances)

펙틴질은 식물체의 세포막 또는 그 사이에 존재하는 폴리갈락트론산의 메틸에스테르 화합물이다. 덜 익은 과일 중에는 물에 녹지 않는 protopectin으로 들어 있다가 익으면 펙틴산으로 분해되어 물에 녹는데 이들을 합하여 펙틴질이라 한다. 시판 펙틴질의 평균 분자량은 60~150,000으로 다양하다.

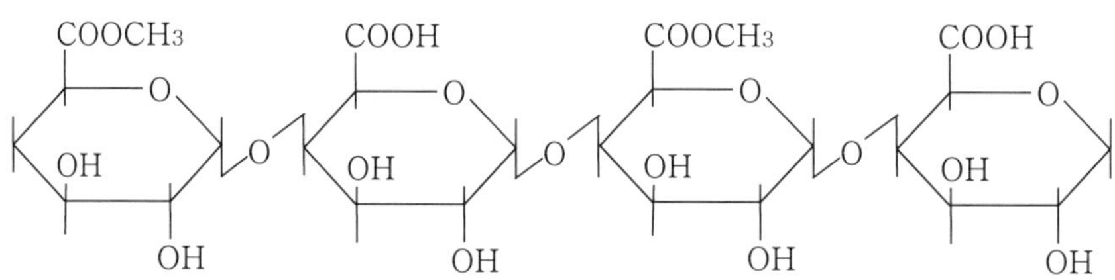

펙틴

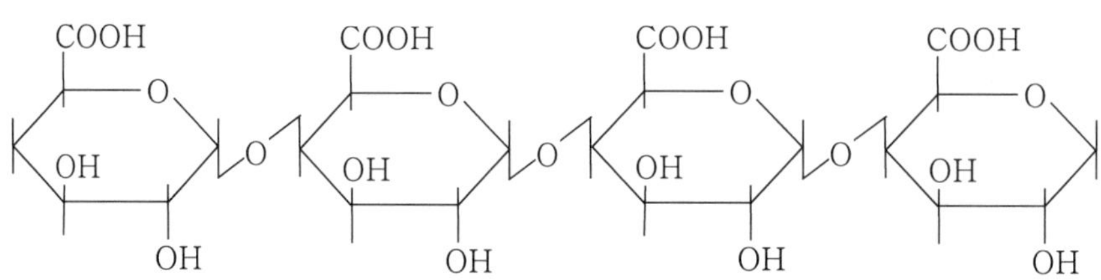

펙틴산(polygalacturonic acid)

[그림 4-20] 펙틴 및 펙틴산의 구조

펙틴질에 적당한 산과 설탕을 가하면 물을 흡수하여 탄력 있는 겔을 형성하므로 젤리나 잼을 만드는 원료로 이용한다. 펙틴질은 분자 내에 메틸화 정도에 따라 겔 형성 능력과 속도가 달라진다.

펙틴은 메톡실 함량이 이론상 16.32%가 될 수 있으나 최대 함량은 14%이며 7% 이상인 것을 고메톡실 펙틴, 그 이하인 것을 저메톡실 펙틴이라 하며 용도가 다르다.

(4) 그 밖의 다당류들

이눌린(innulin)은 과당의 중합물로 국화과의 구근, 특히 돼지감자에 들어 있고 사람은 소화시키지 못하지만 돼지는 소화시킨다는 데서 그 명칭이 붙어 있다. 헤미셀룰로오스(hemicellulose)는 셀룰로오스와 유사하나 그 분자구조나 크기가 일정하지 않은 한 부류의 화합물이다. 리그닌(lignin)은 조섬유질의 성분으로 셀룰로오스나 헤미셀룰로오스와 함께 존재하나 본질적으로 탄수화물이 아니고 방향족 화합물의 중합체이다.

한천이나 알긴산, 카라기난 등은 탄수화물의 각종 유도체가 복잡한 구조를 이루고 있어 분해되기 어려운 복합 다당류이다. 우뭇가사리 등 해조류에 많지만 종자나 수액에도 들어 있고 물을 흡수하여 점성을 나타내거나 겔을 형성하고 여러 가지 물질을 포용하는 등 성질이 다양하여 종류에 따라 용도에 맞게 이용되고 있다. 섬유소나 전분 등을 인공적으로 변형시켜 이런 용도로 이용되고 있는 것도 있다.

키틴(chitin)은 갑각류, 곤충 및 곰팡이 포자의 성분으로 이들의 골격을 이루는 역할을 한다. 강산으로 가수분해하면 아세트산, N-글루코사민이 형성되며 복잡한 구조 때문에 식이섬유의 역할 등 여러 가지 기능적 특성을 가지고 있어 요긴하게 쓰이고 있다.

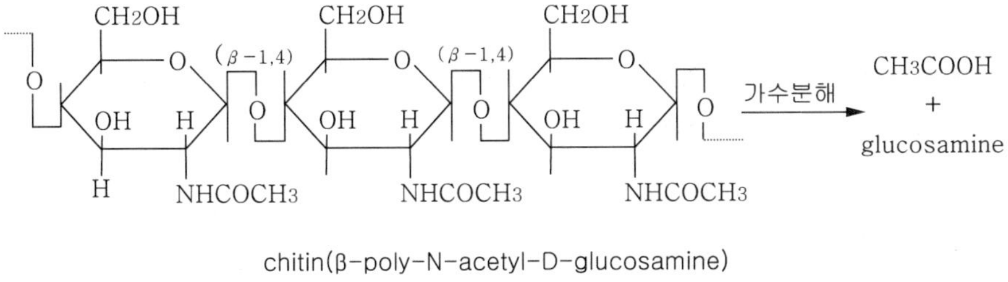

[그림 4-21] 키틴의 분자구조와 가수분해 생성물질들

[표 4-8] 가공식품 중 호료의 이용

성 질	용 도	예
접착제	제 빵	한 천
결착제	소시지	locust bean gum
부형제	저열량액	gum arabic
결정방지제	아이스크림, 시럽	sodium alginate, CMC
청징제	맥주, 포도주	한 천
혼탁안정제	과실주스	gum arabic
도포제	제 과	gum arabic
유화제	샐러드드레싱	propyleneglycol alginate
피복제	고정 분말 향료	gum arabic
피막형성제	소시지포장, 보호막	sodium alginate
flocculating agent	포도주	sodium alginate
기포안정제	맥주, whipped toppings	propylene glycol alginate
겔화제	푸딩, 디저트	해조추출물
이형제	젤리, 캔디	gum arabic
보호교질	향료유화액	gum arabic
안정제	맥주, 마요네즈	CMC
분산제	초코밀크	carrageenan
팽윤제	가공육류	guar gum
syneresis 억제	치이즈, 냉동식품	guar gum

3. 지방질(lipids)

지방질은 식물의 종자나 동물의 조직에 들어 있는 성분으로 탄수화물이나 단백질과 함께 동물조직을 구성하고 여러 가지 생리작용과 에너지를 공급하는 중요한 영양소이다. 기름기 있는 식품은 위에 오래 머물기 때문에 든든하고 각종 향미물질, 색소, 비타민류를 함유하므로 맛과 영양학적으로 중요하며 조직감을 부여하는 등과 같은 여러 가지 역할을 한다.

1) 지방질의 구조와 종류

지방질은 글리세린 등의 알코올에 각종 지방산이 결합된 에스테르 화합물이어서 지방산의 종류에 따라 그 성질이 다르다. 즉, 탄소수가 8 이하의 저급지방산은 휘발되기 쉽고 냄새가 나며 물에 녹지만 16 이상의 고급지방산은 냄새도 나지 않고 물에 녹지 않는다. 자연 상태에서는 탄소 수가 16~20인 지방산이 대부분을 차지하고 있다.

글리세린은 3가 알코올인데 여기서 3 분자의 지방산이 결합된 것을 중성지질 또는 트리글리세리드(triglyceride)라 하며 우리가 사용하는 식용유의 95% 이상을 차지하고 있다. 지방산이 둘만 결합된 것을 디글리세리드, 하나의 경우는 모노글리세리드라고 하는데 이들은 분자 내에 친수성기와 친유성기를 함께 가지고 있어서 물에 지방질을 녹일 수 있는 유화제로 사용된다.

지방질 중에는 글리세린이 아닌 고급 알코올에 한 분자의 지방산이 결합된 것도 있는데 이것을 왁스(wax)라고 한다. 왁스는 식물체의 잎, 밀랍, 생선 등에 들어 있고 식용하지 않기 때문에 중요하지 않다.

지방의 종류는 원료에 따라 식물성 지방과 동물성 지방으로 구분하는데 식물성 지방은 불포화지방산이 많아 상온에서 액체이고 동물성 지방 특히 우지는 스테아르산(stearic acid)이라고 하는 포화지방이 많아서 고체이다. 우리가 소고기 요리를 먹고 나면 입안이 텁텁한 것도 이 때문이다. 또 동물 지방은 콜레스테롤과 포화지방을 많이 가지고 있어서 영양학적으로 좋지 않아 요즈음에는 식물성 지방을 선호하고 있다.

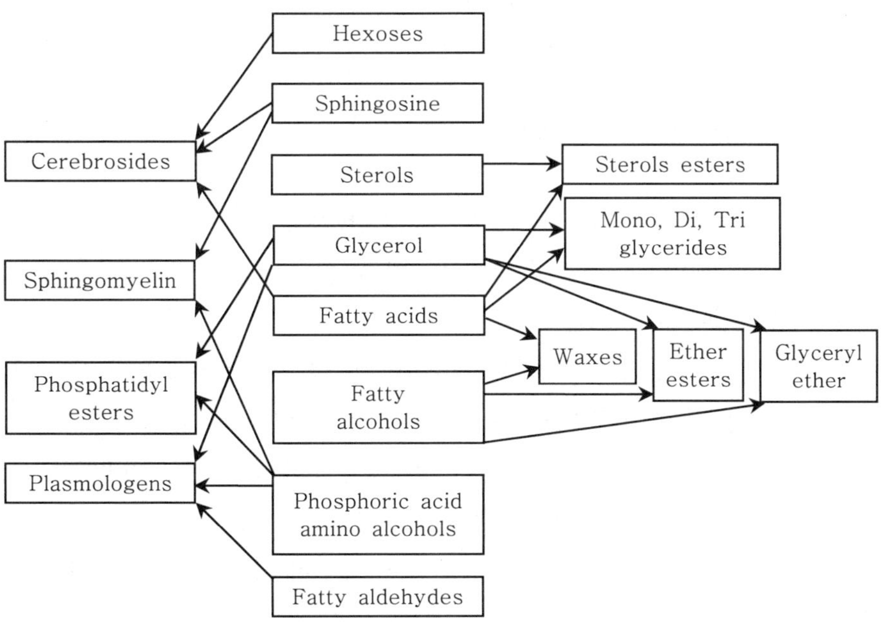

[그림 4-22] 지방질의 상호관계

[표 4-9] 포화 지방산의 종류와 특성

일반명	탄소수	분자식	녹는점	끓는점(°C)	소 재
Formic acid	1	$HCOOH$	8.4	100.5	
Acetic acid	2	CH_3COOH	16.7	118.5	
Propionic acid	3	C_2H_5COOH	−22	141.3	
Butyric acid	4	C_3H_7COOH	−8	162	우유지방, 버터
Valeric acid	5	C_4H_9COOH	−34.5	186.3	돌고래의 정유
Caproic acid	6	$C_5H_{11}COOH$	−2	205	버터, 야자유
Heptylic acid	7	$C_6H_{13}COOH$	−9	240	토란과 식물유
Caprylic acid	8	$C_7H_{15}COOH$	16	237	버터, 야자유
Capric acid	10	$C_9H_{19}COOH$	31.5	270	버터, 야자유
Lauric acid	12	$C_{11}H_{23}COOH$	44		월계수유, 야자유
Myristic acid	14	$C_{13}H_{27}COOH$	58		동식물유지
Palmitic acid	16	$C_{15}H_{31}COOH$	64		동식물유지
Stearic acid	18	$C_{17}H_{35}COOH$	72		동식물유지, 쇠기름
Arachidic acid	20	$C_{19}H_{39}COOH$	77		동식물유지

[표 4-10] 불포화 지방산의 종류와 특성

일반명	탄소수	분자식	이중 결합수	녹는점 (°C)	소재
Oleic acid	8	$CH_3(CH_2)_7CH=CH(CH_2)_7COOH$	1	12	동식물유지
Linoleic acid	18	$CH_3(CH_2)_3(CH_2CH=CH)_2(CH_2)_7COOH$	2	−5	식물유(반건성유)
Linolenic acid	18	$CH_3(CH_2CH=CH)_3(CH_2)_7COOH$	3	−11	아마인유(건성유)
Arachidonic acid	20	$CH_3(CH_2)_3(CH_2CH=CH_4(CH_2)_3COOH$	4	−49.5	동물내장지방

그러나 야자유와 같은 식물성 지방에는 포화지방산인 팔미트산이 주성분으로 들어 있어 동물성 지방과 유사한 특성을 갖는다. 어유는 동물성 지방이지만 불포화지방산을 많이 함유하고 있다.

유지의 특성은 그 유지를 구성하는 지방산의 종류와 유지성분에 녹아 있는 향미물질에 따라 달라진다. 저급지방산은 녹는점이 낮고 휘발성이거나 냄새가 나며 고급지방산은 비휘발성이다. 포화지방산은 상온에서 고체이며 불포화지방산은 녹는점이 낮아 액체이나 저장 중 쉽게 산패된다. 이와 같이 구성 지방산이 유지의 특성을 결정해 주는데 각종 유지의 지방산 조성과 그 밖의 특성을 보면 [표 4-11]과 같다.

[표 4-11] 각종 유지의 특성

유지 \ 구분	지방산 (%)																비누화가	불검화물	비중 (20/20℃)	굴절률
	6:0	8:0	10:0	12:0	14:0	16:0	18:0	20:0	22:0	24:0	16:1	18:1	18:2	18:3	20:1	22:1				
면실유	-	-	-	-	1	29	4	미량	-	-	2	24	40	-	-	-	189~198	1.5 이하	0.916~0.918	1.468~1.472
낙화생유	-	-	-	-	미량	6	5	-	3	1	미량	61	22	-	-	-	188~196	1.5	0.911~0.922	1.470~1.473
해바라기기름	-	-	-	-	-	11	6	-	-	-	-	29	52	-	-	-	188~194	1.5 이하	0.915~0.919	1.472~1.474
옥수수 기름	-	-	-	-	-	13	4	미량	미량	-	-	29	54	-	-	-	187~193	2.0 이하	0.915~0.920	1.470~1.474
참기름	-	-	-	-	-	10	5	-	-	-	-	40	45	-	-	-	187~194	1.5	0.917~0.924	1.473~1.476
유채유	-	-	-	-	-	3.8	1.6	-	-	-	-	32.9	17.5	9.0	12.4	42.4	169~177	1.5	0.910~0.918	1.472~1.474
대두유	-	-	-	-	미량	11	4	미량	미량	-	-	25	51	9	-	-	189~195	1.5 이하	0.917~0.921	1.470~1.476
올리브유	-	-	-	-	미량	14	2	미량	-	-	2	64	16	-	-	-	188~196	1.8 이하	0.909~0.915	
팜유	-	-	-	-	1	48	4	-	-	-	-	38	9	-	-	-	195~205	0.8 이하	0.898~0.901	1.453~1.456
잇꽃씨기름	-	-	-	-	미량	8	3	미량	-	-	-	13	75	1	-	-	188~194	1.5 이하	0.919~0.924	1.432~1.475
코코넛유	0.5	9.0	6.8	46.4	18.0	9.0	1.0	-	-	-	-	7.6	1.6	-	-	-	250~264	0.5 이하	0.869~0.874	1.448~1.450
팜핵유	-	2.7	7.0	46.9	14.1	8.8	1.3	-	-	-	-	18.5	0.7	-	-	-	230~250	0.2~0.5	0.893	1.443
코코아 버터	-	-	-	-	-	26.2	34.4	-	-	-	-	37.3	2.1	-	-	-	190~198	1.0 이하	0.856~0.864	1.453~1.458
우지	-	-	-	-	6.3	27.4	14.1	-	-	-	-	49.6	2.5	-	-	-	193~202	0.74	0.860~0.870	46~49
돈지	-	-	-	-	1.8	21.8	8.9	0.8	-	-	4.2	53.4	6.6	0.8	0.8	-	195~202	1.0 이하	0.858~0.864	45~49
양지	-	-	-	-	4.6	24.6	30.5	-	-	-	-	36.0	4.3	-	-	-				
닭기름	-	-	-	1.9	2.5	36.0	2.4	-	-	-	8.2	48.2	0.8	-	-	-				
정어리 기름	-	-	-	-	6.4	12.7	0.9	-	-	-	8.8	2.7	-	-	14.1	20.8	180~192	0.5~1.7		1.473~1.478
대구 기름	-	-	-	-	1.4	19.6	3.8	-	-		3.5	13.8	-	-	3.0	1.0				

우리나라에서 가장 많이 이용되는 기름은 콩기름과 팜유(palm oil)인데 콩기름 중에는 리놀레산(linoleic acid)과 리놀렌산(linolenic acid)이 많고 팜 야자에서 추출하는 팜유에는 팔미트산(palmitic acid)이 많이 들어 있다. 참기름은 향이 독특하여 우리나라에서 유난히 많이 이용된다. 한때는 우지를 라면 튀김용으로 사용하였지만 지금은 사용하지 않는다. 해안지방에서는 어간유가 이용되지만 쉽게 산패되기 때문에 품질이 좋지 않다.

불포화 지방은 쉽게 산화되어 산패취를 내기 때문에 미리 수소를 첨가한 소위 경화유가 마가린이나 쇼트닝 등을 만드는데 많이 쓰인다.

지방질 식품은 저장하는 동안 산패되어 품질을 손상시키기 때문에 산소와 접촉을 피하고 산화방지제 등을 첨가하여 산패를 방지한다.

글리세리드나 왁스 등을 단순지질이라 하는데 그 밖의 성분들이 결합된 복합지질 중에도 중요한 것들이 있다. 인지질(phospholipids)은 글리세리드에 결합된 3개의 지방산중 하나가 인산과 콜린(choline)이 결합된 분자로 바뀌어 있는 것으로 레시틴(lecithin)은 같은 분자내의 지방산이 지방질을, 인산기에는 물을 끌어당기는 힘이 있어 물에 함유된 지방을 적당히 분산시키는 역할을 할 수 있어 생체 내에서 뿐만 아니라 식품의 유화제로 널리 쓰이고 있다. 콩기름을 짜서 정제할 때 부산물로 생산되는 대두 레시틴이 첨가제로 널리 쓰이고 달걀 노른자에도 이런 성분이 들어 있기 때문에 마요네즈를 만들 때 별도의 유화제를 첨가하지 않아도 기름이 잘 분산될 수 있다.

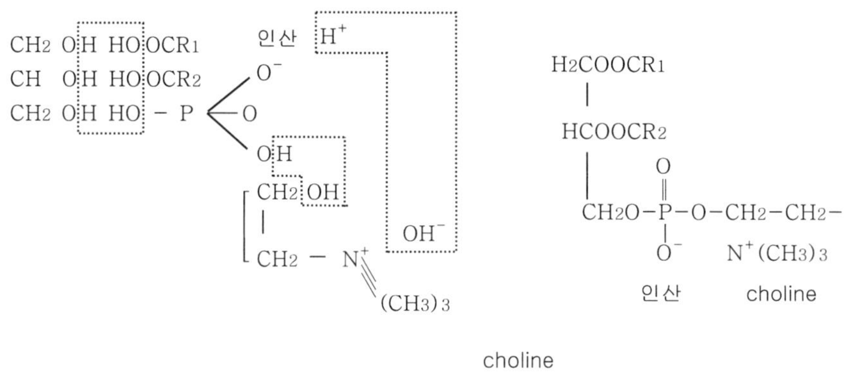

[그림 4-23] 레시틴(lecithin)의 분자구조

스테롤류는 스테로이드(steroid) 기본구조를 갖는 일련의 화합물을 총칭하는 것으로 대표적인 것은 콜레스테롤(cholesterol)이며 고기, 생선, 달걀 등의 지방성분에 함께 들어 있다. 이 콜레스테롤은 체내에서 성호르몬의 합성, 세포막 성분 등 중요한 일을 하지만 필요 이상의 것은 동맥경화, 고혈압의 원인성분이 된다하여 선진국에서는 섭취를 줄이려고 노력하고 있다. 식물성 스테롤 가운데 에르고스테롤(ergosterol)은 버섯, 효모 등에 들어 있고 체내에서 비타민 D로 전환되므로 중요하다.

최근에 도코사헥사에노익산(docosahexaenoic acid, DHA), 에이코사펜타에노익산(eicosapentaenoic acid, EPA), γ-리놀렌산 등이 호르몬 역할을 하는 프로스타글란딘(prostaglandin)을 생성하는 구성 인자가 된다하여 기능성 식품으로 개발되고 상어 간유 등에 들어 있는 스쿠알렌은 피부, 혈액 및 그 밖의 신체에 작용한다하여 건강식품으로 이용되고 있다.

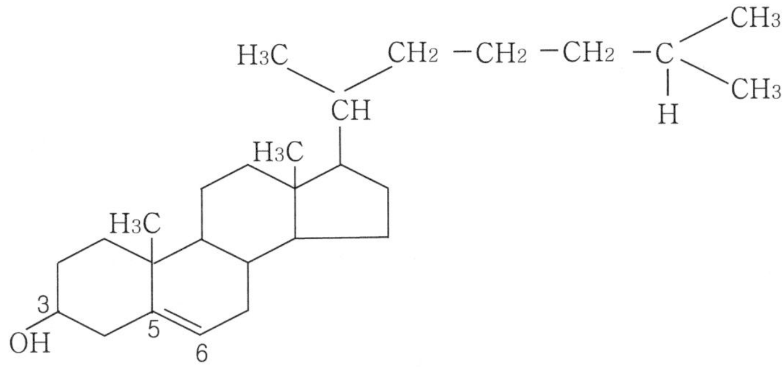

[그림 4-24] 콜레스테롤(cholesterol)의 분자구조

2) 유지의 물리적 특성

고체 유지는 다른 순수한 화합물들과는 달라서 일정한 온도에서 예민하게 녹지 않고 넓은 범위의 온도에 걸쳐서 녹는다. 그 이유는 유지를 구성하는 지방산의 종류가 다양하고 결정의 배열이 다른 소위 동질다형(polymorphism)현상을 나타내기 때문이다.

이와 같은 용융 특성은 가소성(plasticity)과도 연관된다. 가소성이란 외부에서 힘을 작용하면 변형되고 작용하는 힘이 제거된 후에도 원상태로 복구되지 않는 특성을 말하며 버터나 마아가린에서는 중요한 특징이다. 이러한 녹는점을 측정하는데 여러 가지 간접적인 방법 즉, 연화점, 활동점, 숏트융점 등을 지표로 이용하고 있다.

유지의 비중은 완전한 액체이거나 고체인 경우에는 비교적 일정한 수치를 나타내지만 반고체로 존재할 경우에는 결정형태가 다르고 액체유지가 들어 있어 비중이 일정하지 않다. 비중은 보통 25℃에서 측정하지만 녹는점이 높은 고체 유지는 40℃ 또는 60℃에서 측정하는 수도 있다. 유지의 비중은 일반적으로 불포화 지방산이 많을수록 증가하고 지방산기의 길이가 길어질수록 감소한다. 고체지방인 쇠기름은 0.895, 버터지방은 0.907~0.912이지만 대부분의 식물성 기름은 대략 0.920~0.930 내외이다.

유지의 종류에 따라 굴절율이 달라짐을 이용하여 유지 종류를 식별하는데 쓰이는데 굴절률 또한 2중 결합의 수가 많을수록 커지고 지방산기의 탄소수에 비례하여 증가한다.

튀김용 유지를 가열하여 발연점, 인화점, 연소점 등을 측정하는데 이것은 열안정성을 시험할 목적으로 사용된다.

3) 유지의 화학적 특성

유지의 식별, 순도, 변질 등을 보기 위해서 여러 가지 화학적 성질의 지표를 이용한다.

검화값(saponification number)은 유지 1g을 검화하는데 소요되는 수산화칼륨(KOH)의 밀리그램수로서 분자량에 반비례한다. 저급 지방산이 많은 버터기름은 253~262인데 반해서 고급 지방산이 많은 평지씨 기름은 168~179이고 그 밖의 유지들은 그 중간 정도이다.

유지 구성 지방산의 불포화도를 나타내는 데는 요오드값을 측정한다. 요오드값(iodine number)은 100g의 유지가 흡수하는 요오드(I_2)의 그램 수로 표시하고 산가는 유지 1g 중에 존재하는 유리지방산을 중화하는 데 필요한 수산화칼륨의 mg 수로써, 정제상태가 불량하거나 오래되어 산화된 경우 그 값이 높다.

[표 4-12] 대표적인 유지의 산가(acid value)

유지의 종류	산 가	유지의 종류	산 가
소기름(beef tallow)	0.25	팜유(palm oil)	10
버터(butter)	0.45~35.4	낙화생유(peanut oil)	0.8
피마자유(castor oil)	0.12~0.80	참기름(seasame oil)	9.8
코코넛유(coconut oil)	2.5~10.0	대두유(soybean oil)	0.3~1.8
옥수수유(corn oil)	1.37~2.02	평지씨 기름(rapeseed oil)	0.36~1.0
면실유(cotton seed oil)	0.6~0.9	해바라기 기름(sunflower oil)	11.2
아마인유(linseed oil)	1.0~3.5	돼지 기름(lard)	1.56
올리브유(olive oil)	0.3~1.0	간유(cod liver oil)	5.6
동유(tung oil)	2.0	고래 기름(whale oil)	1.9

4) 유지와 쇼트닝성(shortening properties)

도넛, 케이크, 비스킷 등의 조직이 아삭아삭하면서도 쉽게 부스러지기 쉬운 특성을 유지에 의한 것이다. 빵류는 발효 과정 중 팽창하여 부풀리게 되는데 이때 내부 조직을 개선하는 데도 지방의 역할이 중요하다. 이런 목적으로 버터나 돼지기름이 사용되어 오다가 마아가린, 쇼트닝 등이 개발되어 이용되고 있다.

5) 유지의 산패

유지나 유지가 들어 있는 식품을 저장하게 되면 산화되어 유리지방산, 과산화지질, 냄새가 나는 카보닐 화합물들이 생성되어 영양이나 풍미 그 밖의 품질에 손상을 주는데 이런 현상을 유지의 산패(rancidity)라고 한다. 그 원인은 외부로부터 불쾌치를 흡수하는 경우, 가수분해에 의한 경우, 산화에 의한 경우 등이 있다. 그 중에서도 자동산화에 의해서 산패되는 경우가 가장 흔하며 잘 밝혀져 있다. 이 변화는 초기에 유리기가 생성되고 중간에 연쇄반응이 일어나 과산화물이 생성되며 마지막에 냄새성분 등이 생성되는데 그 구체적인 반응은 [그림 4-25]와 같다.

자동산화는 이중결합 수, 효소작용, 방사선 조사, 감광체, 헤미 화합물 등에 의해서 촉진된다. 유지의 산패 정도는 오븐테스트, 산소흡수도, 과산화물값, 카보닐값, TBA값 등을 측정하여 판별한다.

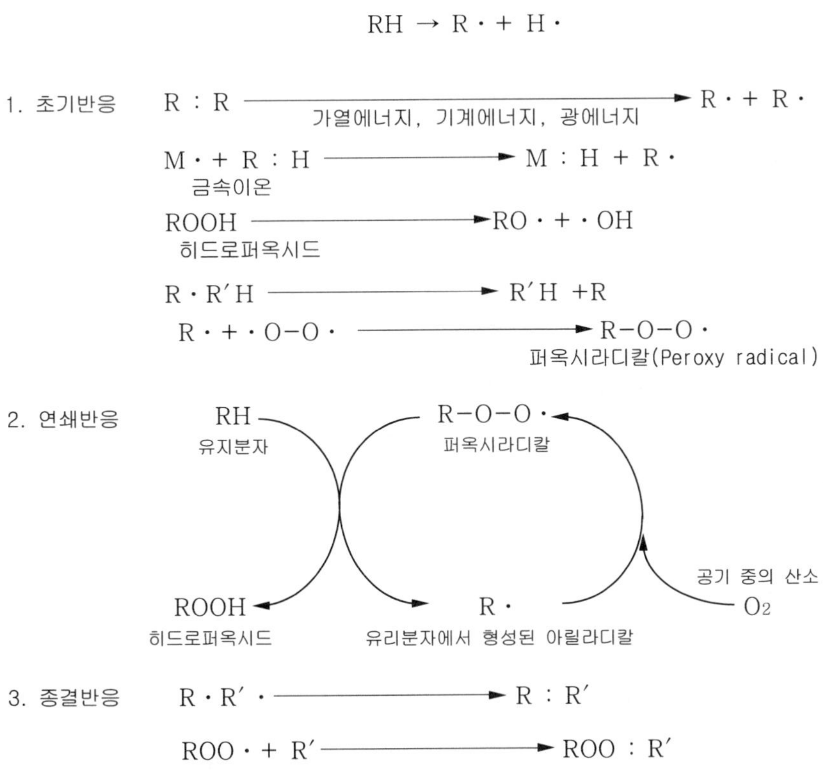

[그림 4-25] 유지의 자동산화반응

6) 유지의 영양과 건강

유지는 열량원 이외에 우리 몸에 필수적으로 필요한 리놀렌산, 아라키도닉산 등의 지방산이 필요한데 아라키도닉산은 리놀레산으로부터 합성이 가능한 것으로 알려져 있다.

사람의 전립선(prosta gland)에서 형성되는 극미량의 산성 지방성분이 자궁의 수축, 혈압강하 등의 호르몬 작용을 하는 것을 확인하였고 그 성분을 프로스타글란딘 (prostaglandin)이라 하였다. 그 후 이 성분이 단일물질이 아니고 여러 종류가 있음을 확인하였으며 이들은 위의 필수 지방산으로부터 생성됨을 알았다. 근래에 와서 지방을 많이 섭취하는 나라들에서 심장질환 등 순환기 장애로 사망하는 비율이 높아지면서 지방질의 과다섭취가 관련이 있다고 생각하고 있다. 지방질 중에서도 콜레스테롤이 주원인이 되는데 혈액 중의 혈청 콜레스테롤의 농도는 이들을 운반하는 역할을 하는 지질 단백질 중 저밀도 지질단백질(low density lipoprotein, LDL)이 관계가 있다고 알려져 있다.

4. 단백질(proteins)

모든 생물체는 세포로 구성되어 있고 세포의 가장 중요한 부분은 세포핵인데 이 핵의 구성성분은 핵산 단백질이다. 따라서 생명의 기본 구성분은 단백질이다. 이 단백질은 생명체의 기본성분으로서 단백질의 생합성에 의하여 손상된 조직이 복구되고 생체 내에서 일어나는 대사 작용 즉, 화학반응을 일으키는데 필요한 각종 효소의 구성성분이 된다. 식품을 가공할 때 겔 형성, 중합체 등 물리적 특성에 중요하고 그 분해물은 향미성분으로서도 중요하다.

1) 단백질의 구조와 종류

단백질은 아미노산이 펩타이드 결합으로 연결된 고분자 물질로서 탄소, 수소, 산소 등이 기본이고 때로는 황이나 인 등을 함유하기도 한다. 그런데 펩타이드 결합으로 긴 사슬을 이룬 것이 병풍을 펼쳐 놓은 섬유상의 형태를 하거나 사선상으로 꼬인 구형의 형태를 이루는데 이와 같은 나선구조(α-helix)를 2차 구조라 하고 펩타이드 구조를 1차 구조라고 부르기도 한다. α-helix를 이루는 구조는 아미노산의 수소결합이나 다른 결합력으로 반발력과 인력이 작용하여 입체구조를 안정시킨다. 대개는 두 줄기가 꼬인 소위 2중 나선구조(double helix)를 이루고 동물의 결체조직을 이루는 것은 3중 나선구조를 이루기도 한다.

이러한 나선구조의 단백질은 보다 복잡하게 서로 엉켜 공 모양이나 섬유상을 이룬다. 보다 치밀하고 일정한 모양을 하며 여러 가지 형태의 구조가 함께 섞여 있는 것을 3차 구조라 한다. 생물체의 종류나 부위에 따라 단백질은 각각 독특한 3차 구조를 이루고 있다. 때로는 이러한 3차 구조를 이룬 단백질끼리 다시 회합(association)하여 4차 구조를 이룬다. 이상과 같이 복잡한 구조를 이루는 요인은 아미노산의 종류가 많고 이들 아미노산들의 배합순서에 따라 결합력이 다르기 때문이다. 이런 단백질은 지방이나 탄수화물 등과도 결합하여 소위 복합 단백질의 형태로 존재하는 등 매우 복잡하여 식품의 종류나 부위에 따라 단백질의 특성이 달라진다.

단백질은 그 출처에 따라 동물성 단백질, 식물성 단백질, 대두 단백질, 우유 단백질, 어류 단백질 등으로 구분되고 용해도에 따라 물과 염 용액에 녹는 알부민(albumin), 물에 잘 녹지 않고 염류용액에 녹는 글로불린(globulin), 70~80% 에탄올에 녹는 프롤라민(prolamin), 산이나 알칼리에 녹는 글루텔린(glutelin), 일체의 수용액에서 녹지 않는 경성 단백질(sclero protein) 등으로 구분된다.

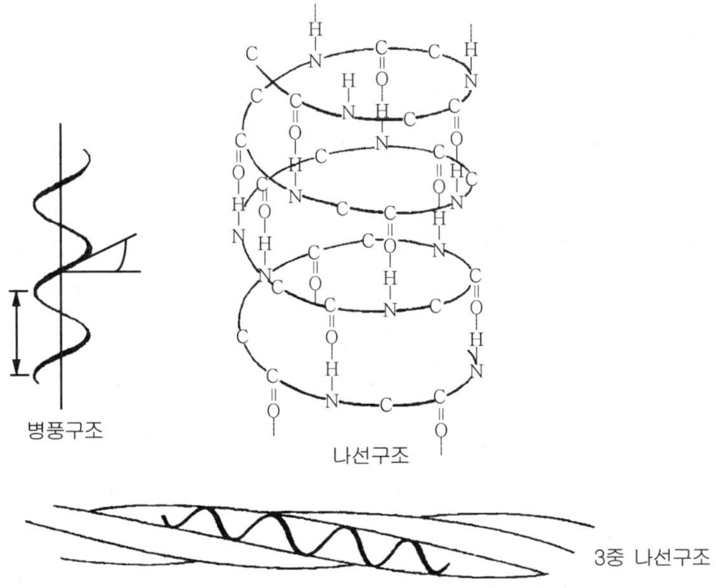

[그림 4-26] 단백질의 구조

또 그 조성에 따라 아미노산들로만 구성된 단순 단백질(simple protein), 다른 성분들을 함께 가진 복합 단백질(compound protein), 그리고 단백질을 가열하거나 산, 알칼리로 작용시켜 그 구조가 다소 변경된 단백질이나 그 유도체들을 유도 단백질(derived protein)이라 한다.

2) 아미노산

단백질을 구성하는 기본단위인 아미노산은 분자 내에 아미노기와 카르복실기를 기본으로 하고 때로는 황을 가지거나 히드록시기를 가지고 있으며 사슬 형태의 지방족 아미노산, 페놀 등의 구조를 한 방향족 화합물, 이미노기를 가진 것, 카르복실기의 수에 비하여 아미노기가 많은 염기성 아미노산, 그 반대의 산성 아미노산 등 다양한 형태를 이룬다. 자연계에는 많은 종류의 아미노산이 있지만 흔한 것은 대략 20종이다.

우리는 먹은 음식 중의 단백질을 아미노산으로 분해하여 흡수하고 이것을 다시 우리 몸에 필요한 단백질을 합성하는데 많은 아미노산 중 없어서는 안 될 아미노산 즉, 필수 아미노산은 isoleucine, leucine, lysine, methionine, phenylalanine, threonine, valine, tryptophan이고 어린이에게는 histidine이 추가로 필요하다.

3) 단백질의 일반적인 특성

단백질은 분자량이 수만에서 수백만에 달하고 물에 녹으면 콜로이드를 형성한다. 그 구조가 복잡하고 정제하기 어려워 정확한 분자량을 알 수 없기 때문에 삼투압법, 광산란법, 확산속도 측정법, 초 원심분리에 의한 침강속도를 측정하는 방법 등으로 추정치만 알 수 있다.

단백질은 물과 결합할 수 있는 카르복실기(-COOH), 아미노기(-NH_2), 히드록실기(-OH), 아민기(-NH) 등을 가지고 있어서 물에서 수화된다. 산성의 카르복실기와 염기성의 아미노기를 함께 가지기 때문에 양성물질이라고도 한다. 그래서 등전점보다 산성 또는 염기성 영역에서 더 수화되고 등전점에서는 침전한다.

대부분의 단백질의 등전점은 pH 4~6 범위의 산성 쪽에 있고 알칼리성 쪽에서 잘 녹는다. 또 산성이나 알칼리에서 - 또는 +극으로 이동하는데 이것을 전기영동(electrophoresis)이라 한다. 단백질은 염류의 영향을 받아 염류가 많으면 단백질이 침전되고 묽을 때는 녹아 나온다. 전자를 염석(salt out), 후자를 염용(salt in)이라 한다.

단백질은 전기적 성질에 따라 이동하는 속도나 거리가 다르고 분자량의 크기에 따라 원심 분리할 때 침강속도가 달라진다. 이와 같은 특성을 이용하여 단백질의 종류를 분리하거나 정제한다.

[표 4-13] 아미노산의 종류 및 특성

일반명	화학명	구조식	들어 있는 곳	특 성
단백질 아미노산				
Glycine	α-amino acetic acid	H_2N-CH_2COOH	젤라틴, fibrin globulin	물에 녹음, 단맛 알코올과 에테르에 불용
Alanine	α-amino propionic acid	H_2N-CH_2COOH | CH_3	fibrin, 양모, zein	물에 녹음, 알코올과 에테르에 불용
Valine	α-amino valeric acid	CH_3 CH_3 >CH-CHCOOH | NH_3	casein	물에 녹음, 필수아미노산
Leucine	α-amino isocaproic acid	CH_3 CH_3 >CH-CH_2-CH-COOH | NH_3	여러 단백질	필수아미노산, 나트륨염은 설탕의 2.5배의 단맛
Isoleucine	α-amino-β-methyl β-ethyl valeric acid	C_2H_5 CH_3 >CH-CHCOOH | NH_3		효모에 의해서 amyl alcohol(fusel oil)이 된다. 필수아미노산
방향족 아미노산				
Phenylalanine	β-phenyl-α-amino propionic acid	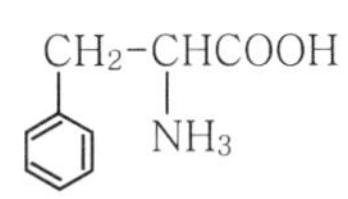	ovalbumin, lactalbumin, zein, fibrin	물에 약간 녹는다. 알코올과 에테르에 난용, 필수아미노산, tyrosine의 모체
Tyrosine	β-hydroxy phenyl alanine	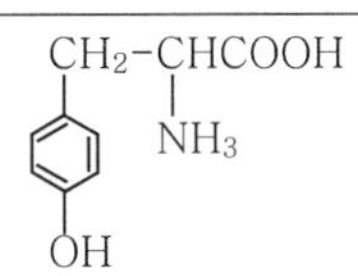	fibroin, casein, gliadin	물과 알코올에 물에 녹음, 에테르에 불용, 쉽게 산화됨
Tryptophan	α-amino-β-3-indole propionic acid	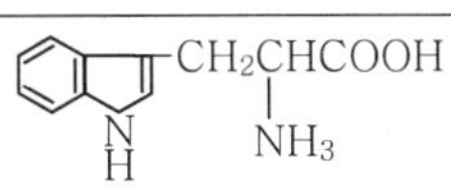	여러 단백질	알코올에 난용, 에테르불용, 필수아미노산, 알칼리에 안정하나 강산에 산화
히드록시 아미노산				
Serine	β-hydroxy-α-amino propionic acid	$H_2N-CHCOOH$ | CH_2OH	silk-fibroin	물에 녹고 알코올과 에테르에 불용
Threonine	β-hydroxy-α-amino butyric acid	$CH_3CH-CHCOOH$ | | OH NH_3	동물성 단백질	필수아미노산, 물에 녹음
산성 아미노산				
Aspartic acid	α-amino succinic acid	HOOC-CH_2-CH-COOH | NH_3	고등식물, 당질	물에 약간 녹고 알코올에 거의 녹지 않음. 단백질 가수분해 시 asparagine에서 생성

[표 4-13] 계 속

일반명	화학명	구조식	들어 있는 곳	특 성
Glutamic acid	α-amino glutaric acid	$HOOC-CH_2CH_2-CH(NH_3)COOH$	곡류 단백질	물과 묽은 알칼리에 녹고 알코올 에테르에 난용, 아세트산과 빙초산에 불용, 나트륨염은 조미료로 사용,
Asparagine	aspartic acid amide	$NH_2-CO-CH_2-CH(NH_3)COOH$	고등 동식물	물에 약간 녹고 에테르에 불용, 침상(針狀)결정
Glutamine	glutamic acid amide	$H_3N-COCH_2CH_2-CH(NH_3)COOH$	고등식물과 포유동물의 혈액	물에 녹고 알코올에 난용, 에테르에 불용, 백색결정
염기성 아미노산				
Lysine	α-ι-diamino caproic acid	$H_2N(CH_2)_4-CH(NH_3)COOH$	동물성 단백질	필수 아미노산
Arginine	δ-guanidyl-α-amino valeric acid	$(H_2N)(HN)>C-N(H)-(CH_2)_3CH(NH_3)COOH$	젤라틴, 청어의 정액 중의 protamine	물에 녹고 알코올 에테르에 난용, 물에 prism형의 결정, 알코올용액은 판상결정, 분해되면 ornithine을 생성
Histidine	β-4-imidazolyl alanine	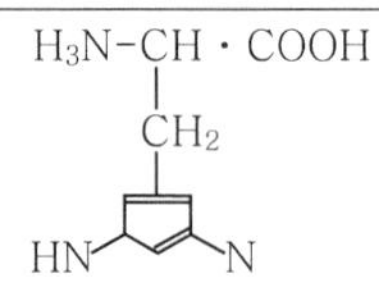	동물 조직	물에 녹고 에테르에 난용, 강력한 혈관확장(vasodilator) 작용
함황아미노산				
Methionine	α-methylthiol-α-amino butyric acid	$H_3C-S-(CH_2)_2 \cdot CH(NH_2)COOH$	casein, 여러 단백질	필수 아미노산, 알칼리로 쉽게 분해되지 않음
Cystine	di-β-thio-α-amino propionic acid	$H_2N-CH \cdot CHCOOH \quad H_2N-CHCOOH$; $CH_2-S-S-CH_2$	양모, 뿔, 손톱, 머리카락	물과 알코올에 녹고 에테르에 불용, cysteine의 산화형
Cysteine	β-thio-α-amino propionic acid	$H_2N-CH(CH_2SH)COOH$	양모, 뿔, 손톱, 머리카락	cystine이 환원되면 생성, 물과 암모니아수에 녹고 유기용매에 불용, 유리상태는 불안정, 금속이온은 산화촉진
Imino acid				
Proline	pyrrolidne-α-carboxylic acid	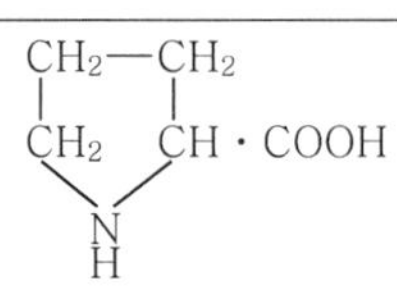	여러 단백질	물과 알코올에 녹고 에테르에 불용, 무색 결정
Hydroxy proline	4-hydroxy pyrrolidine carboxylic acid	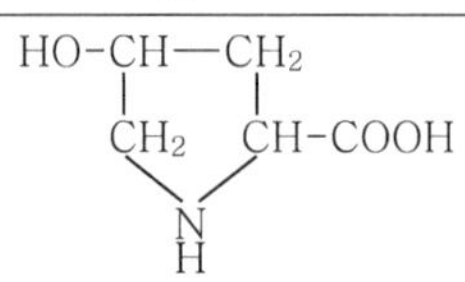	젤라틴	물에 녹고 에테르에 불용, proline에 OH가 부가된 것
기타 아미노산				
β-Alanine		$H_2N-CH_2 \cdot CH_2COOH$	근육 중 carnosine, anserine 등의 구성성분	물에 녹고 알코올에 난용, 에테르에 불용, 유일한 β-아미노산

[표 4-13] 계 속

일반명	화학명	구조식	들어 있는 곳	특 성
Phosphoserine		$H_2N-CHCOOH$ (CH 아래: $CH_2OPO_3H_2$)	카제인, 효모	
Ergothioneine			맥각, 혈액	thiol histidine의 betaine 결합물
Hydroxylysine			젤라틴, calf embryo	인산염으로 존재
Ornithine				요소생성회로의 중간대사물
Citrulline				요소생성회로의 중간대사물
Homo cysteine				메티오닌 대사의 중간산물

단백질은 열이나 산, 기타 여러 작용에 의해서 안정된 입체구조가 일그러져서 그 성질이 변하는데 이런 현상을 변성(denaturation)이라고 한다. 달걀을 삶으면 단백질이 겔 상태로 변하는데 이렇게 응고된 것은 원래 단백질의 기능을 하지 못한다. 효소 등은 단백질로 이루어져 있는데 변성이 되면 제 기능을 하지 못하게 된다. 이런 원리가 미생물을 살균하거나 갈변을 방지하는데 이용된다. 또 변성된 정도에 따라 심하게 응고된 것은 소화가 잘 되지 않지만 가볍게 변성된 것은 오히려 소화가 잘된다. 달걀을 완숙시키지 않고 반숙으로 이용하는 것은 이 때문이다.

[그림 4-27] 단백질의 변성

단백질은 가열뿐만 아니라 냉동에 의해서도 변성이 일어난다. 냉동에 의해서 변성된 단백질은 해동 후에도 원상태로 돌아가지 못하고 맛 성분 등을 붙들지 못하기 때문에 냉동했던 생선이나 고기는 맛이 없어진다.

단백질 중의 아미노기는 주변의 카보닐기와 결합하여 갈색의 물질을 형성하는 소위 마이얄 반응을 일으킨다. 이것은 우리 몸에 필요한 리신 등의 아미노산의 효능을 잃게 하고 변색으로 고유의 빛깔을 손상시키는 등의 해로운 작용을 하지만 반응중 구수한 맛을 내는 물질을 형성하고 항산화물질을 생성하는 등 좋은 일도 한다.

식품 단백질은 동물성과 식물성으로 나누고 동물성은 필수 아미노산을 많이 가지고 있어서 영양가가 식물성에 비해서 높은 것으로 취급되지만 각각의 종류에 따라서 특징이 있다. 영양적 품질이 가장 좋다는 우유 단백질은 70% 이상이 카제인으로 이루어져 있고 이것은 지질, 인, 칼슘 등이 미셀을 이룬 교질상태로 존재하는데 그 구조가 파괴되면 곧 침전된다. 이런 성질 때문에 렌닌이라는 효소를 이용하여 치즈를 만든다.

4) 단백질의 기능적 특성

단백질은 영양소로서의 역할 이외에도 여러 가지 식품에서 기능적 특성을 지닌 재료로서 중요하다. 단백질은 고분자 물질이고 친수성이 있어 여러 가지 물리적 기능을 가지고 있다. 즉, 단백질의 종류에 따라 유화, 안정성, 기포성, 겔 형성, 보수성, 습윤성, 점성, 용해성 등 어느 한 가지 이상의 기능을 발휘한다. 식품에 적은 양을 첨가하더라도 그 식품의 물리적 특성에 현저하게 영향을 미친다. 대두 단백질은 팽화가공(extrusion)에 의해서 섬유상으로 되기 때문에 육류의 조직감과 유사한 특성으로 변하여 고기 제품의 증량제로 이용되기도 한다. 또 단백질을 적절히 분해하여 고기 맛을 내는 향미재료로 이용할 수 있다.

단백질의 유화 및 유화 안정성은 소시지 제조나 커피용 크림 제조에 사용된다. 또 빵에 대두단백을 사용하는 경우 분산성, 습윤성, 용해도, 기포성 등에 영향을 미친다. 그 밖에 카제인, 젤라틴 등도 이러한 용도로 쓰인다.

5) 동물성 단백질

육류 단백질은 70% 이상이 미오신과 액틴으로 이루어진 섬유상 단백질과 이것을 둘러싸고 있는 콜라겐, 엘라스틴 등의 결합조직으로 이루어져 있고 이들 근육은 맛 성분 등의 수용성 근장 단백질을 포함하고 있다. 근육 단백질은 생화학 작용에 의한 수축과 이완작용으로 움직인다. 동물을 도살하면 수축하여 매우 질기게 된다. 그러나 어느 정도 시간이 지나면 단백질 분해 효소가 작용하면서 질겼던 조직이 부드러워진다. 이러한 성질은 육제품에서 매우 중요하다. 콜라겐 등의 결합 단백질은 구성 아미노산 가운데 필수 아미노산이 적고 질겨서 소화가 잘 안되므로 영양적 가치가 낮지만 오래 가열하면 분해되어 젤라틴으로 변하게 되고 소화흡수도 쉬워진다.

젤라틴은 겔 형성능력을 갖고 있어 젤리 등 식품가공에 이용된다. 달걀 단백질은 우유 단백질과 함께 영양가가 높다. 흰자 중에는 알부민이, 노른자에는 지질과 함께 여러 종류의 생리활성을 지닌 단백질이 많이 함유되어 있다.

6) 식물성 단백질

곡류에는 단백질이 적게 들어 있고 필수 아미노산인 리신이나 트립토판의 함량이 많지 않아 품질이 떨어진다. 밀 단백질은 글루텐을 형성하는 특성 때문에 빵 등을 만들면 부풀 수 있어 주식으로 널리 이용되고, 콩에는 단백질이 40%나 들어 있고 메티오닌과 트립토판을 제외하면 필수 아미노산을 많이 함유하고 있어 식물성 단백질에서는 가장 중요하며 여러 가지 기능적 특성을 지녀 따로 분리된 단백제품이 상품화되어 있을 정도이다.

[표 4-14] 동물성 식품의 아미노산 조성(g/100g protein)

아미노산	소고기	우유	달걀
Arginine	4.30	7.85	5.0
Histidine	2.98	2.12	2.3
Isoleucine	3.52	2.70	4.6
Leucine	4.46	5.12	7.3
Lysine	5.53	3.84	7.0
Methionine	1.60	0.90	2.6
Phenylalanine	2.50	2.51	4.0
Threonine	3.34	2.98	4.2
Tryptophan	0.74	0.86	1.2
Valine	4.0	3.36	5.2
Cystine	-	-	1.0

7) 효소(enzymes)

효소는 생체 내에서 화학반응을 촉매하는 단백질이다. 즉, 효소 내의 활성부위와 반응기질이 결합하여 복합체를 만든 다음 이 복합체가 해리되면서 새로운 화합물을 생성하고 효소는 다시 유리된다. 효소는 어떤 반응의 활성화 에너지 장벽을 낮추어 반응을 빨리 일어나도록 한다.

효소 작용은 온도가 올라 갈수록 촉진되어 보통 30~40℃에서 최대 활성을 갖는다. 50℃ 이상에서는 대부분 변성되어 기능을 상실한다. 또 pH 4.5~8.0 범위에서 반응하지만 효소의 종류에 따라 최적 pH가 있다. 효소의 농도와 기질의 농도도 효

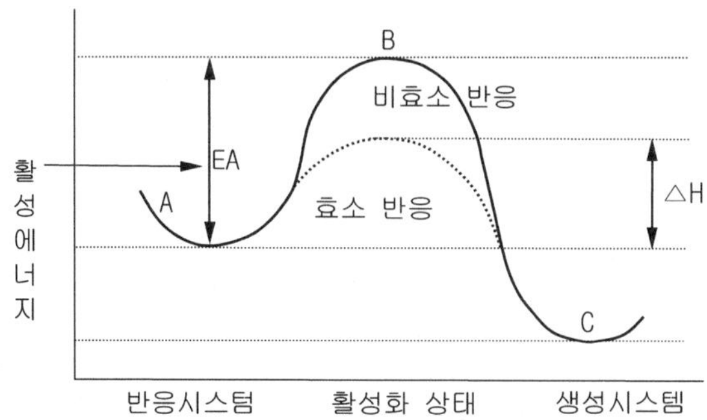

[그림 4-28] 효소반응에 있어서의 에너지 장벽의 변화

소작용에 영향을 주고 부활제(activator)나 저해제(inhibitor)의 영향을 받는다.

대부분의 효소는 복합 단백질로 되어 있으며 단백질 부분을 아포효소(apoenzyme)라 하고 여기에 보결원자단(prosthetic group)과 보조효소(coenzyme)가 결합되어 있다. 보조효소는 대부분 비타민 유도체이고 활성을 나타내는 데에는 Mg^{++}, Zn^{++}등이 필요한데 이것을 보조인자(cofactor)라 한다.

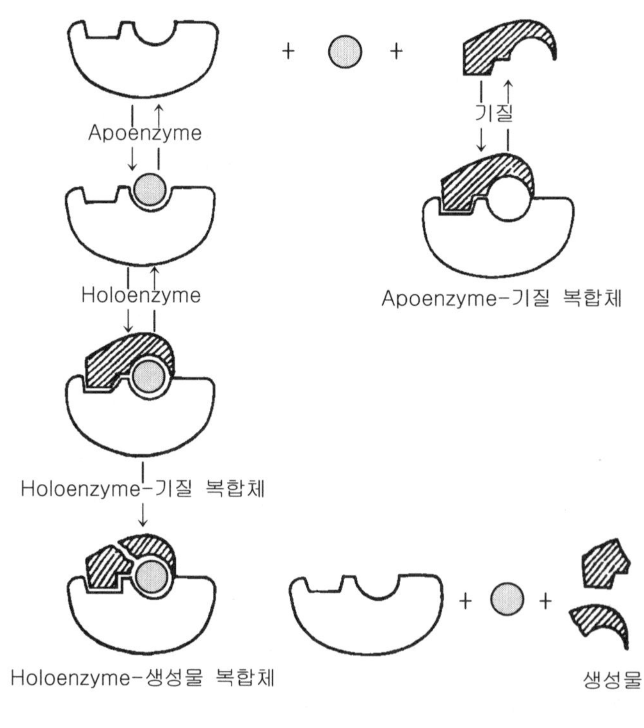

[그림 4-29] 효소기질 반응의 성질

효소는 국제 생화학연맹의 효소 위원회에서 촉매하는 화학반응의 종류에 따라 산화환원 효소(oxidoreductase), 전달 효소(transferase), 가수분해 효소(hydrolase), 분해효소 (lyase), 이성화 효소(isomerase), 연결 효소(ligase) 등으로 구분하여 체계적으로 명칭을 붙이고 있지만 식품에서 많이 이용되고 있는 것들은 전통적인 명칭을 그대로 쓰는 경우가 많다. 중요한 효소들의 예를 들면 다음과 같다.

리파제(lipase)는 식물체, 동물체, 우유 등에 존재하는 지방을 가수분해하는 효소이다. 아밀라제(amylase)는 전분을 가수분해하는 효소들로 분해방식에 따라 α-아밀라아제, β-아밀라아제, 글루코 아밀라아제 등이 있다. 이들 효소들은 전분을 액화하거나 당화한다.

펙틴질 분해효소(pectin enzymes)들은 펙틴질을 가수분해하는 효소로서 pectin esterase, polygalacturonase, pectate lyase 등이 있다.

단백질을 가수분해하는 효소들(protease)은 식품가공에 중요하다. 그 특성에 따라 acid protease, serine protease, sulfhydryl protease 등으로 구분된다.

단백질 가수분해 가운데 pepsin은 포유류의 위에 들어 있고, rennin은 송아지 위에 들어 있어 우유를 소화하는데 쓰이며 식품가공용으로 치즈 제조에 이용된다. 파인애플이나 무화과, 파파야 등에는 각각 bromelin, ficin, papain 등의 효소가 들어 있어 고기를 부드럽게 하는데 이용된다.

페놀라아제(phenolase)는 채소, 과일 중에 들어 있어 이들의 가공, 저장 중 갈변반응을 일으키는 산화효소로 작용한다. 이 갈변반응은 일반적으로 바람직하지 않지만 홍차 제조 시에는 일부러 갈변반응을 촉진시킨다.

글루코오스 이성화 효소(glucose isomerase)는 감미료 제조에 요긴하게 쓰인다. 즉, 전분을 분해하여 만든 포도당을 과당으로 이성화시켜 대량 생산할 수 있다. 이들 효소들은 일정한 pH에서 반응이 일어나고 온도가 높을수록 촉진되지만 50℃ 이상의 높은 온도에서는 당화효소 등 일부 효소들을 제외하고는 저해를 받으며 금속 등 각종 저해제들에 의해서도 영향을 받는다.

생물체에는 여러 가지 효소들이 존재한다. 식품공업에 이용되는 것은 맥아, 송아지 위, 파파야 등에서 추출하기도 하지만 대부분은 배양한 미생물에서 추출 정제하여 사용한다. 근래에 와서는 효소의 활성도를 높이기 위하여 물에 녹지 않는 지지대에 효소를 고정하고 반응물질이 그 위를 통과하도록 하여 연속적으로 이용할 수 있도록 하는 소위 고정화 효소(immobilized enzyme)가 이용되기도 한다.

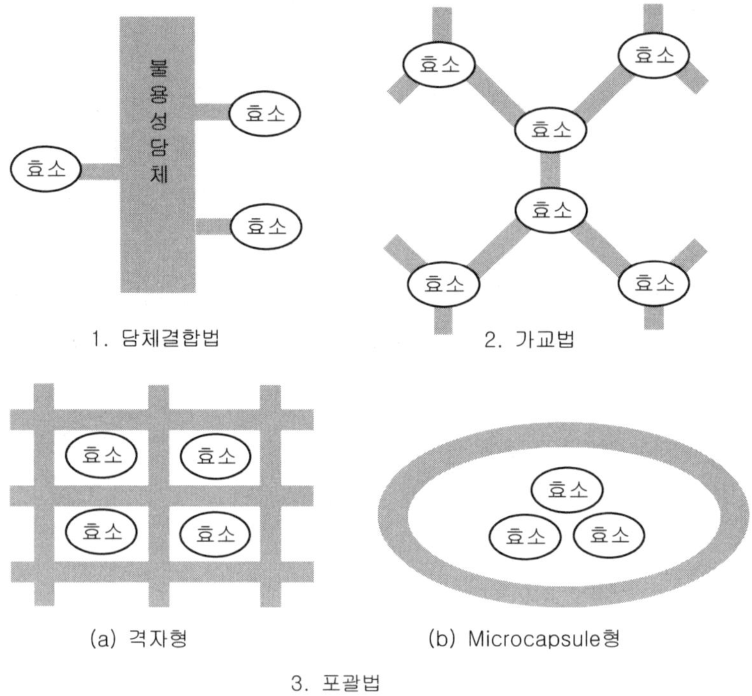

[그림 4-30] 고정화 효소의 제조방법에 따른 종류

[표 4-15] 식품가공에 효소의 이용

효 소	식 품	작 용
Amylase	빵과자	효모발효성 당의 증가
	맥주	전분 → 발효성 당, 전분의 혼탁제거
	곡류	전분 → 덱스트린, 당, 수분 흡수증대
	쵸코렛, 코코아	흐름성을 위한 전분의 액화
	사탕류	당의 회수
	과실주스	발포성 증진을 위한 전분의 제거
	젤리	투명도
	시럽, 당류	전분 → 저분자 덱스트린 (콘시럽)
	채소류	완두의 연화처럼 전분의 가수분해
Cellulase	맥주	세포벽 성분인 복합 탄수화물의 가수분해
	커피	완두 건조할 때 섬유소의 가수분해
	과실류	배의 촉감개선, 살구, 토마토의 박피촉진
Dextran-sucrase	당 시럽	시럽의 증점
	아이스크림	증점제로서 덱스트란 첨가

[표 4-15] 계속

효 소	식 품	작 용
Invertase	인조꿀	sucrose → gluose + fructose
	캔디	쵸코렛을 입힌 연질크림캔디제조
Lactase	아이스크림	껄끄럼한 촉감을 주는 락토스의 결정화 방지
	사료	lactose → galactose + glucose
	우유	동결우유에서 락토스 제거하여 우유단백질 안정화
Tannase	맥주	폴리페놀성 화합물의 제거
Pentosanase	도정, 제분	밀가루에서 전분의 회수
Naringinase	감귤류	나린진 가수분해로 쓴맛제거
Pectic enzymes(유용)	초코렛, 코코아	코코아 발효할 때 가수분해작용
	커피	원두발효할 때 점성의 종피제거
	과실류	연화
	과실주스	착즙수율증진, 혼탁방지, 농축조작개선
Pectic enzymes(변패)	감귤주스	주스에서 펙틴질의 파괴 분리
	과실류	과도한 연화작용
Proteases(유용)	빵, 과자류	반죽의 연화작용, 반죽시간 단축, 신장도 증가, 가공, 조직감, 부피개선
	맥주	발효 중 영양소, 향미 생성, 여과와 청징 촉진, 냉각혼탁 방지
	곡류	단백질 변성으로 건조속도 단축, 취급 용이하게 함, 된장, 두부제조
	치즈	카제인 응고, 숙성 중 특유한 향 생성
	초콜릿, 코코아	발효 중 원두에 작용
	달걀가공품	건조특성 개선
	사료	폐기물 → 사료
	단백질 가수분해	간장, 특수식품, 건조스프, 가공육 등의 조미
	포도주	청징
Protease(변패)	달걀	신선 및 건조 전란의 선도 유지 기간 단축
	게류	빨리 불활성화하지 않으면 과도한 연화
	밀가루	활성이 너무 강하면 용적, 텍스쳐에 영향
Lipase(유용)	치즈	숙성, 일반적인 향미 특성
	유지	lipase → glycerol + 지방산
	우유	우유초콜릿에 사용되는 약간 숙성된 향미 생성
Lipase(변패)	곡류	과도한 갈변
	우유, 유제품	가수분해적 변패
	유지	가수분해적 변패

[표 4-15] 계속

효소	식품	작용
Phosphatases	유아식	유용한 인산염의 증가
	맥주	인산염 화합물의 가수분해
	우유	저온살균효과의 검정
Nucleases	향미증진제	뉴클레오티드와 뉴클레오시드류의 생산
Peroxidases(유용)	채소류	데침효과의 검정
	포도당 정량	glucose oxidase와 혼용
Peroxidases(변패)	채소류	불쾌치
	과실류	갈변반응 촉진
Catalase	우유	냉살균할 때 H_2O_2 파괴
	각종 제품	포도당이나 산소를 제거하여 갈변 또는 산화를 억제함, glucose oxidase와 함께 사용
Glucose oxidase	각종 식품	맥주, 치즈, 탄산음료, 건조달걀, 과실주스, 육어류, 분유, 포도당 중 산소나 포도당을 제거하여 산화 또는 갈변방지, catalase와 함께 사용
	포도당 정량	포도당 정량, peroxidase와 병용
Polyphenol oxidase(유용)	차, 커피, 담배	성숙, 발효, 숙성중 갈변
Polyphenol oxidase(변패)	과실, 채소류	갈변, 불쾌치 발생, 비타민 손실
Lipoxygenase	채소류	필수지방산과 비타민 A의 파괴, 불쾌취 생성
Ascorbic acid oxidase	채소류, 과실류	비타민 C 파괴
Thiaminase	육류, 어류	티아민 파괴유지

5. 식품 중의 미량성분들

비타민류와 무기질은 인간의 영양에 필수적인 역할을 하는 식품 중의 미량성분이다. 비타민류는 보효소의 작용을 하고 대부분이 탄수화물, 단백질, 지방 및 체내 대사에 관여한다. 비타민이 부족할 때 나타나는 결핍증은 오래 전부터 알려져 있지만 그렇다고 지용성 비타민의 경우에는 과량 섭취하면 과다증에 걸린다. 일부 비타민은 전구물질인 provitamin 형태로 식품 중에 존재하다가 체내에 들어가서 활성 비타민으로 바뀐다. 비타민류는 어떤 가공조건에서는 불안정하여 현저히 감소한다.

비타민류가 부족되면 심한 결핍 증세를 나타내는 것이 오래 전부터 알려져 있고 특히 지용성 비타민을 과량 복용하면 심한 중독효과를 낸다. 따라서 식품에 첨가할 경우에는 주의 깊게 조절하지 않으면 안 된다. 비타민류에는 물에 녹는 것과 기름에 녹는 것이 있으며 그 밖의 미량성분으로 색소, 맛과 향기성분 등이 있다. 색소 역시 수용성과 지용성으로 구분된다. 한편 극히 미량으로도 인식할 수 있는 향기성분은 수백 가지가 있으며 맛 성분과 함께 식품의 주요 구성요소로 작용한다.

1) 지용성 비타민류

비타민 A는 retinol이라고도 하는데 에스테르 형태로 상어나 삼치 등 생선의 간유에 많고 provitamin으로 작용하는 카로틴류인 *α, β, γ*-carotene과 cryptoxanthin은 녹황색 채소에 들어 있어 이것이 체내에 들어가서 비타민 A로 바뀐다.

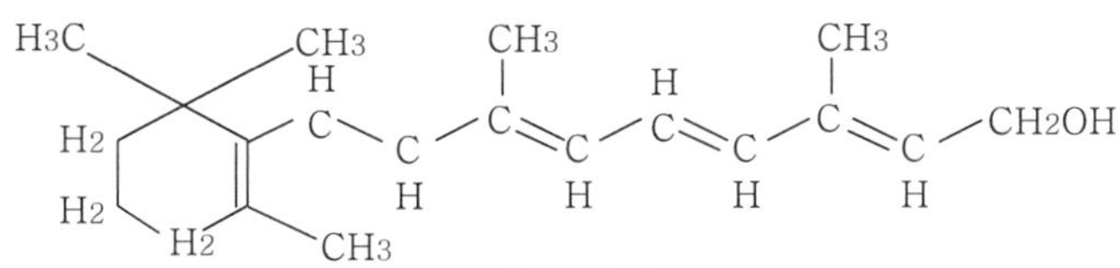

비타민 A_1

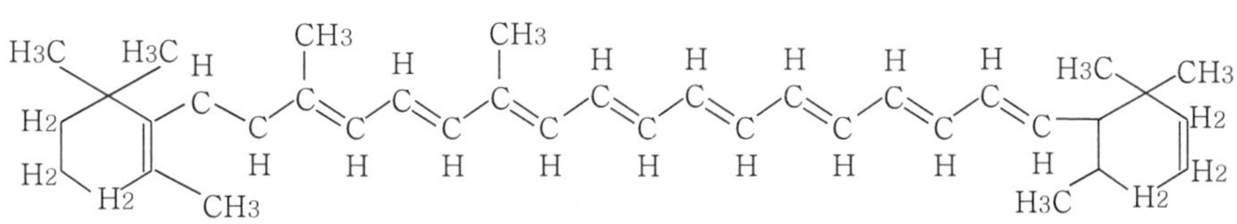

β- carotene

[그림 4-31] Vitamin A와 Carotene의 화학구조

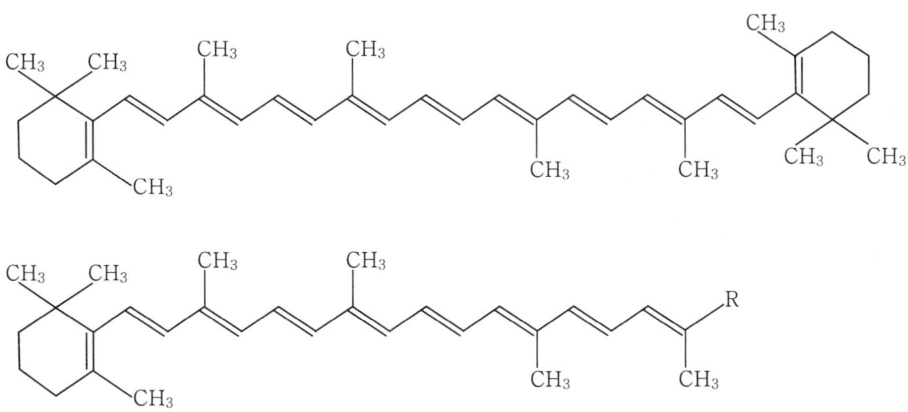

[그림 4-32] provitamin A의 *β*-carotene과 그 유도체($R=COOC_2H_5$)

비타민 A는 시력에 관계되는 시홍(rhodopsin)이라는 단백질 합성에 관여하고 이것이 부족되면 야맹증에 걸린다. 그 밖에도 피부점막, 뼈의 성장 등에도 관여한다. 이 비타민은 산소가 없으면 비교적 열에 안정하나 일광이나 조명하에서 쉽게 산화되며 산과 알칼리에 약하다.

[표 4-16] 각종 조건하에서 비타민의 안정성

비타민	pH 영향			공기, 산소	빛	열	조리중 최대손실 (%)
	중성 (pH 7)	산성 (pH 7)	알칼리성 (>pH 7)				
Vitamin A	O	X	O	X	X	X	4
Ascorbic acid(C)	X	O	X	X	X	X	100
Biotin	O	O	O	O	O	X	60
Carotene(pro vit, A)	O	X	O	X	X	X	30
Choline	O	O	O	X	O	O	5
Cobalamin(B_{12})	O	O	O	X	X	O	10
Vitamin D	O	O	X	X	X	X	40
Folic acid	X	X	O	X	X	X	100
Inositol	O	O	O	O	O	X	95
Niacin	O	O	O	O	O	O	75
Pantothenic acid	O	X	X	O	O	X	50
p-Aminobenzoic acid	O	O	O	X	X	O	50
Pyridoxine(B_6)	O	O	O	O	X	X	40
Riboflavin(B_2)	O	O	X	O	X	X	75
Thiamine(B_1)	X	O	X	X	O	X	80
Tocopherol(E)	O	O	O	X	X	X	55

비타민 D 중 D_2(ergocalciferol)는 어간유에 소량, D_3(cholecalciferol)는 동물체에 널리 분포하지만 어간유에 특히 많고 식물체에는 함유되어 있지 않다. D_2와 D_3의 전구체인 ergosterol과 7-dehydrosterol은 자외선을 받으면 각각의 비타민으로 바뀐다. 이 비타민은 Ca과 P의 흡수를 돕고 골격이 석회화되는 것을 돕는다. 이것은 소장 내에서 담즙 산의 도움으로 흡수되어 간장에 주로 저장되지만 일부는 뇌, 피부, 뼈 등에 저장된다.

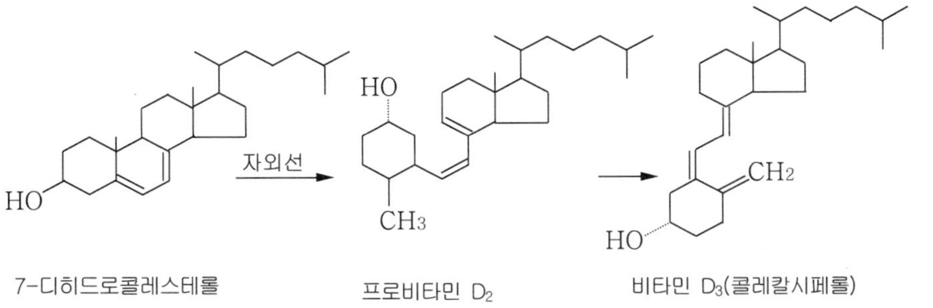

[그림 4-33] Provitamin D의 자외선 조사에 의한 비타민 D_3의 생성

비타민 E(tocopherol)는 토콜의 유도체로서 *α, β, γ, δ*-토코페롤 등이 있는데 정상적인 번식활동에 절대적으로 필요하고 식물성 유지의 산화방지제로 중요하다. 식물성 기름에는 10~60mg%, 곡류의 배아에는 150~500mg%들어 있고 이 가운데 *α*-토코페롤이 가장 많아 60%를 차지한다.

[표 4-17] 토코페롤의 활성 및 식품중의 함량

Tocopherol	I.U./mg	식품	함량(mg/100gr)
dl-α-Tocopherylacetate	1	밀	7~12
dl-α-Tocopherol	1.1	호 밀	2.2~5.7
d-α-Tocopherylacetate	1.36	벼	2.9
d-α-Tocopherol	1.49	백 미	0.4
d-β-Tocopherol	0.4	옥수수	9.5
dl-β-Tocopherol	0.3	밀기울	3.7
d-γ-Tocopherol	0.2	밀가루	2.3~5.4
dl-γ-Tocopherol	0.15	옥수수칩	0.43
d-δ-Tocopherol	0.016	호밀빵	1.3
dl-δ-Tocopherol	0.012	빵	2.15

비타민 K는 간장에서 prothrombin의 합성을 촉매하는데 이 물질이 혈액 중의 fibrinogen과 작용하면 불용성이 되어 혈액이 응고된다. K_1과 K_2의 두 부류로 나뉘는데 K_1은 공기 중에서 서서히 분해되지만 햇빛이나 알칼리에 약하고 열에는 안정하다.

식품 중에 널리 들어 있고 장내 미생물에 의해서도 합성된다. 암록색 채소의 시금치, 양배추, 완두 등에 들어 있고 동물성 식품에는 많지 않다.

필수 지방산인 linoleic acid, linolenic acid, arachidonic acid를 비타민 F라고 하는데 식물성 유지에 주로 들어 있다.

2) 수용성 비타민류

비타민 B_1(thiamine)은 탄수화물 대사의 조효소로 작용하며 모든 생체조직 특히 곡류, 간장, 심장, 신장, 돼지고기, 달걀, 견과류 등에 많이 들어 있다. 가열, SO_2 처리, 알칼리에 약하다.

이 비타민이 부족하면 에너지 대사에 장애가 일어나 각기병에 걸린다. 탄수화물 대사작용에 B_1이 필요하며 탄수화물이 주성분인 곡류 중에는 배아에 많이 들어 있지만 도정할 때 배아 부분이 대부분 제거되므로 B_1의 보충이 필요하다. 체내에 들어온 필요 이상의 B_1은 축적되지 않고 배설된다. 마늘 중에는 allicin이라는 성분이 들어 있고 이것이 가수분해되면 함께 먹을 때 이 비타민을 붙들어 배설되지 않고 축적시키므로 에너지를 효율적으로 이용하도록 한다. 그래서 마늘은 강장제로 예로부터 이용되고 있다. 한편 고사리와 생선의 겉껍질에는 비타민 B_1을 파괴하는 성분이 들어 있다고 한다.

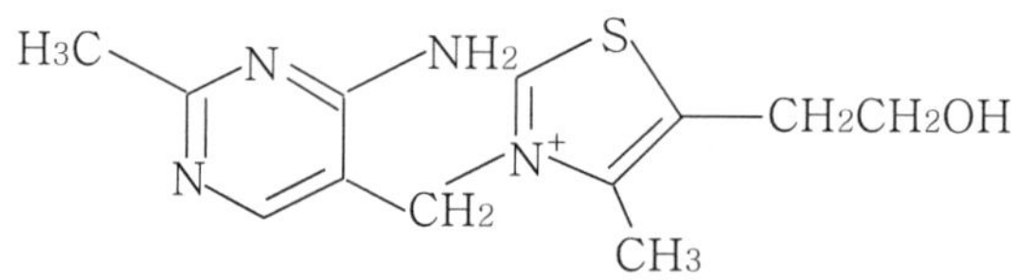

[그림 4-34] 비타민 B_1 염산염의 화학구조

수용액이 황색을 띠는 비타민 B_2(riboflavin)는 플라빈 모노뉴클레오티드(flavin mononucleotide)와 아데닌 디뉴클레오티드(adenine dinucleotide)의 구성 성분으로 포도당, 지방산, 아미노산 등의 산화에 관여하며 유제품, 육제품, 토마토, 달걀, 녹색채소, 효모 등에 많다.

이 비타민은 알칼리나 빛에 약하며, 부족할 경우 다리가 굽고 혀, 입술, 입언저리에 염증이 생기며 피부가 거칠어지고 각막염 같은 눈병, 눈의 출혈, 시각몽롱 증세가 나타난다.

비타민 B_6는 pyridoxine, pyridoxal, pyridoxamine의 세 화합물이 같은 활성을

가지며, 아미노산 대사에서 조효소 작용을 한다. 따라서 단백질을 많이 먹을수록 더욱 필요하지만 식품 중에 널리 들어 있고 필요량이 적기 때문에 결핍증은 잘 나타나지 않는다. 공기, 열 또는 햇빛에 노출되면 쉽게 파괴된다.

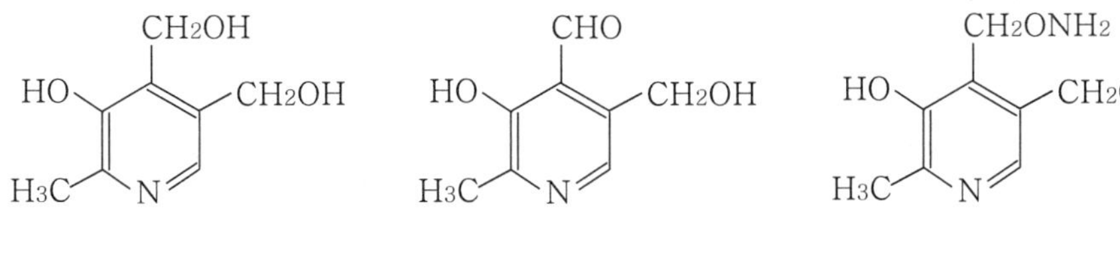

Pyridoxine　　Pyridoxal　　Pyridoxamine

[그림 4-35] 비타민 B_6의 화학구조

나이아신(niacin)은 니코틴산(nicotinic acid)과 니코틴 아미드(nicotin amide)의 일반명이며 해당작용, 지방 생합성, 조직의 호흡 등에 중요한 NAD, NADP의 구성분이다. 이 비타민이 부족하면 혀가 붉게 되는 펠라그라 증상이 나타나는데 옥수수를 주식으로 하는 라틴 아메리카에서 볼 수 있다. 트립토판이 있으면 결핍증이 나타나지 않는다. 내장, 육류, 어류, 곡류, 효모, 잎채소 등에 많고 열, 빛, 산, 염기 등에 안정하고 물에 용출되어 손실된다.

Niacin　　Niacinamide

[그림 4-36] 니아신의 화학구조

비타민 B_{12}(cyanocobalamine)는 비타민류 중에서 가장 복잡한 구조를 하고 분자 내에 Co를 함유하는 것이 특이하다.

이 비타민은 몇몇 조효소들의 성분이고 조혈작용을 한다. 이것이 부족하면 악성빈혈, 성장감퇴, 식욕감퇴 등을 일으킨다. 식품에는 적게 들어 있지만 체내에 축적되므로 결핍증이 별로 나타나지 않는다.

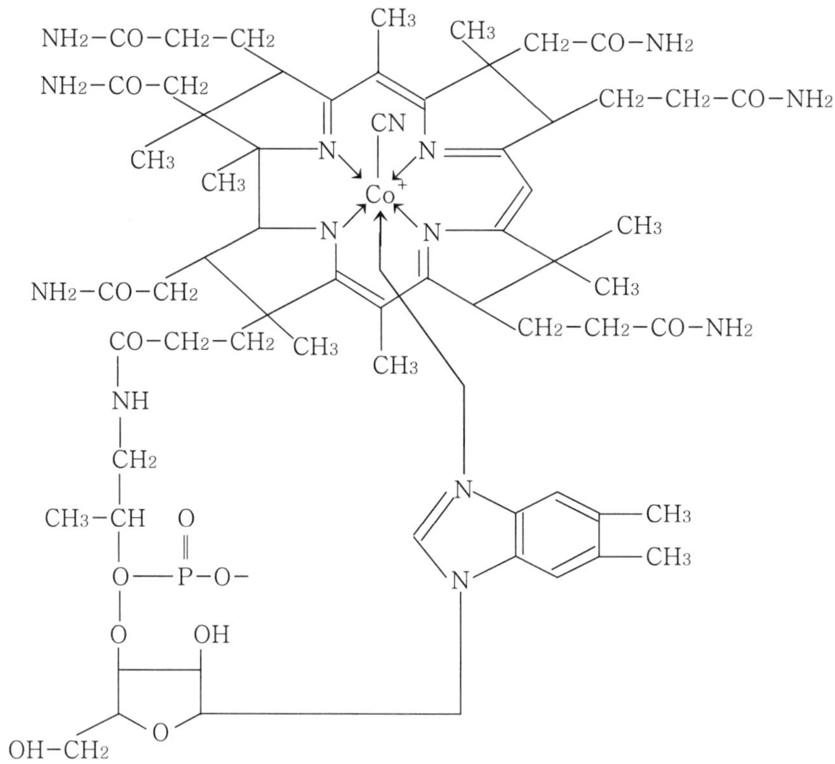

[그림 4-37] 비타민 B_{12}의 화학구조

폴산(folic acid, folacin)은 항빈혈성 인자로서 각종 식품 특히 간장, 과실, 엽채류 및 효모 등에 들어 있다. 천연에 존재하는 폴산염은 매우 불안정하여 알칼리와 빛에 의해서 쉽게 파괴된다.

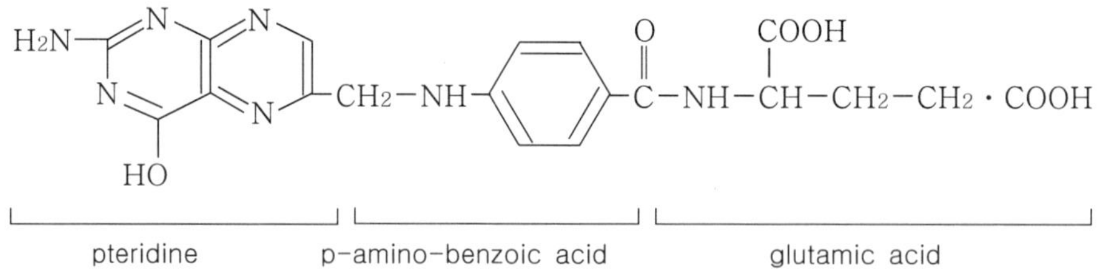

[그림 4-38] Folic acid의 화학구조

판토텐산(pantothenic acid)은 Coenzyme A의 구성성분으로서 결핍증은 번식장애, 피부병, 백발, 소화기 및 신경장애 등을 일으킨다. 모든 생물체 조직에 들어 있고 특히 육류, 간장, 신장, 과실, 채소, 효모, 견과류 등에 많다. 이 비타민은 건열에 불안정하고 채소를 데치면 30%까지 손실된다.

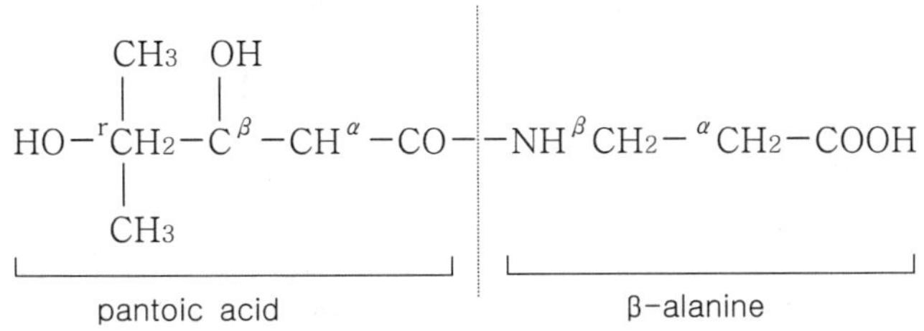

[그림 4-39] Pantothenic acid의 화학구조

비오틴(biotin)은 지방산 합성 등의 대사에 필요하지만 사람의 경우 장내 미생물에 의해서 합성되기 때문에 결핍증이 별로 없다.

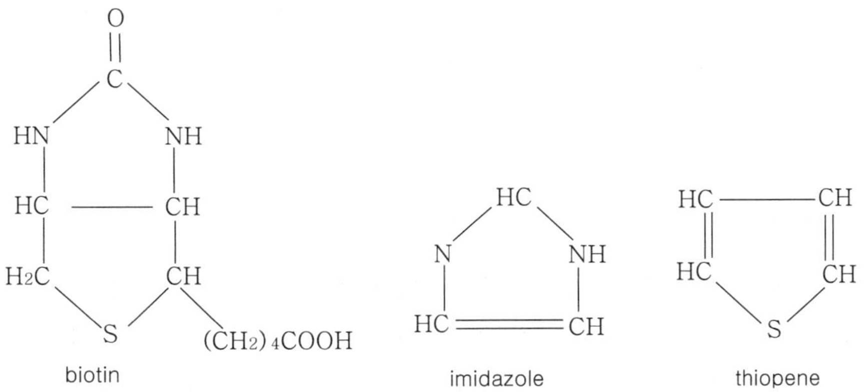

[그림 4-40] Biotin의 화학구조

그밖에도 콜린(choline), 이노시톨(inositol), 카르니틴(carnitine), 파라아미노벤조산(paraaminobenzoic acid), 리포익산(lipoic acid), 헤스페리딘(hesperidin), 에리오딕틴(eriodictin) 및 루틴(rutin) 등이 체내 대사에서 중요한 역할을 한다.

비타민 C(ascorbic acid)는 산화환원 반응에서 항산화작용을 하며 모든 생체조직에 들어 있고 채소와 과실류가 좋은 급원이다. 이 비타민은 일종의 락톤(lactone)으로서 분자내의 엔디올(endiol group)에 의해서 강한 환원력을 나타내지만 D형은 생리활성이 없다. 또 D-isoascorbic acid(또는 erythrobic acid)는 식품첨가용으로 공업적으로 생산되고 있으며 환원력은 있지만 생리활성이 없다.

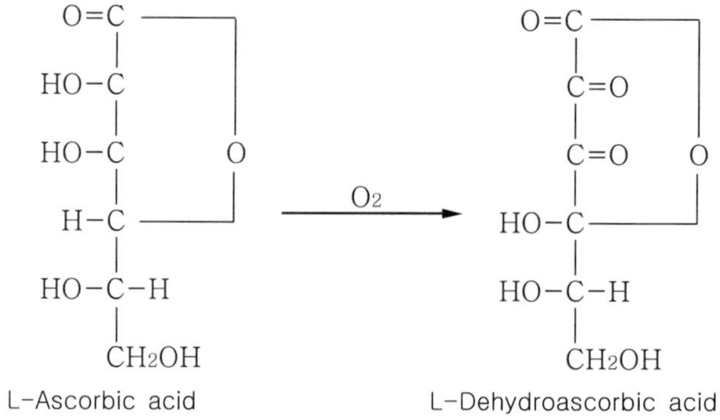

[그림 4-41] 비타민 C의 화학구조

감귤류, 녹엽채소, 토마토, 감자 및 딸기 등에 특히 많이 들어 있고 동물성 식품으로는 우유와 간장에만 소량 들어 있다. 비타민 C는 모든 비타민 중에서 가장 불안정하여 가공저장 중 쉽게 파괴되는데 구리와 철 및 효소작용에 의해서 산화가 촉진된다. 식품가공에서 아스코르브산은 갈변과 변색방지, 밀가루 개량제, 맥주 제조할 때 산소 수용체, 포도주 제조공정에서 환원제인 SO_2의 일부 대체원료, 영양제 등으로 쓰인다.

3) 무기질(minerals)

무기질은 뼈를 이루는 이외에도 대사 작용에 관여하는 효소들의 작용을 돕는데 필수적이다. 나트륨과 칼륨은 거의 모든 식품에 들어 있으며 조직세포와 혈액 간에 전기적, 화학적으로 균형을 유지하는데 필요하다. 나트륨은 대개 세포 밖에 들어 있고 칼륨은 세포벽 내부에 들어 있다. 근육이 수축하거나 신경을 따라 충격이 전달될 때 이들 두 원소는 세포막을 통해서 신속히 서로 교환된다.

칼슘과 인은 인체 내 무기질의 70%를 차지하고 뼈 중에는 칼슘과 인이 2:1의 비율로 들어 있다. 근육이 수축하거나 혈액의 산-염기 평형을 이루는데 칼슘이 필요하다. 인은 인지질의 구성분, ATP의 구성분으로 중요하다.

마그네슘은 뼈에 70%, 조직에 30%가 들어 있고 모든 식품 특히 엽록소의 구성분으로 채소에 들어 있다. 마그네슘은 신경전달과 에너지 대사 등 여러 효소의 활성제뿐만 아니라 근육의 수축에 필요하다.

철분은 혈액의 구성분으로 산소를 운반해주는데 중요하다. 철분이 부족되면 빈혈증을 일으켜 허약해진다.

요오드는 필요량이 매우 적지만 갑상선에서 티록신을 형성하는데 관여한다. 그 밖에도 아연, 코발트, 셀레늄 등이 필요하고 이들 미량 무기질들의 기능이 밝혀져 가고 있다.

무기질은 무기염이나 유기염 또는 유기물질과 결합된 형태로 들어 있는데 그 종류는 80종 이상이나 되지만 비교적 많은 것은 K, Ca, Na, Mg, Cl, SO_4, PO_4 및 HCO_3 등이고 50ppm 이하로 미량 들어 있는 것으로 필수 영양원소들은 Fe, Cu, I, Co, Mn, Zn 등, 비영양 무독성원소들은 Al, B, Ni, Sn, Cr 등이며, 비영양 독성원소들은 Hg, Pb, Cd, Sb 등이다.

무기원소는 동식물에 비교적 일정한 양이 들어 있지만 흔히 환경에 따라 그 양에 차이가 난다. 1 가 이온의 무기질은 식품 중에 가용성 염류로 존재하며 다가이온은 이온, 용해된 비이온 및 교질성 무기질 등이 평형을 이루고 있거나 킬레이트(chelate)의 형태로 존재한다.

우유 중에는 칼륨, 칼슘, 염소, 인이 각각 145, 120, 100 95mg/100mL가 들어 있어 전체 무기질 함량은 0.7%나 되며 카제인 미셀구조에 중요한 영향을 미친다.

육류 중에는 인, 칼륨, 나트륨이 대부분을 차지하며 각각 233, 244, 168mg/100g이 들어 있고 단백질과 결합되어 불용성의 형태가 많으며 지방질이 없는 살코기에 많다. 가열 조리할 때 육즙을 잃으면 주로 Na이 감소한다. 인산염은 통조림 식품에서 스트루바이트(struvite)라고 하는 유리조각 모양으로 결정화되어 식품의 품질을 떨어뜨리기도 한다.

식물체에는 Na보다 K가 많고 인(P)도 많다. 미량원소들은 우리 주변에 널리 존재하기 때문에 식품 중에 들어 있는 무기질도 토양 내의 분포와 관련된다. 구리(Cu)는 페놀라아제 등을 포함한 효소류의 구성분이고 철은 혈색소와 다른 효소들의 구성분이다. 이들은 다른 성분의 산화를 촉진하여 변질시키는 원인이 된다. 코발트는 B_{12}의 구성분으로 곡류나 우유 등에 다양하게 들어 있다. 아연은 효소의 주성분으로 조개류에 많다.

4) 색소들(pigments)

빛깔은 식품의 품질을 육안으로 판별할 수 있는 척도가 되고 기호성에도 영향을 준다. 천연색소는 식품재료에 이미 들어 있거나 가열, 저장 또는 가공 도중에 생성되는데 다음과 같은 네 부류로 구분된다.

- 테트라피롤(tetra pyrrole)화합물 ; 엽록소, 헴, 빌린(bilin)

· 이소프레노이드(isoprenoid)화합물 ; 카로티노이드

· 벤조피란(benzopyran)유도체 ; 안토시아닌, 플라보노이드

· 2차 가공생성 색소 ; 멜라노이딘, 캐러멜

고기의 붉은 색은 헤모글로빈와 미오글로빈 등 헴화합물이다. 이들은 분자의 중앙에 Fe 원자가 결합되어 있고 Fe^{++}가 Fe^{+++}로 산화되면 적색에서 갈색으로 변한다.

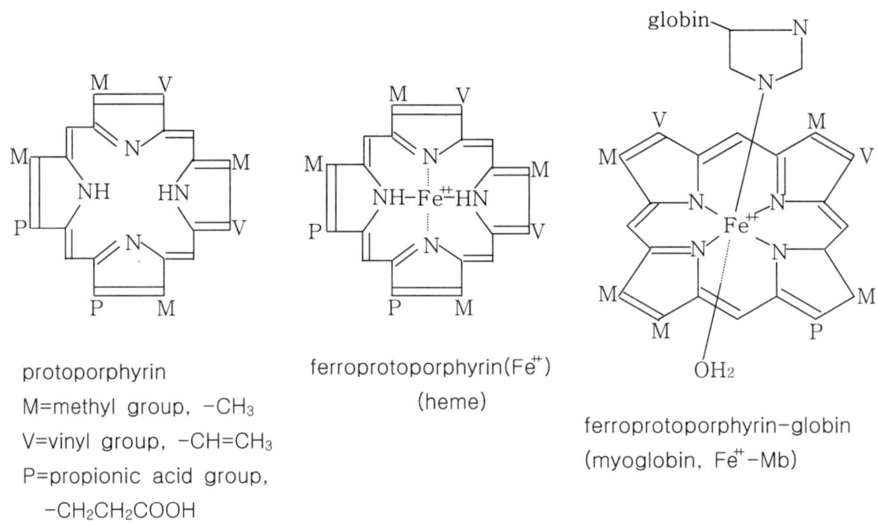

[그림 4-42] Myoglobin의 구조

즉, 미오글로빈 색소는 암적색이지만 공기와 접촉하여 분자상의 산소와 결합되면 선명한 적색의 oxymyoglobin(Fe^{2+}-MbO_2)으로 되지만 공기 중에서 서서히 산화되어 Fe^{2+}가 Fe^{3+}로 되어 갈색의 메트미오글로빈(Fe^{3+}-Met Mb)이 된다.

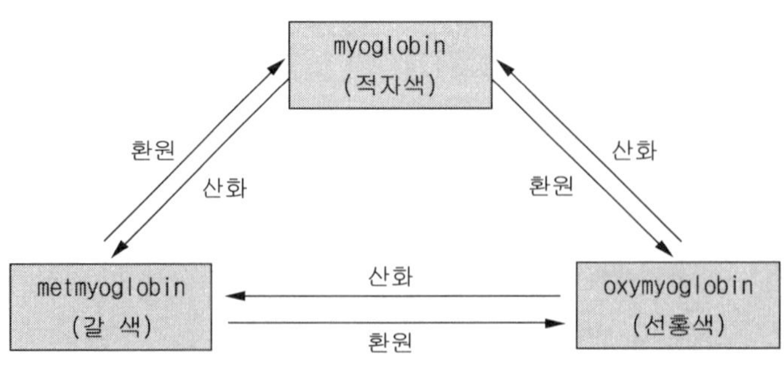

[그림 4-43] Myoglobin의 가역적인 산화와 환원

채소류의 녹색은 엽록소(chorophyll)의 빛깔인데 이것도 혈액소와 같이 헴 구조를 가지며 중앙에 Fe 대신 Mg가 결합되어 있다. 천연상태에서 단백질과 결합되어 있는 엽록소는 단백질이 변성되고 가열할 경우 Mg이 제거되면서 갈색으로 변한다. 이런 반응은 산성에서 더욱 심하고 알칼리성에서는 비교적 안정하다. Cu를 첨가하면 Mg이 Cu로 치환되어 푸른 빛깔을 유지할 수 있다.

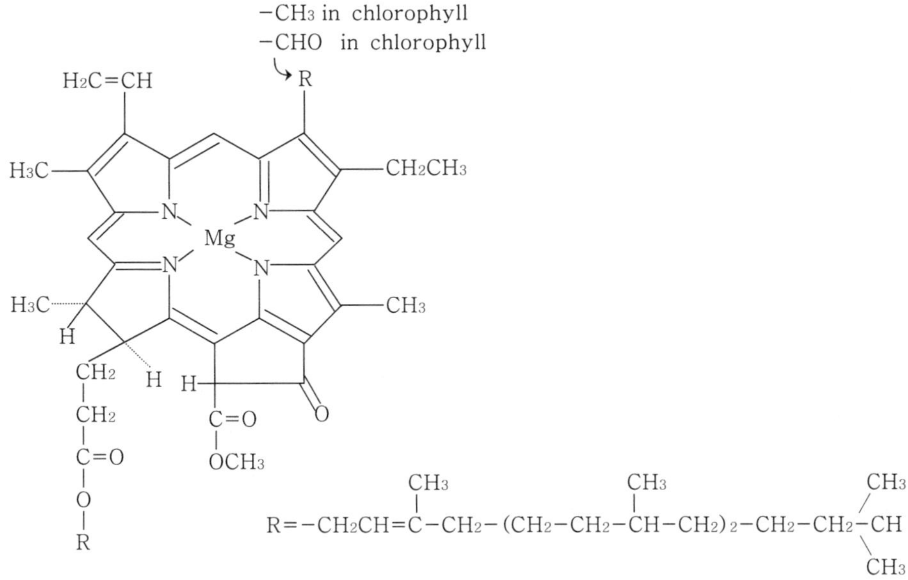

[그림 4-44] Chlorophyl의 화학구조

황색의 카로티노이드(carotenoids) 색소는 엽록소와 함께 존재하는데 많은 종류가 있으며 당근에 많이 들어 있고 그 일부는 비타민 A의 역할을 하기도 하며 최근에는 항암성 물질로도 각광을 받고 있다. 물에는 잘 녹지 않고 기름에 녹으며 특성이 기름과 같다. 일부는 공업적으로 합성되어 마가린 등에 넣는 식용색소로 이용되고 있다. 한편 카로틴류의 산화 생성물로 볼 수 있는 xanthophyll의 종류는 매우 다양하지만 그 대표적인 것으로는 cryptoxanthin, zeaxanthin, lutein, capsanthin 등이 있다.

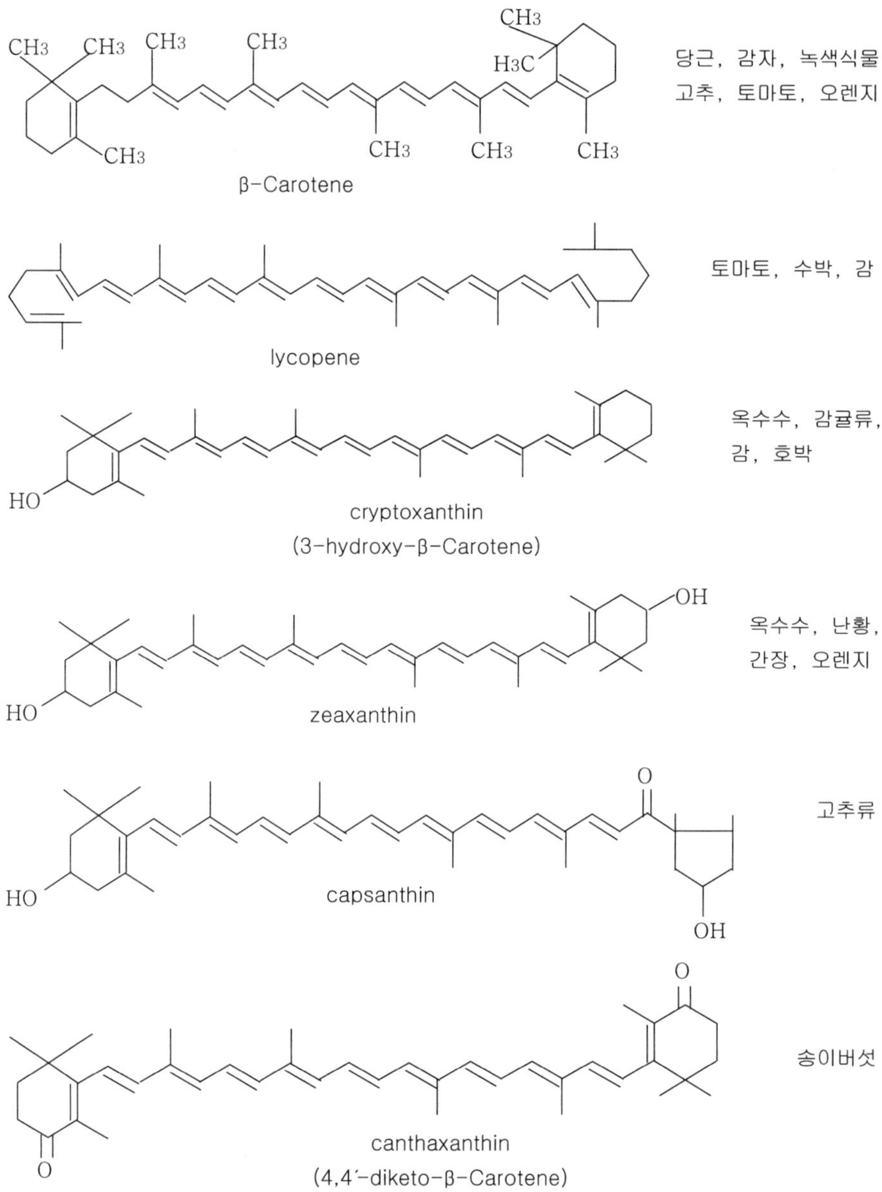

[그림 4-45] 식품 중에 함유된 carotene류와 xanthophyll류

안토시아닌(anthocyanin) 색소는 식물세포 중에 배당체의 형태로 존재하며 과실, 채소의 적색, 청색 및 자색 등을 띤다. 이 색소는 가공하는 동안에 온도, 설탕, pH, 비타민 C 등에 의해서 파괴되고 금속과 결합하면 자색 또는 회색으로 변한다.

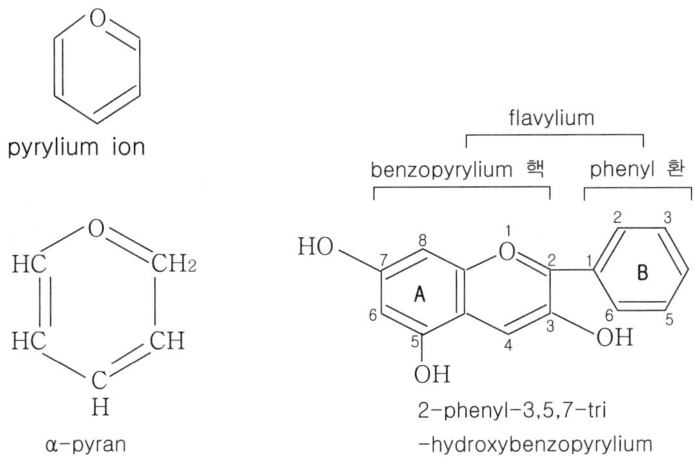

[그림 4-46] Anthocyanin 색소의 기본구조

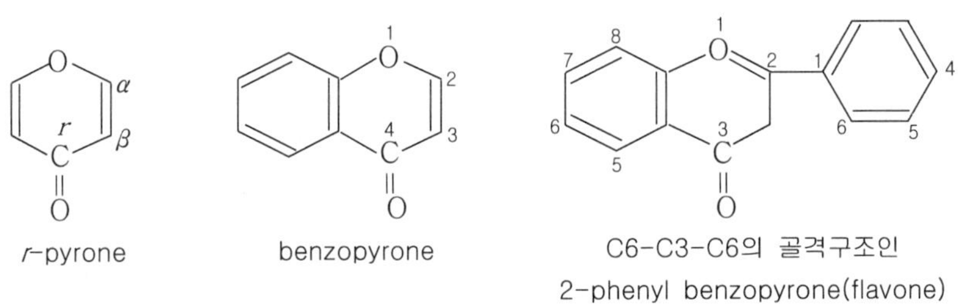

[그림 4-47] Flavonoid(antoxanthin) 색소의 기본구조

플라보노이드(flavonoids 또는 antoxanthin) 역시 채소, 과실에 들어 있으며 빛깔이 강하지 않지만 금속과 결합하면 흑색으로 변한다.

홍당무에는 베탈라닌(betalanin)이라는 적색색소가 들어 있다. 적색무(beets)의 적색 및 황색의 색소는 betalain류로서 적색의 betacyanins와 황색의 betaxanthins로 구분된다. 그중 적색의 betanin과 황색의 vulgaxanthin이 중요하다. 이들은 pH의 영향을 받아 산성에서는 적색, 알칼리성에서는 자색, 청색으로 변하고 pH 4.0~6.0에서 안정하다.

떫은맛 성분인 탄닌류는 무색이지만 산화생성물들은 갈색, 흑색, 홍색을 띤다. 탄닌류는 공기 중에서 polyphenoloxidase에 의해서 쉽게 산화되어 갈변된다. 또 금속이온과 반응하여 복합체를 형성하며 갈색, 흑청색, 청녹색, 회색을 띤다.

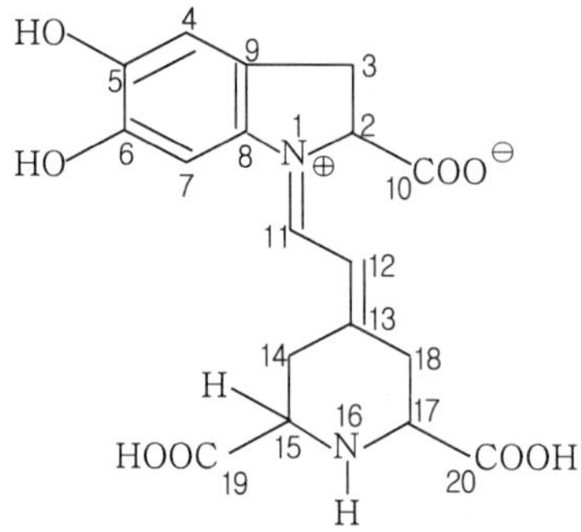

Ⅰ. Betanidin

Ⅱ. isobetanidin

(Betanin의 C-15 에피머)

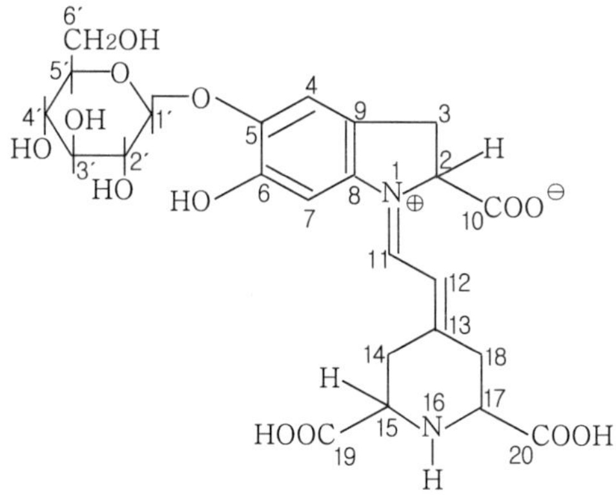

Ⅲ. Betanin

Ⅳ. isobetanin

(Betanin의 C-15 에피머)

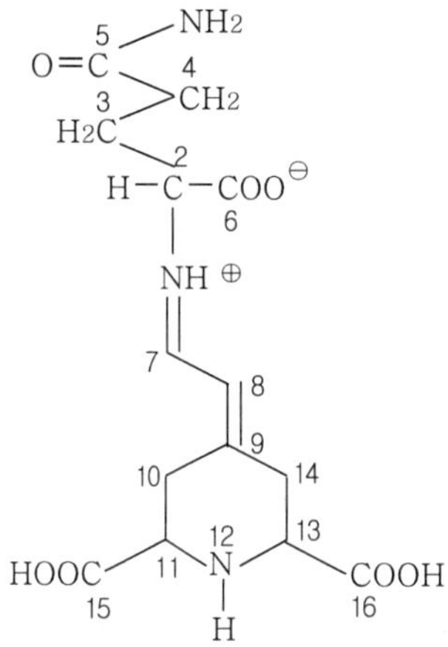

Ⅴ. Vulgaxanthin-Ⅰ

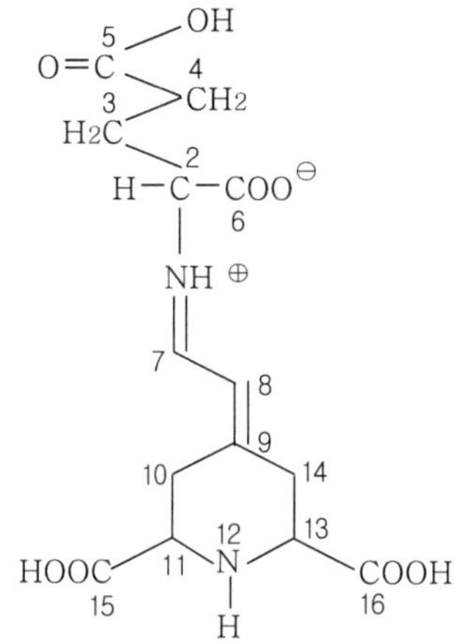

Ⅵ. Vulgaxanthin-Ⅱ

[그림 4-48] 적색무(beets)에 존재하는 betalain류의 구조

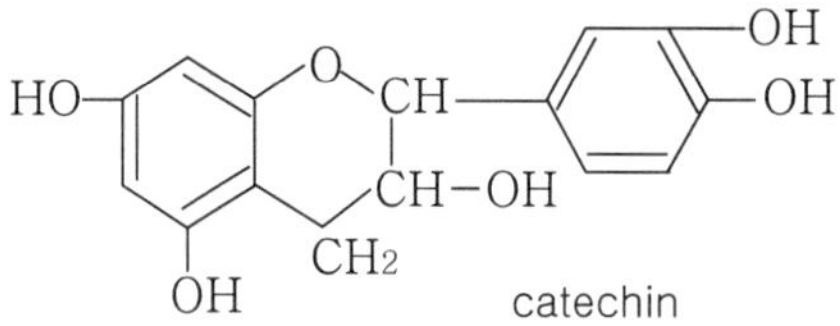

catechin

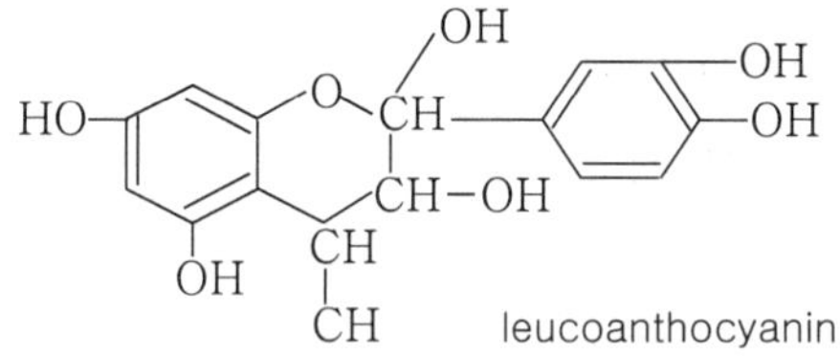

leucoanthocyanin

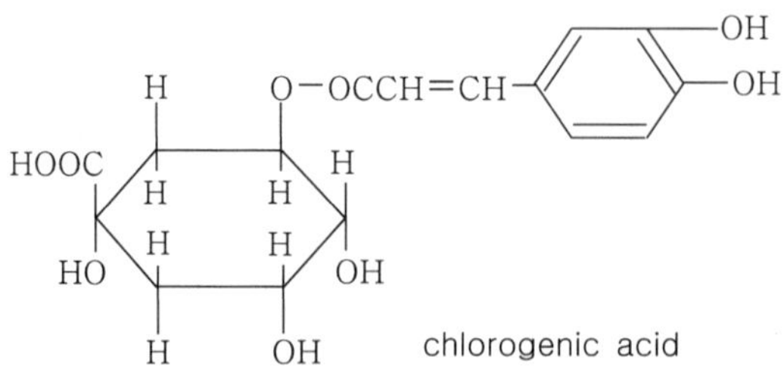

chlorogenic acid

[그림 4-49] 식품 중에 존재하는 주요 탄닌류의 구조

5) 맛과 향기성분들

식품의 맛은 혀의 표면에 있는 미뢰의 미각신경이 주로 화학적인 자극을 받아 일어나는 인지 현상이다. 그러나 때로는 물리적 촉감이나 심리적인 상태가 영향을 미치고 연령, 성별, 생리상태 등이 맛에 영향을 미친다.

맛 성분은 그 화학구조가 중요한데 신맛은 수소이온, 단맛은 알코올기, 쓴맛은 슬폰산기 [$-SO_2(OH)$, 매운맛은 황 화합물이 관여하는 것이라고 알려져 있다. 산류는 신맛, 염류는 짠맛을 나타낸다. 맛 성분의 화학구조가 조금 바뀌면 전혀 다른 맛을 내기도 한다. 사카린의 경우를 보면 [그림 4-50]과 같다.

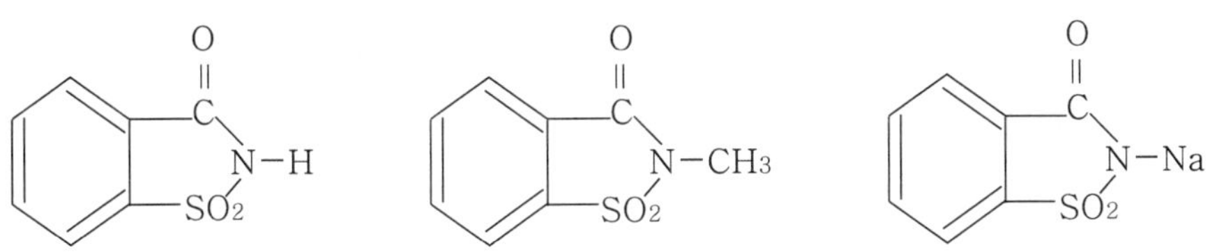

Saccharin (단맛) | N-Methylsaccharin (무미) | Sodium saccharin (단맛)

[그림 4-50] 사카린의 치환기가 단맛에 미치는 영향

서로 다른 맛 성분이 혼합되면 때로는 맛을 강화한다. 단맛이나 감칠맛은 짠맛이, 짠맛은 신맛에 의해서 강화된다. 이와는 반대로 맛을 저해시키는 경우도 있는데 쓴맛이나 신맛은 단맛을 억제한다. 김네믹산(gymnemic acid)은 설탕의 단맛을 없애고 어떤 과실은 맛을 변형시키기도 한다.

맛의 종류에는 단맛, 쓴맛, 신맛, 짠맛을 기본으로 하고 매운맛은 자극에 의한 맛, 떫은맛은 미각신경의 수축에 의한 맛, 감칠맛은 기본 맛의 조화에 의해서 느낄 수 있는 맛이라고 하지만 일본에서는 감칠맛을 umami라 하여 기본 맛에 포함시키고 있다.

맛과 향기 성분은 식품을 이용하는데 매우 중요하다. 일반적으로 단맛을 좋아하는데 그 대부분은 당에 의하고 신맛은 각종 유기산에 의한다. 짠맛은 식염 성분에 의하고 쓴맛은 탄닌 성분 등에 의한다. 또 감칠맛은 글루탐산 소다 등에 의하는데 이것은 맛은 기본 맛에 속하지 않지만 매우 중요하다. 우리나라에서는 글루탐산 소다를 많이 생산하여 조미료로 이용하고 있다.

당류는 분자량이 클수록 단맛이 적어지고 같은 당이라도 α형과 β형 등 구조에 따라 단맛에 차이가 난다. 포도당은 설탕의 50~75% 정도의 단맛을 낸다. 과당은 단맛이 강하고 상쾌한 맛을 준다. 자당은 감미료의 대표적인 것이며 맥아당은 자당의 30%, 유당은 16% 정도이다.

또 D-솔비톨은 자당의 50~70%로서 감미는 약하지만 상쾌한 맛을 내며 물에 잘 녹고 미생물이 발효를 시키지 못한다. 솔비톨은 흡습력이 강해서 습윤제로 쓰이고 청량음료에 이용된다. D-xylitol은 D-xylose를 환원하여 만든 것으로 솔비톨보다 단맛이 강하고 흡수가 느리므로 당뇨병 환자의 감미료로 쓰인다.

아미노산 중에서도 글리신, D-히스티딘, D-류신, D-페닐알라닌, D-트립토판, D-티로신 등이 단맛을 내며 특히 D-트립토판은 자당의 35배의 단맛을 낸다.

신맛은 무기산, 유기산, 산성염 등이 수용액상에서 수소이온(H^+)을 내는 것으로 그 강도는 산기의 특성, pH, 산도, 완충효과, 당류의 존재 등에 따라 달라진다.

탄산은 탄산가스가 물에 녹아 평형을 이룬 것인데 자극성의 약한 신맛이 상쾌한 느낌을 주기 때문에 청량음료에 많이 쓰인다. 아세트산은 식초의 주성분이다. 락트산은 요구르트나 김치의 신맛 성분이고, 구연산은 감귤류 등에 들어 있다. 숙신산도 감귤류 등에 들어 있는데 발효에 의해서 생산되며 음료 등에 다른 유기산 등과 함께 쓰인다.

소금은 짠맛의 대표적인 것으로 짠맛을 주는 이외에 다른 맛들을 조화시켜 주고 체액의 삼투압 조절에도 중요한 역할을 한다. 신맛을 내는 유기산들의 염도 짠맛을 낸다.

쓴맛을 내는 것으로 맥주의 홉(hop) 성분인 루플론(lupulon), 커피의 카페인(caffein) 등 알칼로이드, 코코아의 테오브로마인(theobromine) 등이 있다.

식품 중 매운맛은 내는 것으로는 생강 중의 zingerone, shogaol 등의 알데히드나 케톤류, 고추의 매운맛 성분은 capsaicin, 후추의 chavicine 등 산아미드류, 마늘, 양파, 파 등에 allyl sulfide류와 같은 황화합물이 있다. 감칠맛 성분으로는 글루탐산, 뉴클레오티드류 등이 있고 떫은맛을 내는 것으로는 각종 탄닌류가 있다.

향기 성분은 수백 종에 달하며 아주 미량으로도 독특한 냄새를 내며 맛 성분과 함께 중요한 품질 요인이 되고 있다.

냄새는 맛의 경우보다 훨씬 복잡하고 예민하다. 냄새 성분은 수천 종에 달하고 후각기관의 감도는 미각기관보다 10,000배나 예민하다. 인간은 동물에 비해서 둔한 편이나 개와 쥐는 사람보다 100여배나 예민하다.

[표 4-18] 정상적으로 호흡할 때 느낄 수 있는 냄새물질의 한계값

화합물	한계값 농도(분자수/cc)
Allyl mercaptan	$6x10^{7}$
Secondary butyl mercaptan	$1x10^{8}$
Isopropyl mercaptan	$1x10^{8}$
Isobutyl mercaptan	$4x10^{8}$
Tertiery butyl mercaptan	$6x10^{8}$
Thiophenol	$8x10^{8}$
Ethyl mercaptan	$1x10^{9}$
1,3-Xylen-4-ol	$2x10^{12}$
μ-Xylene	$2x10^{12}$
Acetone	$6x10^{13}$

[표 4-19] n-카르복실산의 향미 특성

산 류	향미 특성
Formic	산, 매운맛
Acetic	산, 식초, 매운맛
Propionic	산, 매운맛, 산패취, 치즈냄새
Butyric	산, 산패취
Hexanoic	땀냄새, 노린내
Octanoic	산패취
Decanoic	왁스냄새
Lauric	우지냄새
Myristic	비누맛, 마분지냄새
Palmitic	비누맛

음식을 먹으면서 숨을 내쉬면 통과하는 공기가 비강에 도달한다. 이들 냄새의 느낌은 오랫동안 뇌리에 기억할 수 있고 그 능력은 약의 복용 등에 의해서 영향을 받는다. 냄새들은 몇 가지 또는 많은 종류의 냄새성분의 혼합체에 의한다. 냄새의 강도는 범위가 넓은데 그것은 휘발성 향미 화합물이 미량에서부터 비교적 다량에 이르기까지 현저하게 다르게 존재하기 때문이다.

사향류(musks)는 케톤류, 락톤류, 스테로이드류, 니트로씨클로헥산류, 인데류(indanes)등 여러 냄새물질로 구성되어 있고 누우트카톤(nootkatone)은 그레이프후르트향을 내는데 구조에 따라 향이 달라진다. 휘발성 유기산들도 사슬 길이에 따라 냄새가 다르다.

γ-노나락톤(γ-nonalactone)은 강한 코코넛향을, γ-언데카락톤(γ-undecalactone)은 복숭아향을 갖고 탄소수가 하나 증가하면 사향으로 바뀐다. 피라진류(pyrazines)는 풋고추 특유의 강한 냄새를 내는 화합물로 식품을 가열할 때 생성되는 성분이다. 또 가열에 의해서 퓨라논류(furanones)도 생성되는데 볶은 치커리 냄새를 낸다. 이들은 소고기를 구울 때 생성되는 냄새들이다.

2,5-디메틸-3-디히드로퓨라논(2,5-dimethyl-3-dihydrofuranone)은 구운 빵의 향기, 이소말톨과 말톨은 캬라멜화와 탄수화물의 열분해 산물이다.

냄새는 냄새의 특성과 한계값의 조합에 의해서 결정되는데 피망의 피라진류, 그레이프후르트의 누우트카톤, 과실류의 에스테르류 등은 대표적인 향미부여성분(contributory compounds)들이다.

식품 중의 향미성분을 분석하는 새로운 방법으로 향미단면 분석법(flavor profile method)을 고안하였는데 이것은 검사원 4~6명이 향미를 느낌(recognition), 설명 (description), 비교하는 훈련을 통하여 용어에 익숙하게 하고 향미의 세기를 측정한다. 관능검사의 냄새 평가는 먹을 때 가장 크게 영향을 미치므로 제일 먼저 실시하고 그 다음 입안에서 맛을 보는 향미분석을 행한다.

5장

곡류와 그 가공품

곡류(cereal)는 화본과에 속하는 열매를 식용 또는 사료로 이용하는 것으로 쌀과 밀, 보리, 호밀, 귀리 등의 맥류, 그리고 잡곡이라고 말하는 조, 수수, 옥수수, 메밀, 피, 기장 등이 여기에 해당된다. 메밀은 여귀과에 속하지만 가루로 만든 다음 밀가루와 섞어 면을 만드는 등 곡류와 비슷한 용도로 사용되기 때문에 보통 곡류로 취급한다.

벼는 아열대의 고온 다습한 곳에서 잘 재배되며 맥류는 온대의 서늘한 지역에서 잘 자란다. 잡곡류는 어느 지역에서나 재배된다.

1. 곡류의 특성

곡류의 구성 성분은 전분이 주를 이루고 있다. 전분은 특별한 맛이 없으므로 오랜 기간 주식으로 이용하여도 질리지 않아 곡류가 인류의 주식이 되어 온 주요 요인이다. 우리나라와 일본, 동남아시아 국가들은 쌀을 주식으로 삼고 있으며 유럽과 북아메리카 그리고 중국의 북부 지역에서는 밀, 남아메리카에서는 옥수수를 주식으로 한다.

건조한 곡류의 수분함량은 14% 이하로 오랫동안 저장하여도 쉽게 변하지 않으며, 매우 단단하고 부피가 작아 저장하기 쉬울 뿐만 아니라 유통이 편리하고 생산량이 많기 때문에 모든 식품 재료 가운데 가장 중요하다.

2. 곡류의 구조

쌀과 맥류의 알갱이 모양은 비슷하다. 그러나 보리와 밀은 중앙에 홈이 파여 있고 조나 수수는 알갱이가 작다. 옥수수는 품종에 따라 원형, 방추형, 모난 것 등이

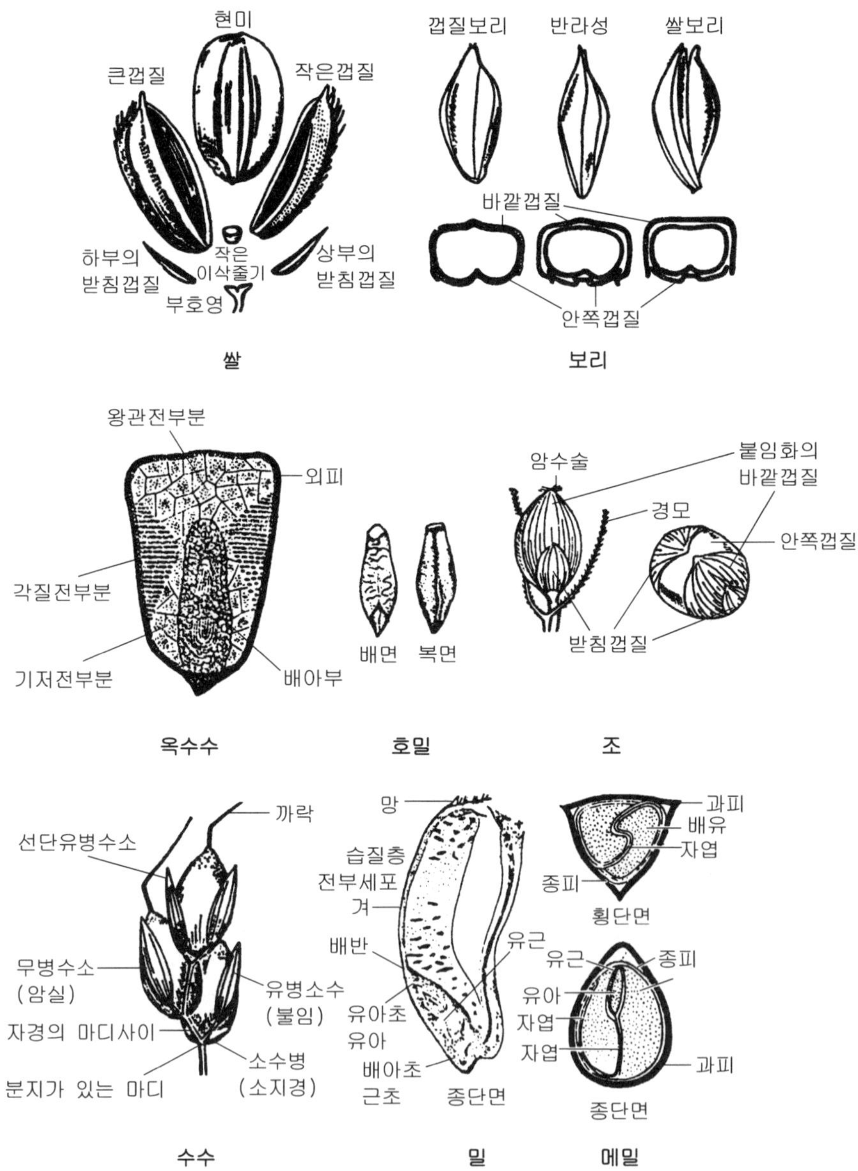

[그림 5-1] 곡류의 구조

있으며 이들 모두 왕겨 등의 과피와 내부에 종피, 배유, 배아 등으로 이루어져 있다.

알갱이를 분할하여 단면을 보면 외부 층은 과피와 종피로 되어 있고 배유는 알곡식의 대부분을 차지하며 전분립으로 가득 차 있다. 배아는 어린 싹으로 성장할 부위이며 큰 껍질 쪽 밑에 붙어 있다. 배아는 유아(幼芽), 배축(胚軸), 유근(幼根)으로 되어 있다.

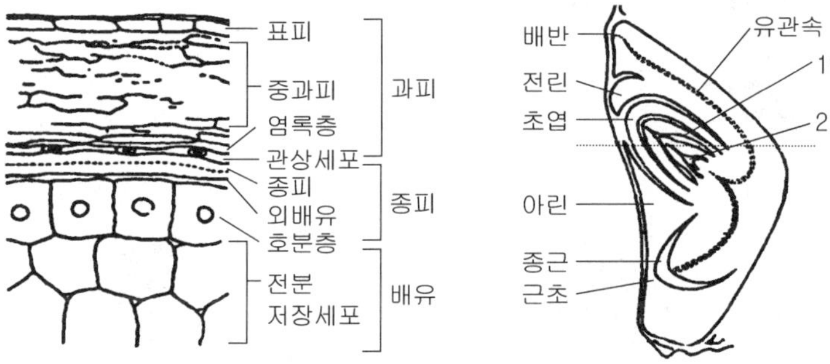

[그림 5-2] 곡류의 단면과 배의 구조

3. 곡류의 변패와 저장

곡류는 살아 있는 생명체이다. 따라서 저장하는 동안 호흡작용 등으로 인하여 품질이 저하된다. 저장하는 동안에 공기 중의 산소가 곡류의 표면 부위 즉, 겨 등에 많이 함유된 지방질을 산화시키며, 바구미, 곡식나방 등과 같은 해충의 피해를 받기도 한다.

해충은 곡식 알갱이의 내부에서 갉아 먹거나 외부를 먹기도 하며, 곤충의 분변이나 사체 등도 문제가 된다. 또한 이들이 해로운 미생물의 오염원이 되기도 한다. 쥐와 같은 생물은 곡식을 먹어치우는 것과 같은 직접적인 해도 끼치지만 분변, 쥐털 등과 같은 불쾌한 이물질로 식품을 오염시킨다.

곡류를 오염시키는 주요 미생물은 곰팡이류인데 곰팡이는 건조 상태에서도 잘 견뎌 맛을 떨어뜨리거나 변색을 일으키고, 종류에 따라서는 독소를 만들기도 하는데 이같이 곰팡이가 만들어내는 독소를 mycotoxin이라 한다.

온대지방에서는 1년에 한번 생산된 곡식을 사계절 먹어야 하기 때문에 안전하게 저장하기 위해서 잘 말려야 한다. 건조작업이 끝난 곡식은 가급적 낮은 온도에서 습기가 다시 들어가지 않도록 밀폐 포장을 하여 저장한다. 포대에 담아서 저장하는 방식도 있으나 낟알을 원통형 사일로에 저장하는 방법도 있다. 이 같은 저장은 곡물의 건조기능도 갖는다.

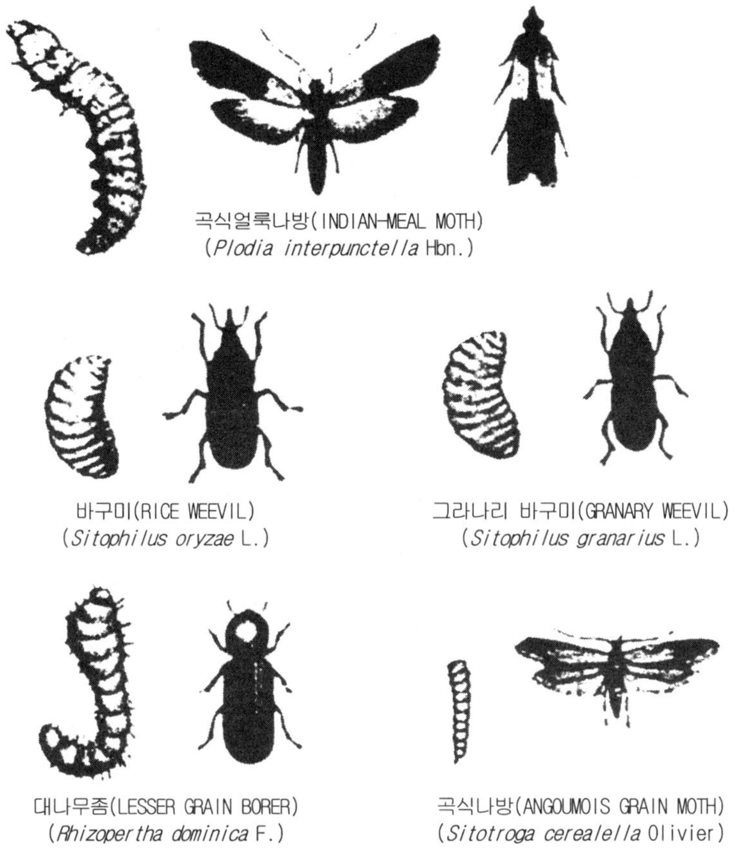

[그림 5-3] 곡류에 번식하는 해충들

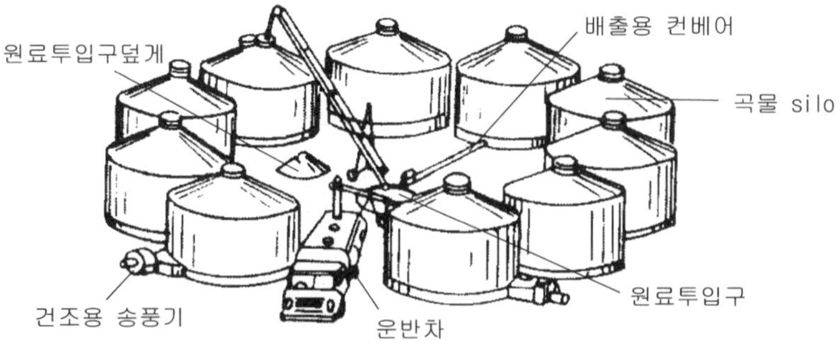

[그림 5-4] 강철제 원형 Bin(저장건조방식)

4. 여러 가지 곡류들

1) 쌀(rice, *Oryza sativa* L.)

벼속에 속하는 쌀은 그동안 수많은 품종개량을 한 결과 약 7,000여 종으로 다양하여 졌다. 세계적으로 재배되고 있는 품종은 *Oryza sativa*이며 아프리카 등 극히 일부 지역에서 *Oryza glaberrima*종이 재배되고 있다. 경작되고 있는 수많은 품종이 있지만 이들을 크게 나누면 일본형(japonica type)과 인도형(indica type)이 있다.

곡립의 형태만을 보면 일본형은 둥글고 굵은 반면 인도형은 쌀알의 길이가 길고 가느다랗다. 밥을 지었을 때 일본형은 호화가 잘되기 때문에 끈적거리는 느낌이 있지만 인도형은 푸슬푸슬하다. 이 같은 이유는 전분의 구조와 이를 싸고 있는 세포막이 달라 인도형은 밥을 짓는 동안 물의 침투가 어렵고 따라서 쉽게 호화되지 않기 때문이다.

일본형 벼는 한국, 일본 그리고 캘리포니아 등에서 재배되고 있으며, 인도형 벼는 타일랜드, 인도네시아, 인도 등 주로 열대, 아열대 지역에서 재배된다. 쌀에 대한 기호는 인종과 식습관에 따라 다르다.

[표 5-1] 곡류의 원산지와 재배역사

곡 류	원 산 지	재배역사
벼	인도, 인도지나	2,500년
보리(이조대맥)	홍해, 코카서스	7,000~10,000년
보리(육조대맥)	티베트, 양자강 상류	7,000~10,000년
밀	코카서스 남부	10,000~15,000년
호밀	아프가니스탄, 이란, 트랜스 코카서스	3,000년 이상
조	동부 아시아, 북부 아프리카	신석기 시대
수수	아프리카의 적도 부근	2,000년 이상
옥수수	남아메리카의 안데스산 기슭	2,000년 이상
메밀	동북 아시아, 중앙 아시아	10,000년

쌀은 배유를 둘러싸고 있는 겉피를 벗겨야만 먹을 수 있다. 옛날에는 돌절구, 물레방아, 연자방아 등을 이용하여 왕겨를 벗겨낸 다음 이용하였다. 그 후 도정기가

개발되어 보다 쉽게 대량으로 쌀을 생산할 수 있게 되었다. 쌀은 배유부가 단단하기 때문에 도정한다.

도정은 먼저 왕겨를 벗겨 현미를 만든 다음, 보다 강한 힘으로 겨층을 갈아내거나 마찰력을 이용하여 겨층을 벗겨낸다.

벼의 왕겨를 제거한 것을 현미(brown rice)라고 한다. 현미는 백미에 비하여 갈색이 나는데 이 갈색부위는 호분층과 종피로 구성되어 있다. 여기에는 단백질과 지방질 그리고 비타민 B_1 등과 같은 영양소의 함량이 많다. 그러나 식감이 나쁘고 소화가 잘되지 않을 뿐만 아니라 공기 중의 산소에 의하여 산화되기 쉬운 문제점을 갖고 있기 때문에 도정 과정에서 제거한다.

백미는 현미의 강층을 완전하게 제거한 것으로 정백비율은 92% 이다. 5분도미는 강층을 50% 제거한 것이며, 7분도미는 70% 제거한 것이다.

한편 찹쌀은 멥쌀과는 달리 전분의 종류 가운데 아밀로오스가 거의 없으며 대부분 아밀로펙틴으로 되어 있어 쉽게 노화되지 않고 찰기가 매우 크다. 잘 건조된 찹쌀은 유백색을 띠지만 수분함량이 많으면 반투명해진다.

[표 5-2] 쌀과 부산물의 구성성분

구분	조단백질	조지방	조섬유	회분	당질
현미	7.1~15.4	0.6~4.0	0.2~2.6	0.5~2.1	74.5~90.2
백미	5.6~13.3	0.2~2.7	0.1~1.3	0.3~1.9	83.4~84.0
미강	12.1~17.2	14.6~21.7	8.7~15.6	9.0~15.7	39.8~49.1
배	17.7~26.4	15.2~24.7	2.0~10.5	6.1~10.1	36.2~57.3

2) 밀(wheat, *Triticum aestiuvm*)

밀은 쌀, 옥수수와 함께 세계에서 가장 널리 재배되고 있는 주요 곡물이다. 밀의 품종에는 수천가지가 있으나 실용상 중요한 것은 20여 종이다. 밀은 보통밀과 마카로니나 스파게티를 만드는 듀럼밀(durum wheat)로 나뉜다. 보통밀은 글루텐 함량에 따라 경질맥과 연질맥으로 구분하고, 경작시기에 따라서 봄에 파종하여 여름에 수확하는 춘맥과 가을에 파종하여 초여름에 수확하는 추맥, 또 원맥의 색상이 붉은 색을 띠면 적맥, 하얀 색을 띠면 백맥으로 구분한다. 밀 알갱이의 단단함에 따라서도 구분하는데 글루텐 함량이 많은 초자질 밀을 경질맥이라고 하며, 글루텐 함량이 적고 상대적으로 전분 함량이 높은 분상질 밀을 연질맥이라고 한다.

밀은 쌀 또는 보리와 달리 배유부가 무르기 때문에 도정을 하면 쉽게 부스러진다. 따라서 도정이 아닌 제분을 하게 된다. 즉, 밀기울을 제거하고 배유부를 분쇄하여 가루로 만들어 사용한다.

밀의 조성은 배유부가 83%, 밀기울 14.5%, 배아 2.5%로 되어 있다. 이들을 분리하여 배유부 만을 제분하지 않고 전체를 제분한 것을 통밀(whole wheat 또는 graham)이라고 한다. 통밀가루로 만든 빵은 씹는 촉감이 거칠고 소화가 잘되지 않아 이용도가 낮으나 최근에 웰빙 붐이 일면서 오히려 건강식품으로 각광받고 있다.

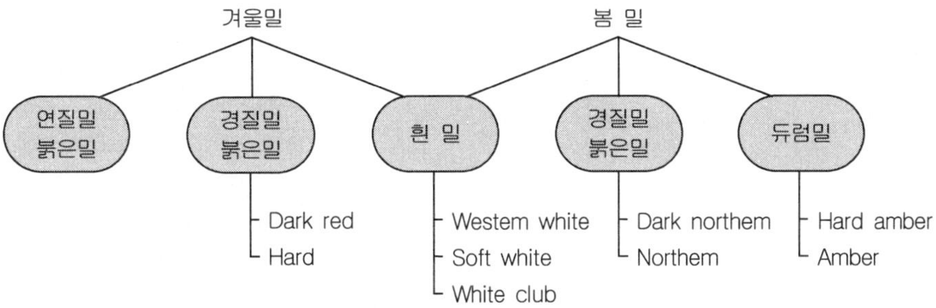

[그림 5-5] 밀의 분류

제분과정을 간단히 살펴보면 다음과 같다. 먼저 보푸라기나 풀 열매 등을 바람을 불어 제거하는데 이를 정선과정이라 한다. 배유부를 둘러싸고 있는 밀기울이 배유와 쉽게 분리될 수 있도록 약간의 물을 넣고 혼합시킨다. 이렇게 하면 밀기울의 섬유소가 첨가된 수분에 의하여 질겨지게 된다. 질겨진 밀기울은 제분과정 중에 부스러지지 않기 때문에 쉽게 배유와 분리할 수 있다. 이 가수공정을 템퍼링(tempering) 이라고 한다. 물을 첨가한 후 수분이 균일하게 섞이도록 혼합해준 다음 방치하여 둔다. 시간은 계절에 따라 달라지는데 보통 여름에는 6시간, 봄가을에는 12시간, 겨울에는 24시간 정도이다.

흡습한 밀 알갱이를 처음에는 거친 롤러(break roller)로 조각낸 다음 체로 치고 다시 고운 롤러(smooth roller)로 가루로 만드는 조작을 여러 번 되풀이 하면서 밀기울을 제거한다.

밀의 배유부는 83% 정도이지만 밀기울과 배아를 배유부와 완전하게 분리하는 것이 쉽지 않기 때문에 제분 후 얻을 수 있는 밀가루의 양은 72~75% 정도이다. 이렇게 얻은 밀가루를 장기간 저장하면 공기 중의 산소에 의하여 표백되어 하얗게 된다. 산화된 소맥분은 케이크 적성이 좋아진다. 저장기간을 단축하기 위하여 과산화질소, 과산화벤조일, 이산화염소 등과 같은 밀가루 개량제를 인위적으로 첨가하기도 한다.

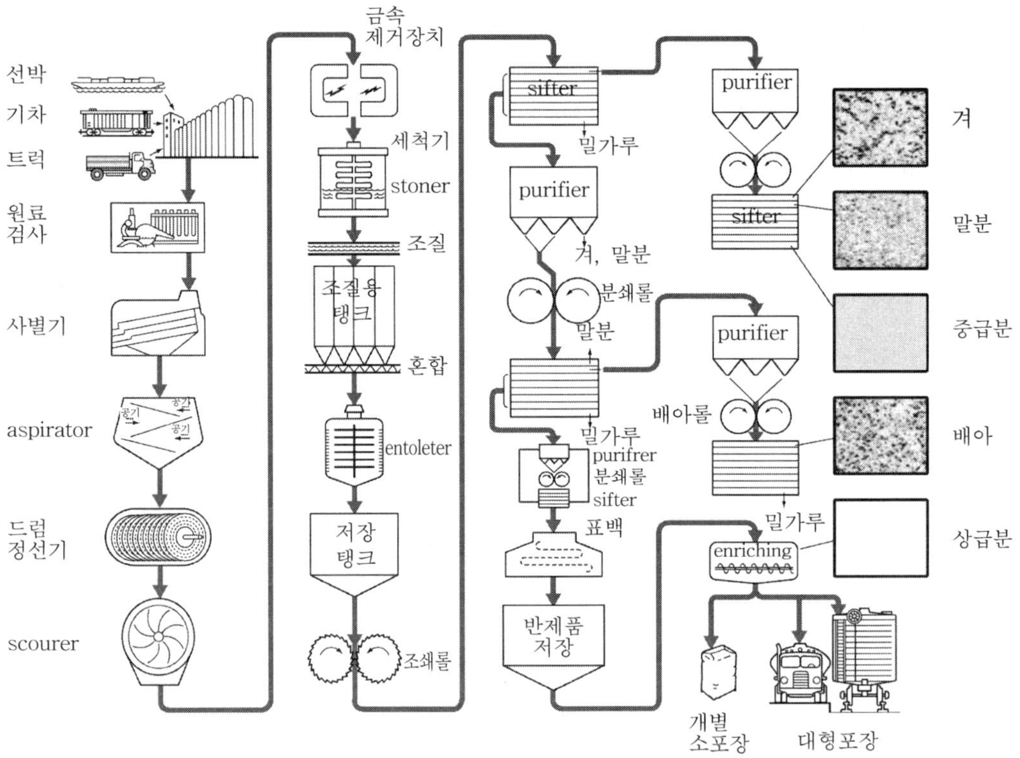

[그림 5-6] 밀가루를 생산하는 공정

소맥분에 함유된 단백질에는 물에 녹는 즉 수용성 단백질인 알부민과 글로불린이 20% 정도 있다. 나머지 80% 정도는 물에 녹지 않는 글루텐이다. 글루텐은 gliadin과 glutenin 으로 구분되는데 글리아딘은 점성을 나타내며, 글루테닌은 탄성을 갖는다. 이 같은 성질 때문에 소맥분을 물과 함께 반죽하면 점탄성을 나타낸다.

글루텐의 함량과 질에 따라 밀가루는 여러 가지 용도로 사용될 수 있다. 강력분은 그 함량이 12% 정도이고 점탄성이 강하여 잘 팽창한다. 따라서 이스트가 발효할 경우 이 때 발생하는 이산화탄소를 포집하여 부풀어 오른다. 이를 이용한 것이 빵이다. 중력분과 박력분의 글루텐 함량은 각각 10~11%, 8~9% 정도이다. 글루텐 함량이 적을수록 점탄성이 약해진다. 중력분은 면류나 페스트리 등을 만드는데 사용되고 박력분은 과자나 케이크 또는 튀김용 가루 등으로 널리 이용되고 있다.

소맥분의 품질 검사에는 색도, 입도, 팽윤도 시험 등이 있으며, 사용기기로는 파리노그램, 알비오그램, 익스텐소그램, 아밀로그램 등이 있다. 또한 각종 제면시험, 제빵시험 등을 통하여 직접적으로 품질을 조사하는 방법도 있다.

3) 옥수수(corn, maze. *Zea mays* L.)

옥수수의 원산지는 아메리카 대륙이다. 옥수수는 재배하기 쉬우며, 단위당 수확량이 많기 때문에 쌀, 밀과 더불어 세계 3대 주요 곡물에 해당된다. 90% 정도가 동물 사료로 이용되고 있으며, 10% 정도를 식용하고 있다.

옥수수는 알갱이의 경도와 형태에 따라 분상질인 마치종(dent corn), 초자질인 경립종(flint corn), 단맛을 갖고 있으며 조직이 부드러운 감미종(sweet corn), 팝콘용으로 쓰이는 폭렬종(pop corn), 전분이 대부분 아밀로펙틴으로 이루어진 나종(waxy corn) 등이 있다.

건조된 종실은 전분 68.7%, 단백질 9.4%, 지질 4.5% 이며, 주요 구성 단백질은 zein, albumin, globulin, glutelin 등이다. Zein 에는 필수 아미노산인 tryptophan, lysine 이 거의 함유되어 있지 않아 영양가가 낮다. 옥수수를 주식으로 하는 사람들에게 피부병의 일종인 펠라그라(pellagra) 가 많은 것은 트립토판에서 생합성되는 니코틴산(니아신)이 부족하기 때문이다. 피부염, 설사, 정신신경장애 등이 펠라그라의 특징이다.

옥수수는 가격이 저렴하지만 다른 곡류에 비하여 단백가가 낮기 때문에 대부분 사료나 전분제조 원료로 사용되고 폭렬종이나 감미종은 팝콘, 통조림용으로 쓰인다.

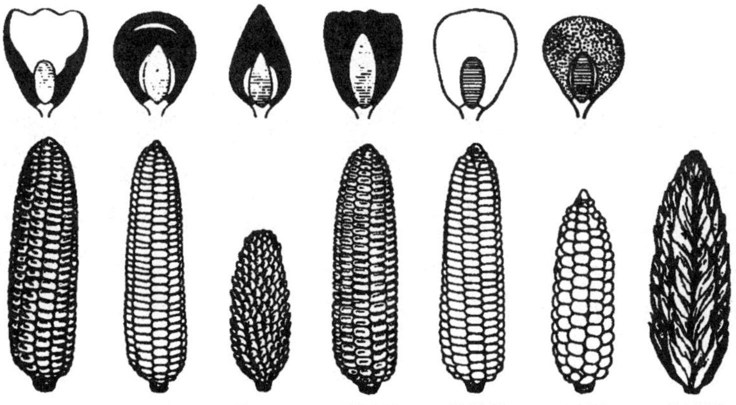

[그림 5-7] 옥수수의 종류와 낱알의 형태

4) 보리(barley, 6조 대맥 *Hordeum vulgare* L., 2조 대맥 *Hordeum distichum* L.)

보리는 코카서스, 중국 등이 원산지이며 신석기부터 재배된 곡류이다. 쌀, 밀, 옥수수 다음으로 많이 재배되는 보리는 껍질이 종실에 밀착되어 분리되지 않는 껍질보리와 익은 다음에 껍질이 종실에서 쉽게 분리되는 쌀보리가 있다. 종실이 착생하는 수형에 따라 6줄로 된 것은 6조 대맥, 2줄로 된 것은 2조 대맥이라고 한다.

보리의 성분은 전분 68.4%, 단백질 10.3%, 지질이 1.9% 정도이며, 다른 곡류에 비하여 섬유질 함량이 많다. 보리의 주 단백질은 prolamin계의 hordein과 glutelin이다.

보리는 가운데 부위에 골이 있어 완전히 정백하여도 호분층이 남아 밥맛이 거칠고 소화가 잘되지 않는다. 또한 보리의 조직은 단단하여 밥을 지을 때 물이 잘 흡수되지 않으므로 한번 삶아낸 다음 다시 밥을 짓기도 한다. 압맥은 물을 잘 흡수할 수 있도록 기계로 눌러 만든 것으로 조직이 파괴되어 있으므로 밥을 쉽게 지을 수 있으며 소화도 잘된다.

맥아는 보리를 싹 티운 것으로 다른 곡류에 비하여 아밀라아제가 풍부하게 들어있다. 맥아를 이용하여 식혜, 맥아엿 등을 만들며, 맥주와 위스키의 주요 원료가 된다. 맥주 양조에는 2조 대맥이 사용되며 전분질이 많고 단백질이 적어야 좋은 맥주를 만들 수 있다.

5) 호밀(rye, *Secale cerale* L.)

화본과에 속하는 1년생 초본식물로 북유럽과 러시아 등에서 많이 재배되고 있다. 녹비사료로도 쓰이며, 빵이나 위스키 제조용으로 사용되고 있다. 호밀 빵을 만들 경우 호밀만을 가지고서는 글루텐 피막이 형성되지 않아 보통 밀가루에 섞어 사용한다. 호밀로 만든 빵을 사우어 도후(sour dough)라고 하는데, 유산균이 증식하여 신맛이 나기 때문이다.

6) 조(Italian millet, foxtail millet, *Setaria italic* Beavois)

조는 낱알이 작아서 1,000립 중 조곡은 2.5~3g이고 정곡은 2.2~2.7g이다. 봄에 심는 것과 여름에 심는 것이 있으며, 토양이 척박하고 온도가 높으며 가물어서 다른 곡류가 재배되지 않는 지역에서도 잘 자라지만 생산량이 많지는 않다. 조는 전분질이 주성분이어서 우리나라에서는 혼식용으로, 구미제국에서는 사료로 이용되고 있다.

7) 수수(sorghum, *Sorghum nervesum* Bess)

수수는 중국에서 고량이라고 불리며, 고량주의 원료로 사용된다. 수수 알갱이는 단단하고 광택이 있는 받침 껍질에 싸여 있으며 열매의 속 알갱이 일부가 노출되어 있다. 주성분은 전분이 76.5% 를 차지하며, 단백질은 8.5% 정도 들어 있다.

곡식용 수수(grain sorghum)로 적합한 것은 찰수수이며, 메수수는 단백질과 지방질이 적어서 식용하기에 부적당하다.

8) 메밀(buckwheat, *Fogopyrum esculentum* Moench)

메밀은 대부분의 곡류가 속해있는 화본과 식물이 아닌 여뀌과이다. 가뭄에 잘 견디는 성질을 갖고 있으며, 메밀 알갱이는 전분이 주를 이루고 있기 때문에 가루로 만들어 밀가루에 섞은 다음 국수 등을 만드는데 이용된다. 모세혈관을 강화시켜주는 rutin이라는 성분이 들어 있다.

5. 곡류를 이용하는 가공품

1) 밥과 죽

곡류를 이용하는 가장 기본적인 방법으로 쌀과 같은 알갱이에 물을 넣고 밥을 짓거나 더 많은 물을 사용하여 죽을 끓여 먹기도 한다. 또 쌀을 쪄서 이용하는 곳도 있다. 우리나라에서 밥을 짓는 것은 식생활의 가장 기본적인 것이다. 먼저 쌀을 씻은 다음 적량의 물을 부어 끓이거나 물에 불린 후 끓여서 밥을 짓는다. 물의 양이 적으면 고두밥이 되고 많으면 진밥이 되며, 열이 너무 과하거나 오래 가열하면 밑바닥의 밥이 타서 누룽지가 된다. 누룽지가 많이 생기면 탄 냄새가 나서 좋지 않지만 약간의 누룽지는 밥맛을 구수하게 해준다.

밥을 짓는 1차적인 목적은 쌀 전분을 호화시키는 일이지만 수분을 적당량 공급하여 먹기 좋게 만들고 구수한 맛을 내는 것이다. 한국과 일본에서는 찰기가 있는 밥을 선호하지만 동남아시아 등에서는 인디카종을 이용하여 밥을 짓고 따라서 푸슬푸슬하게 된다. 가능한 푸슬하게 밥을 짓기 위하여 일부 지역에서는 물을 부어 끓인 다음 용출된 전분액을 따라 버리고 다시 새물을 넣어 밥을 짓는다. 대규모로 밥을 짓는 경우에는 열 침투가 고루 되도록 하기 위하여 증기를 사용하기도 한다. 가정에서 취반시간을 줄이고 찰기를 높이기 위하여 압력밥솥을 사용한다. 압력밥솥은 사용하는 물량이 적고 짧은 시간에 밥을 지을 수 있다. 그러나 쌀 특유의 냄새가 날 수 있다.

쌀에 물을 많이 넣고 지으면 죽이 된다. 밥알이 보이지 않을 정도로 묽은 것을 죽이라고 하는데 노인식이나 환자식으로 좋다. 일부 남방 국가에서는 죽을 상용하기도 한다.

2) 빵

빵은 밀가루, 물, 소금 등에 효모를 첨가하여 반죽한 후 부풀리고, 이처럼 발효된 반죽을 분할하여 모양을 만든 후 오븐에서 구운 것이다. 고대 이집트의 벽화에 빵을 굽는 모습들이 있는 것을 보면 빵의 역사가 매우 오래 된 것임을 알 수 있다. 빵은 밥과 함께 세계인의 주식이다.

빵은 사용하는 주원료에 따라 밀가루 빵, 호밀로 만든 호밀 빵, 옥수수 빵 등으로 구분되며, 제조방식에 따라 미국식 빵, 프랑스식 빵, 모양에 따라 식빵, 롤, 햄버거, 번 등으로 나뉜다.

빵을 만들기 위한 필수 재료에는 밀가루, 물, 소금, 이스트가 있다. 설탕, 유지, 달걀, 분유, 첨가제 등은 맛과 영양, 조직감 그리고 제조방법의 개선 등을 목적으로 사용된다. 제빵용 밀가루는 글루텐 양이 많은 강력분을 사용한다. 밀가루 단백질의 90% 이상을 차지하는 글루텐은 gliadin과 glutenin으로 구분된다. Gliadin은 점성을 갖고 있으며, glutenin은 탄성을 나타내는데, 이들 두 단백질이 물과 물리적 반죽과정을 거치면 점탄성을 지닌 gluten 피막을 형성한다.

이스트는 탄산가스 생성량이 많은 *Saccharomyces cerevisiae* 를 제빵 효모로 사용한다. 일반적으로 효모를 그대로 압착한 생효모(fresh yeast, compressed yeast)를 사용하지만 저장성이 없기 때문에 건조시킨 효모(active dry yeast)나 인스턴트 효모(instant yeast) 등을 사용하기도 한다. 이스트는 발효과정에서 빵을 부풀게 하는 탄산가스 이외에도 알코올과 유기산을 생산하여 빵 고유의 향미를 갖게 한다.

소금은 글루텐을 강화시켜 탄력 있는 반죽을 만들며 적량을 사용할 경우 맛을 좋게 한다. 빵의 품질이나 맛을 내게 하기 위하여 사용되는 설탕은 효모의 먹이가 되어 발효를 촉진하고 단맛을 내며 조직을 부드럽게 한다. 또한 굽는 과정에서 갈변현상을 일으켜 빵을 먹음직스럽게 만든다.

유지는 쇼트닝, 버터, 마가린 등을 사용한다. 유지는 반죽이 용기에 달라붙지 않게 하며 영양원이 되고 맛을 좋게 한다. 또한 식빵을 슬라이스 할 때 빵가루가 과도하게 떨어지는 현상(snow effect)을 막아주는 역할을 한다. 탈지분유는 영양원이 되고 맛을 좋게 하며, 특히 마이얄 반응을 일으켜 빵의 표피 색(crumb)을 좋게 한다. 그밖에도 달걀 등이 사용되고 제빵 개량제와 같은 첨가제 등이 품질을 개선할 목적으로 사용된다.

이상과 같은 재료로 빵을 만들 때 중요한 것은 반죽과 발효이다. 반죽에는 전 재료를 한꺼번에 넣고 반죽하는 Straight법(직접 반죽법)과 밀가루의 일부와 물, 이스트, 설탕 등을 넣고 가볍게 섞어 준 다음 충분히 발효시키고 여기에 나머지 재료를 모두 넣고 다시한번 반죽하는 Sponge법(중종법)이 있다.

스트레이트법은 공정이 간단하여 노동력과 시간, 제조 장비 등을 절감할 수 있는 이점이 있으나 노화가 빨리 진행되고 발효 내구성이 떨어지며, 작업이 잘못될 경우 고치기 어려운 단점이 있다. 주로 소규모 제과점에서 많이 사용하는 방법이다.

스펀지법은 재료의 일부로 스펀지를 만들고 충분히 발효시킨 뒤 남은 밀가루, 부재료 및 물을 첨가해 본 반죽에 들어가는 방법이다. 중종법으로 만든 반죽은 기계내성이 우수하고 불안정한 발효조건에서도 안정도가 높아 좋은 제품을 만들 수 있다. 즉, 이스트 사용량이 20%정도 감소되며 제품의 부피가 크고 부드러운 조직과 기공이 바람직하고 보존성도 좋다. 그렇지만 직접법에 비하여 발효손실이 크고 설비나 노동력이 많이 드는 단점이 있다. 일상적으로 사용되는 스펀지법은 다음과 같다.

- **스펀지(중종)** : 전체 밀가루의 50~70%, 이스트 전부, 이스트푸드, 쇼트닝을 물과 함께 섞어 가볍게 반죽한다. 단, 중종의 온도는 직접반죽법보다 낮게 (23~26℃) 한다. 중종은 발효하여 과발효를 시작하는 단계까지 숙성시킨다. 보통 밀가루 사용 정도가 75%일 때는 3시간, 50%일 때는 5시간 발효 시켜야 한다. 발효시간을 줄이기 위해서는 중종온도를 높이고(1℃ 올릴 때마다 20분씩 단축) 이스트 사용량을 늘린다.

• 본반죽 : 발효한 중종을 믹서에 넣고, 남은 물과 밀가루, 탈지분유, 소금, 설탕, 그 밖의 부재료를 더해 반죽한다.

일반적인 식빵의 배합 예는 다음과 같다.

[표 5-3] 식빵 배합비 (Baker's %)

	Straight dough	Sponge	dough
강력분	100	70	30
물	65	45	20
이스트	3.0	2.5	
이스트 푸드	0.25~0.5	0.25~0.5	
쇼트닝	3.0	3.0	
유화제	0.25~0.5	0.25~0.5	
소금	1.8		1.8
탈지분유	3.0		3.0
설탕	7.0~8.0		7.0~8.0

반죽을 잘해야 부푸는데 필요한 글루텐이 잘 형성된다. 그러나 반죽이 지나치면 글루텐이 파괴되어 오히려 덜 부푼다. 적절한 반죽온도는 27℃ 이다.

반죽은 온도와 습도를 27℃, 80~85%로 조절된 발효실에 넣어 두어 발효시킨다. 이 때 이스트의 작용으로 탄산가스가 생성되고 이 가스가 글루텐과 전분이 피막을 형성한 공간에 채워져 부풀어 오른다. 발효가 진행됨에 따라 초산, 젖산 등 각종 유기산들이 만들어지기 때문에 pH가 낮아지고 그렇게 되면 글루텐의 탄성이 약화되어 반죽이 쉽게 부풀며, 해로운 미생물의 번식이 억제된다.

발효는 빵의 품질에 가장 중요한 영향을 미친다. 발효 최적온도인 26~28℃ 보다 낮으면 이스트의 생육이 억제되어 덜 부풀어 기공 벽이 두껍고 조직이 거칠며 향미성분이 적게 생성된다. 온도가 30℃ 이상에서는 발효 속도가 빨라지고, 많이 부풀지만 구울 때는 오히려 팽창이 되지 않고 구운 후에도 가운데 부분이 주저앉게 된다. 또한 기공이 거칠고 세포막이 두꺼우며 신 냄새가 난다. 빵의 껍질 색도 약하다.

발효 중 공기에 노출된 반죽은 마르기 쉬운데 이것을 방지하기 위하여 습도를 맞추고 발효 통에 덮개를 하며 때로는 반죽의 표면에 기름을 바르기도 한다.

발효가 완료되면 부피는 2~2.5배로 증가한다. 이것을 펀칭하여 가스를 빼고 일정한 중량으로 분할하고 휴지시킨 다음 성형하여 재차 부풀리는 과정을 2차 발효라고 한다. 이때는 온도를 올려 35~37℃, 습도는 85~88% 정도를 유지한다. 2차 발효를 proofing이라고 하는데 1차 발효 때와는 달리 빵의 향미 생성이 아닌 부피 팽창이 그 목적이다. 2차 발효 역시 잘 조절하여야 하는데 지나치면 기공이 너무 크게 되고 심할 경우 구운 다음 주저앉는다. 반대로 2차 발효가 충분하지 못할 경우에는 구울 때 옆 부분이 터지고 조직이 거칠게 된다.

발효가 끝난 것은 180~230℃의 오븐에서 굽는데 처음 온도가 올라가기 시작하면 이스트의 활성은 더욱 증가한다. 그러나 빵의 내부온도가 55℃ 이상으로 올라가면 이스트는 죽고 만다. 계속 가열하면 부피는 30% 이상 증가하는데 이 현상을 oven spring이라고 한다. 온도가 올라가면서 알코올은 휘발되고 빵 껍질이 말라 바삭해지며 내부의 전분은 호화된다. 또 껍질 부분에서 갈변반응이 일어나 구수해진다.

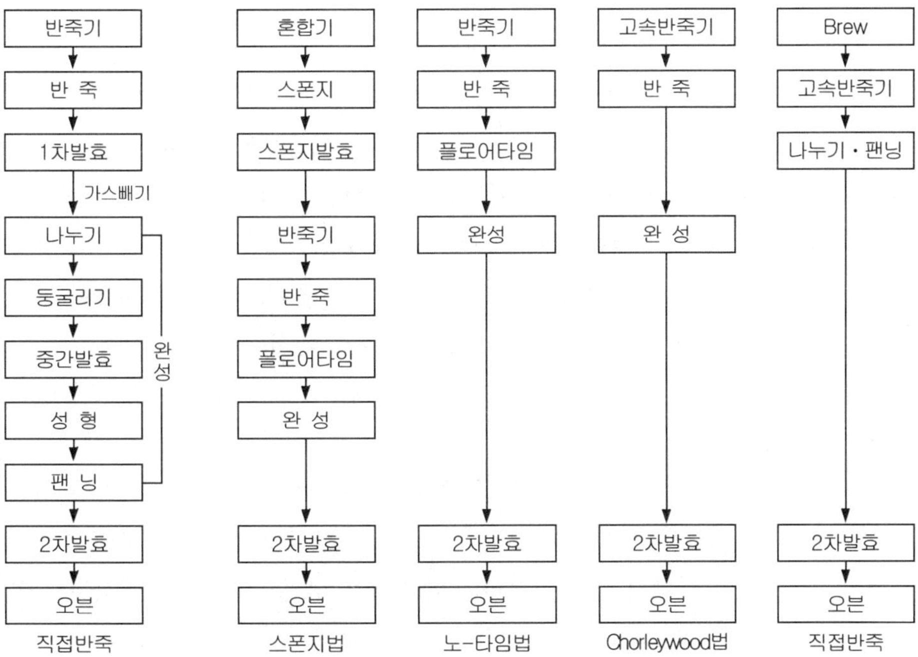

[그림 5-8] 여러 가지 제빵 공정도

굽는 시간은 빵의 크기에 따라 다른데 식빵은 낮은 온도에서 긴 시간, 크기가 작은 빵은 높은 온도에서 짧은 시간 굽는다. 이렇게 구워진 신선한 빵은 특유한 향기와 탄력이 있는 제품이 된다. 빵은 오래 될수록 딱딱해지며 눅진해지거나 향취와 맛이 없어지는데 이것을 빵의 노화(staling)라고 한다. 노화속도는 냉장온도에서 빠르고 냉동상태나 30℃ 이상에서는 억제된다. 빵을 오래 두면 곰팡이가 슬기도 하는데 이를 막기 위해서 프로피온산 칼슘 등을 첨가하기도 한다.

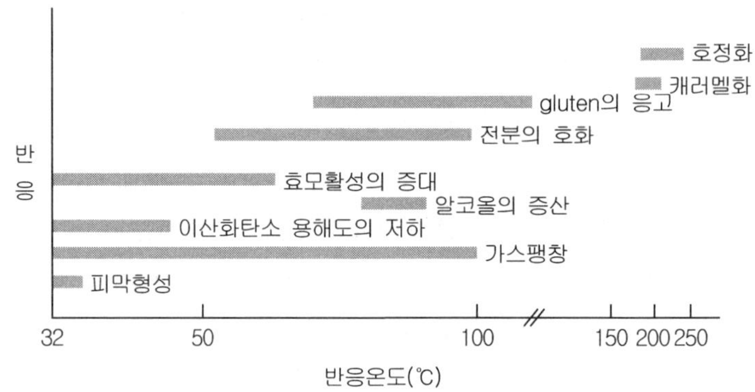

[그림 5-9] 빵을 굽는 동안 일어나는 반죽의 변화

3) 국수

국수류는 밀 단백질의 주성분이 글루텐의 독특한 점탄성을 이용한 것으로 밀가루 반죽에 소금을 넣어 반죽한 것을 가늘고 길게 성형한 것으로 길게 늘려 만드는 신연면, 가늘게 절단한 선절면, 가는 구멍을 통하여 압출하는 압출면이 있고 만들어낸 국수를 익힌 다음 기름에 튀긴 인스턴트 면 등이 있다. 알칼리를 사용한 중화면, 전분을 사용하여 만든 당면도 국수류에 속한다고 할 수 있다.

듀럼 밀로 만드는 마카로니는 압출면의 대표적인 것으로 이태리에서 만들어진 것이라고 한다.

밀가루로 만드는 국수는 대부분 중력분을 사용한다. 소금을 넣는 이유는 글루텐의 점탄성을 높이고 건조속도를 조절하여 미생물의 번식을 억제하고 맛을 조절하기 위함이다. 우리나라에서 가장 많이 이용되는 것은 라면으로 이것은 중화면을 수증기 터널을 통과시켜 익힌 다음 흩어지지 못하도록 꼬불꼬불하게 성형한 다음 기름에 튀긴다. 튀기는 동안 반죽의 수분이 빠져 나가고 기름이 흡수된다. 이것을 냉각포장 한다. 라면의 간단한 제조공정은 아래와 같다.

- 배합공정 : 소맥분과 배합수를 혼합하여 반죽을 만든다.
- 면대형성 : 롤러로 압연하여 면대를 만든다.

• 제면공정 : 제면기로 국수 모양을 만들고, 컨베이어 벨트의 속도를 조절하여 라면 특유의 꼬불꼬불한 형태로 만든다.
• 증숙공정 : 스팀 박스를 통과시키면서 α화시킨다.
• 성형공정 : 일정한 모양으로 만들기 위해 납형 케이스에 넣는다.
• 튀김공정 : 150℃ 정도에서 튀기고 수분을 휘발시킨다.
• 냉각공정 : 상온으로 냉각시킨다.
• 수프제조공정 : 주원료를 고압 처리하여 진공농축, 진공건조 시킨 다음 각 원료를 혼합하여 포장한다.
• 포장공정 : 수프를 첨부하여 완제품으로 포장한다.

라면은 즉석에서 뜨거운 물을 부어 먹거나 끓여서 먹기 때문에 건조분말 스프나 액상의 것을 함께 포장하여 시판하고 있다.

튀기는 기름은 열에 안정하고 상온에서 고체상인 포화지방을 사용하는데 우리나라에서는 팜유를 주로 사용하고 있다. 라면은 70년대와 80년대 산업화 과정에서 식생활을 간소화하는데 크게 기여하고 식품공업에서 중요한 위치를 차지하였다. 국민 일인당 라면 소비량은 우리나라가 세계 1위이다.

[표 5-6] 별첨용 분말수프의 배합 예

원 료	배합율	조리 후의 농도	비고
소금	52.0	0.8~1.2	짠맛
포도당, 설탕	11.2	0.2~0.5	단맛
퓨마르산나트륨, 시트르산, 타타르산, 젖산	0.3	0.002~0.008	신맛
글루탐산나트륨	16.4	0.2~0.5	조미성분
이노신산나트륨, 구아닐산나트륨	0.2	0.002~0.01	
숙신산나트륨	0.5	0.002~0.01	
육즙 또는 효모추출, 분말간장, 분말아미노산	15.3	0.04~0.5	
고추, 후추, 계피, 마늘, 생강, 양파, 파, 콩나물, 양배추 등	2.4	0.004~0.02	향신료 및 건조채소
분말유지	-	0.1~0.2	유지
캐러멜	1.7	0.02	착색제
계	100		

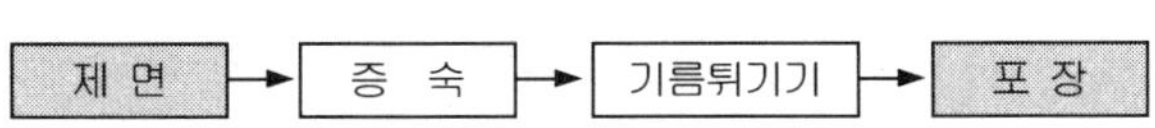

[그림 5-10] 즉석 면류의 제조공정도

4) 케이크와 쿠키

밀가루에 설탕과 달걀을 많이 넣어 구운 케이크는 효모를 사용하지 않고 달걀의 기포력과 베이킹파우더의 팽창력을 이용한 것이다. 비스킷은 밀가루 반죽에 팽창제를 넣어 단시간에 구워낸 것으로 수분 함량이 매우 적다. 비스킷은 원료 배합 및 제법에 따라 달라지는데 hard biscuit은 중력분을 사용하고 설탕과 유지를 적게 넣으며 팽창제로 암모니아 등을 사용한다. Soft biscuit은 박력분에 설탕과 유지를 다량 사용하여 만든 것으로 단맛이 강하며 부드럽다. Fancy biscuit은 설탕과 달걀을 많이 사용하고 모양을 낸 비스킷이다.

파이 또는 페스트리는 밀가루 반죽과 유지가 교대로 층을 이루게 한 것을 구운 것으로 puff pie, Danish pastry 등 여러 가지 형태가 있다.

5) 한식과자류

우리나라에는 예로부터 전통적으로 이용되어 온 유밀과, 다식, 정과, 강정 등이 있다. 유밀과에는 약과, 모약과, 차수과, 요화과 등이 있고, 약과는 밀가루에 참기름, 꿀이나 물엿 등을 넣어 혼합하여 성형한 다음 기름에 튀겨낸 것이다.

정과 중 생강정과는 생강을 물에 삶아 매운 맛을 뺀 다음 설탕물에 넣어서 서서히 졸인 것이며 그 밖에도 연뿌리 정과, 당근정과, 건포도 정과, 매실 정과 등이 있다.

다식은 녹말, 송화, 밤, 콩 등을 반죽하여 성형한 것이고 강정은 찹쌀가루를 반죽하여 말린 것을 기름에 튀긴 후 고명을 묻혀서 만든다.

6) 일식과자류

일식과자는 크게 건과자와 생과자, 당과 등으로 구분되는데 그 종류가 많고 지방에 따라 만드는 법도 다르다. 대표적인 것은 미과, 양갱, 오꼬시 등이다.

미과는 찹쌀을 씻어 담근 다음 물을 빼고 쪄 떡을 만든다. 떡을 식혀 굳힌 다음 잘라 성형하고 건조시켜 기름에 튀긴다. 튀겨낸 미과는 조미액으로 맛을 맞춘 다음 건조하여 포장한다.

양갱은 전분, 설탕, 한천 등을 주원료로 하여 가열 농축, 성형한 것이고 오꼬시는 설탕과 물엿에 찹쌀을 쪄서 건조한 다음 팽화시킨 것을 넣고 성형한 것이다.

6장

콩류와 그 가공품

콩류(豆, legumes)는 콩과에 속하는 작물로서 콩, 땅콩 등 지방질이 많고 탄수화물이 적은 것과 팥, 녹두, 완두, 강낭콩 등 지방질이 적은 대신에 탄수화물이 많은 것으로 구분된다. 콩류는 단백질 함량이 많아 곡류에 부족되는 아미노산을 보충할 수 있어서 우리나라와 같이 곡류를 주식으로 하는 나라에서는 매우 중요한 식품으로 옛날부터 이용되어 왔다. 또한 이와 같은 단백질뿐만 아니라 지방이 많이 들어 있어 식용유지로 많이 이용되고 있다.

콩류의 종실은 모두가 꼬투리 속에 들어 있고 꼬투리에 접해 있는 부분인 臍(hilum)의 양편에 珠孔(micropyle)과 합점(chalaja)이 있으며, 종피 내부에는 두쪽의 자엽과 배가 있다. 자엽이 조실의 대부분을 차지하고 배에는 유아, 배축, 유근이 들어 있다.

[표 6-1] 각종 두류의 일반성분

품목＼성분	수분	단백질	조지방	당질	조섬유	회분
콩	9.2	41.3	17.6	22.6	3.5	5.8
팥	14.5	21.4	0.6	56.6	3.7	3.2
땅콩	8.5	23.4	45.5	18.1	2.2	2.3
강낭콩	10.3	20.2	1.8	60.9	3.2	3.6
녹두	15.6	21.2	1.0	54.9	3.5	3.8
완두	13.4	21.7	2.3	54.4	6.0	2.2

1. 중요한 콩류

콩(大豆 ; soybean, *Glycine max* L.)은 동부 아시아, 중국의 북부가 원산지로 기원전 2,000년 전부터 이용되어 왔다. 콩의 꼬투리에는 2~3개의 콩알이 들어 있고 알갱이의 색에 따라 흰콩, 누런콩, 청대콩, 밤콩, 검정콩 등이 있다. 단백질 40%, 지방질 18%가 들어 있어 곡류에 부족되는 성분을 풍부하게 가지고 있다.

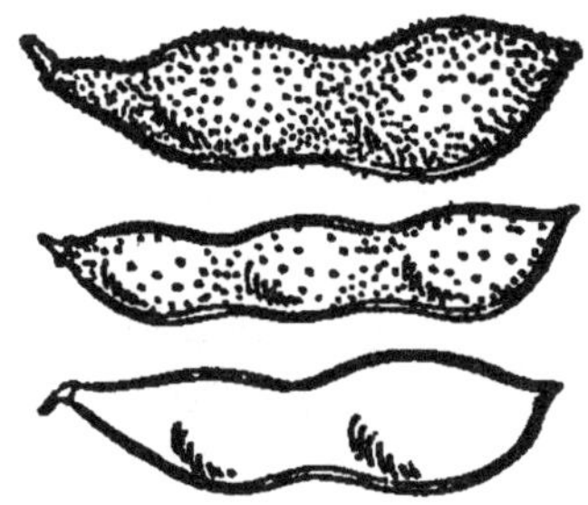

[그림 6-1] 콩과 꼬투리 모양

콩에 함유된 탄수화물은 적지만 라피노스, 스타키오스 등과 같은 올리고당류가 요즈음은 기능성 성분으로 각광을 받고 있다. 또한 레시틴, phytin, 사포닌, 트립신 저해제(trypsin inhibitor), hemagglutinin 등의 특수 성분을 함유하고 있다.

콩은 원형 그대로 이용하는 것 외에도 두유, 장류, 두부, 대두단백 소재 등으로 요긴하게 쓰이고 있다.

1) 팥(小豆, 赤豆 small red bean, *Phaseolus angularis* W.F.)

종피가 주로 적색이지만 회백색, 담녹색, 담황색, 갈색, 흑색인 것도 있다. 콩과는 달리 전분질이 50% 이상, 단백질 20% 비타민 B_1이 많으며 saponin이 들어 있어 변비를 막아주고 황화합물에 의한 특유한 냄새가 난다. 혼식용, 제과, 양갱, 팥죽, 빙과용으로 쓰인다.

2) 녹두(綠豆 ; green gram, mung bean, *Phaseolus vidissimus* Tonor)

역시 동양의 작물이고 전분 60%, 단백질 20% 정도 함유되어 있다. 종피는 주로 녹색이지만 황색, 녹갈색, 흑갈색인 것도 많다. 청포, 빈대떡, 떡고물, 숙주나물용으로 쓰인다.

3) 땅콩(peanut, ground nut, *Arachis hypogaea* L.)

남아메리카가 원산이고 유일하게 땅속에 열매를 맺는다. 지상부위는 직립형, 포부형, 중간형으로 구분되고 꼬투리는 누에고치형으로 두꺼우며 탄력이 있어서 알갱이를 보호하고 있다. 단백질 20%, 지방질 45%가 들어 있어 유지 작물로 취급되고 있으며 제과원료, 버터제조, 식용유, 마가린 제조 등에 쓰인다.

4) 강낭콩(菜豆 ; Kidney bean, *Phaseolus Vulgaris* L.)

원두(pea, garden pea, green pea, *Pisum sativum* L.)는 전분이 많아 혼식용 또는 풋콩은 채소로 이용된다.

2. 콩류 가공품

콩의 주성분인 단백질은 염류용액에 녹는다. 콩에는 미량의 염류가 들어 있어서 물로 추출하면 녹아 나오며 pH 4~5 부근에서는 침전한다. 이런 성질을 이용하여 콩단백질을 추출하여 여러 가지 용도로 이용한다.

1) 두부류

우리나라의 보편적 식품이며 콩단백질을 추출하여 응고시킨 것이므로 소화흡수가 용이하여 각종 요리에 이용된다. 두부 제조 공정은 다음과 같다. 먼저 물에 불린 콩을 마쇄한 후 걸러내 콩비지를 제거하고 끓인 다음 황산칼슘, 염화칼슘, 글루코노 델타 락톤(glucono-δ-lactone) 등의 응고제를 가하여 응고시키고 압착 성형하여 만든다. 보통 두부 이외에 물을 적게 넣어 짜지 않고 전체를 응고시킨 전 두

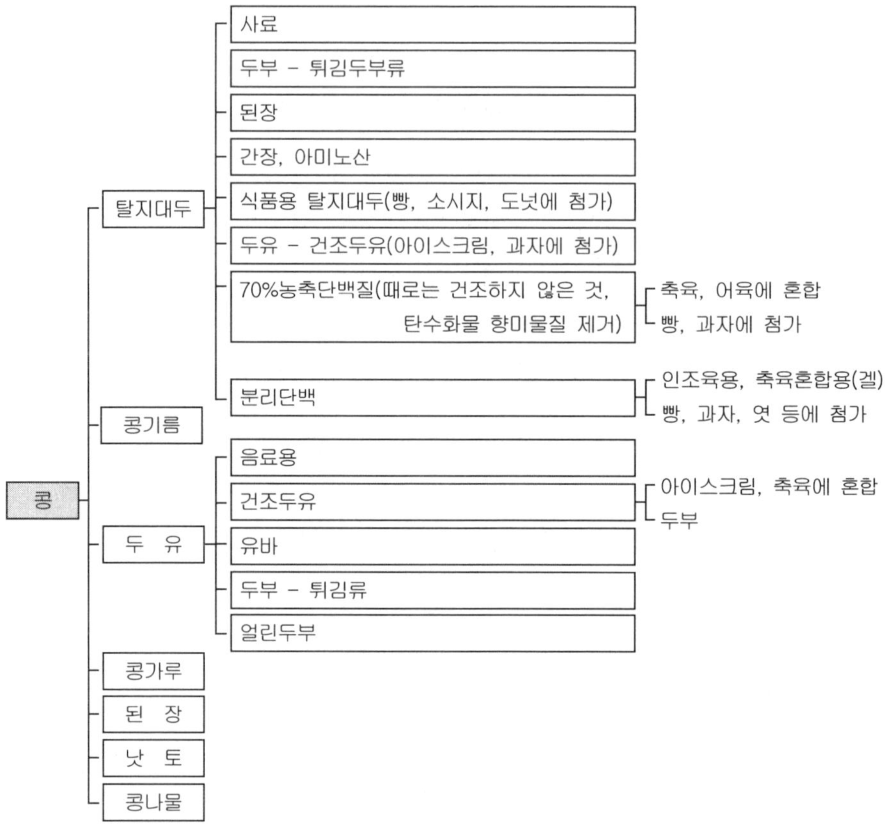

[그림 6-2] 콩의 용도

부, 자루에 넣어 끓이면 응고되는 자루두부 그리고 생두부를 얼려서 건조시킨 두부 등이 있다. 얼린 것은 다시 물을 가하여 조리에 이용한다. 또 두부는 저장성이 없으므로 기름에 튀긴 두부가 여름철에 많이 이용된다.

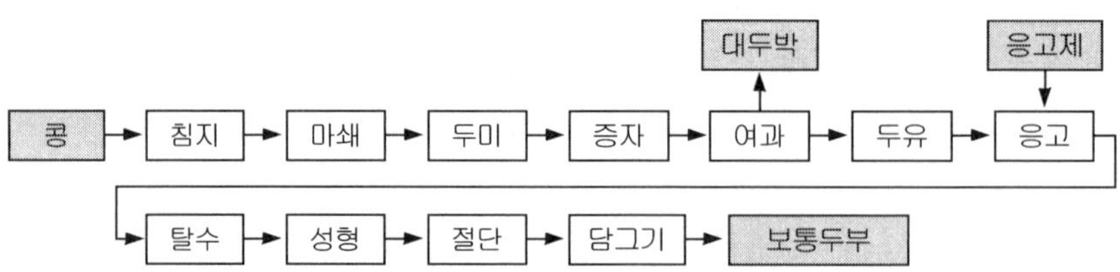

[그림 6-3] 보통두부의 제조공정도

2) 두유

우리나라에서는 우유 대신에 두유를 음료로 이용하는 경우가 많은데 이것은 콩의 껍질을 벗긴 다음 물에 불리고 갈아서 거른 것에 지방, 설탕, 물 등을 첨가하여 성분을 조정한 다음 살균 포장한 것이다. 우유에 대한 알레르기나 동물성 식품을 피해야 할 경우에 이용된다.

3) 대두단백 소재

콩에는 단백질이 40%나 들어 있고 이것은 물을 많이 흡수하고 고기의 결착력을 증진시키는 기능을 가지고 있어서 분쇄육 제품에 증량제로 사용된다. 또 압출 가공할 때 고기의 조직감을 가지므로 이렇게 가공한 것을 육제품의 증량제로 사용한다. 그 밖에 접착력, 기포력 등의 기능을 가지고 있고 분해물은 육류 맛을 가진 조미첨가제로 사용되는 등 여러 가지 기능적 특성을 가지고 있어서 대두단백을 추출 분리한 것을 시판하고 있다.

즉, 콩의 기름을 짜고 나면 50%의 탈지 단백질을 함유한 탈지 대두단백이 나오는데, 이것을 압출기(extruder)를 통과시켜 조직감을 부여한 다음 햄버거 등에 첨가하거나, 알칼리에 녹이고 다시 산에 침전시켜 단백질 70% 이상의 대두 단백농축물을 만들어 낸다. 이런 정제 조작을 되풀이하여 95% 이상의 단백질을 함유한 분리 대두단백 등으로 제조하며 사용목적에 따라 취사선택하여 이용한다.

섬유상 대두단백은 탈지대두박을 압출 가공하거나 분리 대두단백을 방사기를 통과시켜 섬유상으로 만든 제품으로서 모두 육제품의 증량제로 쓰이는데 일반적으로 가격이 싼 전자를 많이 이용한다.

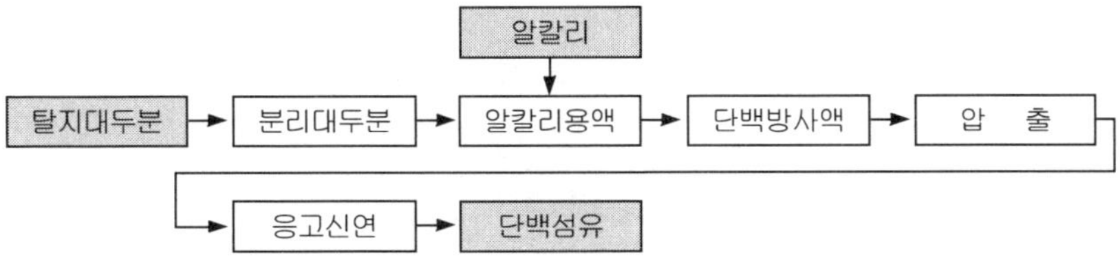

[그림 6-4] 분리대두단백의 제조공정도

4) 장류

된장, 간장, 고추장, 청국장 등은 콩을 원료로 하여 발효시켜 만든 제품으로 우리나라에서는 오랜 옛날부터 즐겨 이용해 왔다. 그 구체적인 내용에 대하여는 발효식품에서 다루었다.

5) 콩나물

콩을 싹을 틔워 채소용으로 만든 것으로서 싹을 틔우는 동안 비타민 C가 생성되고 섬유질이 합성되어 채소로서의 기능을 충분히 할 수 있다. 우리나라에서 많이 이용되지만 콩나물을 대량 생산할 경우에는 병해가 발생될 우려가 있으므로 온도관리, 급수관리를 주의 깊게 하여야 한다.

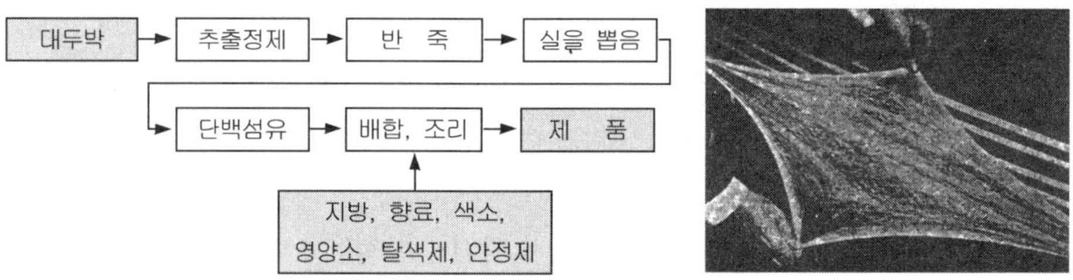

[그림 6-5] 콩 단백질로 만든 섬유제품

7장

채소류와 과실류 및 그 가공품

채소류와 과실류는 쌀이나 밀 등과 달리 인류의 주된 식량은 아니지만 수분함량이 많고 섬유소, 펙틴질 등의 식이섬유, 그리고 비타민이나 무기질 등을 공급해 주고 향미, 신미 등은 소화 작용을 도와준다. 또한 여러 가지 기능성 성분을 함유하고 있어 우리 식생활에 없어서는 안되는 식품재료들이다. 수분이 많아 저장성이 없기 때문에 장기 저장이 어렵고 국제적으로 교역하기 어렵기 때문에 지역에서 생산된 것은 대부분 그 지역에서 소비된다. 그러나 요즘은 가공 저장 기술의 발달과 유통의 체계화로 국제 교역도 어느 정도 이루어지고 있다.

1. 채소류

채소류는 곡류, 두류를 제외한 식용할 수 있는 초본식물을 말한다. 종류에 따라서 잎, 줄기, 뿌리, 꽃, 열매 등을 이용하지만 덜 익은 옥수수나 풋콩도 채소류에 포함된다.

채소류는 육질에 수분이 많고 특유한 향미를 가지며 섬유질이 많이 함유되어 있다. 맛과 조직감이 식욕을 증진시키고 소화를 도와준다. 영양학적으로 보면 열량원이 되는 식품이라기 보다는 비타민 C나 카로틴 그리고 알칼리성 무기질, 섬유질 등을 함유하고 있어서 조절소의 역할을 하는 식품이다.

각종 채소의 원산지는 종류에 따라 다르지만 중국과 인도를 중심으로 한 아시아

권과 지중해 연안 및 남아메리카가 원산지인 것이 많으며 초기에는 야생하는 채소를 이용하다가 점차 품종을 개량하면서 재배하기 시작하였다.

그 재배역사는 각양각색 이었으며 이들 채소류의 원산지와 전파된 경로 및 재배역사는 [표 7-1]과 같다.

[표 7-1] 채소류의 원산지와 재배역사

구분 / 채소	원산지	전 파	재배역사
배 추	중국북부	중국 → 한국 → 일본	
양배추	유럽·지중해연안	지중해 → 중부유럽 → 서부유럽	유사이전
상 추	아시아 내륙지방		B.C 550
시금치	코카서스	페르시아·이란 → 중국	
부 추	중국 서부		
무	중앙아시아~중국		
당 근	아프가니스탄	아랍 → 유럽 → 영국	
양 파	이란·파키스탄	이란 → 이집트 → 남부유럽	4,000년
파	중국		
오 이	서부인도·히말라야	원산지 → 유럽·원산지 → 중국	3,000년
호 박	중앙아메리카		
토마토	남아메리카	원산지 → 이태리 → 유럽	고대
고 추	남아메리카	원산지 → 스페인 → 유럽	
가 지	인도	원산지→지중해연안→스페인→미국	A.D 500
연 근	중국		B.C 400
아스파라거스	동부 지중해		로마시대
샐러리	남유럽·북아메리카		
쑥 갓	지중해연안		

채소류의 재배 특성은 [표 7-2]에서 보는 바와 같이 계절에 따라 자라는 조건이 다르지만 서늘한 봄철과 가을철에 잘 자라며 한여름에는 재배되기 어렵다. 근래에는 원예기술이 발달되고 고랭지 재배가 활성화되면서 연중 생산되고 있다.

일반적으로 채소는 생육기간이 2~3개월로 짧으나 양파처럼 10개월 정도 걸리는 것도 있으며 곡류나 두류에 비하여 변질되기 쉽다. 생육적온은 15~30℃이며 양파나 마늘은 겨울을 견디어 월동을 한다.

채소류는 사용되는 부위에 따라 엽경채류(배추, 양배추, 상추, 부추, 시금치, 아스파라거스, 샐러리, 쑥갓, 미나리 등), 근채류(무, 당근, 파, 양파, 연근, 토란, 우엉,

마, 감자 등), 과채류(오이, 호박, 토마토, 가지, 고추 등)로 구분하지만 브로콜리처럼 꽃을 먹는 경우도 있다.

[표 7-2] 채소류의 재배특성

구분 / 채소류	재배시기(월)			재배온도(℃)	
	파 종	수 확	생육기간	발 아	생 육
배 추	2~8	4~11	2~3		20
양배추	2~6	6~11		15~30	15~25
시금치	4~10	연중		15~20	15~20
상 추	연중	연중	2~3	15~20	15~20
무	3~4, 8		2~3	15~35	20
당 근	4, 7	7~8, 11~12		15~20	18~21
양 파	8~9	6~7		18	12~20
오 이	4~5	6~8		25~30	20~25
호 박	3~4	6~7		25~30	18~21
토마토	9~3	12~9		25~30	21~22

1) 채소류의 성분들

채소류는 수분함량이 높고 고형물이 적어서 열량 식품은 아니지만 고구마나 풋콩처럼 전분이나 단백질이 많이 들어 있는 것도 있다. 채소류의 성분과 영양가는 부위에 따라 달라진다.

예를 들면 식물의 대사작용이 활발하게 일어나는 잎은 에너지원으로서의 가치는 별로 없으나 인체대사에 필요한 각종 비타민과 무기질 등을 풍부하게 가지고 있으며, 줄기에는 섬유질이 풍부하게 들어 있어 질기지 않은 부위를 식용한다. 지상부위가 시드는 일년생 초본이나 다년생 초본은 지하뿌리나 줄기에 전분과 단백질을 저장하는데 감자, 고구마, 곤약 등이 여기에 해당되며 양파의 비늘줄기도 지하경의 일종이다.

(1) 탄수화물

근채류는 뿌리나 지하 괴경을 이용하는 것으로 감자, 고구마, 카사바, 토란, 우엉, 얌 등이 해당되며 이들의 주성분은 전분으로 포도당을 기본구조로 하지만 섬유소와는 그 결합형태가 다르다.

식물체의 지지대 역할을 하는 것은 세포벽을 이루는 셀룰로오스이며 헤미 셀룰로오스도 비슷한 역할을 한다. 우리는 이들을 소화할 수 없지만 반추동물은 분해할 수 있는 미생물을 함유하고 있다.

세포와 세포 사이에는 펙틴질이 들어 있다. 펙틴질은 불용성인 프로토펙틴(protopectin)의 형태로 들어 있지만 가열하면 수용성인 펙틴으로 분해되어 부드러워진다. 그밖에 근채류 중에는 많은 양의 전분이 들어 있기도 한다. 당류는 포도당, 과당, 자당 등이 소량 들어 있어 채소류의 맛에 기여한다.

[표 7-3] 채소류의 일반성분(가식부 100g 중)

식품명	폐기율 %	칼로리 cal	수분 g	단백질 g	지방질 g	탄수화물		회분 g	무기질				비타민					
						당질 g	섬유 g		Ca mg	Na mg	인 mg	철 mg	A: A I.U	A: 카로틴 I.U	B_1 mg	B_2 mg	나이아신 mg	C mg
양배추	15	24	92.3	1.6	0.2	4.4	0.8	0.7	45	15	22	0.4	33	100	0.08	0.05	0.5	50
배 추	5	15	94.7	1.4	0.1	2.5	0.5	0.8	33	20	40	0.6	33	100	0.05	0.05	0.5	40
파	15	23	92.5	1.6	0.2	4.1	0.9	0.7	65	–	63	2.0	330	1000	0.05	0.10	0.5	30
상 추	0	22	94.1	1.8	0.4	2.9	0.8	0.7	49	–	27	3.2	3250	–	0.08	0.28	0.8	10
미나리	20	18	93.3	1.8	0.2	2.6	0.8	1.3	86	–	53	1.7	330	1000	0.10	0.07	0.5	10
샐러리	40	20	93.0	0.7	0.1	4.0	1.0	1.2	37	28	45	1.4	6	20	1.03	0.02	0.4	10
무	5	25	92.7	1.1	0.1	4.7	0.8	0.6	38	85	18	0.3	0	0	0.03	0.04	0.2	30
당 근	5	51	85.8	1.3	0.2	10.9	1.1	0.7	35	57	35	0.5	1300	4000	0.06	0.04	0.6	7
양 파	10	40	80.1	1.1	0.2	8.3	0.7	0.5	40	10	26	0.5	6	20	0.03	0.02	0.2	10
마 늘	25	84	77.0	2.4	0.1	19.3	0.7	0.5	18	–	67	17	16	50	0.22	0.08	0.4	20
생 강	20	51	86.6	2.1	0.9	8.2	1.7	0.5	17	–	14	0.4	3	10	0.01	0.03	0.0	5
오 이	2	9	96.7	0.7	0.1	1.4	0.4	0.7	19	15	27	0.3	33	100	0.02	0.02	0.2	15
참 외	15	11	96.3	1.0	0.1	1.7	0.4	0.5	34	20	23	0.4	6	20	0.02	0.02	0.2	20
호 박	15	54	85.3	1.1	0.2	11.9	0.8	0.7	44	15	56	0.5	330	1000	0.03	0.03	0.6	20
토마토	5	33	90.5	1.3	0.3	6.9	0.4	0.6	3	3	18	0.5	130	400	0.08	0.03	0.8	20
고 추	15	35	91.2	1.0	1.5	3.6	2.0	0.7	13	–	14	1.1	330	1000	0.06	0.06	0.7	100
수 박	40	21	94.0	0.4	0.1	5.2	0.1	0.2	14	8	11	0.2	26	80	0.02	0.02	0.0	5
피 망	15	28	91.9	1.3	0.4	4.0	2.0	0.4	10	2	28	0.5	330	1000	0.01	0.07	1.5	100

(2) 단백질

엽경채류에는 맛 성분인 글루탐산, 아스파르트산, 아스파라긴 등의 아미노산과 아미드류가 들어있다. 총질소의 절반가량이 비단백태 질소인 아미드태이며 특히 푸른잎 채소와 근채류 단백질은 소량이기는 하지만 아미노산 조성이 좋은 편이다.

한편 감자 등 근채류에 함유된 단백질은 품질이 좋고 그 함량이 많아 효용가치가 높다. 감자 단백질은 글로불린의 일종인 투베린(tuberin)으로 건물 중 10%를 차지한다. 고구마 단백질은 이포메인(ipomain)이다.

(3) 그 밖의 미량 성분들

채소류의 지방질 성분은 아주 적게 들어 있으며, 엽록소와 카로티노이드 등의 색소가 들어 있을 뿐이다. 채소는 비타민 C와 비타민 A의 역할을 하는 카로티노이드의 좋은 공급원이 된다. 특히 당근, 호박, 고구마 등에는 카로티노이드가 많고 녹황색 채소, 꽃양배추 등에는 비타민 C가 많다.

채소류에 들어 있는 무기질은 토양이나 비료 등에 따라 영향을 받는데 K, Ca, Na, Mg, P, Fe, S 등이 많으며 특히 K가 많다. 엽채류에는 Ca과 P이 많이 함유되어 있다.

채소류의 녹색은 물론 엽록소에 의한 것인데 이것은 엽록체(chloroplast)에 들어 있고 물에 녹지 않으며 기름에 녹는다. 채소를 가열할 때 녹색의 엽록소는 갈색의 페오피틴(pheophytin)으로 바뀐다. 알칼리성에서는 비교적 안정하므로 완두 등을 조리 가공할 때 약간의 중조를 가하면 녹색이 유지되고 비타민 C의 파괴도 막을 수 있다.

엽록소와 함께 들어 있는 황색 또는 적색의 카로티노이드류는 지용성 색소로서 수십 개의 동족체가 있다. 비타민 A의 전구체로는 α, β, γ-카로틴과 크립토잔틴(cryptoxanthin)이 있고 그밖에 잔토필(xanthophyll)류가 있으며 토마토의 붉은 색은 리코펜(lycopene)에 의한 것이다.

식물체의 수액에 들어 있는 플라보노이드계 색소인 안토시아닌(anthocyanin)은 물에 잘 녹는데 산성에서는 적색, 알칼리성에서는 청색 또는 진홍색 등으로 변한다.

이것은 금속과 반응하여 쉽게 변색되므로 조리시 금속제 도구나 용기는 사용하지 않고 통조림의 경우에도 내부에 락카칠을 하여 금속에 노출되는 것을 막는다. 순무의 적황색은 베텔라인(betalains)에 의하고 푸른 잎, 과피, 꽃 등에 들어 있는 베텔라인류(anthoxanthin)는 무색이지만 알칼리성에서는 황색으로 바뀌고 가열에 의해서 흑색으로 변한다.

채소류의 특유한 향미는 알데히드, 알코올, 케톤 및 각종 유기산에 의한다. 여기에 당이 가미되어 채소에 따라 독특한 향기를 낸다. 또 고추, 마늘, 생강, 후추 등 향신료에는 황화합물이 들어 있어 마쇄하거나 씹을 때 강한 냄새가 난다.

2) 채소류의 유통 저장

채소류는 수분이 많고 조직이 부드러워 손상되기 쉽고 왕성한 증산작용으로 시들기 쉬우며 호흡작용이 계속되므로 당분의 소모가 빨라 곡류 등 다른 식품에 비해서 오래 저장하기 힘들다. 따라서 채소류를 물리적 손상으로부터 보호할 수 있는 적절한 포장과 증산작용 및 호흡작용을 억제할 수 있도록 80~90% 습도 유지, 낮은 온도 또는 산소공급을 제한할 수 있는 조건으로 포장 또는 저장하면 신선도를 어느 정도 유지할 수 있다.

저장기간을 늘리려면 습도가 조절된 냉장창고를 사용하고 때로는 탄산가스와 산소의 비율을 조절한 소위 CA저장고에 저장하기도 한다. 양파나 감자 등은 여름철에 생산되기 때문에 싹이 나기 쉬운데 이것을 억제하기 위해서 발아 억제제, 방사선 처리 등을 행하기도 하지만 역시 냉장 또는 CA저장을 하면 오래 저장할 수 있다. 경우에 따라서는 식염수에 넣어 통조림하거나 딸기, 감자 등은 냉동하여 저장하는 경우도 있다.

[표 7-4] 채소류 저장의 최적온도와 습도

채소류	온도(℃)	상대습도(%)
아스파라거스	0~5	90~95
콜리플라워	0~5	90~95
호 박	10~13	70~75
완 두	0~5	80~90
고구마	13~15	90~95
양 파	5~9	70~75
샐러리	0~7	85~90
토마토	7~10	85~90
당 근	0~5	80~90
피 망	7~10	85~90
상 추	0~5	90~95
시금치	0~5	90~95

우리나라에서는 배추와 무를 가장 많이 생산한다. 겨울철에 남부지방에서는 배추를 밭에 그대로 두는 경우도 있다. 무는 땅속에 묻어 저장하기도 한다.

이상과 같이 채소는 저장성이 없어서 매일매일 시장에 출하되며 청과시장 상인들은 생산자와 계약하여 판매를 대행하거나 직접 구입하여 시장에 출하하는데 기온에 따라 작황의 변화가 심하여 수급에 불균형을 초래하는 경우가 빈번히 발생한다.

3) 중요한 채소류

배추(chinese cabbage, *Brassica pekinensis* Rupr)는 북부 중국이 원산지이며 우리나라에서 가장 많이 생산되는 채소이다. 결구상태에 따라 불결구종, 반결구종, 결구종으로 구분된다. 2~9월에 파종하고 재배기간은 2개월이다.

품질은 가을배추가 좋고 여름철의 배추는 품질이 떨어진다. 요즘은 고랭지나 온실에서도 대량으로 재배된다. 주로 김치용으로 쓰인다.

양배추(cabbge, *Brassica oleracea var.* capitata L.)는 지중해 동부지역이 원산지이고 300여종이 있다. 양배추는 함황성분 때문에 특유한 냄새가 나며, 샐러드 또는 양배추 절임인 사우어크라우트(sauerkraut) 제조용으로 사용되지만 우리나라에서는 즐겨 이용되지 않는다.

(1) 상추(*lettus, Lactuca sativa* L.)

유럽, 아시아, 북아프리카 등 여러 지역이 원산지이고 잎상추와 결구상추, 브로콜리, 콜리플라워 등의 양상추로 구분된다. 대부분이 생채로 이용되므로 수경재배 등 청정재배를 한다.

(2) 무(radish, *Raphanus sativus* L.)

중앙아시아, 중국이 원산지이며 우리나라에서 배추 다음으로 많이 생산된다. 무에는 소화효소인 디아스타제(diastase)가 들어 있어 생식하면 소화에 도움을 준다. 독특한 냄새는 함황물질인 메칠머캡탄(methylmercaptan), 매운맛은 allyl화합물에 의한 것이다. 김치, 단무지나 무말랭이용으로 쓰인다.

(3) 양파(oninon, *Allium cepa* L.)

이란, 파키스탄이 원산지로 우리나라에서는 8~9월에 파종하고 이듬해 6~7월에 수확한다. 당분이 10%나 들어 있고 매운맛은 propyl allyl disulfide 및 allyl sulfide 이며 맛을 교정해 주는 재료로 쓰인다.

(4) 마늘(garlic, *Allium sativum* L.)

중앙 아시아가 원산지이며 한국에서는 오랜 옛날부터 이용되어 왔다. 특유의 냄새는 글루코미날(glucominal)이라는 배당체가 가수 분해된 디아릴설파이드(diallylsulfide)에 의한 것이고 자극성분은 알리신(allicin)이다. 이것은 비타민 B_1과 결합하여 알리티아민(allithiamin)을 생성하여 비타민 B_1을 효과적으로 이용하게 하므로 강장제로 알려져 있다.

(5) 고추(red pepper, *Capsicum annuum*)

열대의 다년생 초본식물로 산지는 남아메리카이고 우리나라에는 임진왜란 후 중국과 일본을 거쳐 16세기경에 도입되었다. 고추는 붉은 색소인 캡사틴(capsanthin)과 매운맛인 캡사이신(capsaicin)을 함유한 것이 특징이며 비타민 C가 많이 들어 있다. 매운맛 성분의 함량에 따라 sweet, mild, hot pepper로 구분되며 열매의 크기에 따라서도 여러 가지 명칭이 있다. 대표적인 고추류에는 bell pepper, pimento, paprika, chili pepper 등이 있다. Pimento, bell pepper 등은 매운맛이 거의 없기 때문에 샐러드용이나 가공조리할 때 붉은 색을 내는데 쓰인다.

비교적 매운맛을 내는 고추를 재배하는 우리나라의 주요 품종에는 홍고추, 다복, 청양 등이 있다.

(6) 감자(potato, *Solanum tuberosum* L.)

남아메리카 칠레 북부와 페루가 원산지로 가지과에 속하는 1년생 식물의 덩이줄기이다. 전분이 주성분을 이루고 있어서 채소용보다는 전분제조나 감자칩 등 곡류 대용으로 쓰인다. 감자는 고구마와 달리 당분이 적어 맛이 담백하므로 주식으로 이용할 수 있다. 단백질 함량은 1.5% 정도로 적지만 품질은 우수하다. 단백질 함량이 높을수록 노란색을 띤다.

감자가 햇빛에 쪼이거나 싹이 틀 때 씨눈 주위에 솔라닌(solanine)이라고 하는 알칼로이드가 생성되는데 이것은 독성이 있다. 감자의 껍질을 벗기면 갈색으로 변하는데 이것은 티로신(tyrosine) 또는 클로로겐산(chlorogenic acid) 등과 같은 페놀성 물질이 티로시나아제(tyrosinase)에 의해서 산화되고 일련의 반응을 거쳐서 갈색의 멜라닌을 생성하기 때문이다. 이를 방지하기 위해서 껍질을 벗긴 감자는 소금물에 넣어 산소와 차단하거나 데치기를 해서 산화효소의 활성을 제거한다.

감자 전분립의 특성에 따라 분상질인 것은 구워 먹는데 적합하고 찰진 감자

(waxy potato)는 조리용으로 적합하다. 전분 함량이 많은 것은 대개 분상질이며 삶을 때 껍질이 벗겨지는 경향이 있는데 이때 칼슘염을 첨가하면 어느 정도 방지할 수 있다.

서구인들이 즐겨 먹는 mashed potato는 감자를 쪄서 으깬 것으로 샐러드로 이용하거나 그레이비 소스 등을 끼얹어 먹는다. 그 밖에도 potato chip이나 french fry등 기름에 튀긴 제품들도 많이 이용된다.

(7) 고구마(sweet potato, *Ipomoea batatas* Poiret)

멕시코 등 중앙아메리카가 원산지이고 우리나라에는 영조시대에 일본으로부터 도입되었다. 1년생 식물의 덩이뿌리로서 역시 전분이 많이 들어 있고 당분도 상당량 들어 있으며 카로틴이 들어 있다. 우리나라는 한때 많은 양을 재배하여 식량의 대용으로 이용하였으나 지금은 구워 먹거나, 전분원료 기타 주정원료로 사용되는 정도로 그 생산량이 많이 감소되었다.

(8) 토마토(tomato, *Lycopersicum esculentum* Mill.)

과실 대용으로도 이용되며 남미 열대원산인 다년생 초본으로 16세기에 유럽에 전파되었다. 토마토는 비타민 A, B_1, B_2, C 등을 고루 갖춘 영양이 풍부한 채소이며 색깔은 주홍색, 적색, 황색종이 있는데 이들 성분 가운데 황색은 carotene, 적색은 lycopene이다. 토마토에는 펙틴질도 많고 시트르산, 말산, 숙신산, 타타르산 등을 함유하여 특유한 향기를 내어 생식, 주스, 퓨레, 케찹 등으로 이용된다.

(9) 오이(cucumber, *Cucumis sativa* L.)

인도 북서부가 원산이며 넝쿨성 1년 초본으로 미숙과를 식용한다. 생식, 오이소박이, 오이피클 등으로 이용한다.

(10) 호박(pumpkin, squash, *Cucubita* spp)

박과에 속하는 1년생 넝쿨성 초본으로 열대 아메리카가 원산지이며 동양계 호박(*C. moschata* Duch), 서양계 호박(*C. maxima* Duch) 및 페포계 호박(*C. pepo* L.)이 있다.

우리나라의 호박은 동양계에 속하고 숙과와 미숙과를 다 같이 이용한다. 서양계 호박은 전분이 많아서 숙과용으로 쪄서 먹는다. 호박에는 탄수화물 이외에도 카로틴이 풍부하게 들어 있어서 건강식으로 이용된다.

(11) 딸기(strawberry, *Fragaria grandiflora*)

다년생 초본으로 우리나라에는 20세기 초에 도입되었다. 딸기의 신맛은 말산, 시트르산, 타타르산, 비타민 C 등이고 단맛은 포도당, 자당, 과당 등이 내며, 여러 가지 향기 성분이 들어 있다. 대부분이 생식으로 이용되고 잼, 젤리, 아이스크림 등으로 이용된다.

(12) 수박(water melon, *Citrulus vulgaris* Schard)

열대 아프리카가 원산지이고 우리나라에는 500년 전부터 널리 재배하였다. 수분이 95% 이상이고 단맛이 있어 무더운 여름철 과실로 적합하다.

4) 채소류 가공품

채소는 가공 조리하는 동안 맛과 향이 달라지고 조직이 연화되어 신선미를 잃게 된다. 채소를 이용하기 위해서는 토양, 미생물 기타 오염물질을 씻어내야 한다. 당근이나 무 등은 솔 등을 사용하여 씻을 수 있지만 부드러운 채소류는 쉽게 손상되므로 씻기가 어렵다. 따라서 재배할 때 청정재배를 하고 물로 여러 번 씻어내는데 이때 세제나 살균제를 넣은 물을 사용하기도 한다.

채소류는 가공조리 중 펙틴질이 분해되어 수용성으로 연화되기 때문에 $CaCl_2$ 등을 첨가하여 분해되는 것을 막고 구리화합물을 사용하여 녹색을 고정하기도 한다.

휘발성인 향과 수용성인 맛 성분들은 조리 중 물로 빠져나가거나 공기 중으로 휘발되기 때문에 물을 적게 사용하거나 기름을 사용하고 뚜껑을 하여 손실을 방지한다. 비타민 C는 열이나 공기에 산화되기 쉬우므로 열처리를 즉시 하여 공기와 접촉을 피하는 것이 좋다.

(1) 김치

절인 채소에 양념을 하여 숙성시킨 김치류는 우리나라에서 채소 가공품의 대표적인 것으로 옛날부터 이용되어 오고 있다. 채소류가 생산되지 않는 겨울철에 대비해서 무, 배추를 썩지 않도록 소금에 절여 놓고 먹던 것에 맛을 내기 위해서 여러 가지 양념을 가한 것이 김치류로 발전하여 배추김치, 열무김치, 동치미, 깍두기 등 그 형태가 여러 가지로 바뀌게 되었고 지금은 200여 종에 달하는 많은 종류가 존재한다. 옛날에는 김치를 주로 겨울에 먹었지만 지금은 여름철에도 먹고 있다. 김치는 채소의 신선미가 비교적 살아 있고 젖산 발효에 의해서 유기산의 상쾌한 맛이 가미되고 여기에 젓갈의 구수한 맛과 향신료의 자극적인 맛이 조화를 이루어 독특한 맛을 지닌 우리 고유의 식품으로 세계에 소개되고 있다.

요즈음은 젖산균과 향신료 등의 생리적 기능성이 밝혀짐에 따라 김치가 단순한 반찬이 아니고 건강보조 식품으로 평가를 받고 있다. 김치 담그는 일은 세척, 절임, 양념배합, 숙성 등 비교적 단순한 조작으로 되어 있지만 그 적절한 조건을 맞추는 일은 쉽지 않다. 지금까지 전통적으로 만들어 오던 것을 과학적으로 그 제조 조건을 규명해 가고 있고 공장에서 만드는 양이 늘어가고 있다. 그런데 숙성된 김치는 발효가 계속 진행되고 얼마가지 않아서 시어지므로 보존방법에 대해서 연구가 진행중이다. 김치 이외에도 일본에서 개발된 단무지 또한 우리나라에서 많이 이용되는 채소 가공품이다.

[표 7-5] 김치류 및 절임류의 종류

종 류		명 칭
김치류 (177종)	배 추 김치류 (34종)	배추김치(15), 북부배추김치(1), 남부배추김치(1) 통배추김치(16), 동태배추김치(1), 수삼배추김치(1), 해물배추김치(1), 배추잎쌈김치(1), 배추잎보쌈치 쌈김치(1), 양배추김치(4), 꼬마양배추김치(1), 양배추쌈김치(1), 가두보쌈김치(1), 속대김치(3) 배추속대방김치(1),보쌈김치(39), 쌈김치(5), 백김치(33), 평양백김치(5), 얼갈이김치(7), 얼갈이통김치(2), 포기김치(1), 햇배추김치(1), 햇배추젓국김치(1), 풋배추김치(8), 연배추김치(1), 배추속김치(1), 생김치(5), 풋절이김치(1), 봄김치(1), 겨자김치(1), 봄동김치(1), 배우오이쌈김치(1), 열무 봄배추김치(1)
	무 김치류 (37종)	총각김치(38), 충청도총각김치(1), 알타리김치(6), 열무김치(25), 일무마늘김치(1), 열무오이김치(1), 숙김치(2), 채김치(7), 비늘김치(18), 서울비늘김치(4), 무비늘김치(3), 무청김치(12), 황해도 무청김치(1), 나박김치(36), 수삼나박김치(3), 비지미(52), 무묶음김치(2), 무백김치(1), 무명태김치(1), 무국화김치(2), 무배김치(2), 무오가리김치(1), 무말랭이김치(3), 무말랭이파김치(1), 무쌈김치(1), 매화김치(1), 무초김치(1), 삶은 무김치(1), 수무김치(1), 무순김치(1), 순무김치(1), 무북어김치(1), 통무김치(1), 무김치(1), 석류김치(12), 석류백김치(1)
	오 이 김치류 (9종)	오이김치(2), 오이지김치(1), 오이즉석김치(3), 오이백김치(12), 오이소김치(1), 오이쌈김치(1), 오이소박이쌈김치(1), 돌나무 오이나박김치(1), 통오이부추김치(2)
	장김치 (5종)	장김치(2), 무비늘장김치(1), 달래장김치(1), 방호도장김치(1), 오이장김치(1치)

표 계속

[표 7-5] 계속

종류		명칭
김치류 (177종)	나물 김치류 (9종)	호박김치(23), 깻잎김치(20), 들깻잎김치(1), 깻잎보쌈김치(1), 미나리창란젓김치(1), 미나리김치(7), 콩나물김치(3), 고들빼기김치(21), 전라도고들배기김치(2), 박치(1), 쑥갓김치(5), 고구마줄기김치(3), 더덕김치(4), 돌나물김치(10), 돗나물김치(10), 고추잎김치(8), 가지김치(13), 달래김치(4), 도라지김치(3), 부추김치(20), 부추젓김치(1), 마늘김치(1), 콩잎김치(2), 씀바귀김치(2), 양파김치(1), 갓김치(30), 돌산갓김치(1), 봄갓김치(1), 우엉김치(11), 케일김치(3), 컬리플라워김치(1)
	석박지 (7종)	석박지(21), 동어석박지(1), 오징어석박지(1), 양배추석박지(1), 숙석박지(1), 무석박지(1), 순무석박지김치(1)
	파김치 (4종)	파김치(26), 쪽파김치(2), 오징어파김치(1), 전라도파김치(1)
	어패류 (7종)	굴김치(2), 어리굴김치(2), 오징어김치(1), 전복김치(2), 해물김치(10), 강원도해물김치(4), 곤쟁이젓김치(감동젓김치,3)
	육류 김치 (2종)	영계김치(1), 제육김치(1)
	해조류 (3종)	청각김치(1), 톳김치(녹미채김치, 2), 파래김치(1)
	물 김치류 (27종)	양배추물김치(1), 평안도 배추물김치(1), 배추물김치(5), 배추속대물김치(1), 연배추물김치(1), 무청물김치(2), 무말이물김치(2), 알타리무물김치(1), 총각물김치(5), 열무물김치(13), 열무연배물김치(2), 열무인삼물김치(1), 인삼물김치(3), 인삼오이물김치(3), 수삼물김치(3), 죽순물김치(1), 가지물김치(1), 미나리물김치(2), 고구마순물김치(1), 돌나물김치(6), 더덕물김치(3), 갓물김치(3), 오이물김치(3), 과일물김치(1), 래디시물김치(1), 오이소박이물김치(1), 청경채물김치(1)
	기타 김치류 (10종)	하루나김치(4), 고추김치(11), 풋고추김치(4), 영채김치(1), 인삼김치(1), 수삼김치(1), 대추김치(1), 두부김치(1), 유채김치(1), 오색김치(1)
깍두기류 (21종)		깍두리(13), 알깍두기(1), 굴깍두기(36), 충청도굴깍두기(3), 정깍두기(2), 즉석깍두기(1), 비늘깍두기(4), 서거리깍두기(1), 부추깍두기(1), 풀깍두기(1), 우엉깍두기(1), 풋고추깍두기(1), 쑥깍두기(2), 오이깍두기(6), 쑥깍두기(8), 대구깍두기(3), 북어무깍두기(1), 해물깍두기(1), 곤쟁이깍두기(감동적젓깍두기(1), 모젓깍두기(1))
동치미 (14종)		동치미(39), 서울동치미(1), 황해도 동치미(2), 궁중식동치미(1), 봄동치미(1), 통치미(1), 알타리동치미(5), 전라도 알타리동치미(3), 총각무동치미(1), 무동치미(1), 햇무동치미(1), 반동치미(1), 연꽃동치미(2), 과일동치미(1)
소박이류 (8종)		오이소박이(35), 오이소박이김치(2), 별식오이소박이(2), 통오이소박이(1), 고추소박이(1), 더덕소박이(3), 무청소박이(1), 알타리소박이(1)

표 계속

[표 7-5] 계속

종 류	명 칭
겉절이류 (19종)	겉절이(1), 얼갈이겉절이(2), 배추겉절이(1), 하루나겉절이(1), 양배추겉절이(1), 상치겉절이김치(4), 오이겉절이김치(1), 부추겉절이김치(1), 달래겉절이(1), 더덕겉절이(1), 가지겉절이(1), 쑥갓겉절이(1), 돌나물겉절이(1), 당근겉절이(1), 파셀리겉절이(1)
생채류 (26종)	샐러리겉절이(1), 풋고추겉절이(1), 깻잎절이(1), 봄동겉절이(1), 무생채(12), 배추생채(1), 양배추생채(1), 도라지생채(1), 노각생채(3), 파생채(1), 달래생채(1), 수삼생채(1), 쑥갓생채(1), 풋마늘생채(1), 도라지오이생채(1), 고구마생채(1), 오이생채(1), 소라오이생채(1), 미역오이생채(1), 더덕생채(1), 오징어생채(1), 무꼴두기젓생채(2), 해파리생채(1), 파래젓생채(1), 두부생채(1), 제육생채(1), 더덕생무침(2), 도라지무침(1), 달래무침(3), 상치무침(1)
식해류(2종)	가자미식해(3), 명태식해(1)
장아찌류	오이장아찌(15), 오이통장아찌(2), 오이소장아찌(2), 오이갑장아찌(1), 오이숙장아찌(2), 오이고추장장아찌(3), 오이간장장아찌(2), 오이장아찌무침(2), 오이볶음(1), 마늘장아지(13), 마늘쫑장아찌(2), 풋마늘장아찌(3), 통마늘장아찌(3), 마늘고추장장아찌(1), 무말랭이장아찌(13), 무말랭이엿장아찌(1), 무숙장아찌(7), 무장아찌(10), 무채장아찌(1), 무볶음장아찌(1), 무청장아찌(2), 열무장아찌(2), 동치미무장아찌(1), 가지장아찌(10), 가지통장아찌(1), 파장아찌(5), 실파장아찌(2), 고추장아찌(11), 풋고추장아찌무침(1), 풋고추장아치(6), 토란대장아찌(1), 깻잎장아찌(17), 갓장아찌(1), 도라지장아찌(1), 산초장아찌(1), 노각장아찌(1),송이장아찌(1), 더덕장아찌(12), 부추장아찌(1), 콩잎장아찌(5), 미나리장아찌(4), 달래장아찌(2), 참외장아찌(6), 살구장아찌(3), 천도복숭아장아찌(1), 머위장아찌(1), 매실소엽장아찌(1), 매실장아찌(1), 호두장아찌(2), 대추장아찌(2), 밤장아찌(1), 은행장아찌(1), 감장아찌(2), 수박장아찌(2), 달걀장아찌(1), 갑오징어장아찌(2), 북어장아찌(1), 조개장아찌(1), 전복장아찌(2), 김장아찌(3), 미역장아찌(1), 돌김장아찌(1), 배추장아찌(3), 호배추장아찌(1), 배추속대장아찌(1), 배추김치장아찌(1), 모듬장아찌(1), 도토리묵장아찌(3), 청포묵장아찌(1), 물외장아찌(1)
짠지 (13종)	짠지(3), 골짠지(1), 골곰짠지(1), 무짠지(1), 무북어짠지(2), 무청짠지(2), 마늘짠지(1), 케일짠지(1), 마늘선짠지(1), 배추짠지(2), 콩나물짠지(1), 오이짠지(1), 삭힌고추짠지(1)
절임(3종)	단무지(3), 오이지(16), 수삼나박지(2)

*( )는 자료의 건수, 총자료수 164

(2) 채소 통조림

과실류나 육어류는 주로 통조림 하지만 일부 채소류는 통조림으로 만들기도 한다. 주로 저장성을 위해서 죽순, 아스파라거스, 풋콩 등을 염수에 통조림한다.

(3) 토마토 가공품

토마토는 비타민 A, B, C 등이 많이 들어 있는 매우 좋은 식품이어서 서구에서는 여러 가지 형태로 가공하여 이용하고 있다. 즉, 잘 익은 토마토를 껍질과 꼭지를 제거하여 소금물과 함께 통조림한 토마토 solid pack, 토마토 껍질과 씨를 제거한 후 즙액을 졸인 토마토 puree나 토마토 paste, 토마토 퓨레를 양념한 토마토 케찹 및 토마토 주스 등이 있다.

2. 과실류(fruit)

과실류는 채소류와 마찬가지로 당과 산미가 조화를 이루고 향미 성분 그리고 비타민류, 소화효소 등이 들어 있어 기호식품이나 후식으로 널리 이용되고 있다.

[표 7-6] 과실류의 원산지와 재배역사 및 분포

과실	원산지	재배역사	분포	우리나라재배 역사
사과	유럽·서부아시아	有史以前	온대지방	서기 1884년
배				
일본배	일본·한국·중국		극동아시아	1906년
중국배	중국·만주·한국			
서양배	중부유럽·서부아시아		유럽	
복숭아	중국	神農時代	1906년	
포도				
유럽종	아시아	有史以前	유럽	1906년
미국종	아메리카대륙	有史以前	온대지방	
감귤	동남아시아	기원전	온대지방	1911년
감	중국·한국·일본	5~6세기		고려시대
밤	중국		아시아·유럽	
자두	미국·유럽·아시아		아시아·유럽·북미·북아프리카	
살구	동부아시아		중국·일본·한국·유럽	
양앵두	중남아시아			
호두	페르시아			4세기
피칸	북아메리카·중국	1850년	미국·멕시코·호주	
대추	유럽·중국		중국·만주	
무화과	그리스·이태리	수세기전	미국·이태리·터키	
비파	중국·인도·일본		스페인·포르투갈	

우리나라에서도 야생의 과실이 옛날부터 있었지만 품종을 본격적으로 개량하기 시작한 것은 구한말(1906년) 뚝섬에 원예시험장이 설립되어 일본, 미국으로부터 개량품종이 도입되기 시작한 때부터이다.

1) 과실류의 종류와 성상

과실은 자방(子房) 또는 그 부속 부분이 비대한 것으로 식물학상으로는 종자를 지니는 역할을 한다. 과실은 외과피, 과육부, 종자로 되어 있다. 자방만 발달된 포도, 복숭아, 감 등을 진과(眞果), 그 밖의 부분이 포함된 배, 사과, 비파 등을 위과(僞果)라 한다.

과실류는 전세계적으로 이용되고 있는 종류가 2,800여 종이나 되고 재배되는 것은 300여 종이 되는데 다음과 같이 구분하고 있다.

- 인과류(仁果類, pomaceous fruit) ; 자방의 외측을 화탁(花托)의 연장부위가 둘러싸고 이 부분이 발달하여 과육부가 된 것으로 중심부에 과심이 있고 그 속에 종자가 들어 있다. 예 : 사과, 배, 비파 등

- 준인과류(準仁果類) ; 자방의 발달에 의해서 형성된 진과(眞果)이다. 형태상으로는 인과류와 다르지만 중심부에 종자가 모여 있는 점은 유사하여 준인과류라 한다. 예 : 감, 감귤류 등

- 핵과류(核果類, stone fruit) ; 내과피가 단단한 핵을 이루고 그 속에 종자가 들어 있으며 중과피가 과육을 이루고 있다. 예 : 복숭아, 매실, 살구 등

- 장과류(漿果類, berries) ; 과실 하나하나가 자방으로 되어 송이를 이룬 것으로 화탁이 두꺼운 주머니형으로 되고 육질이 부드럽고 즙이 많은 과실이다. 예 : 포도, 딸기 등

- 견과류(堅果類, 穀果類) ; 외과피가 아주 단단하게 되고 식용부위는 곡류나 두류처럼 자엽이며 밤, 호도 등이 여기에 속한다. 호도의 껍질은 복숭아씨처럼 내과피가 발달한 것으로써 원래는 핵과이지만 식품학적으로는 견과류에 포함시키고 있다.

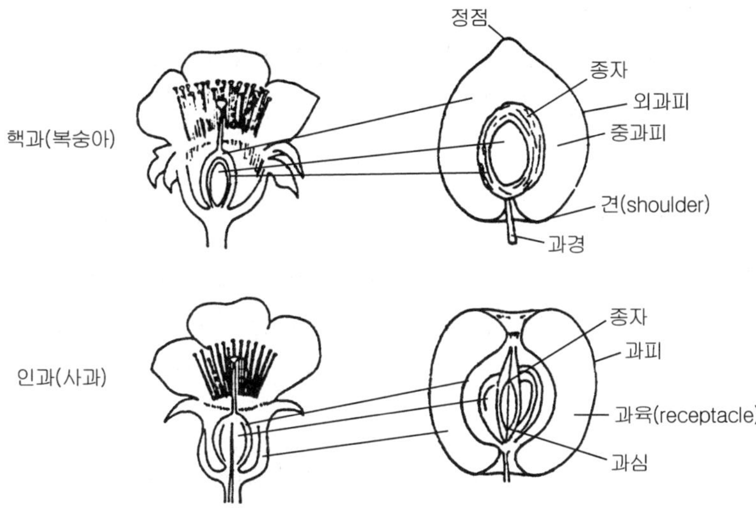

[그림 7-1] 과실의 구조

2) 과실류의 성분

과실류의 가식부는 다각형 또는 입방체의 유연세포조직으로 되어 있고 세포막은 셀룰로오스, 헤미 셀룰로오스, 펙틴질 등으로 구성되어 있다. 수분이 85~90%로 즙이 많고 단백질과 지방은 극히 적으며 당분과 섬유질은 10~12%로 고형분의 대부분을 차지한다. 무기질은 K, 비타민류는 비타민 C와 카로틴이 특히 많다.

[표 7-7] 과실류의 일반 성분(가식부 100g 중)

과 실	폐기율 (%)	열량 (cal)	단백질 g	지질 g	당질 g	섬유 g	회분 g	무기물				비타민				
								Ca mg	Na mg	P mg	Fe mg	카로틴 I.U	B_1 mg	B_2 mg	나이아신 mg	C mg
사 과	18	87.9	0.4	0.5	10.4	0.6	0.2	3	2	7	0.2	45	0.01	0.01	0.1	5
배	22	89.1	0.3	0.2	9.4	0.7	0.3	2	9	11	0.3	0	0.06	0.04	0.1	4
밀 감	30	40	0.8	0.3	9.3	0.3	0.4	14	4	12	0.2	120	0.09	0.02	1.0	50
레 몬	35	32	0.7	0.6	8.5	0.6	0.7	40	6	24	0.2	0	0.04	0.02	0.2	50
자 몽	40	41	0.7	0.2	9.8	0.4	0.3	20	2	21	0.2	20	0.04	0.07	0.5	40
호 두	50	626	23.1	60.3	8.4	1.8	2.3	63	3	890	2.4	0	0.50	0.08	3.0	5
밤	37	156	3.5	0.8	336	1.1	1.2	35	–	93	2.1	–	0.45	0.23	0.7	28
파인애플	50	47	0.5	0.2	11.5	0.7	0.4	15	40	4	0.3	100	0.01	0.02	0.7	60
바나나	33	87	1.3	0.4	21.4	0.5	0.9	5	8	23	0.4	200	0.03	0.05	0.5	10

과실의 단맛 성분은 과당, 포도당, 자당 등이며 그 양은 약 10% 정도 들어 있는데 포도에는 20%나 들어 있다. 대부분의 과실은 과당과 포도당이 많지만 복숭아나 감귤류에는 자당이 많다. 신맛 성분은 말산, 시트르산, 타타르산 등의 유기산이 들어 있는데 감귤류에는 시트르산, 포도에는 타타르산이 주로 들어 있다. 당과 산은 과실의 맛이 조화를 이루는데 중요하다.

과실의 빛깔은 안토시아닌이 중요하고 미숙과일 때는 엽록소가 많다. 안토시아닌은 주로 적색의 수용성 색소로서 산성에서는 적색을, 염기성에서는 청색~보라색을 나타내고 가열하면 적색이 없어진다. 대부분 외피에 들어 있지만 딸기는 과육에도 들어있다.

플라보노이드(flavonoid)는 담황색~무색의 수용성 색소이며 철분과 작용하면 갈색~녹색으로 변한다. 카로티노이드는 황색~등색의 지용성 색소를 총칭한 것으로 감귤류에는 α-카로틴, 살구에는 β-카로틴, γ-카로틴, 감과 살구에는 리코펜(lycopene), 감에는 지아잔틴(zeaxanthin) 등이 들어 있다.

사과, 복숭아, 배, 바나나, 포도, 딸기 등은 껍질을 벗겨서 방치하면 갈변한다. 이것은 과육 중의 폴리페놀류가 산화효소의 작용으로 산화되기 때문이다.

과실의 향기성분은 수백 종이나 되는데 에스테르류, 알코올류, 알데히드류, 터펜(terpene)류 등이 조화를 이루어 독특한 향기를 낸다.

과실의 조직감에 중요한 역할을 하는 펙틴질 중 프로토펙틴(protopectin)은 다른 세포막 성분과 결합하여 물에 녹지 않아서 단단한 질감을 준다. 과실이 익어감에 따라 조직이 연화되고 즙이 많아지는 것은 프로토펙틴이 수용성 펙틴으로 변화되기 때문이다.

과실이 익어가면서 전분함량이 감소되고 당의 증가, 엽록소의 분해와 카로티노이드(carotenoid)의 증가, 산의 감소, 향기의 생성 등과 같은 성분변화가 일어나 향기가 나고 맛이 좋아 먹기 좋게 된다.

3) 수확 후 생리와 저장

사과, 바나나 등은 수확 후에도 여러 가지 생화학적 변화가 계속되어 품질이 변화된다. 많은 과실들이 수확 후에 갑자기 호흡이 왕성해지는데 이것을 호흡률 급상승(climacteric rise)이라고 한다. 이런 과실은 미숙과일 때 수확하여 저장 중에 익도록 하여 숙기를 맞춘다. 그러나 일부 과실은 이런 현상이 없이 수확 후 호흡률이 떨어지므로 이런 것은 성숙한 후에 수확해야 한다.

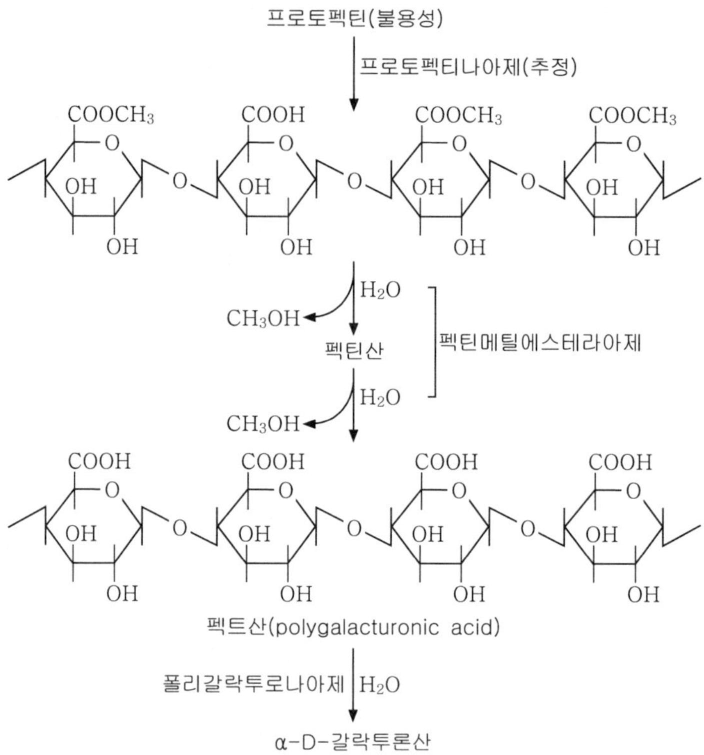

[그림 7-2] 펙틴의 분해과정

과실류는 성숙해감에 따라 녹색의 엽록소가 분해되어 없어지고 감추어져 있던 카로티노이드 색소에 의해 황색을 띠게 된다. 사과는 안토시안, 토마토는 리코펜에 의해서 적색을 띤다.

성숙기가 지나면 카로티노이드는 산소와 빛 그리고 리폭시다아제에 의해서 산화되어 점차 퇴색한다. 또 단단했던 조직이 연화되는데 이것은 세포사이에 많이 들어있는 펙틴질이 불용성에서 가용성으로 되기 때문이다.

또 어떤 과실은 성숙함에 따라 산의 함량이 감소하고 당 함량이 증가하여 당과 산의 비율이 적당하게 되어 맛이 좋게 된다. 비타민 C도 과실에 많은데 이는 포도당으로부터 합성된 것이다. 그러나 대개는 저장하는 동안 감소한다.

과실류는 수확 후에도 왕성한 호흡작용과 증산작용으로 신선도가 저하되므로 온도를 낮추고 수분을 차단하거나 가습을 하여 호흡작용과 증산작용을 억제해야 한다. 때로는 주변의 산소를 줄이고 탄산가스를 많게 해서 호흡작용을 억제하는데 이런 저장법을 CA저장(controlled atmospheric storage)이라 한다.

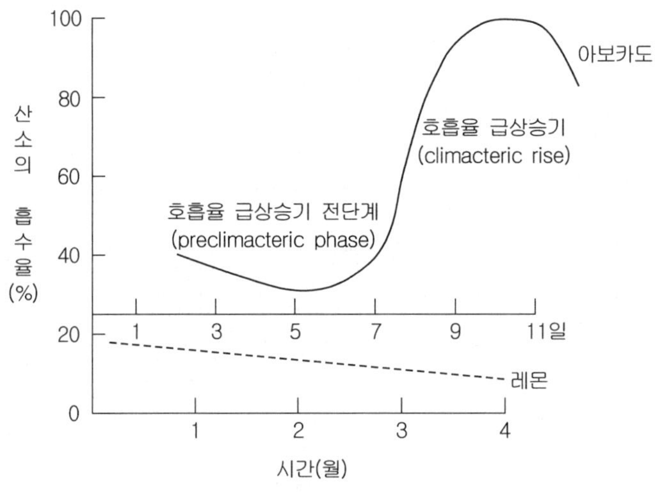

[그림 7-3] 과실 저장 중 호흡률의 변화

[표 7-8] 호흡활동에 따른 과실의 분류

Climacteric 과실	非 climacteric 과실
사 과	오렌지
배	grape fruit
바나나	레 몬
살 구	파인애플
avocado	수 박
passion fruit	딸 기

4) 중요한 과실류

(1) 사과(apple, *Malu domestica*)

우리나라에서 가장 중요한 과실류로서 유럽과 서남 아시아 원산인 *M. sylvestrics*종과 서남아시아 원산인 *M. pumila*종이 있는데 현재 이용되는 것은 이들의 교배종인 *M. domesticus*이다. 사과는 우리나라에 20세기 초에 도입되었으며 온대 북부에 위치한 우리나라는 기온이 적합하여 품질이 좋다.

사과에는 많은 품종들이 있지만 후지품종이 가장 널리 이용되고 있다. 이것은 일본 교배종으로 300~500g 정도이고 당분이 15%에 달하여 달고 저장성이 좋다. 사과는 생식하거나 과실 샐러드, 주스, 사과 식초, 건조사과 등 다양하게 이용되고 있다.

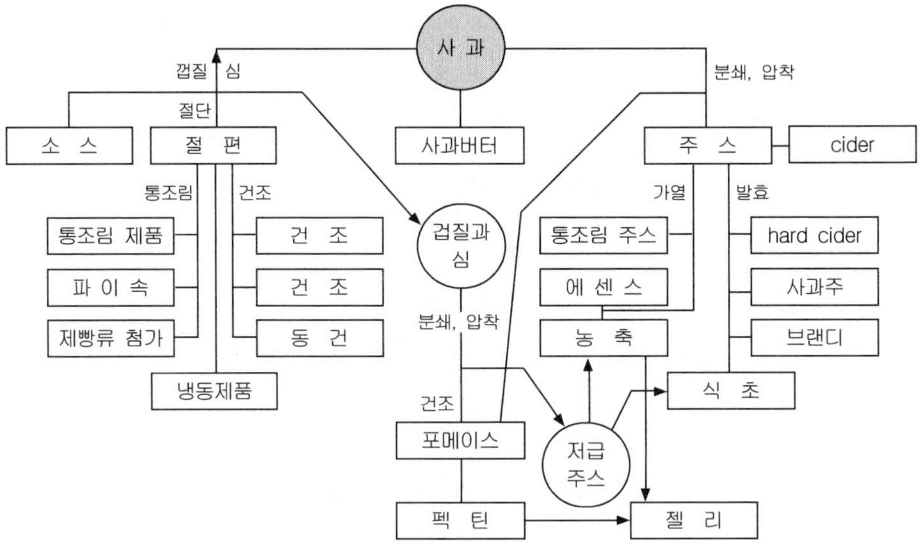

[그림 7-4] 사과의 각종 가공품

(2) 배(pear)

일본배(*Pyrus pyrifolia* var culta Nakai), 중국배(*P. ussuriensis maxim* var Sinens Kikuchi), 서양배(*P. communis* L. var sativa DC) 등이 있다. 온대 중부의 과실로 우리나라 전역에서 재배가 가능하다. 당분이 7~10%, 말산 0.08% 그 밖의 유기산이 들어 있고 석세포(stone cell)가 들어 있는 것이 특이하다. 대부분 생식하지만 통조림이나 술을 만들기도 한다.

(3) 감귤류(citrus fruits, *Citrus linn*)

온주 밀감, 라임, 레몬, 만다린, 그레프후르트 등 여러 가지가 있으며 아시아 등 동남부에 자생하는 상록 교목이다. 그 중에서 세계 생산량 분포는 오렌지가 70%, 만다린과 레몬이 각각 10%, 기타 10%이다.

당함량은 9~12%이며 강한 신맛을 내는 레몬과 라임에는 4~8%의 유기산이 들어 있고, 이 가운데 80~90%는 시트르산이다. 또 비타민 C와 모세혈관을 강화시켜주는 hesperidine이 들어 있다. 감귤류의 쓴맛은 naringin에 의하고 향기 성분은 d-limonen과 citral이다.

우리나라에서는 대부분 온주밀감을 재배하는데 이것은 단맛이 강하여 생식용으로 사용된다. 강한 신맛과 향기가 있는 레몬은 생선회에 뿌리거나 홍차 또는 칵테

일 제조에 사용된다. 레몬은 생선의 비린내를 없애고 단백질을 응고시켜 조직감을 개선해 준다.

오렌지 시장을 양분하고 있는 것은 발렌시아(valencia)와 네이블(navel)의 두 품종으로 주스용으로는 전자가, 생식용으로는 후자가 적합하다.

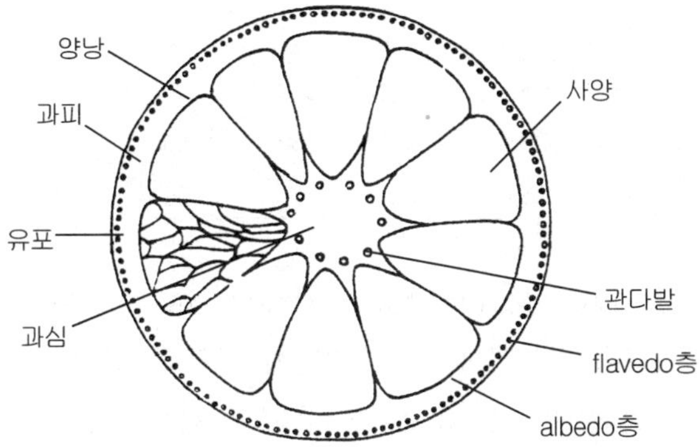

[그림 7-5] 온주밀감의 절단면

(4) 복숭아(peach, *Prunus perica* Sieb)

페르시아 또는 중국이 원산지이고 씨가 핵으로 되어 있으며 여러 품종 가운데 과육이 쉽게 분리되는 이핵종(離核種)과 잘 분리되지 않는 점핵종(粘核種)이 있고 과육의 색에 따라 백도와 황도로 구분된다. 전자는 생식용, 후자는 통조림, 넥타주스 등으로 쓰인다. 당분은 8~10%, 유기산 0.5%, 비타민 C를 10mg% 함유하고 있다.

(5) 포도(grape, *Vitis vinifer* L., *Vitis labrusca* L.)

아시아 지방이 원산지이던 것이 유럽에 전파된 것을 유럽종(*V. vinifer* L.), 아메리카 대륙에 자생하던 미국종(*V. labrusca* L.)이 있다.

포도의 당함량은 14~20%이며 산은 주로 타타르산이 0.8~1% 들어 있고 과피의 색은 안토시안계 적색 색소이다.

포도는 생식하는 것 이외에도 포도주, 브랜디, 식초, 주스 등으로 널리 쓰이며 씨가 없는 품종은 건조하여 제과용으로 이용한다.

[표 7-9] 포도의 품종별 성분

품 종	채취 월일	한송이의 중량 (g)	과립100립 중량 (g)	液量 (mL)	粒重에 대한 착박비율	즙액 비중 15℃	환원당 (%)	총산 (%)	당산비 (%)
Campbell Early	8.21	185.0	523.3	400	17.41	1.058	11.542	0.855	13.50
Delaware	9.02	113.2	184.0	122	15.11	1.084	17.695	1.125	15.73
Niagara	9.02	324.7	415.0	333	14.89	1.064	12.465	0.728	17.12
Bailey	9.02	256.5	400.6	311	15.05	1.065	13.250	0.960	13.81
甲州三尺	9.17	606.0	501.1	389	15.08	1.056	10.780	0.713	15.12
Muscat Bailey A	9.17	322.0	431.1	333	18.56	1.072	15.788	0.825	19.12
甲州	9.17	216.0	400.0	300.5	18.60	1.066	13.550	0.863	15.62

(6) 감(persimmon, *Diospyros kaki* Thunb. var. *domestica* Mak)

중국, 한국, 일본이 원산지이며 온대지방에 적합한 과일이다. 단감과 떫은 감의 두 종류가 이용되는데 당분은 13~14%이고 떫은 감에는 탄닌 성분이 많다. 생과로 이용하는 이외에 말린 곶감이 우리나라에서는 예로부터 이용되어 왔다.

(7) 밤(chestnut)

아시아, 유럽, 북아메리카, 북부 아프리카 등의 온대지역에 자생하는 것으로 중요한 품종으로는 일본밤(*Castanea crenata*), 중국밤(*C. mollissima*), 유럽밤(*C. sativa*), 미국밤(*C. dentata*), 한국밤(*C. crenata*) 등이 있다.

우리나라에서 예로부터 재배하여 온 평양밤은 중국이 원산지로 만주를 거쳐 전파되었고 남부지역에는 한국 고유의 재래종이 재배되어 왔다. 밤은 전분질이 대부분이며 구워 먹거나 제과원료, 마론글라세 등의 원료로 쓰인다.

(8) 바나나(banana, *Musa pavaolisiaca* L. var. *sapintum* U. Kunze)

다년생 木狀草本으로 아시아가 원산이며 실용상 중요한 품종으로는 생과용 보통 바나나(*Musca acuminata*)와 요리용 바나나인 plantain(*M. parbdisiaca*)이 있다.

바나나는 현지에서 미숙한 것을 수확하여 추숙시켜 식용한다. 전분, 맥아당, 포도당이 풍부하며 시트르산에 의한 신맛이 있고 향기도 좋아 즐겨 이용되는데 생식 이외에도 주스, 양과자, 냉과 등으로 이용된다.

(9) 파인애플(pineapple, *Ananas comosus* Merr)

브라질의 파라나 강유역이 원산지이고 열대지역에 분포되어 있다. 당분이 14%

들어 있고 시트르산 0.5%, 비타민 C가 50~60mg% 들어 있으며 단백질 분해효소인 bromelin이 들어있다. 생과 이외에 주스, 잼 등으로 이용되고 있다.

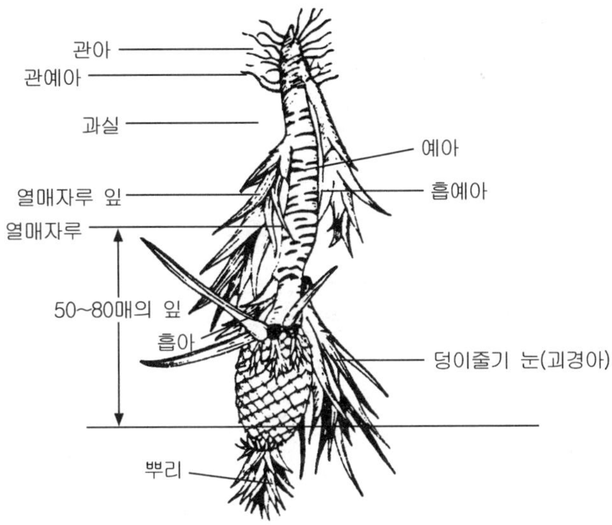

[그림 7-6] 파인애플의 형태

(10) 키위(양다래, kiwi fruit, *Actinidia chinensis* Planch)

덩굴성 낙엽과수로 동아시아 온대~아열대지방 즉, 시베리아 동부, 중국, 한국, 사할린, 일본, 베트남 등에 분포되어 있다. 우리나라는 1974년 뉴질랜드에서 처음 들여와 전남, 경남, 제주에서 재배한다. 당도는 12~16%, 산도 1.5~2.0%이고 단백질 분해효소가 많이 들어 있어 후식용으로 적합하다.

5) 과실 가공품

(1) 주스

대부분의 과실은 주스를 만들 수 있으며 주스류는 천연과실주스, 농축과실주스, 분말주스, 과즙함유음료로 구분된다. 또 천연 과실주스는 사과주스나 포도주스처럼 청징과실주스와 오렌지주스나 토마토주스와 같은 혼탁과실주스로 구분된다.

과실 가공품 중 가장 많이 이용되며 감귤, 사과, 파인애플, 포도 등이 원료로 쓰인다. 대표적인 오렌지 주스의 경우 원료 오렌지를 선별, 세척한 후 추출기에 넣어 과즙성분을 추출한 다음 진공농축, 역삼투압법, 냉동농축 등의 방법으로 농축한 것이다.

일정한 품질을 유지하기 위하여 다른 주스나 천연 오렌지 향을 첨가하기도 한다.

오렌지 주스는 펙틴질이 들어 있는 혼탁형 주스이고 펙틴분해 효소를 파괴하여 혼탁물질을 균일하게 유지하도록 한다. 이에 반해서 포도나 사과 등의 주스는 청징 주스이므로 혼탁물질을 완전히 제거한다.

비타민 C가 거의 없는 사과, 포도, 파인애플 주스 등은 영양강화와 산화 안전성을 위해서 비타민 C를 첨가한다.

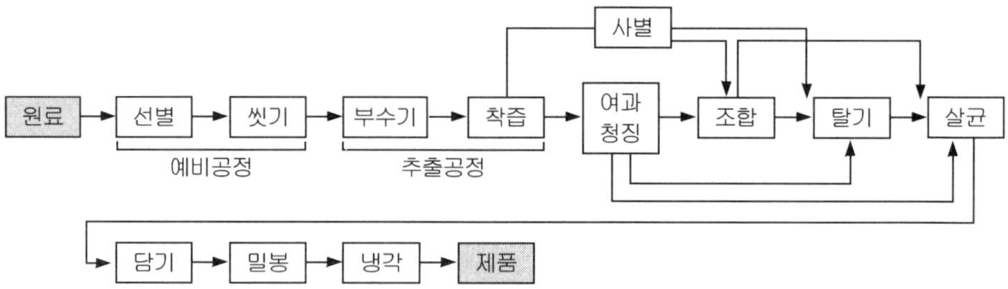

[그림 7-7] 천연과실주스의 제조공정도

(2) 건조과실

감, 포도, 대추야자, 무화과, 배, 복숭아 등을 수분함량 28%까지 건조 시키면 탄력이 있어 쉽게 씹을 수 있고 저장성이 있어 옛날부터 이용되어 온 가공법이다. 살구, 복숭아, 사과 등은 해충 방제와 변색을 막기 위하여 건조하기 전에 아황산용액에 침지하거나 훈증 처리한다. 곶감은 우리나라의 대표적인 건조과실이고, 미국은 건포도가 유명하다.

(3) 통조림과 병조림

저장을 목적으로 설탕시럽에 통조림하여 이용되는 과실은 복숭아를 비롯하여 각종 과실이 이용된다. 향미와 조직감은 생과에 비하여 떨어진다. 만드는 방법은 먼저 선별, 세척한 원료를 증기나 알칼리 처리 등으로 껍질을 벗기고 갈변방지를 위해서 데치기를 한다.

씨를 빼고 알맞은 크기로 절단한 다음 통조림이나 병에 담고 적당히 조절된 설탕물을 넣고 탈기, 밀봉, 살균 과정을 거친다.

즉, 내용물을 통조림 용기에 담은 후 가열, 진공 또는 증기분사 등으로 내부의 산소를 제거하는 탈기의 목적은 내용물의 산화, 미생물의 번식, 용기의 팽창 등을 예방하기 위한 것이다. 그 다음 밀봉은 [그림 7-8] 및 [그림7-9]과 같은 원리와 권체기로 밀봉을 하는데 때로는 진공권체기(vacuum seamer)로 탈기와 밀봉을 동시에 행하기도 한다.

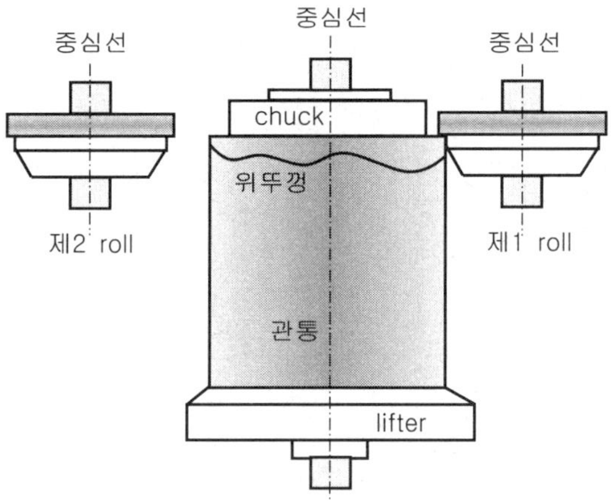

[그림 7-8] 통조림 밀봉기(seamer)

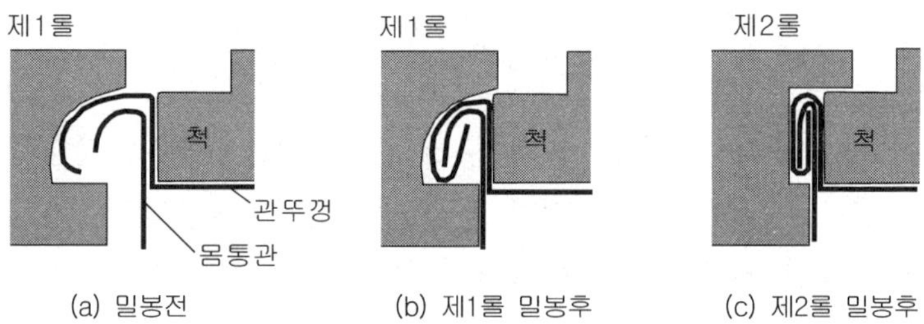

[그림 7-9] 밀봉되는 과정

미생물을 최대한으로 죽여야 하지만 과도한 열처리는 식품에 손상을 주므로 적절한 온도와 시간을 정하여 행하여야 한다. 여러 가지 미리 계산된 방법으로 지표를 정하고 실제 살균실험을 통하여 최적 살균조건을 잡는다. 과실과 같이 pH 4.5 이하의 식품들은 내열성 균들이 자라지 못하기 때문에 100℃ 이하의 온도로 가볍게 살균을 한다. 일단 열처리가 끝나면 즉시 냉각하여 불필요한 열손상을 억제하고 통조림의 가온검사 등으로 살균의 충실도 여부를 점검한 후 출하하게 된다.

(4) 젤리(jelly), 마멀레이드(marmalade), 잼(jam)류

과실주스 또는 과육에 설탕을 넣어 졸인 농축당액은 당, 펙틴, 산의 작용으로 탄성이 있는 젤을 형성한다. 젤리는 과실주스에 설탕을 넣어 농축, 응고시킨 것으로 투명하며, 마멀레이드는 젤리 속에 과실의 과육이나 과피조각을 섞은 것이고 잼은 과육에 설탕을 넣어 적당한 농도로 졸인 것이다. 그밖에 fruit butter, fruit sauce, fruit preserve 등이 있다.

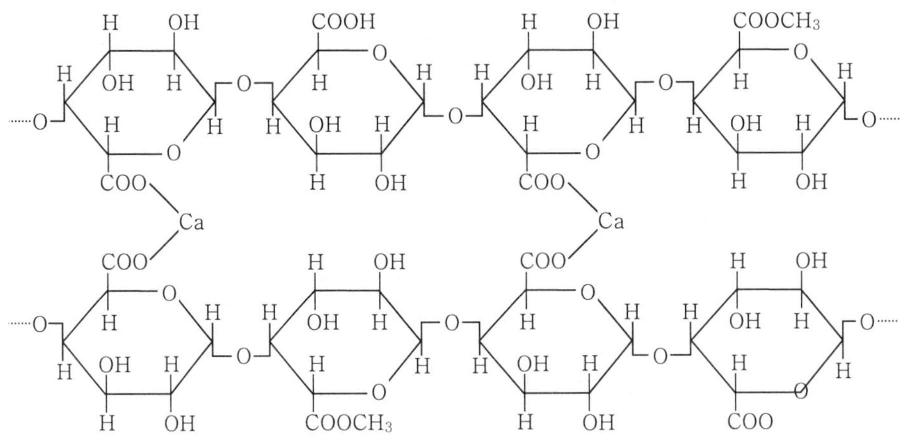

[그림 7-10] Low methoxyl pectin의 gel화 구조

이들이 겔을 형성하는데는 펙틴질이 결정적인 역할을 한다. 전술한 바와 같이 펙틴질은 갈락토오스가 산화된 갈락트론산의 중합체인 폴리갈락트론산 중 일부가 메틸기로 치환된 에스테르류로서 다른 성분과 결합하여 불용성 물질인 proto-pectin, pectinic acid, pectin 등 일련의 화합물들을 총칭하여 펙틴질이라고 한다. 이들의 성질은 메틸화의 정도에 따라 달라지는데 7% 이상이 메틸화된 것을 high methoxyl pectin, 그 이하의 것을 low methoxyl pectin이라고 한다. 전자는 신속히, 후자는 완만하게 겔을 형성한다.

산이나 당이 적당하면 전자는 0.2% 전후에서 응고된다. 과실에 들어 있는 산은 종류에 따라 다르지만 시트르산, 말산, 타타르산 등이 있는데 그 종류에 상관없이 pH 3.0이 되면 겔화된다. 과실에 들어 있는 당분만으로는 부족하므로 62~65%가 되도록 설탕을 첨가한다. 품질이 좋은 펙틴이란 적은 양으로도 겔이 형성되는 것을 말한다.

펙틴이 망상구조를 이루어 수분을 함유한 탄성겔을 형성하는 것은 분자내 탈수에 의한 수소결합과 칼슘 등 다가 이온에 의하거나 카르복실기간의 가교결합에 의한 것이다.

젤리를 만드는 법을 보면 다음과 같다. 절단한 과실에 물을 붓거나 그대로 끓이면 불용성의 protopectin이 분해되어 pectin으로 되어 추출되고 그 밖의 성분들도 추출된다. 추출된 것은 자루에 넣어 짜고 원심분리기 등을 사용하여 맑게 한 다음 유기산이나 당을 첨가하여 성분을 조정하고 농축, 포장, 살균하는 공정으로 만든다.

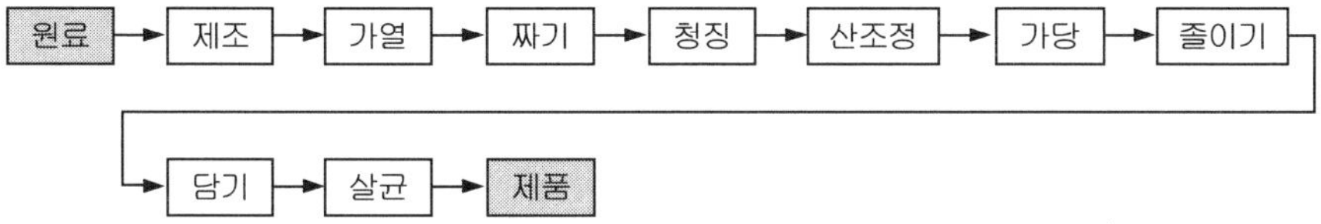

[그림 7-11] 젤리의 제조공정도

(5) 건조과실

우리나라에서는 옛날부터 곶감을 귀중한 과실 가공품으로 이용해 왔다.

감을 깎아서 천일건조하거나 화력건조를 한다. 화력으로 건조할 때에는 첫날은 32℃, 이튿날은 30℃, 3일째는 25℃로 온도를 점차 내리면서 말리는데 건조 도중 손질하여 4~5일 건조 후 마지막 1~2일은 천일건조 한다. 건조된 것은 꼭지를 따고 중앙이 조금 들어가게 모양을 만들어 통 또는 가마니에 깨끗한 짚을 깔고 6cm 내외로 곶감을 놓은 다음 짚을 다시 덮고 그 위에 곶감을 층층으로 쌓아두었다가 24~36시간 지난 후에 다시 건조하면 흰가루가 생긴다.

포도 수확량이 많은 미국 등에서는 건포도를 많이 생산하고 있다. 말리는 방법은 나무에서 말린 다음 따서 또 말리는 천일건조법, 자루를 비틀어 말리는 넝쿨 건조법, 나무에 달린 채 건조시킨 것을 0.5% 탄산나트륨 또는 수산화나트륨의 끓는 액속에 담갔다가 햇볕에 말리는 알칼리 침지법, 어느 정도 넝쿨 건조하여 알칼리 침지 후 다시 말리는 화력건조법 등이 있다.

그 밖에 사과나 바나나, 무화과, 대추야자 등을 건조한 제품도 있다.

8장

전분류, 당류 및 그 가공품

식물체의 잎에서 광합성작용으로 합성된 당은 뿌리나 줄기, 그리고 종자에 전분의 형태로 저장되며 인간은 이것이 들어 있는 밀이나 쌀을 주된 식량으로 이용하지만 옥수수, 고구마, 타피오카 등은 전분을 따로 분리해서 이용하기도 한다. 전분을 분해하면 여러 가지의 특성을 가진 제품이 만들어지며, 특히 전분당은 설탕과 함께 감미재료로 널리 쓰인다. 설탕은 사탕무나 사탕수수로부터 만들어지는 당류로서 천연감미제로 널리 쓰이는 귀중한 재료이다. 최근에는 고열량, 고감미라는 점에서 여러 가지 대체 감미료가 개발되고 있지만 역시 설탕이 감미료의 주종을 이루고 있다.

1. 전분(Starch)

고구마, 감자, 타피오카, 옥수수 및 기타 곡류에는 전분이 많이 들어 있어 전분제조원료로 쓰인다. 지하전분의 경우는 세척을 잘 한 후 마쇄하여 전분유액을 얻고 이것을 침전이나 원심분리 등으로 전분을 얻은 다음 세척과정을 거쳐서 정제한다. 이때 추출을 용이하게 하기 위해서 석회처리를 행한다. 곡류의 경우는 물에 침지한 후에 마쇄하되 아황산 액을 넣어 추출을 돕는다. 이렇게 추출된 전분은 원료에 따라 달라서 옥수수 등 지상전분은 입자가 치밀하고 감자 등 지하전분은 엉성하게 되어 있는 등 물리적 특성이 서로 다르다.

전분의 특성은 [표 8-1]에서 보는 바와 같이 전분의 재료에 따라 좌우된다.

전분은 고분자 물질이어서 특성이 서로 다른 전분 자체와 전분 분해물들이 다양하게 사용되고 있으며 그 용도는 [표 8-2]와 같다.

[표 8-1] 각종 전분의 특성

구분 \ 원료	고구마	감자	옥수수	밀	쌀
모양	단입, 다면체의 鐘形	달걀모양, 단입	면이 많은 모양, 단입	볼록렌즈 모양, 단입	면이 많은 모양, (複形)
입자 지름(μ)	2~40	5~100	5~21	5~40	2~8
평균 지름(μ)	18	50	16	20	4
아밀로스(%)	19	25	25	30	19
아밀로펙틴의 사슬 평균길이	27	22~24	25~26	23	-
호화온도(℃)	72.5	64.5	86.2	87.3	63.6
최고점도(B.U)	685	1028	260	140	680
92.5℃, 10분후의 점도(B.U)	640	940	85	85	454

*포도당 분자수

[표 8-2] 전분의 용도

물 엿	산당화엿Ⓢ	캐러멜, 캔디, 잼, 젤리, 양갱
	맥아엿ⓈⓅ	캐러멜, 과자류, 의약품
	분말물엿Ⓢ	술, 아이스크림, 과자류, 소시지, 간장, 유아식
포도당	정제 포도당	빵, 통조림, 과자류, 음료(주스, 젖산음료), 잼류, marmalade, 수산연제품, 가정용감미료, 주류
	결정 포도당	과자, 음료, 빙과, 통조림, 주류, 의약품, 화학공업원료(글루탐산소다, 계면활성제, 유기산)
	고형 또는 분말 포도당	주류, 빵, 과자류, 수산연제품, 가죽다루기
식료품제조	직접식료품	조리재료ⒸⓅ
	식료품공업	수산연제품ⓅⓌⓈ
	과자제조공업ⒸⓅ	비스킷, 건빵, 아이스크림, 베이킹파우더
	맥주Ⓢ	
화공전분	가용성전분ⓅⓈ	
	덱스트린ⓅⓈ	섬유용품, 나염, 정제부형제, 우표풀, 제지제본
	알칼리전분	베니아판 접착제, 안료, sizing용
풀재료	보통풀	사무용풀ⓌⓅ
접착제	풀ⓅⓌⒸ	
	공업용	제지, 제사, 제본ⒸⓌ, 염색ⒸⓌ, 베니아판염색ⒸⓌ
의약품	증량제, 부형제, 오블라아트, 항생물질의 배양기	
잡공업	화장품	치약, 화장분
	原型粘固用	주물형, 인형, 장난감
	점착방지용	고무제품(수술장갑 등)

Ⓢ :고구마, Ⓦ : 밀, Ⓟ : 감자, Ⓒ : 옥수수

2. 전분당

전분은 포도당의 중합체로서 분해정도에 따라 가용성 전분(soluble starch), 아밀로덱스트린(amylodextrin), 에리스로덱스트린(erythrodextrin), 아크로덱스트린(achrodextrin), 말토덱스트린(maltodextrin), 올리고말토스(oligo maltose), maltose, glucose 등이 생성되는데 분자량이 적어질수록 단맛을 낸다. 이처럼 감미용으로 전분을 분해한 것을 전분당이라 한다.

전분을 분해하는 데에는 산이나 효소를 쓰는데 산의 경우는 시간이 단축되지만 너무 지나치게 반응시키면 역반응으로 쓴맛이나 착색물질이 생기므로 당화한도는 90% 정도밖에 할 수 없다.

효소제의 경우는 전분에만 선별적으로 반응하므로 원료를 정제할 필요가 없고 97%까지 분해되지만 시간이 많이 걸린다. 그래서 때로는 먼저 산으로 가볍게 분해한 것에 효소를 첨가하여 당화시키는 절충법을 쓰기도 한다.

효소당화의 경우 단일효소가 아니고 α-아밀라제(α-amylase), β-아밀라제(β-amylase)와 글루코아밀라제(glucoamylase) 등이 있어서 이들을 복합적으로 작용시킨다. 즉, 전분유액에 액화효소를 첨가하여 가열 냉각하고 다시 당화한 다음 여과 농축, 정제, 완성, 농축의 과정을 거쳐서 물엿이나 포도당을 만든다. 효소제는 옛날부터 엿기름을 써서 물엿을 만들었지만 지금은 대부분 당화효소를 사용한다.

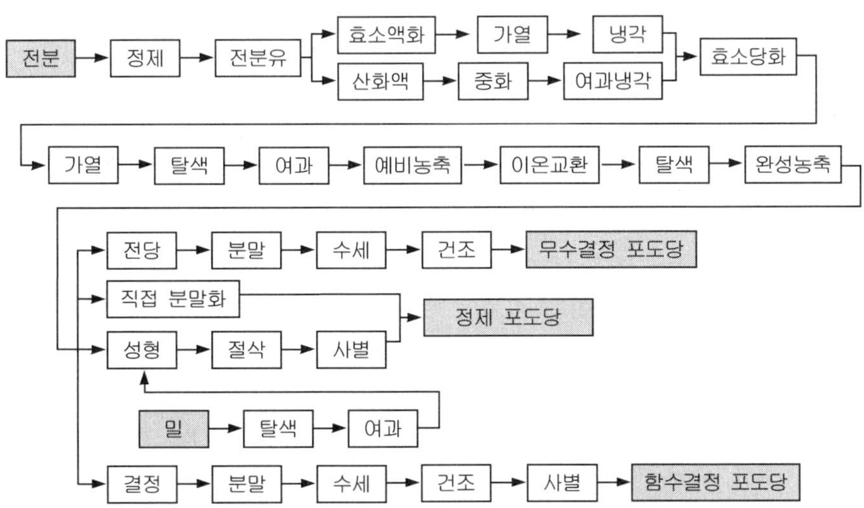

[그림 8-1] 효소당화법에 의한 포도당 제조공정도

최근에는 물엿 대신에 이성화당이 많이 이용되고 있는데 이것은 전분으로부터 만들어진 포도당에 이성화효소를 작용시켜 과당으로 변형시킴으로써 감미도를 높인 것으로 마치 설탕을 가수분해하여 얻는 전화당과 같은 감미료이다.

또 전분 자체의 물리적 특성을 개선하기 위하여 화학적으로 처리한 전분 즉, 산처리 전분, 가교전분, 에스테르 전분들을 변성전분(modified starch)이라 하며 각종 용도로 쓰이고 있다.

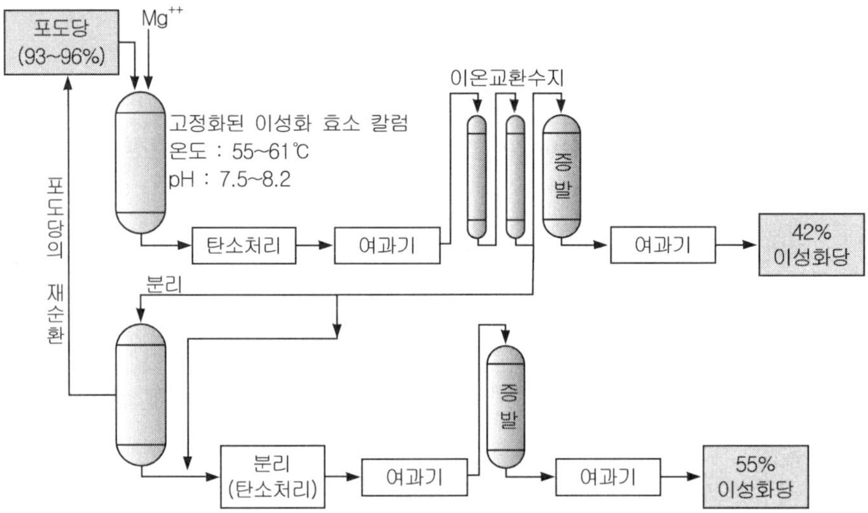

[그림 8-2] 이성화당의 생산공정도

3. 설탕(Sugar)

설탕 제조원료로 사용되는 사탕무(sugar beet, *Beta vulgeais* L. var. *saccharifera* Alefeld)는 2000년 전에 이미 지중해 연안에서 식용으로 재배되었고 1747년에 독일 화학자가 처음으로 자당성분을 확인하였으며 19세기 초에 제당원료로 사용되었다.

사탕무는 명아주과에 속하는 식물의 뿌리로서 길이가 30cm 가량 되고 당분이 12~13%가 들어 있다. 일반적으로 온대 북부지방과 같은 서늘한 곳에서 재배된다.

한편 사탕수수(sugar cane, *Saccharum officinarium* L.)는 인도가 원산지이며 기원전 330년경에 지중해 연안에 전파되었다. 사탕수수는 화본과에 속하는 식물인데 열대에서는 다년생 초본이지만 온대에서는 1년생이고 당분은 10~20%가 줄기에 들어 있다.

이들 설탕원료는 세척, 절단, 분쇄하여 물에 침출하고 탄산으로 처리한 후 여과 농축하면 설탕이 석출되는데 이것을 원당이라 하여 세계 각국에 거래되고, 수입된 원당을 다시 물에 녹여 불순물을 제거하고 결정화시킨 것이 정백당이다. 그 밖에 단풍당이 극히 일부 설탕원료로 이용되고 있다.

설탕은 사용하기가 간편하여 널리 쓰이지만 이것을 가수분해시켜 전화당(invert sugar)으로 만들어 이용하기도 한다.

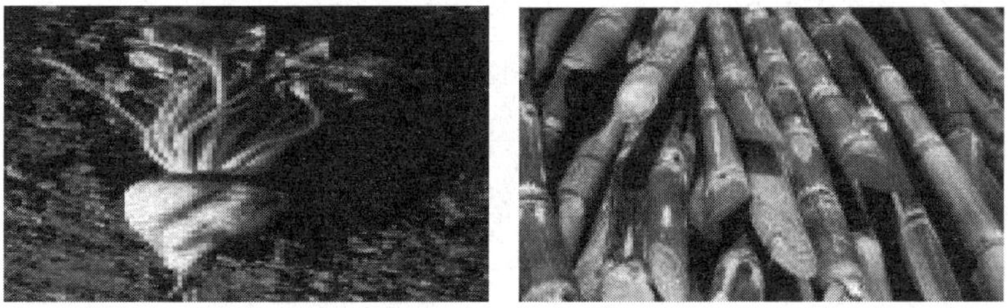

[그림 8-3] 사탕무와 사탕수수

4. 꿀(honey)

벌이 밀원식물에서 수집한 당을 체내에서 농축하여 배출한 것으로 주로 과당과 포도당이 들어 있고 자당도 들어 있다. 벌꿀의 향기는 밀원에 따라 달라진다. 대표적인 벌꿀에는 밤꿀, 아카시아꿀, 싸리꿀, 잡화꿀 등이 있고 빛깔은 백색, 호박색, 갈색 등 여러 가지이다.

[표 8-3] 벌꿀의 조성과 특성

조 성	함량(%)	특 성	
수 분	17.20	비중 20/20℃	1.4225
과 당	38.19	굴절율(20℃)	1.4935
포도당	31.28	열전도율(21℃)	12.7×10^{-4}cal/cm sec℃
자 당	1.31	점 도	대략 70poises
환원성 다당류	7.31	갤런당 무게	11lb 13.2oz
다당류	1.50	열 량	열량 1380 cal/lb
유기산	0.57		
단백질	0.26		
회 분	0.17		

5. 설탕 가공품

설탕용액을 가열 농축하여 결정형 또는 비결정형 캔디를 만든다. 결정형 캔디는 부드러우며, 잘 만든 결정형 캔디는 설탕결정을 혀로 느낄 수 없을 정도이다. 결정형 캔디에는 폰당(fondant), 퍼지(fudge), 파노차(panocha) 등이 있으며 달걀흰자를 사용하는 디바이니티(divinity)도 결정형이다.

비결정형 캔디는 무정형 캔디라고도 하는데 높은 온도에서 가열하여 결정이 형성되지 않게 하거나 결정 형성을 억제하는 물질을 사용하며 또는 이들 두 방법을 병행하여 설탕결정이 형성되지 않게 한 것으로 츄이 타입의 캐러멜이 대표적이며 버터 스카치, 태피(taffy), 브리틀(brittle) 등도 단단하지만 비결정형 캔디에 속한다.

1) 폰당(fondant)

설탕용액을 일정 온도까지 가열 농축한 후 식히면서 결정이 생성될 때까지 강하게 휘젓는다. 설탕과 물만으로도 폰당을 만들 수 있지만 주석산을 첨가하거나 물엿, 과당, 전화당 등을 넣어 주면 품질이 좋아진다. 물 대신 우유나 크림을 사용하면 부드러운 폰당이 된다.

만드는 순서는 다음과 같다.

① 설탕을 완전히 용해시킨다.

② 설탕용액을 적절한 정도까지 농축한다.

③ 강하게 휘저어 미세한 결정을 만든다.

2) 퍼지(fudge)

퍼지의 제조방식은 폰당과 비슷하다. 버터, 마가린, 초콜릿, 우유 등에 함유된 지방은 설탕이 결정화되는 것을 막아 주며 주석산 크림이나 물엿 등을 사용할 수 있다. 퍼지는 흑설탕으로 만드는데 백설탕보다 전화당의 함량이 많기 때문에 쉽게 결정이 형성되지 않는다. 결정형성이 끝날 때면 퍼지의 윤기가 점점 사라지면서 폰당처럼 약간 부드러워진다. 완성된 퍼지를 밀폐용기에 담아 24시간 정도 숙성시키면 부드러운 제품을 만들 수 있다.

3) 브리틀(brittle)

브리틀은 결정이 형성되기 전에 단단하게 굳도록 높은 온도에서 가열한다. 갈색과 독특한 냄새는 높은 온도에서 가열할 때 발생하는 캐러멜화와 마이얄 반응에 의한 것이다. 이때 만들어진 캐러멜 색소는 설탕이 결정화되는 것을 억제한다.

설탕만을 녹여 캐러멜화시켜 만드는 것도 있다. 농축이 끝난 후 소다를 넣으면 향미를 부드럽게하고 캐러멜의 쓴맛을 감소시킨다. 버터스카치, 토피 등도 브리틀 종류에 들어간다.

4) 캐러멜(caramel)

캐러멜은 결정형성을 억제하는 버터, 마가린 그리고 포도당, 과당, 전화당 등을 함유하고 있는 당밀 등을 다량 사용하는 비결정형 캔디이다. 농축 온도는 결정형과 브리틀의 중간 정도이며 산을 사용하여 설탕을 가수분해하기도 하는데 이때는 폰당보다 전화당이 더 많이 생성되도록 한다. 우유와 크림에 함유된 지방과 단백질도 결정이 형성되는 것을 막아주며 캐러멜에 독특한 향미를 준다. 캐러멜의 갈색색소는 주로 마이얄 반응에 의한 것이며 낮은 온도에서 오래 가열한 것이 빨리 가열하는 것보다 색과 향미가 좋다.

5) 태피(taffy)

태피는 설탕용액에 주석산크림, 식초, 레몬주스 등을 넣어 만든 것으로 당액이 충분하게 식으면 향을 넣을 수 있고 산을 첨가하는 대신에 포도당, 물엿 또는 당밀 등을 사용할 수 있다. 가열온도를 높게 하여 캐러멜보다 단단하게 만든다.

9장

유지와 그 가공품

유지는 체내에 섭취되어 열량소와 구성소로서의 역할뿐만 아니라 여러 가지 생리적 기능을 한다. 식품 중에서는 맛과 조직감 등에 영향을 미친다. 또 조리 가공할 때 가열매체로 작용을 한다. 식용유지 원료로는 콩과 옥수수 등과 같은 식물성 재료가 주로 쓰이지만 우지나 돈지 등의 동물성 재료도 필요에 따라서 쓰인다.

우리나라에서는 담백한 맛이 일상화되어 기름기를 비교적 싫어하지만 근래에 와서는 라면을 비롯한 각종 튀김류와 마가린, 마요네즈 등 유지 식품의 이용이 늘어나고 있다.

1. 유지 식품재료

유지의 종류는 그 원료에 따라 [그림 9-1]과 같이 동물성 유지와 식물성 유지로 구분할 수 있고 구성 지방산에 따라 로오르산계유지(코코넛, 팜유지), 올레산 및 리놀레산계유지(대두유, 아마인유)로 구분된다.

우리나라에서는 오래 전부터 참기름, 들기름을 이용하여 왔으며 근래에 와서는 평지씨기름, 미강유 등도 함께 사용하고 외국과의 교역이 활발해지면서 콩기름, 옥수수기름, 야자유 그리고 우지 원료를 다량 수입하고 있다. 여러 가지 유지재료와 유지 함량은 [그림 9-2]와 같다.

- 유지
  - 식물성 유지
    - 식물유
      - 건성유 : 들기름, 아마인유, 호두기름
      - 반건성유 : 대두유, 면실유, 참기름, 미강유, 옥수수기름, 해바라기기름
      - 불건성유 : 낙화생유, 올리브유
    - 식물지 : 야자유, 카카오버터, 팜핵유, 팜유
  - 동물성 유지
    - 동물유
      - 해산동물유 : 어유, 간유, 해수유
      - 담수수산동물유
      - 육상동물유
    - 동물지 : 돈지, 우지, 양지

[그림 9-1] 원료에 따른 유지의 종류

대두(16~20%)

참깨(55~56%)

면실(28~40%)

유채(38~45%)

safflower(39~40%)

해바라기(45~55%)

코코넛(30~40%)

땅콩(40~50%)

올리브(40~60%)

plam kemel(30~40%)

[그림 9-2] 식물성 유지식품재료와 유지함량

이들 유지는 재료에 따라 추출방법이 다르지만 식물성의 경우는 압착하거나 핵산 등으로 추출하는 방법을 사용하고 동물조직에 함유된 기름이나 어류의 경우는 가열하여 녹여내는 방법이 이용되고 있다.

동물성 기름 중에는 정제과정을 거치지 않고 직접 이용하는 경우도 있지만 대부분은 정제과정을 거친다. 즉, 냄새성분, 색소성분, 검질, 지방산 등과 같은 불순물을 제거하기 위해서 몇 단계의 처리를 한다. 먼저 수증기를 통과시켜 정제과정에 방해가 되는 인지질을 제거하고 가성소다 등으로 유리 지방산을 중화시켜 비누를 만들어 제거하고 규조토나 활성탄으로 색소 및 냄새성분을 흡착 제거한다. 때로 불순물은 아니지만 녹는점이 달라 낮은 온도에서 외관을 해치는 지방질을 제거하기 위해서 winterization공정을 거치기도 한다. 이렇게 정제과정을 거친 기름을 식용유 또는 정제유라고 한다.

2. 유지의 가공품

우리나라에서는 옛날부터 나물로 무치거나 부침을 하는데 기름을 사용하는 정도였으나 근래에는 라면을 만들거나 빵을 만드는데에도 여러 가지 기름 가공품이 사용되고 있다.

1) 경화유(hydrogenated oil, 硬化油)

불포화 지방산을 다량 함유하는 식물성 기름이나 어유 등의 액체기름에 수소를 첨가하여 반응시키면 고체기름으로 바뀐다. 버터가 수요를 따라가지 못하자 유럽에서 버터와 비슷한 가소성을 가진 기름을 얻기 위한 수단으로 개발된 이 방법은 여러 가지 식품가공에 긴요하게 쓰이게 되었다.

수소첨가는 반응탱크에 기름을 넣고 수소가스를 첨가하되 반응을 촉진시키기 위하여 니켈 등의 촉매를 소량 첨가한 다음 적절한 온도와 압력하에서 일정시간 반응시키면 수소가 이중결합 부위의 탄소에 부가되어 그림에서 보는 바와 같이 포화지방이 된다.

$$-\mathrm{C}=\mathrm{C}- + \mathrm{H_2} \rightarrow -\overset{|}{\underset{|}{\mathrm{C}}}-\overset{|}{\underset{|}{\mathrm{C}}}-$$

수소첨가 반응이 진행됨에 따라 포화도가 증가하고 녹는점이 올라간다. 액체 상태인 불포화 지방에 수소첨가반응이 완결되면 유지는 부분적으로 고체화되어 가소성을 갖게 된다. 쇼트닝이나 마가린은 적절한 수소첨가 반응을 통하여 크림성, 가소성, 녹는점 등을 조절한 제품이다. 수소를 첨가하면 물리적 상태변화 이외에도 산화 안정성이 증가하므로 가열할 때 변질되기 쉬운 튀김유에 사용하면 좋다.

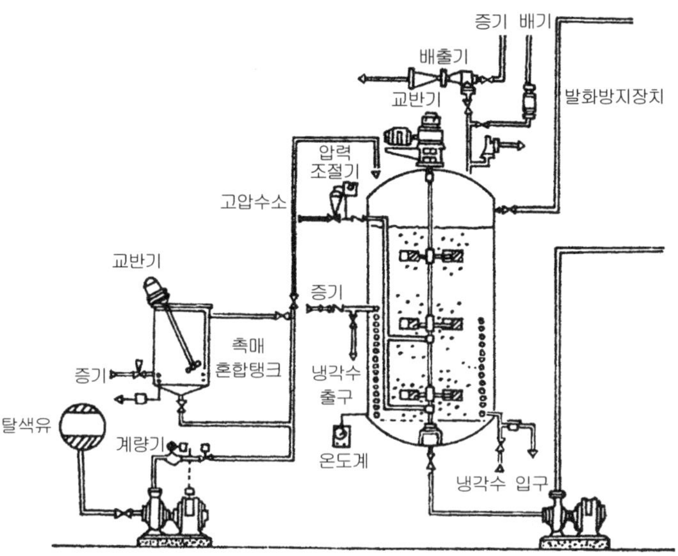

[그림 9-3] 수소 첨가장치(dead end 방식)

[표 9-1] 마가린(Margarine) 원료의 배합 예

원 료	수 량
원료유지	80.0%
발효젖 또는 물	16~18%
소금	2~3%
유화제(monoglyceride)	0.2~0.5%
유화제(lecithin)	0.1~0.3%
보존제(dehydro acetic acid)	$1 \sim 5/10^4$
산화방지제(BHA, BHT 등)	$1 \sim 2/10^4$
향료(diacetyl, vanilla 등)	$1 \sim 2/10^5$
착색제(yellow AB, Yellow OB, β-carotene)	
비타민 A	15,000~30,000 IU

쇼트닝의 원료로 대두유가 많이 사용되지만 면실유와 팜유 등 어느 기름이나 사용될 수 있다. 대두유는 수소첨가에 의해서 냄새의 원인이 되는 리놀렌산 함량을 감소시켜 냄새를 제거할 수 있다. 유지의 녹는점을 조절하는 방법 중에는 수소첨가 외에도 에스테르 교환반응 즉, 유지 분자 내의 지방산을 서로 교환하는 방법도 쓰인다.

이와 같이 액상 원료기름의 녹는점을 높인 제품을 경화유라고 하는데 그 대표적인 제품이 마가린과 쇼트닝이다. 마가린(margarin)은 버터 대신에 사용하던 라드의 대용품으로 개발되어 인조버터라는 명칭이 사용되기도 하였다. 마가린은 버터와 비슷한 물성을 갖도록 적절하게 수소를 첨가한 다음 버터향과 색소를 넣어 버터와 유사하게 만든 것이고 쇼트닝(shortening)은 쇼트닝성과 크림성을 부여한 경화유 제품으로 제과제빵용 및 튀김용 기름으로 널리 쓰이고 있다.

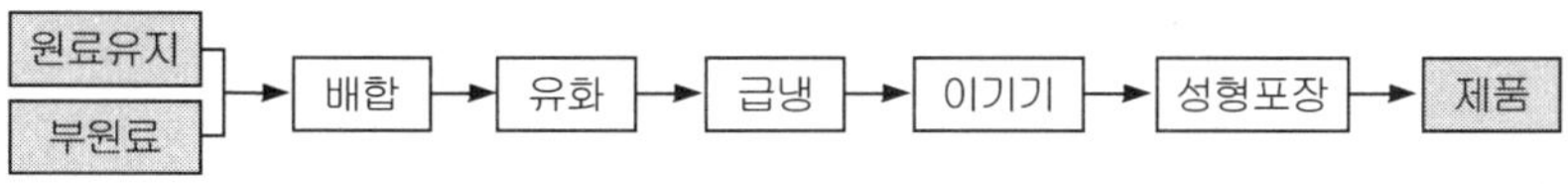

[그림 9-4] 마가린 제조공정도

2) 크림과 버터(cream & butter)

크림은 우유지방을 분리하여 유지방 함량을 18% 이상으로 만든 것으로 지방함량에 따라 저농도 크림 또는 커피크림(유지방 함량 18~30%), 저농도 휘핑크림(30~36%), 고농도 크림(36% 이상)으로 구분한다.

크림의 농도는 유지방 함량이 많을수록 진하며, 온도 또한 점도에 영향을 미친다. 온도가 낮으면 지방구가 단단해지고 점도가 증가하므로 휘핑용으로 사용할 크림은 충분하게 냉장하여야 한다.

사우어크림(sour cream)은 저농도 크림에 *Streptococcus lactis*를 접종하여 22℃에서 배양한 것으로 젖산 함량이 0.5% 정도이며 맛이 좋아 구운 감자 등 요리에 널리 사용된다.

버터는 크림을 교동하여 엉긴 유지방 덩어리에 소금, 색소 등을 배합한 것으로 사용하는 크림에 따라 발효크림 버터와 일반 버터로 나뉜다. 또한 소금첨가여부에 의하여 가염버터와 무염버터로 구분하기도 한다. 사우어크림으로 만든 버터는 향미가 좋다.

[표 9-2] 크림의 종류와 조성분(100g당)

크림의 종류	수분(g)	에너지(Cal)	단백질(g)	총지방(g)	탄수화물(g)	회분(g)
Half and half	80.57	130	2.96	11.50	4.30	0.67
Table(coffee, light)cream	73.75	195	2.70	19.31	3.66	0.58
Light whipping cream	63.50	292	2.17	30.91	2.96	0.46
Heavy whipping cream	57.71	345	2.05	37.00	2.79	0.45
Sour cream	70.95	214	3.16	20.96	4.27	0.66
Whipped cream	61.33	257	3.20	22.22	12.49	0.76

3) 라드(lard)

라드는 돼지의 지방조직 세포에서 추출 정제한 유지로 다른 유지와 혼합하여 적절한 물성을 부여한 것이다. 그러나 일반 기름에 비하여 산패되기 쉽고, 수소를 첨가한 경화유 제품이 개발되면서 그 사용량이 감소되었다.

4) 튀김

식품을 기름에 튀기는 것은 기름을 그 식품에 침투시켜 맛을 내는 것 이외에도 100℃ 이상으로 가열되므로 익게 되고 살균이 되며 갑작스런 수분의 증발로 조직이 다공성으로 되는 등의 효과를 낸다.

튀기는 온도는 식품에 따라 달라진다. 저온튀김(pan frying)은 150℃ 이하에서 튀기는 생선전, 달걀 후라이, 햄버거, 생선 등을 조리할 때 사용된다. 기름 사용량이 적으므로 튀김온도를 조절하기가 어렵다. 버터나 마가린을 사용하면 향미가 좋지만 제품에 버터 특유의 냄새가 강하면 좋지 않으므로 적절하게 조절해야 한다.

고온튀김(deep fat frying)은 150℃ 이상에서 튀기는 것으로 도넛, 튀김 등의 외식산업에서 주로 이용된다. 기름 양이 많으면 열처리를 받은 기름이 많아지고 또 너무 적으면 온도가 쉽게 떨어지므로 적절한 양의 기름이 유지될 수 있도록 하여야 한다. 낮은 온도에서 튀기게 되면 기름흡수가 많아진다. 또 오랜 시간 튀김을 계속하면 거품이 생기고 연기가 나며 맛과 색을 손상시킨다. 따라서 튀김용 유지는 발연점이 낮아야 하고 부드러운 향미와 밝은 색이 나야 하며 오랜 시간 가열하여도 안정성을 잃지 말아야 한다. 튀김용 기름으로는 부분적으로 수소 첨가한 액상 쇼트닝이 좋으며 거품을 막기 위하여 methyl silicone 등을 소량 첨가하기도 한다.

대두유, 옥배유 등을 튀김용으로 사용할 경우 쇼트닝성이 없기 때문에 재료가 바삭거리지 않고 변패취가 나기 쉬우므로 튀김용으로 적합하지 않다. 기름이 너무 많은 튀김제품은 맛이 느끼할 뿐만 아니라 소화가 잘 되지 않고 비만의 원인이 되므로 튀기는 제품의 기름 흡수는 최소한으로 할수록 좋다.

[표 9-3] 유지의 발연점

종 류	발연점(℃)
라 드	189
면 실 유	229
땅콩기름	230
일반 쇼트닝	191
유화제가 함유된 쇼트닝	177

지방의 흡수는 낮은 온도에서 장시간 또 표면적이 넓을수록 흡수량이 많아지고 재료의 특성에 따라 달라진다. 설탕과 지방함량이 많거나 유화제가 들어 있는 제품은 기름이 많이 흡수된다. 달걀 노른자에는 레시틴이 많아 역시 기름흡수가 증가된다. 밀가루 중 박력분은 강력분보다 기름이 잘 흡수된다. 강력분의 경우 글루텐 피막이 형성되면 기름 흡수가 잘되지 않기 때문이다.

5) 에멀젼(emulsion) 제품

식품 중에는 물에 녹는 성분과 기름에 녹는 성분들이 함께 들어있는 경우가 많다. 이 경우 기름성분과 수용성 성분이 골고루 들어 있는 경우가 바람직하다.

물과 기름은 서로 섞이지 않지만 강하게 교반하면 균일하게 분산된다. 이처럼 성질이 서로 다른 두 물질 중 어느 한 물질 내에 다른 물질이 미립자 상태로 골고루 섞여 있는 것을 교질(colloid)이라 하고 이들 두 물질이 액체일 때 에멀젼이라고 한다. 이런 에멀젼은 오래 두거나 흔들면 미립자들이 다시 모여 고루 퍼져 있는 상태가 파괴되는데 이것을 방지하기 위하여 물과 기름의 양쪽에 친화성을 가진 물질 즉, 유화제를 첨가하여 에멀젼을 안정화시킨다.

에멀젼에는 물 중에 기름이 분산된 수중유적형(oil in water, o/w)과 기름 중에 물이 분산된 유중수적형(water in oil, w/o)이 있다 우유, 마요네즈 등은 전자에 속하고 버터와 마가린은 후자에 속한다. 우유, 크림, 달걀 노른자 등은 천연의 에멀젼 식품이다. 가공품 중에는 마가린, 마요네즈, 샐러드 드레싱류, 케이크반죽, 땅콩버터, 소시지 등이 모두 에멀젼 식품들이다.

에멀젼 상태는 친수성과 친유성기를 함께 가지는 유화제에 의해서 안정화되는데 그 유화작용의 특징은 HLB(hydrophile-lipophile balance) 값을 사용한다. 지방의 글리세롤 분해에 의해서 얻은 모노글리세리드는 유화제로 쓰인다.

달걀 노른자에는 레시틴이 들어 있어 마요네즈를 제조할 때 유화제로 작용하며 소금, 겨자, 파프리카, 고추 등도 에멀젼의 안정화에 도움을 준다.

10장

식육류와 그 가공품

식육(meat)이란 식품으로 이용될 수 있는 동물의 조직 즉, 골격근을 말하지만 넓은 의미로는 지방조직, 내장 등 모든 가식부분을 말한다. 우리나라에서는 소고기, 돼지고기, 닭고기 등이 널리 이용되고 그 밖에 양, 염소, 토끼, 개 등도 식용하고 있다.

식육의 원료가 되는 가축은 사용하는 용도가 각각 달라서 고기용으로 소, 돼지, 닭, 오리, 토끼 등이 있고, 우유용으로 젖소, 젖양 그리고 산란용으로 닭, 오리 등이 있다.

우리가 이용할 수 있는 식육이란 가축을 도살하여 몇 단계의 가공을 거쳐야 한다. 절식 안정을 시킨 가축은 도축검사를 거쳐 도살하는 즉시 체온을 내리기 위해서 방혈하고 내장을 꺼낸 다음 냉장실에 넣어 숙성시킨다. 돼지의 경우는 열탕에 넣어 탈모한 다음 위와 같은 과정을 거친다. 도체는 부위에 따라 용도가 달라서 적절하게 분할한다.

1. 식육의 구조

식육을 구성하는 조직은 근육조직이 대부분을 차지하지만 그밖에도 결체조직, 지방조직, 신경조직, 뼈 등이 포함된다. 근육조직은 수축과 이완작용을 하는 근섬유로 되어 있는 골격근, 평활근, 심근 등이 있으며, 이 가운데 골격근과 심근은 광학 현미경으로 보면 명암무늬를 볼 수 있어 횡문근이라 하며 평활근은 규칙적인 미세구조가 없다. 또 작용에 따라 수의근과 불수의근으로 구분된다.

살코기 부분의 근육은 원통형의 섬유상 세포로 되어 있는데 근섬유(muscle fiber)나 더 작은 근원섬유(myofibril)로 되어 있고 이것들이 수축, 이완작용을 하는 미오신(myosine)과 액틴(actin) 단백질로 되어 있다. 이들 섬유는 결합조직의 막으로 둘러싸여 있고 이것들이 힘줄 등으로 이어져 뼈와 연결되어 있다.

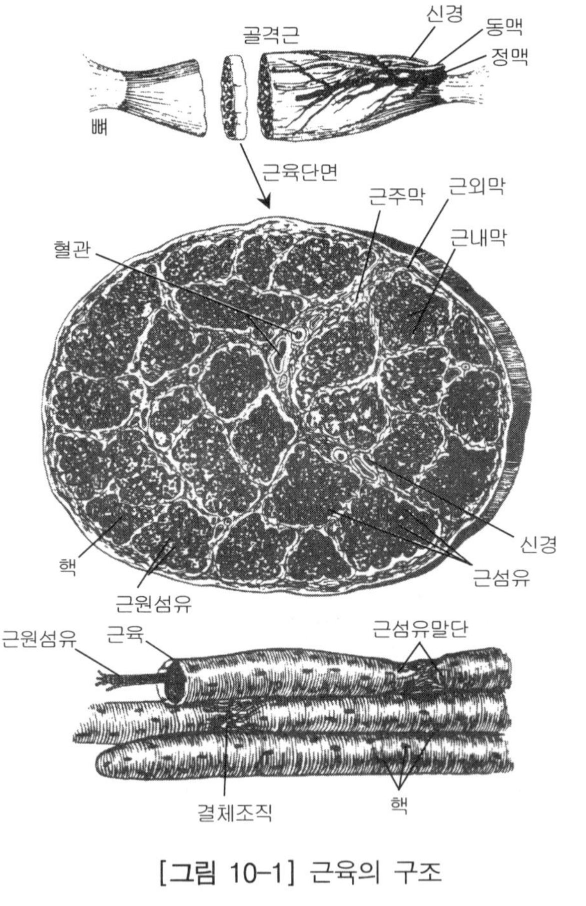

[그림 10-1] 근육의 구조

또 근섬유의 세포질인 근장은 75~80%가 물이고 그밖에 기름방울, 글리코겐 입자, 단백질, 비단백태 질소화합물들이 소위 육즙을 이루고 있다. 결합조직은 몸 전체에 분포되어 각종 기관을 연결시켜 주는 역할을 한다. 결체조직은 근섬유나 근초를 둘러싸고 다시 근육 전체를 둘러싼다.

결합조직은 섬유상인 것과 뼈나 연골처럼 골격을 이루는 것으로 나눌 수 있는데 식육류에서는 섬유상인 것을 말한다. 이들은 콜라겐(collagen)과 엘라스틴(elastin)이 주성분으로 콜라겐이 많으면 하얗고 엘라스틴이 많으면 노란색을 띤다. 또 망상구조를 이루는 reticulin이 있다.

지방조직은 체내지방을 저장하기 위해서 특별히 지방함량이 많은 세포들이 모여 있는 것을 지방조직이라고 하는데 대부분 피하조직으로 몸을 둘러싸고 있지만 근육내부에도 지방이 침착되어 있으며 근육 사이에 들어 있는 것들은 육질을 좋게 한다.

이러한 상태의 고기를 상강육(marbling)이라 한다.

지방의 색은 동물의 종류나 연령에 따라 달라지는데 나이가 들면 카로티노이드 색소가 침착되어 점차 노란색으로 변한다.

2. 식육의 성분

식육의 성분은 60~80%가 수분이고 이것을 제외하면 단백질이 주성분으로 고형분의 70~80%를 차지한다. 그 다음 많은 지방은 피하, 내장, 근육 등 들어 있는 부위에 따라서 성상이 다르다. 쇠기름이나 양기름처럼 단단하고 부서지기 쉬운 지방은 포화지방산이 많은 반면 부드러운 지방에는 불포화 지방산의 함량이 많다. 고기에는 소량의 글리코겐이 들어 있고 그 일부는 단백질과 결합되어 있다.

[표 10-1] 돼지고기의 부위별 화학적 조성

부위별	수분(%)	단백질(%)	지질(%)	회분(%)
다리(ham)	74.02	20.52	4.46	1.00
등심(loin)	73.39	22.38	3.20	1.03
안심(tenderloin)	75.28	18.72	5.07	0.93
어깨(shoulder)	65.02	17.06	17.14	0.78
갈비(spare rib)	61.50	17.47	20.15	0.88
복부(bacon)	58.40	15.80	25.09	0.71

고기를 오래 삶을 때 열탕에 추출되는 물질로는 이노신산, 크레아틴, 크레아티닌, 글루탐산 등의 육즙성분(extractives)이 들어 있는데 이것이 고기의 맛을 좌우한다. 고기에는 티아민, 리보플라빈, 나이아신 등이 많이 들어 있고 간장에는 비타

민 A, 철분, 아연 등 미량 원소들이 들어 있다. 무기질은 조리가공 중에 즙액이나 국물로 빠질 수 있다.

고기 품질의 척도가 되는 색소는 미오글로빈(myoglobin)과 일부 헤모글로빈(hemoglobin)에 의한 것이다. 근육 세포 중의 미오글로빈은 나이가 들어감에 따라 증가하므로 소고기는 송아지 고기에 비해서 진한 색을 띤다. 식육의 색은 동물에 따라 달라 돼지고기의 경우는 연한 색을 띤다. 헤모글로빈은 혈액의 주성분으로 산화되기 쉬우므로 이를 피하기 위해서 도살 후 가능한 한 혈액을 많이 제거한다.

식육을 절단하면 진홍색을 띠지만 산소와 결합하면 선홍색인 옥시미오글로빈이 된다. 그러나 시간이 지나면 중앙에 들어 있는 철분이 산화되어 갈변한다. 산화가 더욱 진행되면 헴색소가 분해되어 녹색물질도 생성된다.

3. 숙성중의 변화

가축을 도살하여 방혈을 하고 나면 근육에 산소공급이 중단되어 근육에서 호흡작용이 일어나도 완전연소가 되지 못하고 젖산으로 남게 된다. 그 결과 pH가 내려가면서 단백질은 경직되어 육질이 질겨지고 육즙이 적어져 맛이 없어진다.

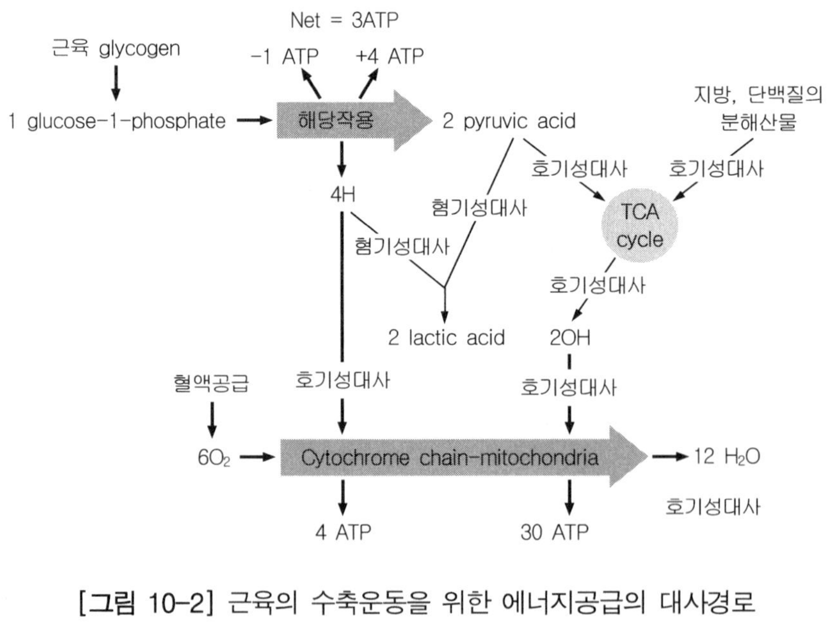

[그림 10-2] 근육의 수축운동을 위한 에너지공급의 대사경로

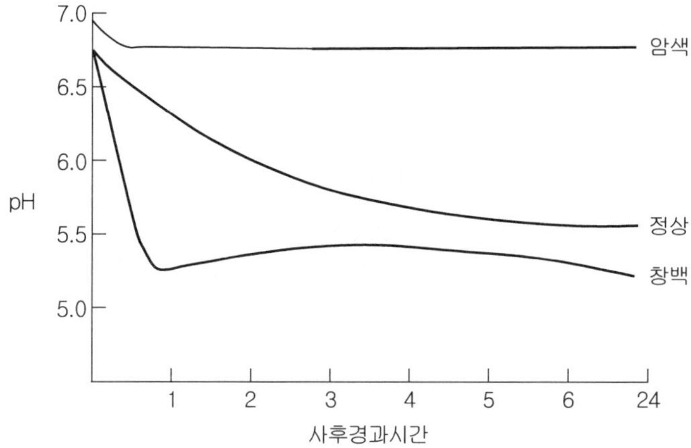

[그림 10-3] 사후 근육 pH의 변화

이것을 사후경직(rigor mortis)이라 하는데 가축의 종류, 나이, 도살 전 피로도, 도체의 저장온도 등에 따라 경직의 정도가 달라진다.

소는 다른 작은 동물에 비하여 사후경직이 천천히 일어나고 오래 지속된다. 도살 전에 운동량이 많으면 근육 중의 글리코겐이 소모되어 사후경직 중 젖산이 적게 생성되고, 그 결과 pH가 6.3 이상을 유지하게 된다. 이것을 알칼리 경직이라고 하며 육색이 어둡고 보수력이 증가하며 조직은 부드럽지만 끈적한 느낌을 준다.

도체를 1~2일 정도 냉장하면 경직상태가 점점 풀리는데 이것은 근육 중에 들어있는 카텝신(cathepsin)이라고 하는 단백질 분해효소가 근원섬유 단백질을 분해하기 시작한다. 이것을 숙성이라고 한다. 숙성된 고기는 pH가 올라가고 조직이 부드러워지며 육즙도 증가되어 식용하기 좋게 된다. 이렇게 된 것을 비로소 식육이라 한다.

도체의 숙성은 대략 2℃의 냉장온도에서 행한다. 온도를 더 높이면 숙성기간이 단축되지만 해로운 미생물이 번식할 우려가 있다. 소고기는 보통 7~10일 정도 장시간 숙성시키지만 송치고기는 숙성할 필요가 없다.

4. 원료육의 생산

원료 가축은 하루 전부터 절식안정을 시켜 세척한 다음 수의사의 도축검사를 하고 도살한 다음에 혈액을 제거한다. 소의 경우는 가죽을 벗기고 돼지는 털 뽑기를 한 다음 배를 갈라 내장을 꺼내 체온을 빨리 떨어뜨리도록 한다. 이것을 용도에 따라 분할하는데 분할부위는 [그림 10-4]와 같다.

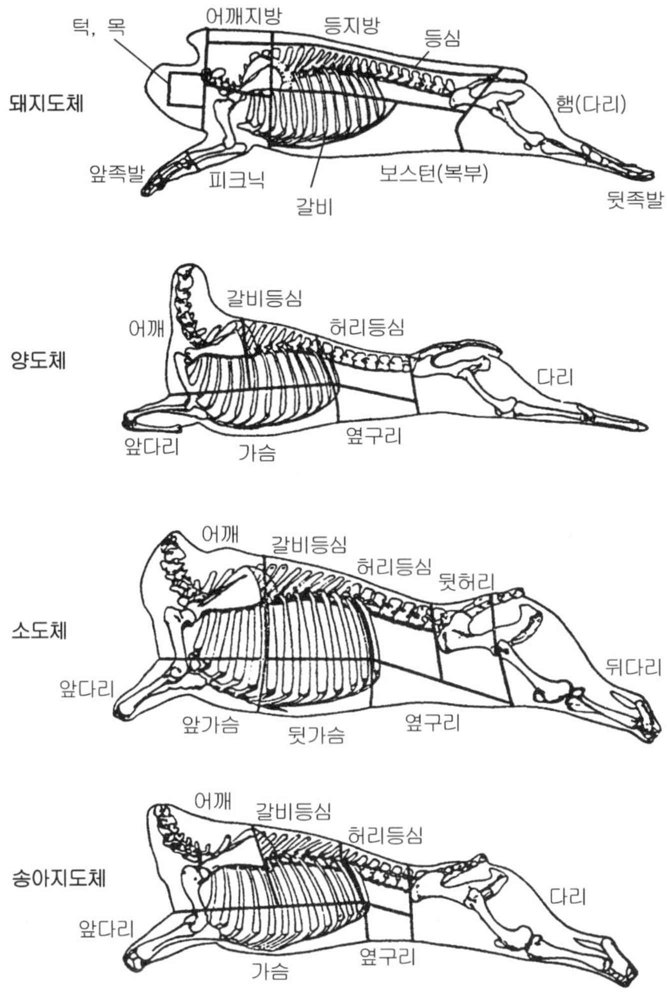

[그림 10-4] 각종 도체의 분할방법

5. 식육의 품질

고기는 보기 좋고 맛이 있어야 하지만 소고기는 일반적으로 다른 고기에 비해 질기기 때문에 연한 것이 좋은 것으로 평가되고 있다. 이 같은 품질에 영향을 미치는 요인으로 다음과 같은 것을 들 수 있다. 즉, 결체조직이 많으면 질기다. 갈비와 허리부위에는 결체조직이 거의 들어 있지 않아서 운동량이 많은 다른 부위보다 부드럽다. 또 나이가 들고 성장해 감에 따라 결체조직이 많아져서 질겨진다.

근육 중 망상으로 분포되어 있는 지방은 고기를 구울 때 녹아 나와 고기를 둘러싸 육즙이 나가는 것을 막아 주고 열이 골고루 침투하도록 한다. 이런 고기를 상강육(marbled meat)이라고 한다.

그 밖에도 동물의 유전적 특성, 먹이는 사료, 근섬유의 크기 등 여러 요인에 따라 고기의 질김성이 달라진다. 물론 부위에 따라서도 다른데 안심과 등심, 그리고 허리살이 가장 부드럽고 사태와 목 부위는 선호도가 낮다.

식육을 부드럽게 하는 데에는 여러 가지 방법이 있다. 즉, 도살 직후 약한 전기 충격을 가하면 대사속도가 빨라져 근섬유의 분해가 쉽게 된다. 또 식육을 분쇄하면 결체조직이 파괴되어 부드러워진다. 흔히 연화제(tenderizer)로 파파야의 파파인(papain), 파인애플의 브로멜린(bromelin), 무화과의 피신(ficin) 등을 조리하기 전에 고기 표면에 뿌리면 결체조직과 근섬유 단백질을 분해하여 부드러워진다. 파파인의 경우 60~70℃의 조리온도에서 활성이 강하다. 그러나 너무 많이 사용하면 육 조직을 손상시키므로 적당히 조절해야 한다. 도살하기 전 이들을 주사하면 혈액을 따라 근육 전체에 작용할 수도 있다.

식육의 품질은 맛과 질김성 이외에 빛깔도 중요하다. 소고기를 칼로 잘랐을 때 절단면이 선홍색을 띠고 손으로 눌러 부드럽고 지방이 단단한 것이 좋다. 어두운 적색을 띠고 고기 결이 거칠며 자른 표면이 매끄럽지 못할 뿐만 아니라 지방조직이 연한 것은 좋지 못한 것이다.

한편 돼지고기는 갈색을 띤 분홍색이 나며 육 조직에 미세한 결이 있다. 역시 지방이 단단해야 하며 부서지지 않는 것이 좋다.

고기의 맛이 중요함은 말할 필요가 없다. 도체의 숙성도, 상강도, 질김성 등이 맛에 영향을 미친다. 날고기는 향미가 거의 없을 뿐만 아니라 비린내가 나기 때문에 오히려 싫어한다. 고기를 조리할 때 생성되는 향미성 물질은 대단히 복잡하며 일부는 휘발성 성분을 비산하기 때문에 냄새로 판별할 수 있다.

가축에 급여한 사료도 맛에 영향을 미친다. 풀만 먹인 소는 곡류를 먹인 소에 비하여 향미가 좋지 못하다. 사료에 따라 지방산 조성이 달라지고 이 지방산도 맛에 영향을 미친다. 그밖에 조리된 고기의 온도도 중요하여 스테이크는 50℃에서 가장 맛이 있다.

고기를 팔기 전에 등급을 매기는데 이에 따라 값에 큰 차이가 나므로 신중하게 해야 한다. 화학성분 등 객관적인 자료로 등급을 매기는 일이 매우 어렵고 따라서 숙련된 사람의 관능검사에 의해서 등급을 매긴다.

6. 식육의 종류

소고기(beef)는 우리나라에서 가장 인기가 높다. 원우(*Bos primigenius*)가 가축화된 것은 5,000~6,000년 전으로 우리나라에서는 이미 단군신화에도 등장하고 있다. 그러나 고기 만을 이용할 목적으로 비육우를 기르기 시작한 것은 1955년 Brahman종 수소 19마리를 도입하여 사육한 것이 처음인데 우리나라에서는 도입우보다 재래종인 한우를 선호한다.

비육우의 암소 및 거세우의 고기는 선홍, 적갈색으로 특유의 향기를 내며 근섬유가 섬세하며 탄력이 있고 광택이 나며 상강육을 형성한다. 늙은 소와 황소는 어두운 적갈색을 띠고 근섬유가 거칠고 질기다.

송치고기(veal)는 6개월 미만의 것이고 calf beef는 6~9개월 된 것을 말한다. 이들은 담적색을 띠고 수분이 많고 부드러우며 지방의 침착 및 가용성 고형분이 적고 맛이 없다. 도살 후 숙성이 필요없다.

소고기는 육질에 따라 특등육(등심, 안심, 대접, 채끝, 치마살), 상등육(볼기, 앞다리), 보통육(사태, 목덜미, 양지), 등외육(내장, 갈비)의 4등급으로 나눈다. 대부분 식육으로 쓰이지만 corned beef, 소시지용, meat loaves 등으로 가공된다.

돼지는 유럽산 멧돼지(*Sus scrofa*)와 아시아산 멧돼지(*Sus indicus*)를 6,000~4,500년 전의 신석기시대에 길들여 가축화하였다고 하며 중국 돼지는 중국 대륙의 우수리강 유역에 살고 있는 멧돼지(*Sus leucomystax continentalis*)를 길들인 것이라고 한다.

돼지는 보통 한 번에 6~10마리씩 1년에 두 번 나며 생후 5개월 만에 도살 이용할 수 있어서 생산성이 우수하다. 돼지는 산지에 따라 영국종(Yorkshier, Berkshire), 미국종(Duroc, Hampshire, Poland China, Chister White), 덴마크종(Land Race) 등이 있고 용도 별로는 등과 옆구리, 햄에 지방층이 많은 라드(lard)형, 옆구리가 발달된 베이컨(bacon)형과 햄, 베이컨, 로인, 숄더벗, 피크닉숄더 등 5각의 부위가 발달한 고기(pork)형으로 구분된다.

돼지고기(pork)는 담홍, 회적색이며 근섬유가 섬세하고 부드러우며 지방은 백색이고 특유한 냄새가 난다. 생고기 이외에도 햄, 베이컨, 소시지 등으로 가공하여 이용한다.

양은 털을 얻기 위해서 기르며, 수컷양은 비육하여 고기를 이용한다. 수컷을 거세하여 잘 육성하면 3~4개월에 30~35kg까지 자라는데 이때 도살한 것을 새끼 양고기(lamb)라 하고, 더 키운 다음 45~50kg 정도가 되었을 때 도살한 것을 양고기(mutton)라 한다.

양고기는 섬유가 섬세하고 연하여 소화가 잘되며 맛이 있어 구이에서는 고급식품으로 취급되고 있다. Mutton은 노린내가 나지만 lamb은 냄새가 거의 없다. 육색은 소고기보다는 엷으나 돼지고기보다 진한 선홍, 벽돌색이고 지방은 백색이며 다른 고기의 경우보다 훨씬 단단하므로 생식용으로는 부적당하다.

닭(fowl, *Gallus domesticus*)은 이미 3,000~4,000년 전부터 길러왔고 육용종에는 Cechin, Brahman, Cornish종 등이 있고 난, 육 겸용종에는 Plymouth Rock종, New Hampshire종, Rhode Island Red종, Wyandotters종 등이 있다.

닭의 가슴살은 백근으로 지방이 적고 담백하며, 지육은 적근으로 육즙이 많아 맛이 좋다. 섬유는 섬세하고 부드럽다. Broiler는 식육용의 어린 닭으로 보통 14주 미만의 것을 말하며 튀김용으로 사용된다.

우리나라에서는 염소를 건강식품으로 이용하고 토끼고기, 오리고기 등도 이용되며 개도 상당량이 소비되고 있는 실정이다.

7. 식육의 변패 및 저장

고기는 수분이 많고 단백질 식품이어서 세균이 번식하기 쉽고 특히 식중독균들이 번식하여 위생적으로 해를 끼치고 경제적으로도 손실을 초래하므로 저장에 각별히 주의를 기울여야 한다.

도살 직후 도체의 내부 온도는 30~39℃인데 가급적이면 4~0℃로 냉각해야 한다. 신선육으로 이용되는 것은 냉장차를 통하여 운반되고 냉장진열장에 보관하는데 냉장상태가 유지되도록 한다. 그러나 장기저장을 위해서는 품질이 다소 손상되더라도 냉동을 하지 않으면 안 된다. 일반적으로 -30~-40℃의 송풍으로 동결하여 -18℃에서 저장한다. 저장 중에도 수분이 승화하여 표면이 건조되고 지방질이 산화되므로 포장을 잘해야 한다.

냉동육을 사용할 때는 해동을 해야 하는데 그 속도가 느릴 경우 미생물이 번식할 우려가 있으므로 주의해야 한다. 공기를 순환시켜 해동할 때에는 6~8℃, 습도 90~95%의 해동실에서 행하고 가정에서는 microwave oven에서 해동하는 것이 좋다.

식육이 숙성작용에 의해서 분해되면 미생물이 이용하기 쉬워진다. 질소화합물에 미생물이 작용하면 불쾌취를 발생하고 암모니아를 생성한다. 지방이 분해되면 우지 냄새나 흙냄새가 나며, 탄수화물은 유기산과 알코올을 생성한다. 또 호기성 세균이나 효모가 점질물을 만들어내고 불쾌취가 발생되며 변색 등을 일으킨다.

[표 10-2] 냉동저장온도별 저장기간(월)

식육별	-12℃	-18℃	-24℃	-30℃
소고기	4	6	12	12 이상
양고기	3	6	12	12
송아지 고기	3	4	8	12
돼지고기 신선육	2	4	8	10
염지육	0.5	1.5	2	2
부산물(간, 심장, 혀)	2	3	4	4
닭고기	2	4	8	10
분쇄된 소고기, 양고기	3	6	8	10
조미된 소시지	0.5	2	3	4

도살한 식육을 충분히 냉각하지 않고 쌓아 놓으면 산성발효에 의해서 적등색이 되고 H_2S가스가 발생하여 액취가 나는데 이렇게 변질된 고기를 질식육(suffocated meat)이라 한다. 오랜 기간 냉장 또는 냉동저장할 때에는 표면의 수분증발, 지방산화 등에 의해서 소위 불에 그을린 것처럼 되는 냉동화상(freezing burn) 현상을 일으키고 육즙이 이탈하는 드립(drip)현상이 일어나 품질이 떨어진다.

특히 유의할 것은 *Clostridium botulinum, Salmonella, Staphylococcus aureus, Clostridium perfringens, Streptococcus faecalis* 등이 번식하게 되면 식중독을 일으킨다.

신선한 고기는 수분이 많고 영양분이 좋아서 미생물이 번식하기 쉽다. 따라서 철저한 냉장유통이나 장기 저장할 때에도 반드시 냉동저장을 하여야 한다. 냉각저장은 고기를 어는점 부근의 낮은 온도에서 단기간 저장하는 방법이다. 도체 중심부가 0℃로 냉각되려면 소고기는 실내온도 영하 2~3℃에서 72시간, 돼지고기나 양고기는 24~36시간이 소요된다.

냉동 저장할 때에는 -28~-30℃에서 급속 냉동한 다음 -18℃에 저장한다. 어느 경우나 고기표면에 빙막처리(glazing)를 하거나 포장을 하여 표면의 수분증발이나 지방산화를 어느 정도 억제할 수 있다.

8. 염지 육제품

육류는 쉽게 변질되기 때문에 냉장시설이 없었던 옛날에는 소금에 절여 저장하였다. 그 후 각종 향신료와 발색제 등을 사용하기 시작하면서 오늘날의 햄(ham)과 베이컨(bacon), 소시지(sausage)로 발전되었다. 이와 같은 제품들을 염지육(cured meat)이라고 한다.

염지에 사용되는 소금, 설탕, 아질산염 등은 미생물의 증식을 억제하고 향미를 증진시킨다. 발색제로 사용되는 아질산은 미오글로빈과 결합하여 선홍색의 니트로소미오글로빈이 되어 갈변을 막아 주고 유해미생물인 *Clostridium botulinum*의 성장을 막아 준다. 염지 육제품은 대개 훈연을 하는데 훈연제품은 보존성 이 증진되고 특유한 향미가 있다.

염지방법에는 염지재료(curing salt)를 식육의 표면에 직접 뿌리는 건염법과 염지액을 만들어 고기를 담그는 습염법이 있다. 때로는 염지액을 근육에 주사하여 소금 침투를 촉진시키기도 한다. 오늘날에는 일반가정에 냉장고가 보급되어 염지 훈연처리가 저장보다는 풍미개선을 위한 목적으로 이용된다.

식육에서 햄이나 베이컨을 떠내고 남은 고기 부스러기를 잘 갈아서 탄력있는 조직을 만든 것이 소시지이고 고기 조각들을 눌러서 성형한 것이 프레스 햄이다. 여기서 유화는 소시지의 품질에 결정적인 요인이 되는 것으로 원료 중의 단백질과 지방이 수분과 함께 유화상태가 되어 탄력 있는 조직을 형성한다. 분쇄, 유화시킬

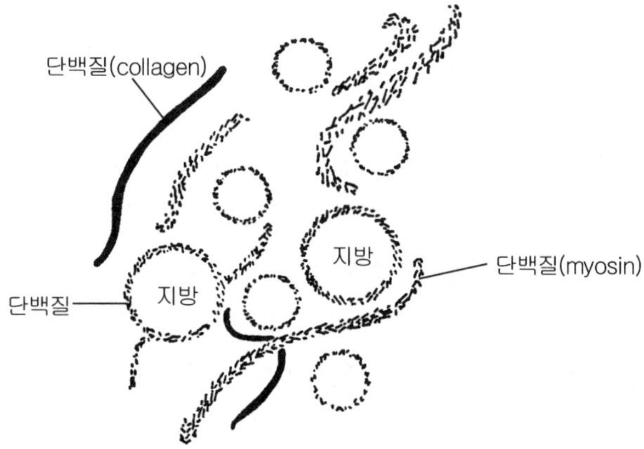

[그림 10-5] 유화상태의 구조

때 열이 발생하므로 부순 얼음을 첨가한다. 또 이때 인산염, 지방 등을 첨가한다. 안정된 유화상태를 형성하기 위해서는 단백질이 그 기능을 유지하고 있어야 하고 구조 단백질이 세포막 밖으로 흘러 나와야 한다.

수용성 단백질이나 불용성 단백질의 유화능력은 아주 낮으나 염용성 단백질은 매우 높다. 따라서 고기의 신선도에 따라 유화정도가 달라지게 된다.

훈연(smoking)은 향기의 부여, 빛깔의 향상, 보존성 부여, 산화방지 등의 목적으로도 사용하지만 최근에는 보존성보다는 훈연향기를 부여하는 것이 더 큰 비중을 차지한다.

이들 염지 육제품에 첨가하는 아질산염은 아미노산들과 결합하여 발암성의 니트로소아민을 생성한다고 하여 논란이 되기도 한다.

9. 식육의 조리

모든 식품재료는 조리가공하기 전에 씻어야 하지만 절단된 식육의 경우 육즙성분이 빠져나가므로 주의해야 한다. 고기를 가열하면 고기 특유의 맛이 생성되고 미생물이나 기생충이 죽게 되며 질긴 고기를 오래 가열하면 결체조직이 분해되어 부드러워진다. 가열방법에는 건열법, 습열법, 튀김법 등이 있는데 연한 고기는 건열법, 질긴 고기는 습열법을 각각 사용하는 편이 좋다.

고기를 가열하면 40~60℃에서 단백질이 변성, 응고되면서 일단 질겨진 다음 60℃ 이상 올라가면 결체조직이 연화되고 수화된 콜라겐이 젤라틴으로 바뀌어 지며 연해진다. 또 고기결을 가로로 절단하면 근섬유가 짧아져서 연한 느낌을 준다. 긴 섬유가 들어 있는 고기조각은 질긴 느낌을 준다. 질긴 고기는 조리하기 전에 후추 등의 향신료를 넣은 식초나 포도주에 24~48시간 담가 두면 어느 정도 부드러워진다.

결체조직이 많은 고기는 가열하는 동안 근육 중의 지방이 녹아 나와 단백질의 보수력이 떨어져 육즙이 쉽게 빠져 중량이 감소되고 질겨진다. 가열하는 도중에 육색소인 미오글로빈은 60℃에서 변성되고 육단백질은 80℃가 되면 완전히 변성되는데 이 두 단계에서 색상변화가 뚜렷하게 나타난다.

가열조리중 온도가 올라감에 따라 단백질이 변성되면서 육즙이 용출(drip)되고 수분 및 휘발성 성분이 증발하여 중량감소와 영양분이 손실된다. 건열법을 사용하면 증발손실은 있지만 용출손실은 적다. 지방질의 경우 표면에 있는 지방은 열 변화를 빨리 받아서 녹아 흘러내리지만 고기를 둘러싸서 육즙의 손실을 줄여 준다.

조리 방법에 따라 티아민, 리보플라빈, 나이아신 등의 잔류 비타민 함량이 달라진다.

비타민류는 습열조리시 손실이 크지만 용출된 국물을 이용한다면 손실을 줄일 수 있다.

마쇄한 식육의 경우 조리온도가 낮을수록 오랜 시간이 소요되므로 휘발성분의 손실이 크고 표면이 마른다. 낮은 온도에서는 단백질이 15~20% 정도 수축되고 높은 온도에서는 40~60%나 수축된다.

1) 굽기

우리나라에서는 숯불에 고기를 구워 먹는 것이 인기가 높다. 오븐에서 고기를 구울 때 260℃의 높은 온도에서 20~30분간 강하게 구운 다음 온도를 150℃로 낮추어 속까지 익게 한다. 연한 고기는 165℃로 맞춘다. 냄새와 색이 좋게 구울 때는 165~175℃로 하고 진한 색을 낼 때는 마지막 온도를 높인다.

구이용으로는 연한 고기가 좋고 질긴 고기는 삶거나 찌는 것이 좋지만 질긴 고기라도 110~120℃에서 오래 구우면 어느 정도 연해진다. 고기를 굽는 동안 고기의 색소성분이 변성되고 응고되면 내부의 색이 적색에서 갈색으로 변하는데 숙성시키지 않은 고기는 내부온도가 75℃가 되어도 분홍빛이 남고 77℃이상이 되어야 갈변된다. 잘 숙성된 것은 77℃ 이상에서는 지나치게 익은 느낌을 준다.

돼지고기에는 *Trichinella spiralis*와 같은 기생충이 있어 잘 익히기 위해서는 내부온도를 80~85℃까지 높여야 하지만 근래에는 77℃에서 장시간 조리하면 안전하고 조리손실도 적다고 한다. 송치고기, 양고기, 염지한 돼지고기를 조리할 때 적당한 내부온도는 각각 74~77℃, 70~82℃, 71~77℃이다. 송치고기는 표면에 기름을 바르거나 알루미늄 호일로 싸서 구우면 표면이 마르는 것을 막을 수 있는데 알루미늄 포장하였을 때에는 열을 더 올려야 한다.

닭고기의 경우 식육과 달라서 구울 때 부위에 따라 온도가 균일하지 못하여 다리와 날개가 적당히 익으면 가슴살은 지나치게 익게 되므로 가슴살 부위를 알루미늄 호일로 덮어 주기도 한다. 다리살의 내부온도가 82~85℃ 정도에 이르면 적당하다. 조육류도 대개 160~165℃에서 굽고 내부온도가 82~85℃ 정도에 이르면 적당히 구워진다. 굽는 동안 중량이 감소하여 칠면조는 원 무게의 대략 55%, 닭은 41%가 된다.

스테이크 등 비교적 얇게 절단한 고기를 복사열에 직접 굽는 방식을 broiling이라 하는데 용기의 문을 닫으면 고기 중에서 나오는 수증기 때문에 서서히 구워지고 바닥에는 육즙이나 기름이 떨어지므로 받침대가 필요하다. 고기가 두꺼울 경우에는 열이 균일하게 가도록 열원에서 멀리 떼어놓는다.

팬브로일링은 열원이 용기나 그릴에 직접 접촉하여 굽는 것이다. 고기가 접촉용기에 달라붙지 않도록 기름을 발라 준다. 햄버거 등은 이 방법으로 굽는 것이 좋다.

2) 찜(braising), 튀김(frying), 삶기(stewing)

찜은 질긴 고기를 가볍게 튀기거나, 구운 다음 증기로 찌는 조리 방법이다. 물을 한꺼번에 넣지 않고 여러 번 나누어 넣으면서 고기가 부드러워질 때까지 천천히 가열한다. 닭고기 요리의 일종인 fricassee는 용기에 기름을 넣고 절단한 닭고기를 볶은 다음 물을 넣고 뚜껑을 덮어 완전히 익을 때까지 가열하거나 찐 다음 튀긴 것이다. 찜은 일반적으로 질긴 고기의 조리법이다.

튀김은 고기에 튀김옷을 입혀 튀기는 경우가 많다. 어린 닭의 경우 적당한 크기로 조각낸 다음 양념한 밀가루나 반죽 등으로 튀김옷을 입힌 다음 후라이팬에서 익힌다. 고기를 미리 익힌 다음 튀김가루옷을 입혀 튀기기도 한다. 많은 양을 튀길 때는 고압 튀김기를 사용한다.

삶기란 고기를 물에 넣고 오래 끓이는 방법으로 갈색을 내기 위하여 미리 볶아두면 특유한 향이 가미된다. 여러 가지 향신료, 야채 등과 함께 사용하는 경우가 많다.

11장

수산식품 재료와 그 가공품

식용하는 수산동물에는 바닷물이나 민물에 사는 어패류가 있고 수산식물로는 김, 미역 등의 해조류가 있다.

곡류를 주식으로 하는 우리나라에서 동물성 단백질의 70%를 어패류로부터 섭취하여 국민영양에 기여하는 바가 크다.

우리나라는 삼면이 바다이므로 옛날부터 여러 가지 해산물을 이용하였다. 산업화가 진행되면서 육지에 접해 있는 연안은 물론 어로기술의 발달로 태평양이나 인도양 등 원양에 이르기까지 어장이 확대되고 단순한 어획 이외에도 지금은 적극적인 양식어업이 발달하여 우리나라 총생산량은 300만 톤을 넘어 세계 10대 수산국에 들어간다.

1. 어류의 성상

수산물은 농산물이나 축산물과는 달리 생산되는 장소가 연안, 근해, 원양, 표면, 심해 등 입체적으로 다양하고 해류에 따라 이동하므로 어획장소나 어획시기 그리고 어획량이 일정하지 않다. 서식환경이 다르기 때문에 그 종류나 형태도 다양하다. 특히 축산물에 비하여 변질되기 쉽고 같은 어종이라도 계절에 따라 성분이 변하며 맛도 다르다. 생선은 뼈, 머리, 내장 등이 많아 가식부가 50% 정도이고 갑각류의 경우는 60~80%에 달한다.

수산 동식물에는 어류, 연체동물, 갑각류, 극피동물, 강장동물, 해면동물 그리고 다양한 해조류가 있다. 어류는 등뼈가 있고 수산물 중 대부분을 차지한다. 등뼈가 없는 것은 굴, 전복, 오징어 등의 연체동물과 새우, 게 등의 갑각류가 있으며 성게, 해삼 등은 극피동물에 속한다.

물고기(fish)는 머리, 몸통, 꼬리의 세 부분으로 체형은 방추형이 대부분이지만 때로는 좌우 또는 상하로 평평하거나 가늘고 긴 것도 있다. 대부분이 [그림 11-1]과 같지만 뱀장어처럼 배지느러미를 가지지 않고 꼬리 자체로 헤엄쳐 다니는 것도 있다. 가식부는 주로 근육이며 등뼈의 양쪽에 붙어 있다. 등쪽은 두꺼우나 배쪽은 얇다. 등쪽과 배쪽의 경계부위에는 어두운 적색의 혈합육(血合肉, red meat)으로 되어 있다.

피부는 몇 층의 세포로 된 표피(epidermis)와 몇 층의 결체조직으로 된 진피(dermis)로 되어 있고, 표피에는 점액을 분비하는 점액선(mucous gland)이 있고 진피에는 석회질이 침적하여 된 비늘이 있다.

표피와 진피 사이에 색소세포가 배열되어 있어 빛깔을 나타내지만 빛의 굴절에 의해서도 광채가 난다.

어패류의 가식부는 주로 근육부분으로 대략 전체의 50%를 차지하고 나머지는 내장, 뼈, 기타 조직으로 되어 있다. 각 부위별 비율은 어종, 어획시기, 성별, 영양상태, 연령 등에 따라 다르다.

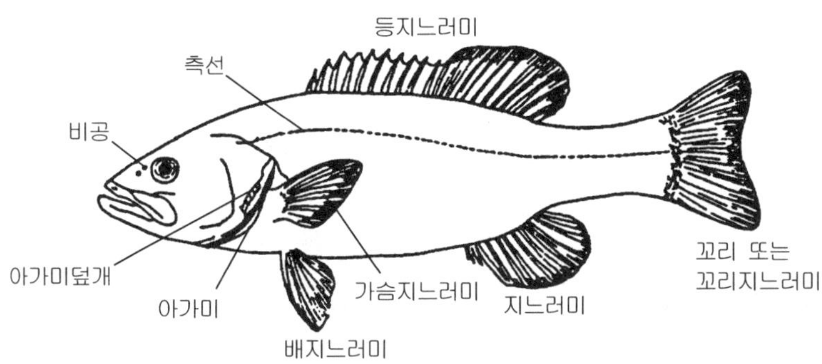

[그림 11-1] 어체의 구조

2. 어패류의 성분

어패류의 성분과 영양가는 포유류와 비슷하지만 계절과 산란기에 따라 지방분이 차이가 난다. 단백질을 18~20% 함유하고 있고 특히 크레아틴, 콜린, 염기, 이노신산 등 비단백태 질소화합물이 많이 들어 있어 맛이 좋지만 변질이 쉽게 되는 원인이 되기도 한다. 또 콜라겐 등과 같은 결체조직 함량이 적어 연하다.

생선 가운데 꽁치, 고등어, 장어 등은 지방질이 많아서 진한 맛을 내고 대구, 명태, 날치, 복어 등은 지방질이 1% 이하로 담백한 맛을 낸다. 같은 생선이라도 산란기와 계절에 따라 맛이 달라지는데 지방함량이 높을 때 맛이 좋다.

어류지방은 불포화도가 높고 ω-3 다가불포화지방산이 대부분인데 그중에서도 중요한 것은 에이코사펜타에노익산 (eicosapentaenoic acid, EPA)과 도코사헥사에노익산(docosahexaenoic acid, DHA)인데 이들은 인체 내에서 중요한 호르몬 역할을 하는 프로스타글란딘(prostaglandin)을 합성하는데 쓰인다.

[표 11-1] 어패류 근육의 성분

어 종	수분(%)	단백질(%)	지방(%)	당질(%)	회분(%)
전갱이	75.0	20.0	3.0	0.7	1.3
정어리	75.0	17.0	6.0	0.8	1.2
연 어	70.5	19.0	8.7	0.3	1.5
돔	78.0	18.0	1.5	1.1	1.4
붕 어	78.0	17.0	3.0	0.7	1.3
방 어	63.0	25.0	10.0	1.0	1.0
다랑어(붉은 살)	73.2	24.0	1.0	0.6	1.2
다랑어(흰살)	52.6	21.0	25.0	0.5	0.9
모래무지	78.2	18.7	1.1	0.3	1.7
굴	79.6	10.0	3.6	5.1	1.7
대 합	84.8	10.0	1.2	2.5	1.5

[표 11-2] 어육의 결체조직 함량

어 종	결체조직(%)	Collagen/Elastin
다랑어	0.25	4.92
가다랭이	0.32	4.29
꽁 치	0.37	5.35
농 어	0.60	4.22
도 미	0.38	4.69
볼 락	0.32	2.40
명 태	0.27	1.33
넙 치	0.78	4.79
가자미	0.71	2.90

탄수화물은 시판 생선에는 거의 없거나 아주 적게 들어 있지만 조개류와 갑각류에는 글리코겐의 형태로 3~5% 정도 들어 있다. 이 글리코겐도 지방과 마찬가지로 산란기, 계절 등에 따라 함량이 변한다. 굴에는 아연, 철, 구리 등이 많이 들어 있다. 칼슘 함량은 생선보다 조개류에 많다. 또 굴, 대합조개, 바닷가재에는 요오드가 많고 미역 등의 해조류에도 많은 양이 함유되어 있다.

어간유에는 비타민 A와 D가 많지만 특히 카로틴은 연어에, 비타민 D는 참치류에 많다. 비타민 B군이 들어 있는 생선은 비교적 적고 생선 내장에는 오히려 B_1을 파괴하는 효소가 들어 있어 생선을 날로 먹을 때 주의해야 한다.

어패류의 맛을 내는 가용성 성분 중에는 유리 아미노산, 유기산, 저분자의 질소화합물이나 탄수화물 등이 포함되는데 이들은 대사물질로서도 중요하다. 이들 가용성 성분이 어류에 1~5%, 연체류에 4~8%, 갑각류에 6~10% 정도 함유되어 있어 척추동물보다 무척추동물에 많다.

[표 11-3] 연체류 근육 및 내장의가용성 물질(mg%)

구 분	가용성물질(%)	가용성질소	아미노태질소	유리당(포도당)
오징어(근육)	5.08	509	201	35
오징어(내장)	7.90	640	328	39
전복(근육)	5.35	438	340	92
전복(내장)	6.06	419	305	121
백합(근육)	5.81	496	242	240
백합(내장)	7.15	573	259	337
굴(근육)	5.24	348	271	263
굴(내장)	6.89	573	380	365

상어나 가오리 등 연골어류에는 특유한 자극성 냄새를 내는 요소와 트리메틸아민옥시드(trimethylamine oxide, TMAO)가 들어 있는데 이것은 체내의 삼투압을 조절하는 역할을 한다. 그중 TMAO는 단맛을 내지만 세균이나 글루타치온에 의해서 비린내가 나는 트리메틸아민으로 환원된다.

오징어, 문어, 새우 등에는 시원한 감칠맛을 내는 베테인(betain)이 대구, 오징어, 전복, 굴, 바지락, 담치, 멍게 등에는 단맛을 내는 타우린(taurine)이 들어 있다.

어패류의 감칠맛은 핵산 분해물 특히 이노신산이 가장 중요한데 고등어에 1,300mg%(건물 중), 멸치, 아지, 가다랭이에 820~860mg%, 연어에 104mg%의 이노신산이 들어 있다.

어패류의 색소성분은 종류에 따라 헤모글로빈, 미오글로빈, 시토크롬(cytochrome), 카로틴(carotene), 플라빈(flavin) 등이 있다. 온혈동물에 비하여 모세혈관이 적어서 헤모글로빈이 적다. 미오글로빈은 회유성인 정어리, 고등어, 삼치, 다랑어 등에 많다. 연어나 새우, 게, 바다가재 등에는 카로틴이 많고 갈치의 은백색은 구아닌 결정이 반사되는 것이다. 오징어와 문어의 먹물은 멜라닌(melanin)의 일종인 세피아멜라닌(sepiamelanin)이다.

[표 11-4] 수산동물 근육의 비단백태 질소함량(mg%)

어 종	총질소(A)	비단백태질소(B)	B/A×100
청새리상어	3150	1430	45.5
귀상어	3140	1450	46.2
악상어	3750	1410	37.6
홍 어	3040	1280	42.1
다랑어	3620	749	20.7
물치다래	3800	668	17.6
꽁 치	3810	599	15.7
고등어	3490	509	14.6
참 돔	3140	317	10.1
전갱이	3070	354	11.5
쥐 치	2960	340	11.5
갈 치	3110	369	11.8
잉 어	2840	346	12.6
오징어	2920	862	29.5
대 하	2730	864	31.6
꽃 게	3040	887	29.6

3. 어패류의 변패와 저장

어패류도 식육류와 마찬가지로 사후경직이 일어나지만 체내에 당류가 적어 경직기간이 짧다. 식육은 질기기 때문에 사후경직 후 숙성을 해야 하지만 어육은 연하므로 숙성 전의 경직기간에 조직감이 더 좋다.

어패류에는 가용성 성분이 많고 세균이 많이 부착되어 있으므로 쉽게 변질된다.

물고기의 변패 미생물로 호기성균인 *Achromobacter, Flavobacterium,*

*Pseudomonas, Micrococcus*속 등이 많고 *Corynebacterium, Bacillus, Vibrio*속균 등과 혐기성균인 *Clostridium sporogenes, C. tetani, C. tertium, C. lentoputrescens, C. welchii, C. botulinum* 등이 검출되는데 일반적으로 세균수가 10^3/g 이하이면 신선하고 10^5~10^6/g 이면 부패 초기로 간주한다.

단백질은 이들 세균에 의해서 분해되는데 TMAO는 TMA로, 아미노산은 아민류, 탄산가스, 유기산, 지방산, 알코올, 암모니아 등을 생성하고 이들은 부패취, 매운맛, 유독성 등을 나타낸다. 이들 물질 때문에 pH가 올라가므로 pH를 측정하면 부패정도를 간단히 알 수 있다.

어패류가 세균에 의해서 부패되면 조직이 연해지고 악취가 나며 식중독을 일으키므로 신선도가 의심스러운 것은 익혀 먹거나 심한 것은 버려야 한다. 신선도는 겉모양을 보아 비늘이 정상적으로 붙어 있고 탄력이 있는 것은 신선하다. 세균수나 pH 그리고 암모니아 함량 등을 측정하면 더욱 과학적으로 판별이 가능하다.

어패류는 변질이 빠르기 때문에 옛날에 냉동시설이 없을 때는 소금에 절이거나 말렸지만 지금은 대부분 냉장이나 냉동하여 저장을 한다.

4. 중요한 어패류

1) 어류

우리나라에서 많이 이용되는 참치는 다랭이류에 속하는 것으로 다랭이류에는 참다랭이(bluefin tuna), 황다랭이(yellowfin tuna), 눈다랭이(bigeye tuna), 날다랭이(long-finned tunna)등이 있다. 우리나라, 일본, 태평양에 걸쳐 분포하고 회유성 어류의 대표적인 것이다. 참치는 100kg이 넘을 정도로 크기 때문에 부위에 따라 맛이 다르며 횟감이나 통조림 등으로 널리 이용되고 있다. 근래에는 남획으로 인하여 개체 수가 급감하고 있는 실정이다.

조기류는 연평도 근해에서 잡히는 중요한 어류로서 참조기가 대표적이며 옛날에는 서남해 일대에서 많이 잡혔으나 요즘에는 생산량이 많이 감소되었다. 굴비는 참조기를 내장이 들어 있는 채로 소금에 절여 말린 것으로 독특한 맛을 지니며 영광굴비를 일품으로 치고 있다. 참조기 이외에 보구치는 표피색이 백색이고 꼬리 모양이 참빗 모양으로 되어 있다. 흑조기는 입 속의 장간막이 흑색이며 이들은 참조기보다 맛이 없다.

명태는 2~4℃의 낮은 수온에서 자라는 것으로 동해안, 베링해 등에 서식한다. 우리나라 근해에서 잡던 것이 요즘은 원양어업의 발달에 힘입어 북양에서 많이 잡히고 있다. 명태를 건조한 것을 북어라고 하며, 황태는 냉동건조한 것으로 조직이 부드럽다. 명태는 육질이 담백하여 특히 게맛살 등의 연제품에 많이 이용된다.

고급 생선으로 취급되는 돔류에는 참돔, 흑돔, 붉은돔, 황돔 등이 있다. 대구는 깊은 바다에 사는 어종으로 지방함량이 적어 맛이 담백하고 간유에는 비타민 A와 D가 많다. 고등어나 꽁치는 붉은 살 어류로 우리나라에서 값싸게 이용되는 것들이다. 멸치 큰 것은 13cm에 달하며 우리나라 전 해역에서 잡히고 있다.

2) 갑각류

절족동물의 일종으로 매우 많은 종류가 있으며 중요한 것으로는 새우류, 게류, 바다가재 등이 있다.

새우류는 단단한 키틴질로 싸여 있고 가용성 물질이 많이 들어 있다. 닭새우, 보리새우 등이 있으며 크기에 따라 대하, 중하, 젓갈용 소형 새우로 구분된다. 튀김, 찜 또는 젓갈로 사용된다. 새우류에 속하는 크릴(krill)은 남극해에 널리 분포되어 있고 새우와는 달리 아가미가 밖으로 노출되어 있으며 수심 200m나 되는 곳에서 부유생활을 한다.

게류에는 종류가 많아 바닷물과 민물에 사는 것이 있으며 머리, 가슴, 배, 다리, 껍질로 구분되는데 10개의 다리를 가지며 배부위가 수컷은 좁고 암컷은 넓다. 수온이 0~12℃의 한랭한 깊은 바다에 사는 왕게(king crab)는 발을 벌리면 1m가 넘는 대형 게로 대부분 통조림으로 쓰인다. 우리나라 서해안에서 잡히는 꽃게(blue crab)는 붉은 빛이 도는 녹색 또는 암록색에 흰 반점이 있다. 내륙의 하구 가까운 모래땅의 20~40m 수심에 분포하고 집단으로 이동한다. 삶거나 찌개 또는 게장용으로 쓰인다.

바다가재(northern lobster)는 북대서양의 차가운 바다에서 포획되며 인공사육이 불가능하다. 진한 녹색을 띠지만 조리하면 붉은 색으로 변한다. 껍질을 벗기지 않고 조리하며 조리된 것은 붉은 색을 띠며 신선한 냄새가 나야 한다.

3) 연체동물

중요한 수산식품으로 조개류, 문어, 오징어류 등이 있다. 조개류(shellfish)는 수

십 종이 있지만 중요한 것은 바지락, 굴, 피조개, 전복, 소라 등이 있고 암초지대, 모래, 뻘층에서 자란다. 글리코겐 함량이 많아서 단맛을 내고 숙신산과 글루탐산이 들어 있어 조리하면 시원한 맛이 난다. 단단한 껍질은 conchiolin과 석회질로 되어 있다.

바지락은 탕류나 통조림 등으로 이용되고 굴류는 많은 종류가 있으나 참굴이 주종을 이룬다. 글리코겐 함량이 많은 계절에 맛이 있어 이용하는데 부패하면 식중독을 일으키기 쉽다.

[그림 11-2] 조개류의 형태

전복류(abalone)와 소라(top shell)는 권패류로 미역 등 해조류와 함께 존재하며 전자는 4~5년에 성숙하고 7~10월에 맛이 좋으며, 후자는 겨울부터 봄철에 맛이 좋아 횟감, 탕류, 통조림 등으로 가공된다.

문어류(common octopus) 가운데 낙지는 겨울에 맛이 좋고, 몸 길이가 2~3m에 달하는 문어는 육질이 부드럽다. 고소한 맛은 betaine에 의한다.

오징어류는 머리, 몸통, 다리의 3부분으로 되어 있고 다리에는 빨판을 가지고 있으며 10개의 다리 중 가장 긴 2개는 촉수 역할을 한다. 14~16℃의 난류에 분포하고 낮에는 깊은 물에, 밤에는 표면에 올라온다. 빛에 끌리는 성질을 이용하여 밤에 불을 켜 오징어를 유인하여 낚시로 잡는다. 몸통을 길게 잘라 내장을 제거하고 말려서 건오징어를 만들거나 훈제품, 조미 가공품으로 이용한다. 말린 오징어를 가로로 잡아당기면 쉽게 찢어지는데 이것은 근섬유가 횡으로 배열되어 있기 때문이다. 갑오징어는 등 쪽에 석회질로 된 단단한 뼈가 있다.

4) 극피동물

해삼(sea cucumber)은 작은 오이와 비슷하고 한쪽 끝이 입이고 다른 쪽은 항문이다. 전 세계에 분포되어 있는데 우리나라 동해안에서 많이 잡히며 대부분 횟감으로 이용하고 말린 것은 중국요리에 사용한다. 내장은 소금물을 사용하여 모래나 흙을 완전히 제거하고 염장하여 젓갈을 만든다.

성게류(sea urchin)는 반구형으로 표면에 가시가 있고 내부의 난소는 초 또는 와사비 간장에 찍어 먹으면 맛이 있다. 구워 먹거나 염장품으로 이용된다.

5. 어패류 가공품

1) 건조제품

옛날부터 어패류 저장에 건조방식이 이용되었는데 바닷가 해풍이 불어오는 곳에서 고기를 말리게 되면 쉽게 건조되고 소금을 가해서 말리면 저장효과가 증대된다. 건조방법에 따라서 날마른치(素乾品, plain dried products), 찐마른치(煮乾品, boiled and dried products), 군마른치(焙乾品, roasted and dried products), 간마른치(鹽乾品, salted and dried products), 얼마른치(凍乾品, frozen and dried products) 등으로 구분한다.

오징어 등은 그냥 햇볕에 말리지만 변질이 빠르고 지방분이 많은 멸치는 끓는 물에 일단 삶아서 지방분을 일부 제거하고 단백질을 변성시켜 빨리 마르도록 한다. 굴비는 소금에 간하여 중간 정도 말려서 이용하고 명태는 겨울철 추운 기온에 얼렸다 녹였다 하면서 말리기도 한다. 그 밖에도 조미를 하거나 훈연을 해서 말린다.

2) 염장품

식염이 방부작용을 함은 옛날부터 알려졌으며 생선에 소금을 뿌려 절이는 마른간법, 소금물에 절이는 물간법, 마른간 후 물간을 하는 개량물간법 등을 사용하여 저장성을 높이고 있다. 생선에 소금이 침투되면 물이 빠져 나오고 단백질이 변성된다.

생선을 소금에 절이면 일부는 단백분해 효소에 의하여 분해되기도 한다. 염장 고등어 등은 옛날부터 이용되어 왔고 염장 멸치는 젓갈의 형태로 보존은 물론 조미성분의 생성되므로 조미료로 이용되고 있다. 멸치젓뿐만 아니라 새우젓, 성게젓, 명란젓 등 여러 가지 생선이나 창자, 알 등을 염장하여 이용해 오고 있다. 또 아예 생선을 자가소화시켜 찌꺼기를 걸러내고 어간장으로 이용하기도 한다.

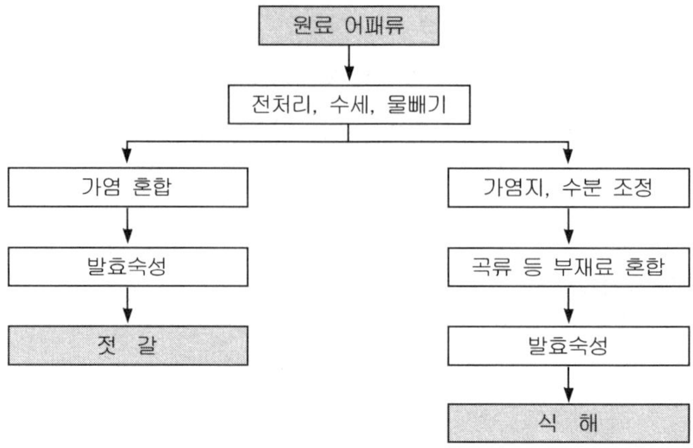

[그림 11-3] 젓갈과 식해의 제조공정

[표 11-5] 한국산 젓갈과 식해류의 종류

구분	원료	제 품 의 종 류
젓갈	어류	가자미젓, 강달이젓, 고노리젓, 고등어젓, 갈치젓, 까나리젓, 꽁치젓, 능성어젓, 눈치젓, 대구젓, 도루묵젓, 도미젓, 돌치젓, 동태젓, 등피리젓, 디포리젓, 매가리젓, 멸치젓, 모챙이젓, 민어젓, 반지젓, 뱅어젓, 밴댕이젓, 송애젓, 뱀장어젓, 병어젓, 볼낙젓, 조기젓, 수느래젓, 신대젓, 실치젓, 아그대젓, 열치젓, 응어젓, 자리젓, 전어젓, 정어리젓, 준치젓, 황숭어젓 등
	갑각류	갈개젓, 갯가재젓, 게장, 게젓, 고개미젓, 곤쟁이젓, 꽃게젓, 농발게젓, 능갱이젓, 대하젓, 돌게젓, 바다게젓, 박하지젓, 방게젓, 백하젓, 벌떡게젓, 부새우젓, 새우젓, 새우맛젓, 새우액젓, 새하젓, 썰개젓, 오젓, 육젓, 자젓, 중하젓, 참게젓, 청게젓, 털게젓, 토하젓, 피앵이젓, 화란게젓, 황발이젓 등
갑각류	연체류	꼴뚜기젓, 굴젓, 낙지젓, 대합젓, 동죽젓, 맛젓, 모시조개젓, 바지락젓, 백합젓, 소라젓, 떡조개젓, 오징어젓, 어리굴젓, 조개젓, 한치젓 등
	어패류의 내장, 아가미	갈치속젓, 게웃젓, 고등어내장젓, 대구아가미젓, 민어아가미젓, 명태아가미젓, 뱀장어창젓, 전어밤젓, 조기속젓, 조기아가미젓, 창란젓, 해삼창자젓 등
	어패류의 생식소	게알젓, 고등어알젓, 대구알젓, 대구이리젓, 명란젓, 복어알젓, 새우알젓, 성게알젓, 숭어알젓, 연어알젓, 장대알젓, 조기알젓, 화란젓 등
식해류	어류	가자미식해, 갈치식해, 광어식해, 노가리식해, 대구식해, 도다리식해, 도루묵식해, 멸치식해, 명태식해, 뱅어식해, 우럭식해, 전어식해, 전갱이식해, 조기식해, 쥐치식해, 홀때기식해, 횟대식해 등
	연체류	고동식해, 낙지식해, 대합식해, 마른오징어식해, 문어식해, 오징어식해, 한치식해 등
	어란 및 아가미	명태아가미식해, 명태창자식해, 명란식해 등

3) 연제품(煉製品)

어육을 소량의 식염과 같이 갈아서 고기 풀을 만들고 가열하여 겔 상으로 만든 제품으로 잡어 등 식용가치가 적은 고기를 먹기 좋게 만들고 저장성을 부여하여 널리 이용되고 있다. 최근에는 게살 맛을 가미한 게맛살이 대량 가공되고 있다. 어육 단백질은 물에 녹는 미오겐(myogen)류가 20~30%, 염 용액에 녹는 미오신(myosin)류가 60~70%, 그 밖에 불용성의 콜라겐, 엘라스틴 등으로 구성되어 있다.

어육에 2~3%의 식염을 가하여 갈면 근육 중의 액토마이오신(actomyosin)이 녹아서 고기풀이 된다. 이것을 가열하거나 그대로 두면 분자표면에 노출된 반응기들이 가교결합을 하여 망상구조를 이룬 탄력 있는 겔로 된다.

그러나 고기 풀을 가열하든가 상온에서 오래 두면 점착성이 없어지고 탄성이 있는 겔 상태가 된다. 가열하여 겔화한 것이 어묵이고 상온에 방치할 때 탄성 겔로 변화하는 현상을 엉겨 앉음(setting)이라고 한다. 그런데 낮은 온도에서 서서히 가열하거나 신선도가 떨어진 고기 풀은 가열해도 탄력 있는 겔이 되지 않고 두부와 같이 부스러지기 쉬운 약한 겔이 되는데 이와 같은 현상을 되풀림(returning)이라 한다.

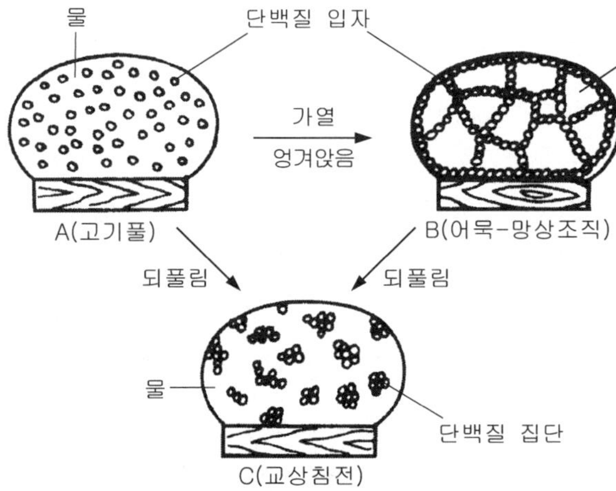

[그림 11-4] 고기풀의 엉겨앉음과 되풀림

고기 중에 지방이나 다른 성분들은 겔 형성에 도움이 안 되므로 고기를 갈기 전에 잘 선별하여야 한다. 또 요즈음에는 고기 풀을 신선한 고기로 만들어 냉동 저장하였다가 필요시에 해동하여 사용하기도 한다. 어육 햄, 소시지 등은 이런 원리를 이용하여 제조하고 있으며 축육 소시지에도 어육을 첨가하여 원가를 절감하고 있다.

4) 통조림 제품

생선은 변질되기 쉽고 어차피 가열 조리하여 먹는 경우가 많으므로 신선한 고기를 아예 통조림하여 저장성을 높이고 먹기 좋게 만드는 가공기술이 널리 이용되고 있다. 통조림 가공은 조작이 간단하여 원양어선 등의 선상에서 처리하기도 한다.

통조림은 원료의 조리, 통에 담기, 탈기, 밀봉, 가열살균, 냉각 등의 순서로 만들어 진다. 통조림은 원료 어패육을 날것 그대로 또는 삶아서 통조림에 넣고 소량의 식염을 첨가한 보일드 통조림, 알맞게 조리한 어육에 양질의 식물유를 첨가하여 통조림한 기름 담금 통조림, 굴 등을 훈연한 후 기름 담금하는 통조림, 조리한 어패류에 간장, 설탕 등을 가한 조미 통조림 등으로 구분된다.

6. 해조류(sea weeds)

우리나라는 옛날부터 미역과 김, 파래 등을 즐겨 이용해 왔다. 이와 같은 해조류는 수중에 생육하고 엽록소 등을 가지고 독립적으로 영양을 합성하는 하등 은화식물로서 엽상체(thallus)를 가지고 있으나 뿌리, 줄기, 잎의 구분이 없는 것이 특징이다.

해조류가 살고 있는 환경은 유동하고 있는 물이기 때문에 어떤 기질에 부착할 수 있는 부착기가 중요하다. 그 형태는 모래, 펄, 바위 등의 기질에 따라 다르다. 해조류는 종류에 따라 엽록소, 카로티노이드, 피코빌린(phycobilin) 등을 함유하여 각각 특이한 색상을 띠는데 식용하는 것은 남조류, 갈조류, 홍조류, 녹조류 등이다. 중국에서는 오랜 옛날부터 식용하였고 일본인은 김을 이용하였으며 하와이인들도 해조류를 식용하였다. 유럽에서는 대부분 사료로 이용하다가 식용하게 된 것은 근래의 일이다.

해조류는 거센 해류에 견뎌야 하므로 조직이 질길 수 밖에 없었다. 그 성분들은 복합 다당류로 구성되어 있다. 이들 성분이 안정제나 기능성 식품이 될 수 있음이 알려지면서 널리 이용되고 있다.

1) 중요한 해조류

(1) 남조류(blue algae)

담수, 육상, 공기 중에서 잘 자라며 적응성이 강한 것으로 분화정도가 낮아 단열 사상체로 되어 있다. 식용하는 것으로 수전사 김을 들 수 있는데 청남색의 색채와 씹는 맛이 좋아 초무침을 하거나 끓여 먹는다.

(2) 녹조류(green algae)

바다보다는 담수에 잘 자라 열대, 아열대, 온대의 호수에 번식한다. 여기에 속하는 클로렐라(chlorella)는 단세포 조류로서 길이 2~8mm이며 엽록소를 가져 광합성을 한다. 단백질 함량이 높아서 새로운 식량자원으로 각광을 받아 관심을 끌기도 하였고 젖산균의 증식 촉진제로 이용된다. 식용으로 널리 사용되는 것에는 갈파래, 파래, 매생이 등이 있다. 특히 매생이는 요즘 건강식품으로 각광받고 있다.

(3) 갈조류(brown algae)

미역, 다시마, 톳 등 우리나라에서는 가장 많이 이용되는 것으로서 대부분 바다에 서식하고 생명력이 강하여 몇 개의 세포로 된 것부터 고등식물의 뿌리, 줄기, 잎에 해당하는 부착기, 줄기형태와 잎 형태를 가진 대형의 것도 있다.

미역(*Undaria pinnatifida*)은 중국, 한국, 일본 연안에 분포되고 엽상부의 중간에 뚜렷한 줄기가 있으며 부착기는 나뭇가지 모양이고 엽상부의 가장자리는 주름이 잡혀 있다. 단면은 표층, 피층, 속으로 되어 있고 요오드 함량이 특히 많다. 생미역 또는 물미역으로 이용된다.

- 다시마(kelp, *Laminaria japonica*) : 북아메리카 연안에 많고 우리나라는 동해안의 원산 이북에 많이 분포되어 있는데 최근에는 인공양식을 하여 남해안에서도 생산된다. 다시마의 지미성분은 글루탐산소다로 맛국물을 내는데 널리 이용되고 일본인들은 특히 이 맛을 즐겨 이용한다.
- 톳(*Hijikia fusiforme*) : 나뭇가지 형태이고 해안지방의 구황식품 또는 초무침용으로 쓰인다.

(4) 홍조류(red algae)

홍조류는 약 4,000종에 달하고 그 색소는 phycoerythrin인데 그 밖에도 엽록소,

카로티노이드 등에 의해서 빛깔을 띠는 경우도 있다. 글리코겐과 비슷한 홍조전분을 함유하고 그 밖에 D-galactose를 주체로 한 다당류로서 겔을 형성하는 점탄성의 한천질과 점성만을 나타내는 카라기난 등의 성분을 함유하는 것도 있다.

- 김(*Porphyra tenera*) : 일본과 한국 등에서 널리 이용되고 있는 해조류로 얇은 엽상체가 1~2층으로 되어 있고 길이 14~25cm, 폭 5~12cm이며 홍자색, 흑자색 등 여러 가지 빛깔을 띤다. 김에는 당분 29%, 단백질 40%가 들어 있고 맛이 좋아 자연채취 이외에도 인공양식을 하고 있다. 주로 마른 김이나 맛김으로 가공하여 이용하는데 마른 김은 저장 중에 흡습하여 색소성분이 파괴되면 향미가 손상된다.

  김을 구우면 흑자색이 청록색으로 변한다. 이 같은 현상은 홍색의 phycoerythrin이 90% 이상 열에 의해서 파괴되지만 엽록소는 5% 정도만이 파괴되어 엽록소의 색이 크게 나타나기 때문이다.
- 우뭇가사리(*Gelidium amansii*) : 전 세계에 분포되어 있는 다년생 해조류로 끓이면 세포 내에 들어 있는 한천 성분이 추출되는데 이것은 탄성 겔을 형성하는 특성이 있어 식품첨가물로 사용되고 미생물 배양용으로도 널리 쓰인다.
- Irish moss(*Chondrus crispus*) : 수심 5m의 바위에 착생하며 크기는 7.5~15cm이다. carageenan이라는 복합 다당류가 들어 있으며 이것을 추출하여 각종 식품의 물리적 특성을 개선하는데 요긴하게 사용한다.

2) 해조 가공품

(1) 김(laver)

봄철에 채취한 김은 파래 및 기타 이물질을 제거하고 바닷물로 잘 씻고 물을 뺀 다음 적당히 세절한다. 이것을 담수에 풀어 교반한 다음 발장에 일정량을 부어 얇게 펼친 다음 햇볕이나 건조기에서 건조시키는데 처음은 김이 붙지 않은 쪽을 충분히 말린 다음 뒤집어 말린다. 최근에는 자동제조기가 개발되어 이용되고 있다.

마른 김은 흡습하면 엽록소가 분해되고 phycobilin 색소가 많이 잔존하게 되므로 흑자색에서 적자색으로 변하고 향미도 변한다. 따라서 건조가 끝난 마른 김을 오래 저장하려면 50~80℃ 정도로 가열한 건조실에 5일 정도 두어 잘 건조한 다음 밀봉 보존한다.

(2) 한천(agar)

우뭇가사리 등의 원료를 물에 담가 팽윤시킨 후 조개껍질, 토사 등 이물질을 제거하고 다시 흐르는 물에서 색소, 토사, 패각 및 수용성 불순물을 제거한 후 물에 끓이되 한천농도가 1.0~1.5%가 되도록 조절한다. 이 때 한천의 추출을 돕고 적절히 가수분해 되도록 황산을 첨가한다.

추출액 중의 색소를 제거하기 위하여 차아염소산 소다 등의 표백제를 사용하여 표백하고 다시 끓여 여과한 것을 동결, 용해의 반복조작으로 건조하여 제품으로 한다.

한천은 보수성, 응고성, 점탄성 등의 독특한 물성을 갖고 있어 제과, 유제품, 양조용, 통조림 등 여러 가지 용도로 쓰인다.

(3) 카라기난(carrageenan)

돌가사리, 진두발 등의 홍조류를 원료로 하여 물을 가한 다음 80℃에서 2시간 가열추출 후 여과한다. 여기에 규조토 등을 사용하여 탈색시키고 알코올류로 침전시킨 다음 잔류 알코올을 제거하고 건조시킨다.

카라기난은 무미, 무취의 백색~황색분말로서 60℃ 이상에서 완전 용해되고 점성이 강한 것이 특징이며 단백질 특히 우유 등과 친화성이 좋아 유제품의 안정제, 탄력 보강제 등으로 쓰인다.

12장

우유와 달걀 및 그 가공품

우유와 달걀은 가축인 소나 닭이 생산하는 것으로서 영양분을 골고루 가지고 있으며 특히 단백질의 품질이 가장 좋은 영양식품들이다. 인구가 많은 우리나라는 목축을 하기에는 경지가 적고 초지 조성이 어려워 옛날부터 우유나 달걀을 많이 이용하지 못하였다. 그러나 근래에 와서 축산진흥 정책을 쓰고 경제사정이 좋아지면서 이들의 소비량이 증가하고 있다.

1. 우유(milk)

우유는 인간을 비롯한 포유류가 탄생하여 일정기간 성장하는데 필요한 영양소를 갖춘 식품이다. 어느 정도 성장하여 다른 식품을 이용할 수 있게 되면서부터는 우유의 소비가 줄지만 품질이 좋은 단백질과 칼슘의 급원으로 중요하게 이용되고 있다. 뿐만 아니라 우유는 식품의 물성을 개선해주는 기능적 특성을 지니고 있어 각종 식품의 첨가제로서도 중요하다.

1) 성분조성과 특성

우유를 생산하는 가축의 종류나 개체의 특성 그리고 계절과 수유단계, 사료의 종류 등에 따라 성분조성이 다른데 특히 지방함량의 변화가 크고 단백질이 그 다음이며 탄수화물인 유당과 무기질 함량은 거의 일정하다. 예를 들면 젖소의 품종

가운데 Jersey와 Guernsey의 우유는 지방함량이 5%인 반면 Holstein의 경우는 약 3.5%로 차이가 난다. 우리나라에서 시유의 경우는 가공 중에 성분함량을 가감하여 표준화 하고 있다.

우유 성분에서 수분을 제외한 유 고형분은 단백질 3.5%, 지방질 3.8%, 유당 4.8%, 무기질 0.65%의 조성으로 되어 있다. 우유 단백질은 78~85%가 케이신(casein)이고 이것은 다시 α-casein(45~55%), β-casein(25~35%), γ-casein(3~7%), κ-casein(8~15%)으로 구성되어 있으며, 나머지는 유청 단백질이다. 케이신은 일종의 인단백질이며 칼슘과 결합된 복합물(calcium-phospho caseinate 또는 calcium-caseinate phosphate complex)로서 콜로이드 형태인 미셀을 이루고 있다.

[표 12-1] 각종 동물젖의 평균 조성(%)

동 물	수 분	지 방	단백질	유 당	회 분	전고형분	무지고형분
젖 소	88.12	3.44	3.11	4.61	0.71	11.87	8.43
사 람	87.79	3.80	1.20	7.00	0.21	12.21	8.41
양	80.60	8.28	5.44	4.78	0.90	19.40	11.12
산 양	87.81	3.80	3.50	4.10	0.79	12.19	8.39
돼 지	80.63	7.60	6.15	4.70	0.92	19.37	11.77
말	89.86	1.59	2.00	6.14	0.41	10.14	8.55
물 소	82.44	7.40	4.74	4.64	0.78	17.56	10.16
낙 타	87.67	3.02	3.45	5.15	0.71	12.33	9.31
코끼리	85.63	3.12	3.20	7.42	0.63	14.37	11.25
고 래	69.80	19.40	9.43	?	0.99	-	-
고양이	83.05	4.50	7.00	4.85	0.60	16.95	12.45
개	74.55	10.20	3.15	11.30	0.80	25.45	15.25
토 끼	68.50	13.60	12.95	2.40	2.55	31.50	17.90

우유를 20℃에서 pH 4.6으로 조정하면 우유 단백질이 침전하는데 이것은 케이신의 등전점이 pH 4.6이기 때문이고 침전되지 않는 단백질을 유청 단백질이라고 하여 여기에는 혈청 알부민(bovine serum albumin), β-lactoglobulin, α-lactalbumin, immunoglobulin 및 proteose, peptone 등이 있다.

응유효소인 렌닌(rennin)을 첨가하면 미셀 구조가 파괴되면서 자체 내에 들어있는 칼슘에 의해서 침전되는데 이런 성질을 이용하여 치즈를 만든다. 또 산을 첨가하여 pH를 4.6으로 맞추어도 케이신은 침전하는데 이것을 acid casein이라 하여 우유 중에서 케이신을 분리하는데 이용한다. 분리된 케이신은 식품 첨가제로 널리 이용된다.

우유에 들어 있는 지방질은 3.0~5.0%인데 중성지질, 인지질, 스테롤 및 지용성 비타민으로 구성되고 크기 2~5μ의 유지방구와 지방구 막에 들어 있다. 지방구 막 때문에 지방이 유리되지 않고 안정된 상태를 유지하지만, 우유를 오래 정치하면 지방구끼리 엉기고 물보다 가볍기 때문에 떠올라 크림층을 형성한다.

우유지방은 60~70%의 미리스트산(myristic acid), 팔미트산(palmitic acid), 스테아르산(stearic acid) 등의 포화지방산, 25~35%의 올레산(oleic acid), 리놀레산(linoleic acid) 등의 다가 불포화지방산 등 적어도 52종의 지방산이 확인되었고 우유 특유의 향미를 내는 부티르산(butyric acid)등 저급 지방산이 많아서 소화흡수가 용이하다. 또 미량 성분으로 레시틴(lecithin), 세팔린(cephalin), 스핑고마이엘린(sphingomyelin) 및 세리브로시드(cerebroside)등의 인지질과 콜레스테롤, 카로티노이드 등이 들어있다.

유지방이 산화되거나 가수분해하여 변패되면 불쾌취를 생성하는데 이것은 저급 지방산이 유리되기 때문이다.

우유 중의 당분은 포도당과 갈락토오스로 이루어진 유당이 대부분이고 유고형분 가운데 가장 많이 차지하고 있다. 유당은 물에 잘 녹지 않고 결정화되기 때문에 아이스크림을 만들 때는 너무 많으면 좋지 않으나 발효유제품에서는 젖산 등을 생성하는 성분으로서 역할을 한다.

사람에 따라서는 유당을 소화하지 못하여 우유를 마시면 설사를 하는 사람이 있는데 계속해서 마시게 되면 체내에 분해효소가 생성되기도 한다.

우유가 유백색을 띠는 것은 카제인이나 지방구가 빛을 난반사하기 때문이며 약간 노란빛을 띄우는 것은 카로티노이드나 비타민 B_2 때문이다. 우유의 단맛은 유당에 의하고 냄새는 아세톤, 아세트알데히드, 디메틸설피드 및 부티르산 등의 저급 지방산들에 의한다. 또한 열처리 살균에 의해서도 향미가 달라진다. 한편 좋지 못한 냄새는 변패 이외에도 불량사료, 외부냄새의 유입에 의해서 나타난다.

신선한 우유의 pH는 6.6으로 중성에 가까운데 공기 중에 노출되면 우유에 함유되어 있던 탄산가스가 방출되면서 초기산도가 높아지지만, 젖산균이 증식할 경우 산도는 다시 낮아진다.

우유에는 약 0.7%의 무기질이 들어 있고 그 중 칼륨 135~155, 칼슘 100~140, 인 75~110, 염소 80~140mg%가 들어있다. 무기질은 영양소로서의 역할 이외에도 우유 단백질과 지방질의 유화 안정성에도 영향을 미친다.

우유에는 우리 몸에 필요한 각종 비타민을 고루 갖추고 있으며 20종 이상의 효소가 검출되고 있는데 그 중에서도 리파아제는 우유저장 중 산패를 일으키는 원인이 되고 있다.

2) 우유의 변질과 보존

우유는 착유하는 순간부터 공기, 용기, 착유하는 사람의 손 등에서 미생물을 비롯한 여러 가지 이물질에 오염될 수 있다. 가장 보편적인 것은 시어지고 가스를 발생하며 단백질이 분해되어 응고되고 나아가서 부패취를 발생한다. 이렇게 되면 알칼리성으로 되고 풍미 및 색도 변해서 결국 버리게 된다. 따라서 우유를 보존하기 위해서는 미생물 오염의 철저한 방지, 오염된 미생물은 여과, 살균 등으로 제거하고 저온에 저장을 해야 한다.

완전살균을 하면 영양성분이 많이 파괴되므로 단기간에 소비될 시유 등은 저온살균으로 병원미생물만을 제거한다. 때로는 건조나 농축 그리고 발효시켜서 저장성을 높인다.

3) 우유의 살균

우유에는 균이 없지만 착유할 때 공기 중이나 착유기 그리고 용기 등에서 오염된다. 병원성균은 *Mycobacterium, Tubercle bacillus, Brucella abortus, Salmonella typhosa, Shigella dysenteriae* 등이 있고 변패 미생물로는 *Streptococcus lactis, Lactobacillus casei, Lactobacillus acidophilus* 등의 젖산균, *Escherichia coli, Aerobacter aerogenes* 등의 대장균군과 그 밖에 *Bacillus, Clostridium, Pseudomonas* 등이 있다.

이들 균을 살균하기 위해서 62~65℃에서 30분 정도 가열하는 저온 살균법(pasteurization), 72℃에서 15초 정도 살균하는 고온순간 살균법(high temperature short time process), 130℃ 이상에서 2~3초 가열하는 초고온순간 살균법(ultra high temperature process) 등이 있다. 일반적으로 청결한 우유는 저온 살균법을 사용하고, 대량으로 안전하게 처리할 때는 초고온 순간 살균법을 사용한다. 어느 경우나 살균이 끝나면 7℃ 이하로 가급적 신속하게 온도를 낮춘다.

40℃ 이상으로 우유를 가열하면 점도가 떨어지고 고온 장시간 가열할 때 갈변반

응이 일어나며 75℃ 이상에서 15초 정도 가열하면 특유의 가열취가 발생한다.

우유를 보관할 때는 빛을 차단하는 용기를 사용하고 뚜껑을 잘 닫아 냉장한다. 탈지분유는 방습포장을 하여 냉장하며 용기를 일단 개봉한 우유는 상하기 쉬우므로 잘 밀봉하여 냉장한다.

4) 우유 가공품

젖소로부터 짠 우유를 그대로 마시는 경우는 드물며, 보통 성분을 조정하여 살균을 한 시유를 마신다. 남는 우유는 탈지 건조하여 저장성을 높인다.

생유 중의 지방구는 시간이 지나면 서로 엉켜 크림 층을 형성하므로 상품성이 떨어진다. 따라서 균질기를 통과시켜 지방구 입자를 미세하게 하고 균일하게 분포하도록 한다. 균질화된 우유에는 유단백질의 1/4 정도가 지방구와 결합하고 있는데 분산이 잘될수록 향미와 점도가 증가하고 열 또는 산에 쉽게 응고되어 소화도 잘된다.

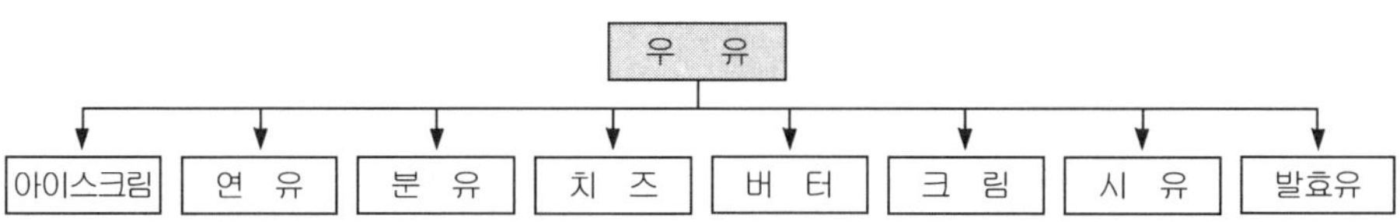

[그림 12-1] 전통적인 유제품 구성도

(1) 시유

우리가 마시는 우유로서 균질화와 살균과정을 거쳐서 만들어지며 이 때 성분을 일정하게 조절하기 위해서 크림을 가감하거나 탈지유를 첨가하기도 한다. 또 우유 지방에는 콜레스테롤이 있다하여 저지방 우유를 만들기도 하고 기호성을 높이기 위하여 초콜릿이나 딸기 등을 넣기도 한다. 그러나 이러한 향미물질을 첨가하게 되면 물과 설탕 등으로 성분을 조정하게 되므로 우유성분은 희석되기 마련이다.

우유 생산량이 부족될 때는 건조시켜 두었던 탈지분유에 크림을 넣고 물을 조정하여 균질, 살균한 다음 마시는데 이런 제품을 환원유라 한다. 살균온도 처리에 따라 초고온 살균우유와 저온 살균우유 논쟁이 일기도 하였는데 이것은 우유의 영양소를 가급적 적게 파괴하고 효과적인 살균을 도모하기 위해서 초고온으로 단시간 살균하는 UHT 살균우유가 보급되면서 이와 구분되는 신선한 우유를 가볍게 살균하는 파스퇴르 살균법을 이용한 우유와의 품질경쟁이었다.

UHT살균 직후 우유에서 군내 또는 황 냄새가 날 수 있지만 이것은 유청 중 β-lactoglobulin의 변성에 의한 것으로 시간이 지나면 없어진다.

우유에는 수분이 88%나 들어 있어 농축하여 수분을 줄이면 용적이 줄어들어 특수한 용도로 사용할 수 있다. 즉, 50~55℃의 진공상태에서 수분을 60% 가량 제거한 것을 농축우유 또는 연유라고 하며 설탕의 첨가 여부에 따라 가당연유 또는 무가당연유로 나뉜다. 설탕을 첨가하는 경우 보존성이 좋으며 무가당연유는 살균처리가 필요하다.

우유 생산량이 많아 저장할 필요가 있을 때는 건조하여 분유를 만드는데 지방이 변패하기 쉬워서 크림을 제거한 탈지분유의 형태로 저장한다.

(2) 발효 유제품

우유는 수분이 많고 영양이 좋아 미생물이 번식하여 상하기 쉽다. 이들 미생물 중 젖산균이 자라게 되면 우유에 들어 있는 유당을 분해하여 젖산을 만들어져 pH가 떨어지게 되어 다른 해로운 균이 자라지 못하게 된다. 그 결과 저장성이 증진되고 향미물질이 생성되어 이용하기 좋게 되는데 이러한 발효제품의 대표적인 것이 요구르트이다.

요구르트(yogurt)는 유목민들이 양피자루에 우유를 운반하는 도중에 젖산균이 번식하여 만들어진 전통 발효식품으로서 오랜 옛날부터 이용되어 왔다. 그 후 요구르트생산에 관여하는 주 발효균인 *Lactobacillus bulgaricus*와 *Streptococcus thermophilus*균을 분리하여 우유에 접종한 후 42~46℃에서 발효시키면 독특한 향미가 생성된 요구르트가 되는데 향미를 개선하기 위하여 딸기 등의 과실과 설탕을 넣기도 한다. 발효과정에서 유당이 분해되므로 누구나 먹을 수 있다. 요구르트는 유산균이 계속 작용하여 신맛이 강해질 수 있기 때문에 이를 방지하기 위하여 냉장 하거나 살균처리를 행하기도 한다.

일반 요구르트 균을 사용하지 않고 *Lactobacillus acidophilus*를 접종하여 발효시킨 우유는 장내 미생물인 bifidus균을 늘려 정장작용을 한다고 하여 애시도필러스 우유라고 한다. 또 버터를 만들기 위해서 크림을 분리하고 난 탈지유를 발효시킨 버터밀크가 있고, 우유 중의 유당을 이용하여 알코올 발효시킨 케피어(kefir)와 쿠미스(koumiss) 등이 러시아나 코카서스 지방에서 많이 이용되고 있다.

(3) 크림(cream)

우유의 지방구가 엉겨서 위로 떠오른 것을 분리한 것이 크림으로 지방함량이 높아 제빵, 제과, 버터, 아이스크림 등의 원료로 사용된다. 크림은 지방함량에 따라 커피크림 18~30%, 저농도 휘핑크림 30~36%, 고농도 크림 36% 이상의 것으로 구분된다.

사우어크림(sauer cream)은 저농도 크림에 *Streptococcus lactis*를 접종 후 22℃에서 배양한 것으로 젖산이 0.5% 생성된 것에 안정제인 카라기난과 탈지분유 또는 크림과 우유를 넣어서 만든다.

(4) 치즈(cheese)

치즈는 우유 단백질을 렌닌 등의 효소를 이용하여 응고시킨 것을 소금을 넣어 다지고 숙성시킨 제품으로 우유에 들어 있는 영양소가 농축된 고영양 식품이다. 굳기에 따라 연질치즈와 경질치즈로 구분된다. 여러 가지 자연치즈를 혼합하여 만든 것을 가공치즈라 한다.

치즈 만드는 법을 구체적으로 살펴보면 다음과 같다. 살균한 원료우유에 *Streptococcus lactis, S. cremoris, S. thermophilus, Lactobacillus bulgaricus, Leuconostoc citrovoram, Leu. dextranicum* 등의 스타터를 접종하여 20분~2시간 발효시켜 0.18~0.22%의 산을 생성시킨 후 렌닌을 첨가하여 3~5분 균일하게 교반한다. 이 때 미셀구조가 파괴되면서 자체 내에 들어 있는 칼슘에 의해서 단백질이 침전된다.

뚜껑을 덮고 방치하면 순두부처럼 응고되는데 여기에 들어 있는 유청을 빼기 위해서 절단을 하고 서서히 가온하여 38℃까지 올리면 유청이 더욱 유리되기 쉬워진다. 망을 사용하여 유청을 제거하고 틀에 넣어 압착하면 나머지 유청이 빠지면서 성형이 된다. 치즈에 소금을 넣어 맛과 수분함량을 조절하고 잡균의 번식을 억제한다. 식염수에 담그기도 하여 소금함량이 0.5~5%가 되게 한다.

이렇게 만들어진 치즈를 생치즈 또는 카테지 치즈라고 하며 특별한 풍미가 없다. 하지만 숙성과정을 거치게 되면 미생물의 발효작용, 성분변화 등이 일어나 여러 가지 형태의 치즈가 만들어진다. 숙성조건은 습도를 80~90%, 온도를 10~15℃, 숙성기간은 3주에서 14개월로 다양하다.

(5) 아이스크림(ice cream)

아이스크림은 우유지방으로 된 크림을 얼린 것이다. 크림 중에는 지방 12%, 무지유 고형분이 9~10%가 들어 있고 단맛을 내기 위해서 설탕 등 감미료를 14~15% 첨가한다. 조직감을 좋게 하기 위해서 안정제와 유화제를 첨가하는데 그 양은 0.5% 정도이다. 제조공정은 다음과 같다. 즉, 이들 원료를 물에 풀어 살균하고 균질화시킨 후 0~4℃로 냉각하여 일정기간 숙성시킨다. 숙성이 끝난 것을 냉동, 균질화 과정에서 공기가 주입되면서 부피가 증가한다. 이것을 직접 먹을 수 있으나 시판용으로는 포장하여 -18~-26℃에서 경화시킨다.

아이스크림의 풍미를 다양화하기 위해서 견과류, 과실류 등을 첨가하거나 변형시킨 과자 아이스크림, 무지개 아이스크림 등 다양한 제품이 생산되고 있다.

2. 달걀(eggs)

날짐승의 알은 대부분 식용할 수 있지만 달걀이 주로 이용되고 오리알, 메추리알 등을 일부 사용하고 있다. 인체에 필요한 모든 영양소가 골고루 들어 있는 달걀은 우유와 함께 예로부터 소중한 식품으로 이용되어 왔다. 달걀은 영양소뿐만 아니라 여러 가지 기능을 가지고 있다. 즉, 달걀의 노른자는 유화력이 뛰어 나므로 마요네즈의 원료로, 흰자는 거품 형성능력이 매우 좋아 케이크의 주원료가 된다. 또 단백질의 열 응고성을 이용하여 커스터드 크림의 겔 형성, 고기나 생선을 부칠 때 피복용으로, 그 밖에 고기국물의 청징제, 착색료로도 사용된다.

1) 구조와 특성

달걀은 전체 무게의 10~14%를 차지하는 껍질, 45~60%의 흰자, 26~33%의 노른자의 세 부분으로 되어 있다. 달걀껍질의 두께는 0.26~0.36mm이며 미세한 기공이 있어 공기는 물론 수분이 통과하므로 시간이 지나면 중량이 줄어든다. 60%를 차지하는 흰자는 점성이 외부와 내부 층은 낮고 중간층은 높다. 노른자는 달걀 무게의 28%로 난황막에 둘러싸여 있고 생명체가 들어 있는 배(胚)가 있다. 이 난황은 알이 난각막과 연결되어 달걀의 중앙에 위치하도록 해주고 있다. 달걀은 타원형인데 굵은 쪽에 공기 방이 있어 생명체가 호흡할 수 있게 되어 있다.

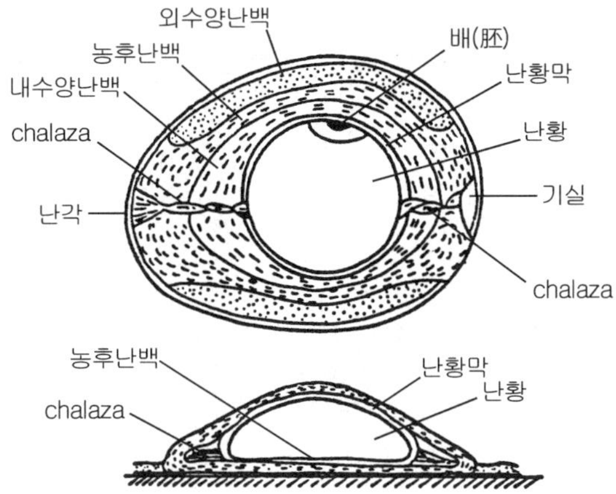

[그림 12-2] 달걀의 구조

[표 12-2] 각종 알의 부위별 구성비율

종 류	무 게(g)	난 각(g)	난 백(g)	난 황(g)
달 걀	40~60	10~12	45~60	26~33
오리알	60~90	11~13	45~58	28~35
칠면조알	80~100	10~14	55~60	32~35
거위알	160~180	11~13	45~58	32~35
비둘기알	14~16	7~13	68~74	17~24

달걀에서 흰자는 전체의 2/3를 차지하고 노른자는 1/3을 차지하지만 고형물의 경우는 오히려 노른자가 많다. 노른자에는 지방질이 특히 많고 각종 무기질과 비타민이 많다. 리보플라빈, 나이아신, 마그네슘, 칼슘 등은 노른자 보다 흰자에 더 많이 함유되어 있다.

흰자의 고형분은 12%이고 그 중 글루코스와 헥소사민(hexosamine) 등이 1% 정도 들어 있는데 달걀을 가공하는 동안 갈변의 원인이 되므로 산화시켜 제거한다. 그 밖에는 단백질이 차지하는데 그 중 오보알부민(ovalbumin)이 50%를 차지하며 가열하면 쉽게 변성된다. 그 밖에 오보뮤코이드(ovomucoid), 오보뮤신(ovomucin), 라이소자임(lysozyme), 아비딘(avidin) 등이 들어 있다. 또 흰자에는 상당량의 비타민 B군이 들어있다.

노란색을 띠는 색소는 xanthophyll이지만 비타민 A의 역할은 못한다.

달걀은 필수 아미노산 특히 함황아미노산이 많고 단백질의 생물가는 94~97이다. 지방질은 유화성이 강해서 소화흡수가 잘된다.

[표 12-3] 달걀의 부위별 성분

성분 \ 부위	전 란	난 황	난 백
수 분	74.0	49.4	87.8
단백질	12.8	16.3	10.8
지 방	11.5	31.9	-
탄수화물	0.7	0.7	0.8
회 분	1.0	1.7	0.6

(1) 달걀의 품질

신선한 달걀을 접시에 깨보면 흰자의 점성이 강하여 둥근 형태를 유지하지만 오래된 것은 묽어져서 퍼지게 된다. 이 같은 현상은 흰자 중의 당단백질인 오보뮤신(ovomucin)이 변하기 때문인 것으로 추정하고 있다. 장시간 저장하면 흰자의 수분이 노른자로 이행되고 따라서 노른자 막이 약해져 결국은 파괴된다. 또 수분이 달걀 외부로 빠져나가 공기 방이 점점 커진다.

신선한 달걀의 pH는 노른자 6.0~6.2, 흰자는 7.6~7.9인데 호흡작용 중에 이산화탄소는 빠져나가고 그 결과 흰자와 노른자 모두 알칼리도가 높아진다. 특히 흰자는 pH가 9.0~9.7까지 올라간다.

신선한 달걀의 냄새와 맛은 닭의 품종과 먹이는 사료에 따라 달라진다. 오래 저장하면 미생물이 침입하거나 주위의 냄새를 흡착하여 좋지 않은 냄새가 날 수 있다.

달걀의 품질을 검사하는 방법에는 외관검사, 투시법, 비중법, 난황계수 측정법 등이 있다. 신선한 것의 겉모양은 거칠고 선명한데 비하여 오래된 것은 매끈하고 광택이 난다. 달걀을 불빛에 투시해 보면 혈액 흔 등 내부 상태를 볼 수 있고, 물에 띄우면 오래된 것은 공기 방이 커서 수면 위로 떠오른다. 신선한 달걀은 깨뜨리면 난황의 높이가 높지만 오래 될수록 낮아진다.

[표 12-4] 달걀의 품질 표준

구 분	특 급	1급	2급
확산면적	작다.	보통	약간 넓다.
난 황	동그랗고 높이가 높다.	약간 평평	평평하다.
농후난백	대량이며 높이가 높고 난황을 잘 둘러싼다.	거의 없다. 소량으로 평평하다.	난황을 잘 둘러싼다. 거의 없다.
수양난백	소량이다.	보통	대량

(2) 달걀의 저장

달걀을 냉장 저장하는 목적은 물량조절이다. 냉장온도는 달걀이 얼기 직전인 -1.5~0℃이며 잘 선별한 달걀을 사용한다. 습도는 85~905를 유지하고 공기 순환이 잘되어야 하며 외부냄새가 유입되어서는 안 된다.

이산화탄소를 채운 용기에 저장하는 방법도 있다. 즉, 달걀을 밀봉용기에 넣고 진공펌프로 감압하여 10mmHg 정도로 한 후 이산화탄소 88%, 질소 12%의 혼합가스를 채워 압력을 30mmHg로 맞추고 0~1℃로 냉장하면 5개월 정도까지 좋은 품질을 유지할 수 있다. 다만 실용화하기에는 비용이 너무 많이 든다.

달걀을 최적 조건에서 냉장하면 6개월까지 저장할 수 있지만 다른 식품과 마찬가지로 달걀도 향미가 달라지는 등 품질변화가 일어난다. 냉장하기 전 달걀에 기름을 바르면 달걀 껍질의 기공을 막아 수분과 이산화탄소의 손실을 막을 수 있어 중량감소와 pH가 상승되는 것을 억제할 수 있다. 이처럼 pH의 변화를 조절하여 주면 흰자의 오보뮤신과 오보알부민의 변화를 최소화할 수 있으며 노른자막의 투과성이 커지는 것을 늦출 수 있다.

가정에서도 주의하면 저장기간을 늘릴 수 있다. 가정용 냉장고의 달걀꽂이는 개방되어 있기 때문에 달걀에 함유된 수분이 쉽게 빠져나가고 그 결과 공기 방이 커지며, 냉장고의 다른 냄새가 배는 경우가 있으므로 밀폐용기에 담아 냉장고에 보관하는 것이 바람직하다.

2) 달걀 가공품

(1) 마요네즈(mayonnais)

난황의 유화력을 이용한 마요네즈는 대표적인 달걀 가공품으로 주원료는 식용유, 달걀 노른자, 식초 및 조미 향신료이다. 배합비율은 각각 70~80 : 10 : 10% 정도이며 제품에 따라 향신료를 조절한다. 배합순서는 난황에 조미료와 향신료를 섞고 잘 교반하면서 식용유를 소량씩 첨가하여 안정한 유탁액을 만든 다음 나머지 식초와 식용유를 나누어 넣고 완전하게 교반한다.

(2) 피단(皮蛋, pidan)

중국 명나라에서 양자강 유역에 사육된 오리 알을 원료로 만들었다. 오늘날에는 중국대륙, 대만 등에서 생산되고 있는데 지역에 따라 알의 종류나 제조방법이 약간

씩 다르다. 나무 재, 석회, 탄산나트륨 등의 알칼리와 식염 등을 달걀에 침투시켜 숙성시킨다.

알칼리가 침투하면 난백은 황색, 갈색, 암갈색 등으로 변하고 난황은 백색, 녹색, 암녹색 또는 흑색으로 변한다. 이러한 과정 중에 단백질, 지방질이 분해되어 독특한 풍미를 생성한다.

13장

조미 향신료

식품의 품질은 영양소뿐만 아니라 맛과 향이 중요하다. 즉, 적당한 향신료나 조미료는 식욕을 돋구고 소화를 촉진시켜 준다.

식품에는 각각 고유한 맛 성분이 들어 있지만 기호성이나 생리적 필요에 의해서 맛이나 향을 내는 물질을 가하기도 한다.

우리나라에서는 옛날부터 콩을 발효시킨 된장이나 간장을 조미료로, 고추나 마늘 등 향신료를 양념으로 이용해 왔다. 최근에 발효나 가공기술의 발달로 글루탐산나트륨이나 각종 향료 등이 개발되어 널리 이용됨으로써 식품의 풍미가 현저하게 개선되고 있다.

1. 맛과 향

맛을 느끼는 것은 혀의 미뢰 세포에 의해서이고 향은 코의 후각세포에 의해서 느껴지는데 입안에 음식물이 들어가 혀에 접촉하는 순간에 향기가 코에 들어가므로 사실상 이들을 구분하기는 힘들다.

맛(taste)은 혀의 미뢰 세포가 인지할 수 있는 4가지의 기본 맛 즉, 단맛, 신맛, 짠맛, 쓴맛 이외에도 미뢰 세포를 자극하여 느낄 수 있는 매운 맛, 수축에 의해서 느끼는 떫은 맛, 맛을 북돋거나 조화를 이루는 구수한 맛 등이 있다. 그러나 실제 느끼는 맛은 이보다 훨씬 복잡한 것으로 온도, 점도, 경도 등의 물리적 특성과 색상, 모양 등의 심리적 요인도 함께 어우러져 나타난다.

맛을 내는 물질과 맛을 느끼는 수용체간의 상호작용에 관한 메카니즘은 잘 밝혀지지 않았는데 맛 성분이 혀나 입 내부의 수용부위에 있는 특정한 단백질과 상호작용하는 것으로 여겨진다.

맛 성분은 물에 녹아야 한다. 보통 산성물질은 시고, 염류들은 짜며, 당류나 사카린 등의 감미료는 달고 키니네와 피크릭산 등은 쓴맛을 낸다. 이들 맛 성분 구조가 약간만 달라도 단맛이 쓴맛으로 변하거나 단맛이 없어진다. 예를 들면 사카린은 설탕보다 500배나 달지만 구조상에 메틸기나 염화물을 도입하면 단맛이 반감된다. 단백질을 구성하는 각종 아미노산의 이성질체들 간의 맛의 차이를 보면 [표 13-1]과 같다.

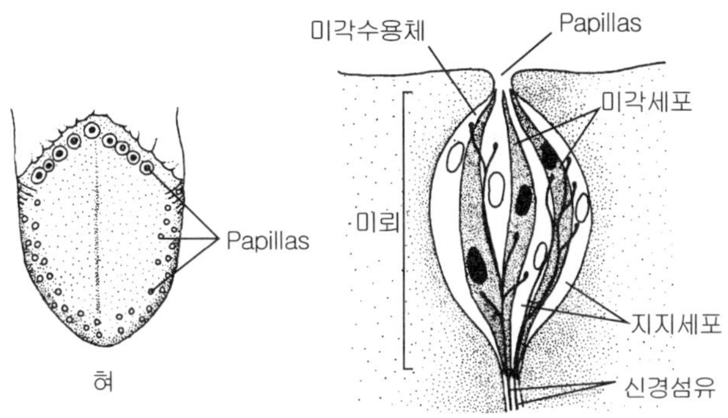

[그림 13-1] 맛을 느끼는 부위와 미각세포의 구조

[표 13-1] 아미노산의 구조에 따른 맛의 차이

아미노산	L-이성질체의 맛	D-이성질체의 맛
Asparagine	무미	단맛
Glutamic acid	독특한 맛	거의 맛이 없음
Phenylalanine	약간 쓴맛	단맛, 뒷맛이 씀
Leucine	약간 쓴맛	강한 단맛
Valine	약간 단맛, 쓴맛	강한 단맛
Serine	약간 단맛, 불쾌한 후미	강한 단맛
Histidine	무미 또는 쓴맛	단맛
Isoleucine	쓴맛	단맛
Methionine	무미	단맛
Tryptophan	쓴맛	단맛이 강함

페닐티오우레아(phenyl thiourea)는 맛을 감지하는 능력을 측정하는데 이용된다. 즉, 낮은 농도의 이 물질을 25%의 사람들은 맛을 느끼지 못하는데 75%의 사람들은 쓰게 느낀다.

열대식물에 들어 있는 짐네마게닌(gymnemagenin)은 단맛을 억제하여 이 물질이 들어 있는 잎을 씹고 난 후 설탕을 먹으면 모래알과 같은 느낌을 준다. 또 미라큘린(miraculin)이라는 물질은 신맛을 단맛으로 바꾼다고 한다.

식품의 조리가공 중 나타나는 향미의 변화는 매우 복잡하다. 예를 들면 고기, 생선, 채소 등은 특유의 냄새를 갖고 있으나 조리 가공 시 전혀 다른 향미를 내는 경우가 많다.

2. 감미료(sweetener)

단맛은 모든 사람들이 좋아하는 맛이다. 그래서 오랜 옛날부터 천연 감미료인 꿀을 사용한 흔적이 있다. 오늘날에는 사탕수수나 사탕무로부터 추출하여 만든 설탕이 널리 이용되고 있지만 전분을 분해하여 얻은 맥아당, 포도당 및 포도당을 이성화시킨 이성화당도 감미료로 이용되고 있다.

설탕은 정제 정도에 따라 그래뉼당, 백설탕, 흑설탕이 있고 결정입자가 큰 쌍백당(large crystal sugar), 입방체형으로 압착, 성형한 각설탕(cube sugar), 미세하게 분쇄한 분당(powdered sugar), 다공질 과립상으로 한 과립당(frost sugar), 결정조에서 과열되어 갈변된 커피용 당(coffee sugar)이 있고 사탕 단풍나무로부터 얻은 단풍당(maple sugar) 등이 있다.

설탕은 단맛을 내는 이외에도 케이크, 쿠키, 아이스크림 등에 넣으면 조직이 개선된다.

설탕을 가열하면 160℃에 다달으면 점차 갈색으로 변하기 시작하고 170℃부근에서 캐라멜화되어 특유한 냄새가 난다. 설탕이 산에 의해 가수 분해되면 포도당과 과당의 혼합물이 되는데 이것을 전화당(invert sugar)이라고 한다.

가수분해 정도는 가열온도, 속도, 시간, 산의 농도 등에 따라 다른데 낮은 온도에서 장시간 가열하는 것이 높은 온도에서 짧은 시간 가열하는 것보다 반응이 잘 일어나고 산도가 높으면 분해속도가 빨라진다. 신맛을 지닌 과일과 설탕을 함께 조리하면 가수분해가 잘 일어나는데 설탕제품인 폰단(fondant)을 만들 때 주석산을 넣으면 설탕의 일부가 가수 분해되어 조직이 부드러워진다. 설탕은 산뿐만 아니라 알칼리에서도 분해된다.

이성화당은 전분을 당화한 포도당 시럽에 글루코스 이소머라제(glucose isomerase)를 반응시켜 만든 것이다. 물엿은 옥수수 전분을 산이나 아밀라아제를 사용하여 만들기 때문에 이들을 전분당이라 하여 각종 음료 등에 사용한다.

꿀은 밀원에서 얻은 넥타를 농축한 것으로 과당이 40%이상 들어 있다. 꿀의 독특한 향미는 밀원식물에 따라 다르다.

이상과 같은 천연 감미료 이외에 당을 변형시킨 솔비톨, 만니톨 등은 감미도는 떨어지지만 보습제로 사용되기도 한다.

설탕과 같은 감미료는 열량이 높을 뿐만 아니라 점성을 나타내는 등의 특성 때문에 일부 식품에는 사카린(saccharin)이나 아스파탐(aspartame)과 같은 인공 감미료가 사용된다. 이들 인공 감미료는 감미도가 높고 열량이 없으며 미생물이 이용할 수 없어 점성이 나타나지 않는다. 값이 싼 장점을 가지고 있어 널리 이용되지만 발암성 등 유해성에 관한 논의가 계속되고 있어서 보다 안전한 대체 감미료를 계속해서 개발하고 있다.

3. 산미료(acidulants)

산뜻한 맛을 내는 산미료 중 대표적인 것이 식초이다. 알코올에 식초산균을 첨가하여 발효시켜 얻은 식초는 아세트산 함량이 3~4% 정도이다. 사용된 원료에 따라 쌀초, 사과초 등으로 불리우며 이들 초를 양조초라 한다. 합성된 아세트산을 희석한 합성초가 있다.

식초는 신맛 이외에도 비린내를 감소시키고 향미를 돋구어 주며 생선의 경우는 고기의 조직을 단단하게 해준다. 청량음료 등의 산미를 위해서는 시트르산, 말산, 탄산, 주석산 등이 쓰이다.

4. 염미료(salt)

짠맛을 내는 소금은 음식의 간을 맞추는데 쓰인다. 또한 짠맛은 단맛의 상승효과를 내거나, 글루텐을 강화시켜 주는 등 물리적 성질을 개선해 주는 등의 역할을 한다.

소금은 바닷물을 증류하거나 암염광산에서 얻는다. 바닷물에는 약 3%의 식염이 들어 있어서 이것을 햇볕에 말려서 얻은 것을 천일염이라 한다. 순도가 85% 정도 되는 것과 이것을 다시 90% 이상의 순도로 정제하여 얻은 것을 정제염이라 한다. 또 전기분해에 의해서 99%까지 순도를 높인 것을 화학염이라고 한다.

소금의 역할은 짠맛을 내는 것이지만 절임 식품에서 방부작용을 하며 단맛을 증진시키고 쓴맛을 감소시키며 맛을 부드럽게 하는 향미증진 역할을 한다. 또 단백질을 변성시키는 작용을 하여 고기나 생선에 소금을 뿌려 구우면 표면응고가 빨리 일어나 맛 성분의 유출을 어느 정도 억제할 수 있다. 소금을 많이 섭취하면 신장에 부담을 주고 고혈압, 동맥경화 등에 해롭다하여 짜게 먹지 말기를 권유하고 있다. 바람직한 소금의 섭취량은 대략 1일 10g 이하이지만 지역, 인종, 식습관 등에 따라 소금 섭취량은 큰 차이가 난다.

5. 조미료(seasoning and flavoring materials)

간장과 된장은 콩을 분해한 아미노산 등과 소금 그리고 당분으로부터 만들어진 알코올과 유기산들이 어우러진 복합 조미료로써 우리나라에서 옛날부터 요긴하게 쓰이는 조미료이다. 이들은 발효에 의해서 만들어지므로 발효식품에서 구체적으로 살펴보기로 한다.

또 마른 멸치는 구수한 맛을 내는데 쓰여 왔다. 멸치에는 각종 아미노산은 물론 핵산성분이 들어 있다. 그 밖에 다시마도 맛을 내는데 쓰인다. 이들 천연의 맛 성분을 아예 발효법을 이용하여 생산한 강력한 조미효과를 내는 제품들이 있다.

글루탐산소오다(monosodium glutamate)는 소금처럼 백색 결정성 물질로 당밀이나 포도당으로부터 발효에 의해서 만들어진다. 이것은 다른 식품의 맛을 강화하고 좋게 하는 향미증진제로 알려져 있다. 0.03%의 농도에서 맛을 느낄 수 있고 0.05%에서는 맛이 강하며 그 이상에서는 맛이 증가하지 않는다.

글루탐산은 pH 6~8범위에서 조미효과가 크다. 식품의 풍미를 개선해주기 때문에 가공식품에 널리 쓰인다.

이와 비슷한 작용을 하는 것으로 핵산을 분해한 5′-ribonucleotide류를 핵산 조미료라 하는데 disodium-5′-inosinate(IMP)와 disodium-5′-guanylate(GMP)를 50 : 50으로 섞어 사용하며 이것은 글루탐산소오다의 작용을 강화시켜 주는 역할을 한다. 이들의 맛은 맛난 맛이며 기본 맛으로 취급하기도 한다.

향미증진 작용을 하는 뉴클레오티드의 일반적인 구조는 [그림 13-2]와 같다.

이노신산에는 2′-, 3′- 및 5′-이성질체가 있는데 5′-이노신산 만이 효과가 있고 리보시드(riboside)와 5′-포스포모노에스테르(5′-phosphomonoester)결합이 향미를 내는데 필요하고 사슬 중 6번 위치에 OH기가 있어야 한다. 5′-뉴클레오티드류는 리보핵산을 분해하여 만들 수 있고 발효법에 의해서 생산되고 있다.

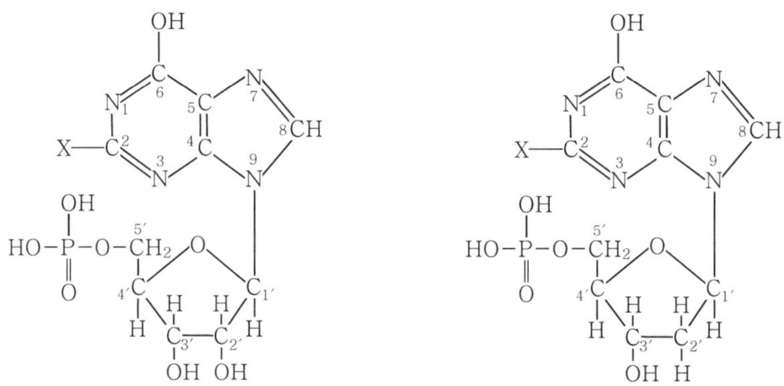

(A) 5′-Nucleotide

(B) 5′-Deoxynucleotide

(A) X : H = 5′-IMP
NH_2 = 5′-GMP
OH = 5′-XMP

(B) X : H = 5′-d IMP
NH_2 = 5′-d GMP
OH = 5′-d XMP

[그림 13-2] 향미증진 효과를 내는 뉴클레오티드류의 구조

그 밖에 말톨(maltol)은 단맛을 강화해준다. 이것은 맥아, 커피, 카카오, 곡류 등을 볶을 때 생성된다. 이들 조미료는 매우 정제된 것들이기 때문에 맛이 단순하므로 여기에 멸치, 버섯 등을 넣어 보다 맛이 부드럽고 자연스러운 복합 조미료를 만들어 시판하기도 한다.

대두 단백질이나 효모 등을 가수분해하면 고기국물과 같은 구수한 맛을 내므로 라면 수프 등에 사용되고 있다.

6. 향신료(spices)

고추, 마늘 등 매운맛은 미각신경을 자극하여 소화를 촉진하고 산뜻한 맛을 낸다. 고기 등 지방질이 많은 식품에는 후추나 겨자 등이 들어가면 느끼한 맛을 해소시켜 준다. 또한 마늘은 강장식품으로, 후추는 서양에서 고기의 방부제로 예로부터 쓰여 왔다.

이와 같이 자극적인 맛 성분을 가지는 식품재료를 향신료라 한다. 서구에서는 향신료를 spice와 herb로 구분하여 부르는데 spice는 열대지방에서 주로 자라는 방향성 식물의 나무껍질, 뿌리, 꽃봉오리, 열매 등으로 allspice, anise, cardamon, caraway, cinnamon, cloves, cumin, mace, ginger, nutmeg, paprika, tumeric 등이 있다. herb는 온대지방에서 주로 자라는 향기가 좋은 식물을 말하는 것으로 basil, bay leaves, marjoram, mint, oregano, rosemary, tarragon, savory, sage, thyme 등이 있다.

향신료의 자극성 향미는 테르펜류, 알코올류, 알데히드류, 케톤류 등이고 매운맛과 자극미는 겨자유, 알릴설피드유, 케톤류, 페놀류, 유기염류, 알칼로이드 등이 주를 차지한다.

이들 성분은 식물 체내에서는 다른 성분과 결합되어 안정한 상태로 있다가 분쇄하거나 수확 후에는 자가 효소에 의해서 분해되어 강한 향미를 낸다.

향신료의 유효성분은 휘발성이 강하기 때문에 가열하면 좋지 않다. 그래서 신선한 것을 사용하거나 천일 건조한 것을 사용한다. 또 유효성분 만을 추출하여 사용하기도 하며 이를 올레오레진이라 한다. 이것은 물에 잘 녹지 않으므로 유화상태로 만들어 사용한다.

향신료는 특성에 따라 매운 맛을 내는 고추, 마늘, 후추 등이 있고 방향성인 계피, bay leaves, allspice 등이 있으며 착색성인 것으로 tumeric, paprika 등이 있다.

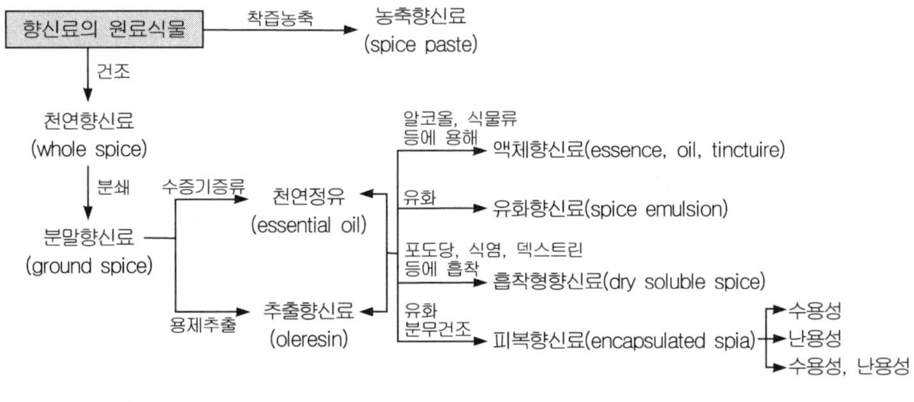

[그림 13-3] 향신료의 사용 형태

1) 고추(red pepper, *Capsicum annuum*)

남아메리카가 원산으로 임진왜란 후에 도입되었으며 우리나라에서 가장 중요한 향신료이다. 매운 맛과 붉은 색을 가지고 있어서 세계에서 널리 이용된다. 멕시코, 헝거리 등 세계 여러 지역에서 생산된다. 우리나라에서는 부드러운 매운 맛과 당분이 많은 것을 선호한다.

2) 후추(pepper, *Piper nigrum* L.)

육식을 하는 서구에서 가장 중요한 것으로 남부 인도가 원산지이며 산지에 따라 매운 맛과 향이 다르다. 미숙과를 말리게 되면 검게 되고 맛이 강렬한데 이것을 흑후추라고 하고 완숙과의 과피를 벗겨 건조한 것을 백후추라 한다. 전체 생산량의 75%는 흑후추로 쓰이고 25% 정도만이 백후추로 가공된다. 육류에 가장 알맞은 것으로 고기의 느끼함을 해소시킨다.

3) 겨자

육제품에 알맞은 것인데 백겨자(*Brassica alba* L.), 흑겨자(*Brassica nigra* Kooh) 및 일본겨자(*Brassica juncea* Czern) 등이 있다.

겨자분말을 물에 혼합하면 myrosinase에 의해서 향신 성분인 isothiocyanate가 생성된다. 겨자는 단독으로도 사용되지만 다른 향신료와 혼합하여 카레, 소스, 마요네즈 등 다양한 제품을 만들기도 한다. 매운 맛의 지속성이 없어 장기간 보존식품용 향신료로는 부적당하다. 국소 도포제 및 신경통, 폐렴, 류마티스 등에 약용으로도 사용된다.

마늘, 생강, 파 등은 우리나라에서 중요한 향신료로 각종 음식의 양념에 사용되고 정향, 넛맥(nutmeg), 백미후추 등은 육제품의 양념으로 쓰이고 있다. 이들 향신료는 종류에 따라 생채로, 건조 분말형태로 또 정유 성분을 추출하여 사용하기도 한다.

14장

기호음료

음료는 우리 몸에 필요한 수분을 보충해 주는 것이 주된 기능이지만 맹물보다는 각종 향미나 자극성 성분이 들어 있어 수분공급 이외의 기능을 한다. 우리는 예로부터 차를 마셔왔지만 서구에서는 우유나 커피를 마시고 있다.

근래에는 각종 탄산음료가 개발되고 과실, 채소 등을 착즙한 음료나 식혜음료 등 다양한 제품들이 개발되어 이용되고 있다.

1. 커피(coffee)

커피는 에티오피아의 고원지대가 원산지이고 여러 품종이 있지만 많이 쓰이는 것은 아라비카(Coffee arabica)종과 로부스타(Coffee robusta)종이며 15세기에 중동 지방을 거쳐 유럽에 전파되었다. 17세기 네덜란드 사람들이 자바에서 커피를 재배하기 시작하였고 중미, 콜롬비아 등 기후조건이 적합한 곳에서는 고품질의 커피가 생산된다.

커피 생산국을 크게 나누면 중남미군과 아프리카군으로 양분하였지만 요즈음은 동남아시아, 특히 베트남 등에서 생산량이 급증하고 있다. 브라질이 세계 생산량의 50%를 차지한다. 브라질 커피는 소형의 원두에 순한 맛이 나며 산토스, 미나스, 리우, 빅토리아 등이 유명하다. 콜롬비아 원두는 크고 균일하여 추출 수율이 브라질 것보다 높다. 대부분 아라비카종으로 산지에 따라 메델린, 보고타, 아르메니아 등의 명칭이 있다. 베네주엘라산은 원두가 크고 향도 좋으며 생산 지명을 부쳐서 카라카스, 다치라, 마라가이브 등으로 구분된다.

멕시코는 중남미 지역의 대표적인 커피 생산국으로 18세기 말 서인도로부터 도입하여 재배하고 있으며, 유명한 제품으로 베라쿠르즈, 오리자바, 코르도바 등이 있다. 고지대에서 생산되어 상쾌한 신맛을 지닌다. 엘살바도르 또한 커피 생산의 적지이며, 원두가 고르고 아름다운 녹색을 띠며 감미도 풍부하다. 과테말라 커피는 고산지대의 아라비카종으로 산미가 강하고 향이 좋다.

섬 전체가 해발 100~2,500m의 고지대에서 생산되고 있는 자마이카산은 블루마운틴이라 하여 담청색, 단맛과 신맛, 쓴맛이 조화를 이룬 이름난 제품이다. 에티오피아산 커피는 단맛, 신맛과 함께 특유의 향을 내며, 탄자니아의 킬리만자로에서 생산되는 커피는 신맛이 대단히 강하고 향기가 높아 스트레이트용으로 쓰인다. 인도네시아에서 생산되는 자바 로브스타는 쓴맛이 있어 주로 배합용으로 쓰이고, 역시 인도네시아의 만델린 커피는 원두가 크고 황색~갈색이며, 신맛과 쓴맛이 적당히 들어 있다. 하와이에서 생산되는 하와이 코나 커피는 원두가 크고 강한 신맛이 나며, 스트레이트로 쓰이지만 때로는 배합용으로도 쓰인다.

이상의 각종 커피를 미각별로 구분하면 신맛을 내는 것은 모카, 킬리만자로, 콜롬비아, 과테말라, 코스타리카, 살바도르, 하와이 코나, 멕시코 등이고, 쓴맛의 커피는 만델린, 자바, 콩고, 우간다, 마이소르 등이며, 조화된 맛의 커피는 블루마운틴 등이다.

커피나무는 상록의 관목으로 꽃은 하얗고 열매는 붉은 색이지만 노란 것도 있다. 과육을 제거하면 녹색의 씨가 두 개 들어 있는데 이것이 커피콩이다. 커피의 향기는 이 콩을 볶을 때 생성된다.

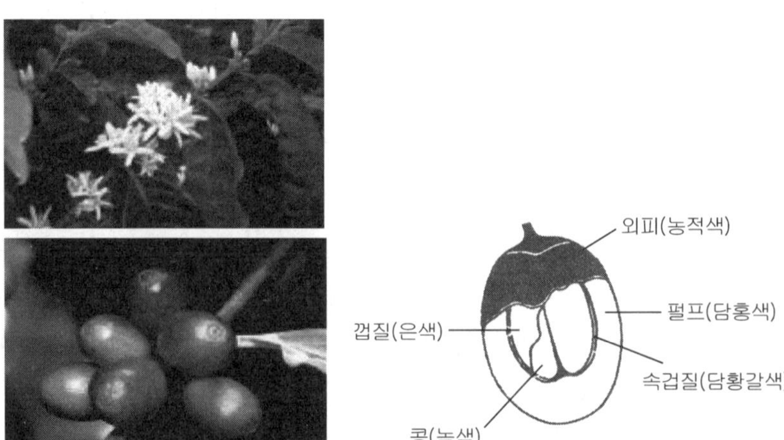

[그림 14-1] 커피나무와 커피콩의 구조

[표 14-1] 커피추출물과 커피박의 화학적 조성

성 분	생두(%)	배전두(%)	추출물(%)	커피박(%)
탄수화물	8.0	1.5	35.0	65
<갈변물질>			15.0	-
지방질(지방산포함)	11.5	13.0	0.2	18
단백질(아미노산포함)	13.0	14.0	4.0	15
회분(산화물)	4.0	5.0	14.0	-
산(비휘발성)				-
Chlorogenic	6.0	4.0	13.0	-
Quninic			1.4	-
Caffeic			1.4	-
기타			3.0	
Trigonelline			3.0	
카페인	1.5	1.5		
Arabicas			3.5	미량
Robustas			7.0	
페놀(추정)			5.0	
휘발성물질			1.1	
건조전-산, 정유			(1.0)	미량
엑기스	17.0	29.5		미량
섬유질	28.0	29.0		

볶아진 것을 분쇄하여 끓이면 향기성분이 추출되는데 끓이는 방법에 따라 추출되는 정도가 달라진다. 이와 같이 커피의 맛은 원료 콩의 종류, 볶음 조건, 추출 조건 등에 의해서 결정된다. 추출한 커피는 가능한 한 빨리 마시는 것이 좋다. 끓여서 오래두면 향기 성분이 날아가고 쓴맛이나 떫은맛을 내는 고분자 물질들이 농축되어 좋지 못한 맛을 낸다.

커피의 조성분은 품종, 토양, 기후 등에 따라 다른데 향기 성분이 들어 있는 정유 성분은 로부스타가 7%인데 비하여 아라비카 종은 14%로 2배에 달하며 카페인 함량은 각각 2%와 1% 정도 함유되어 있다.

생두를 볶으면 당과 아미노산이 결합하여 갈변물질이 생성된다. 당의 대부분은 볶음 초기에 사라지고 단백질은 열 변성되어 녹지 않게 된다.

커피를 마신 후 나타나는 생리적 상쾌함은 카페인 성분 때문인데 순수한 카페인은 쓴맛을 가진 백색분말로 물에 잘 녹으며 커피를 추출할 때 쉽게 용출되어 나온다.

커피를 추출하는 것이 번잡스러워 야외에서 이용할 때는 미리 끓여 추출하고 건조시킨 인스턴트 커피가 이용된다. 볶은 커피를 150℃에서 71℃까지 점차 내려가면서 끓여 가용성 성분을 최대한으로 추출한 것을 분무 건조하거나 냉동건조하여 분말로 만든 것이 인스턴트 커피이다.

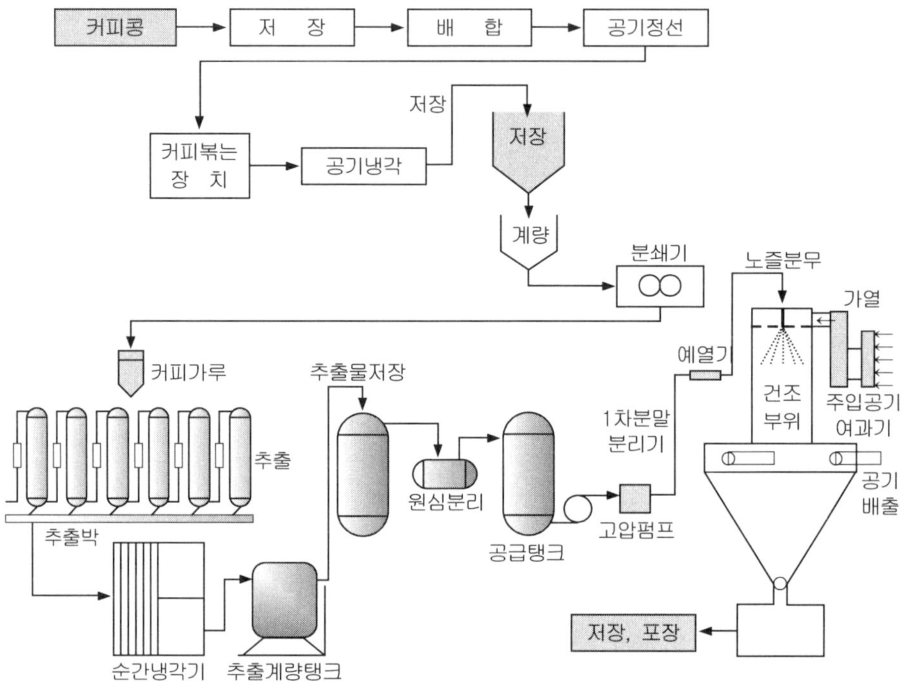

[그림 14-2] 인스턴트 커피 제조공정

2. 차(tea)

차나무(tea, *Thea sinunsis*)는 상록의 관목으로 중국, 일본, 아쌈 지역 및 티벳의 고원지대가 원산지로 인도, 파키스탄, 스리랑카, 인도네시아, 중국, 일본 등에서 주로 생산되고 있다.

심은 후 3년부터 수확하며 5월 중순, 7월 중순, 8월 상순의 3회에 걸쳐 어린잎을 따서 가공한다. 찻잎을 증기로 쪄서 효소활성을 없앤 다음 롤러로 분쇄 건조한 것을 녹차(green tea)라 하고 잎을 일정시간 쌓아서 발효시킨 후에 녹차처럼 가공한 것을 홍차(black tea)라 하며 약간 발효시켜서 가공한 것을 우롱차(oolong tea)라 한다.

[표 14-2] 차의 성분(%)

성분 / 종	조단백질	카페인	탄닌	조지방	조섬유	회분	가용성 무질소물	총질소
玉露	34.7	3.7	11.5	4.3	14.0	6.8	42.9	6.6
抹茶	35.8	4.6	10.0	5.1	9.7	6.7	46.7	7.1
前茶(1번차)	27.8	2.4	13.5	4.3	14.6	5.1	42.6	5.1
前茶(2번차)	22.2	2.0	14.6	3.4	16.9	5.3	42.5	4.1
前茶(3번차)	22.2	2.1	15.8	4.1	17.3	5.5	37.2	4.2
紅茶(Lipton)	25.6	3.1	15.1	2.3	9.3	6.2	47.9	5.0
紅茶<靜岡>	15.6	1.1	7.0	3.5	25.0	5.4	20.3	2.8

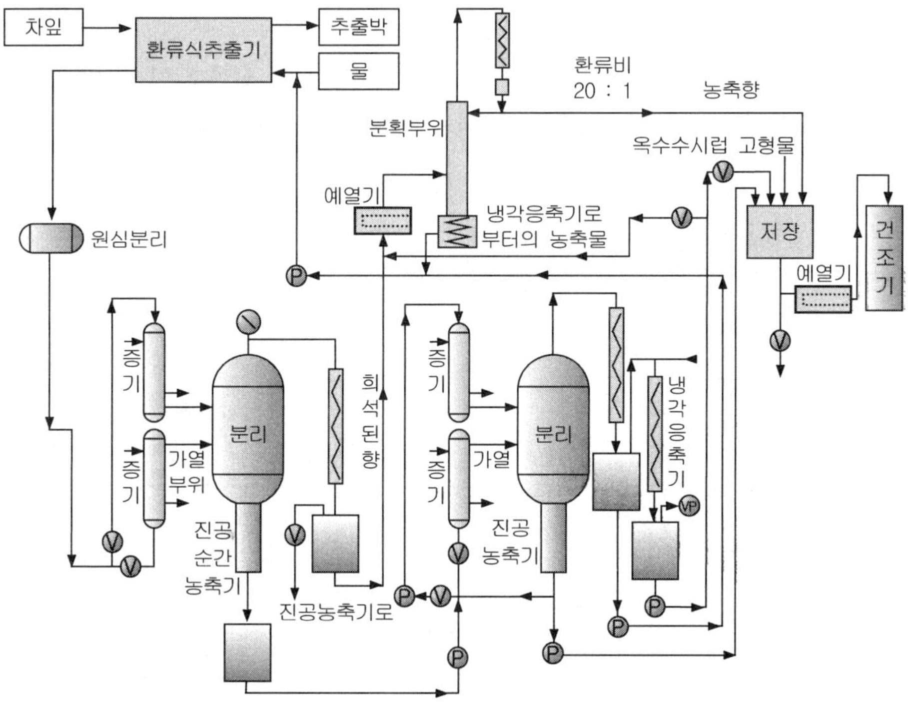

[그림 14-3] 인스턴트 차 제조공정

차에도 역시 카페인이 들어 있어 자극성을 나타내고 엽산, 탄닌, 아미노산 등이 들어 있어 독특한 맛을 낸다. 차를 끓일 때는 향미물질이 나가지 않도록 끓는 물보다 약간 낮은 온도로 하고 끓인 것은 덮개를 하여 향이 비산되는 것을 방지한다. 한편 차에 들어 있는 페놀성 물질이 항암작용 등의 생리활성을 가지고 있다는 연구보고가 많이 발표되고 있다.

3. 코코아(cocoa)

코코아 음료는 카카오(*Theobroma cacao*) 나무의 열매를 탈지하여 가공한 것이다. 남미가 원산지인 카카오는 서부아프리카, 브라질, 에쿠아도르 등이 주산지이다.

점질물로 싸인 열매를 용기에 담아 방치하면 5~7일 만에 코코아 특유의 향미가 생긴다. 발효가 끝나면 얇은 막에 싸인 진한 갈색이 되는데 이것을 햇볕에 건조하여 껍질을 벗긴 것을 코코아 콩조각(cocoa nib)이라고 하고 볶으면 색과 향미가 진해진다. 이것을 분쇄하여 압착하면 지방이 제거되는데 탈지된 카카오 분말을 코코아라고 한다.

인스턴트 코코아는 분말에 설탕, 향료, 유화제, 탈지분유 등을 넣어 만든다. 카카오 열매에 들어 있는 페놀성 물질들은 색과 향미에 영향을 미친다. 주요 맛 성분은 테오브로민(theobromine)이며, 단백질이 풍부하여 영양음료 구실을 한다.

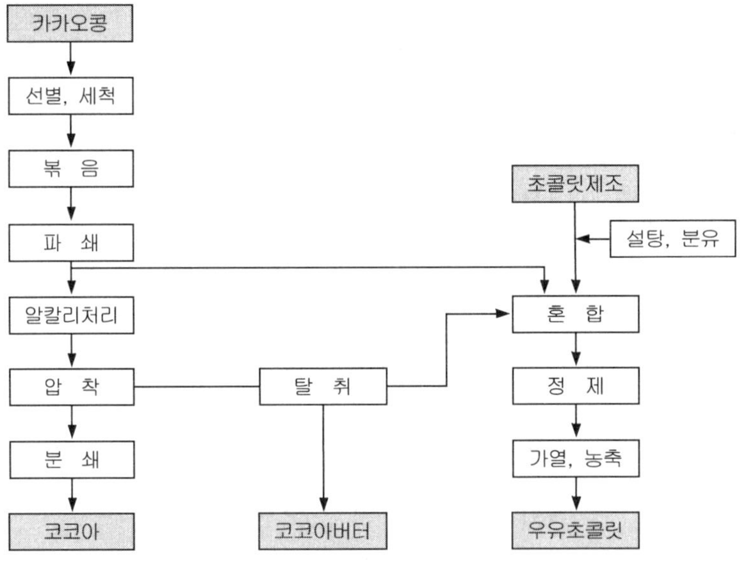

[그림 14-4] 카카오콩 가공 공정도

4. 탄산음료(soft drink)

탄산가스를 함유하는 청량음료를 총칭하는 것으로 음용수에 탄산가스를 주입하고 감미료, 향미료를 첨가한 것으로 탄산가스 만을 주입한 탄산수, 탄산수에 과즙이나 우유를 첨가한 것, 과일 향을 첨가한 것 등이 있다.

탄산음료는 먼저 설탕을 물에 풀어 시럽을 만들고 여기에 시트르산 등 산미료와 향미료 등을 가한 후 병에 채우고 탄산수를 채워 밀봉하거나, 미리 조합된 당과 향미 액을 병에 넣고 탄산가스를 주입하는 방식으로 만든다.

세계에서 많이 이용되는 콜라는 콜라나무(*Erythoxylon cocoa* Lam) 잎과 종실의 정유성분 추출액에 계피유, 레몬유, 오렌지유, 바닐라 등의 향신료를 가한 탄산음료를 캐러멜 등으로 착색한 것이다. 우리나라에서는 원액을 공급받아 처방에 따라 당액과 탄산가스를 주입한다. 먼저 물과 당류를 혼합한 당액에 산미료와 향미료를 가하여 조합된 것을 병에 담은 후 탄산수를 채우는 postmix방식과 조합당액과 물을 미리 정량 혼합기로 일정 비율 연속적으로 혼합한 것에 탄산가스를 압입하는 premix 방식이 있는데 과거에는 전자의 방식이, 최근에는 후자의 방식이 많이 이용되고 있다.

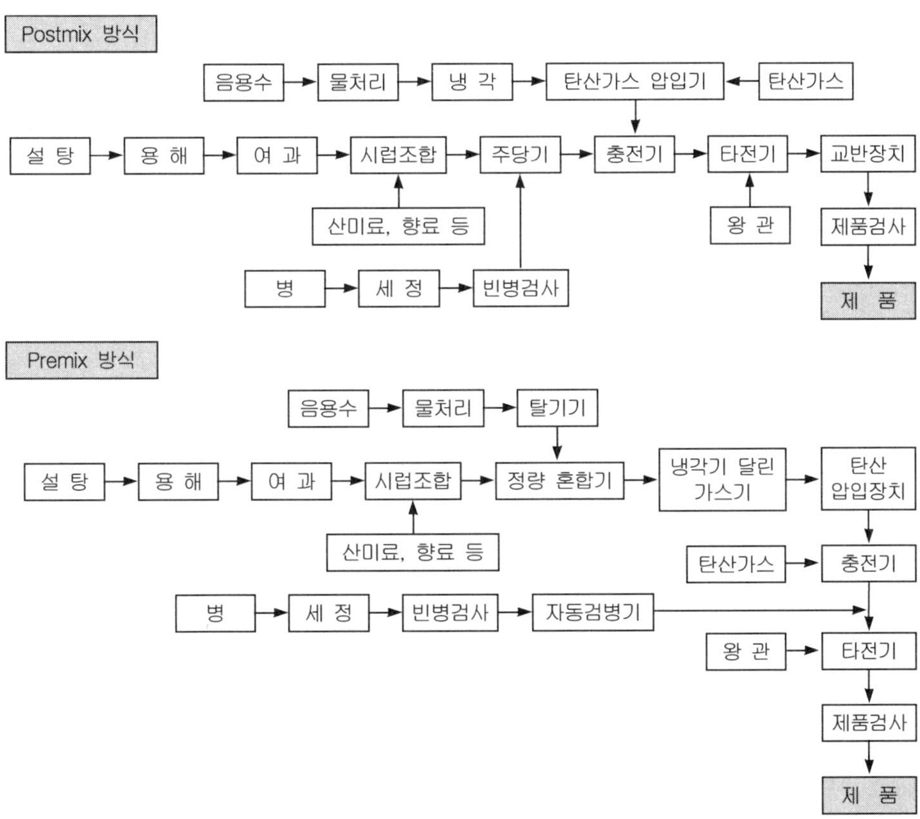

[그림 14-5] 탄산음료의 일반적 제조 방식

5. 전통음료

최근 들어 콜라나 사이다 외에도 식혜, 수정과, 대추차, 당근주스, 배주스, 사과주스 등 전통적인 음료도 상품화되었다.

15장

발효식품

지구상에 고등 생명체가 탄생하기 훨씬 이전부터 미생물은 존재하였다. 이들 미생물들은 자연의 유기물질들을 이용하여 성장한다. 미생물과 유기물질이 상호작용을 할 수 있도록 환경조건이 조성될 때 자연발효가 일어난다. 그러한 상호작용으로 자연의 물질들은 분해되고 결국 원소로 귀결되어 토양이나 공기로 돌아간다. 이 같은 순환고리는 또 다른 생명을 유지하는데 필수적인 과정이다.

자연발효는 예나 지금이나 인류발달에 중요한 역할을 한다. 일부 미생물이 식품에 번식하여 우리에게 유익한 화학반응을 하는 것을 발효(fermentation)라 한다. 과실과 채소는 오래 두면 알코올향을 생성하고 우유를 방치하면 약간 시어진다. 이들 변화는 맛을 좋게 한다. 옛날 사람들은 시어진 우유나 알코올이 생성된 과실주스는 오래 저장할 수 있다는 것을 경험으로 알았다.

발효라는 말은 포도주 생산에 사용된 것이 시초이다. 발효되는 동안 거품이 이는 것은 당이 변하여 탄산가스를 방출하기 때문이다. 파스퇴르에 의하여 발효 및 부패에 미생물이 작용한다는 사실이 알려지게 되었다.

현재는 발효라는 용어가 여러 가지로 사용된다. 생리학이나 생화학과 관련하여 분자수준에서 화학반응을 설명할 때 발효는 탄수화물이 혐기조건에서 분해되는 것을 의미한다. 보다 포괄적인 용어로 화학반응 메커니즘보다는 최종산물에 관심을 두고 사용하는데 이 때 발효의 의미는 호기적이나 혐기적으로 분해되는 것을 말한다. 스트렙토코쿠스 락티스(*Streptococcus lactis*)는 혐기상태에서 우유 중의 락토오스를 젖산으로 전환시키는데 이것은 진정한 발효이다. 아세트산균에 의해서 에탄올로부터 호기조건 하에서 아세트산이 만들어지는 것은 발효라기보다는 산화라고 할 수 있다.

발효식품(fermented food)이란 특수한 식품을 말한다. 이들은 각종 탄수화물이 분해된 것이 특징이다. 그러나 실제로 탄수화물, 단백질, 지방이 동시에 미생물의 효소에 의해서 변형되는 것이다. 일반적으로 단백질의 변화는 부패라 하고 지방질의 변화는 산패라고 한다. 이들 성분을 고루 가진 식품이 자연 상태에서 변할 때는 여러 가지 복잡한 변화가 일어난다.

발효는 식품의 저장과 품질개선은 물론 생성된 알코올과 유기산이 병원균의 증식을 억제한다. 미생물은 식품성분을 발효할 때 반응 중에 에너지를 얻는다.

발효식품은 발효하지 않은 것에 비하여 영양가가 높다. 즉, 미생물은 복잡한 화합물을 분해할 뿐 아니라 비타민과 여러 가지 영양소를 합성한다. 비타민 B_2 , B_{12} 및 C의 전구체 등을 공업적으로 생산하는데 발효법을 사용한다.

또 소화되지 않는 식품의 체 구성물과 세포에 들어 있는 영양소를 유리시킴으로써 영양을 증진시킨다. 섬유소를 분해하는 것이 그 예이다.

1. 장류

우리나라를 비롯한 동양에서는 콩을 염장, 발효시킨 장류가 옛날부터 요긴하게 이용되어 왔다. 즉, 쌀밥의 담백한 맛에 구수한 된장, 간장의 맛이 조화를 이루게 된 것이다. 콩의 원산지가 한반도 북부 및 만주지방이어서 자연히 중국, 한국, 일본 등은 콩을 널리 이용하게 되었다.

콩을 삶아서 방치하면 야생의 메주곰팡이인 *Aspergillus oryzae*, 높은 온도에서는 청국장 세균인 *Bacillus subtilis* 등이 번식하여 단백질과 지방질을 분해시켰다. 그러나 현대에서는 야생의 미생물에 의존하면 품질이 균일하지 못하게 되므로 발효균을 선발하여 이용하고 있다. 또 맛을 강화하기 위하여 전분질을 첨가하면 단맛은 많아지고 유기산, 알코올 등이 생성되어 맛의 조화를 이룬다.

그래서 지금은 콩과 밀가루를 원료로 하고 발효 균주에 메주 곰팡이 이외에도 효모나 젖산균들을 첨가하여 메주를 만들고 이것을 탱크에 넣어 발효시키되 된장은 물을 많이 넣지 않고 간장은 물을 많이 넣어 숙성시킨 것을 걸러서 이용한다.

전통적인 한국식 간장과 된장을 만드는 데는 메주를 만들어 띄워야 한다. 콩을 잘 씻어 물과 함께 삶아 물러지면 절구에서 찧거나 쵸퍼로 마쇄한다. 적당한 크기로 성형하여 볏짚을 깔고 굳어질 때까지 따뜻한 방에 두었다가 역시 따뜻한 방구석에 매달아 띄운다. 이 과정에서 메주 곰팡이 등이 번식하면서 단백질 분해효소가 생성된다.

시판되고 있는 개량식 장류는 메주를 만들지 않고 삶은 콩과 밀가루 등을 함께 넣어 온도와 습도를 맞추고 곰팡이 등을 접종하여 단시간에 띄우는데 이것을 코지라 한다.

한국식 간장, 된장은 메주를 소금물에 담가 놓았을 때 울어 나온 국물을 끓여 만들고, 건더기를 다시 으깨고 소금을 첨가하여 된장을 만드는데 반해서 개량식의 경우는 간장과 된장을 별도로 만들고 전분질 원료를 사용하는 것이 다르다.

한편 간장을 제조할 때 숙성기간을 단축하고 원료를 절약할 목적으로 콩을 발효시키지 않고 산으로 분해한 다음 맛을 조합하는 소위 산분해간장이 개발되어서 많이 이용되고 있으나 양조간장에 비해 맛이 단순하고 유해성이 문제되고 있다.

[표 15-1] 간장 담금의 원료 배합비

원료	진간장	보통간장
코오지	1	1
물	4	7
소금	1	1.8

[표 15-2] 된장 담금의 원료 배합비

종류 및 예	콩(L)	코오지 (원료로서, L)	소금(L)	숙성기간	특 징
쌀된장 1	10	쌀 20	3~3.5	7일~1개월	저장성 낮고 단맛 강함
쌀된장 2	10	쌀 8~10	3~4	1~2개월	저장성 낮고 풍미 좋고 단맛
쌀된장 3	10	쌀 6~7	3~4	5개월 내외	풍미가 좋으나 약간 신맛
쌀된장 4	10	쌀 3~5	4~5	6개월~1년	
보리된장 1	10	보리쌀 12	5	1~2개월	
보리된장 2	10	보리쌀 10	5	1개월 정도	

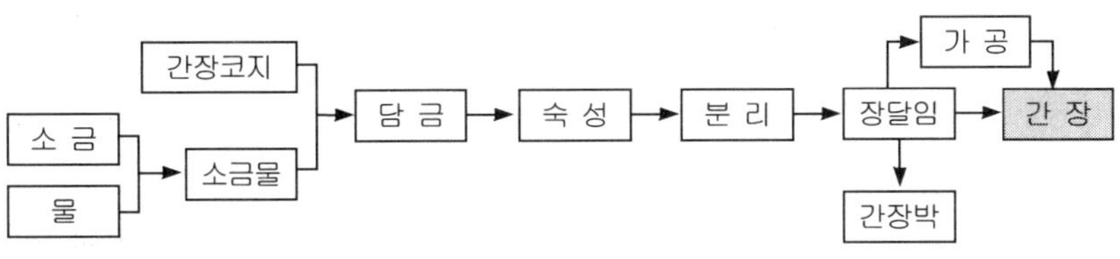

[그림 15-1] 개량식 간장의 제조공정

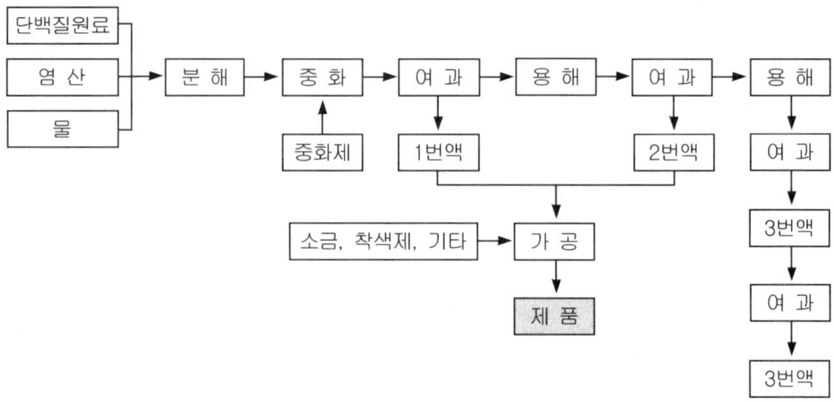

[그림 15-2] 산분해간장의 제조공정

장류 가운데 고추장은 우리나라 특유의 제품으로 콩보다는 쌀이나 밀가루 등 전분질 원료가 더욱 많이 사용되어 구수한 맛과 단맛이 강하고 여기에 고춧가루의 매운 맛이 가미되어 우리나라 사람이 좋아하는 얼큰한 맛이 나는 식품이다.

고추장은 쌀가루를 되게 반죽하여 메주가루와 엿기름가루를 섞고 당화시킨 후 소금과 고춧가루를 넣어 숙성시켜서 만든다. 최근에는 메주가루를 사용하지 않고 당화엿에 고춧가루와 소금을 섞어서 만든 당화 고추장도 많이 소비되고 있다.

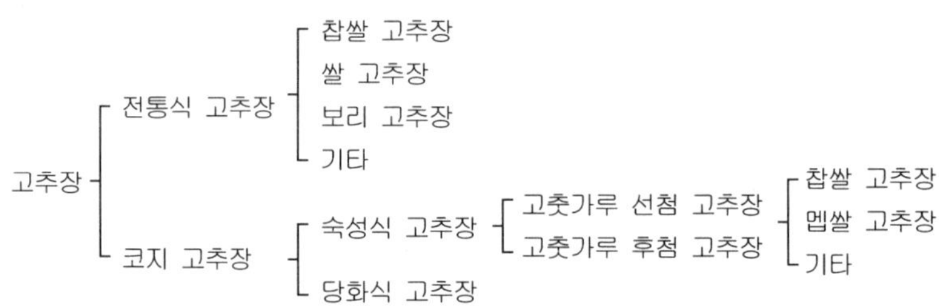

[그림 15-3] 고추장의 분류

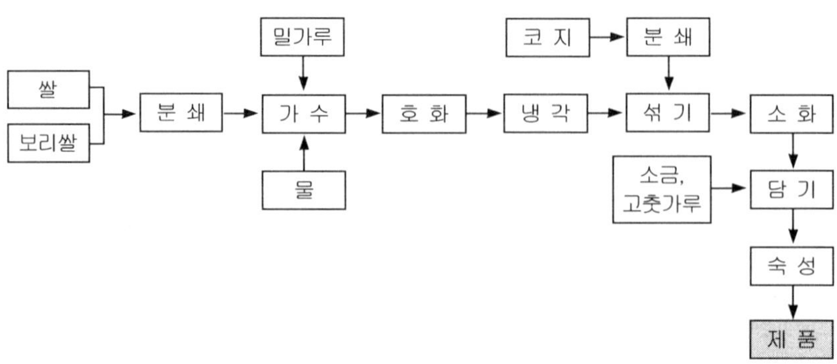

[그림 15-4] 고추장의 제조공정

그 밖에 청국장이 있는데 이것은 메주곰팡이가 아닌 납두균인 *Bacillus subtilis*를 작용하여 고온에서 단시간 숙성시켜 만들어지며 특유한 향미가 있다. 그러나 이 냄새를 좋아하지 않는 사람들도 많아 이용이 제한되고 있다.

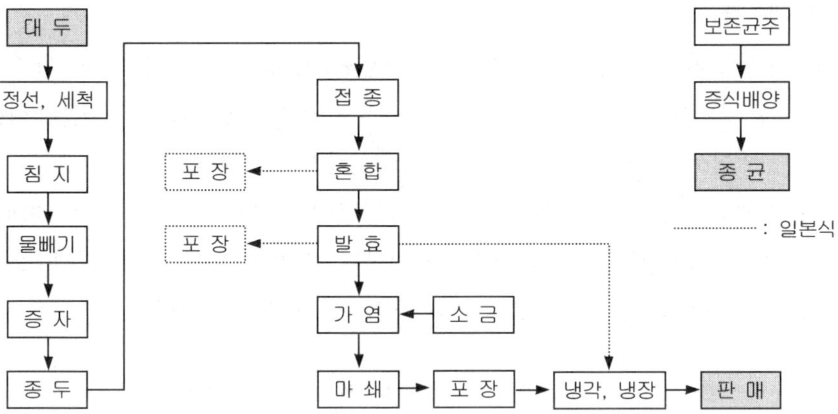

[그림 15-5] 청국장의 제조공정

2. 술

과실즙에 들어있는 당분이 야생효모에 의해서 알코올 발효가 일어난 것을 동물들이 즐겨 먹었고 이것을 발견한 인간이 자연 발효형식으로 술을 만들기 시작하였을 것이다. 이집트에서는 5,000여년 전부터 포도주를 만들었다고 하고, 중국에서도 이미 3,000년 전부터 술을 빚었다는 기록이 있으며 우리나라에는 삼국시대에 술을 먹었다는 기록이 있어 오랜 옛날부터 술을 이용해 오고 있음을 알 수 있다.

술의 종류는 술덧 등으로 발효시킨 양조주, 술덧 등 알코올이 들어 있는 것을 증류한 증류주, 그리고 주류의 일종에 다른 주류를 첨가한 혼성주 등이 있다.

- 주류
  - 발효주
    - 단발효주 : 포도주, 과실주 등
    - 복발효주
      - 단행복발효주 : 맥주
      - 병행복발효주 : 청주, 탁주 등
  - 증류주 : 위스키, 브랜드, 소주 등
  - 혼성주 : 합성청주, 합성맥주, gin, liqueur, 인삼주 등

[그림 15-6] 제조방법에 따른 주류의 분류

우리나라에서는 탁주, 청주가 예로부터 이용되었고 그 이후 소주가 들어오고 근대에 들어서면서 맥주가 제조되기 시작하였다. 최근에 와서는 양주라 하여 위스키 등과 같은 증류주와 와인이 수입되고 있어서 다양한 형태의 술이 이용되고 있다.

(1) 맥주(beer)

세계적으로 가장 널리 이용되는 맥주는 맥아즙에 홉을 넣고, 끓인 후 맥주효모로 알코올 발효시킨 것으로 알코올 농도는 낮지만 탄산가스와 홉의 쓴맛 성분을 함유하고 있어서 상쾌감을 높이고 소화를 촉진시키는 술이다.

맥주는 발효형식에 따라 상면발효 맥주와 하면발효 맥주가 있고 빛깔에 따라 진한색, 담색, 중등색 맥주로 구분된다. 또 생산된 지역의 명칭을 따서 필젠(Pilsen), 도르트문트(Dortmund), 뮌헨(München) 등으로 구분되기도 한다.

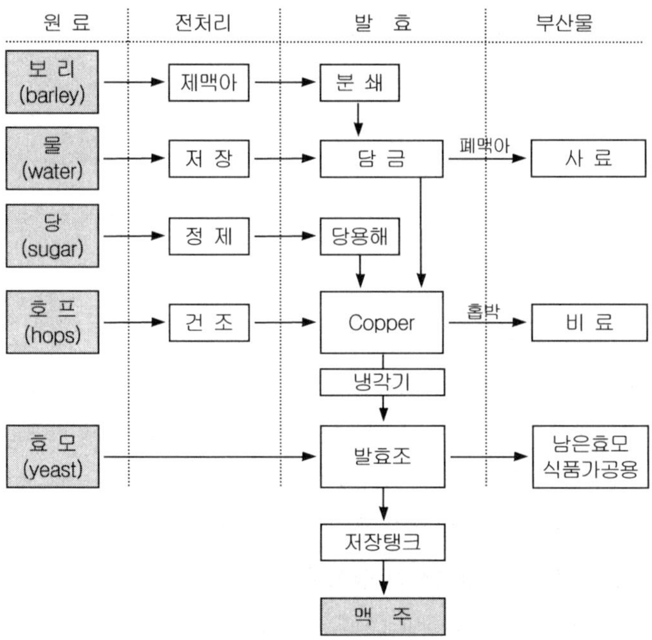

[그림 15-7] 맥주의 제조공정

맥주 만드는 법은 다음과 같다. 먼저 충분히 물에 적신 보리를 13~17℃에서 7~8일 간 싹을 틔운 다음, 건조하여 저장한다. 이 맥아를 분쇄하고 전분원료를 물과 함께 첨가하여 80℃에서 가열 액화하고 65~75℃에서 당화한다. 당화 액을 여과하고 홉을 가하여 끓인 다음 향미성분을 추출한다. 여과과정을 거쳐 홉 찌꺼기를 분리하고 냉각시킨 다음 효모를 첨가하여 5~10℃에서 10~12일간 발효시킨다. 이

때 발생하는 탄산가스에 의해서 거품이 일어나면서 당분은 알코올로 변하고 미량의 산류, 에스테르, 고급 알코올 등이 생성된다. 이것을 주 발효라고 하는데 아직 맛과 향기가 조화되지 못하고 당분이 약간 남아 있으므로 후 발효를 시킨다.

후발효가 끝난 맥주는 그대로 마실 수 있는데 이것을 생맥주라고 한다. 생맥주를 오래 두면 효모가 자가 분해되어 혼탁해지고 부패한다. 그래서 이것을 병이나 캔에 넣고 저온 살균하여 이용하고 있다.

최근에는 신선미를 유지하기 위해서 열처리하지 않고 효모를 여과하여 보존성을 높인 제품들이 시판되고 있다.

(2) 청주(sake)

찐쌀을 *Asp. oryzae* 등과 같은 코지를 사용하여 당화시킨 후 알코올 주모를 넣어 발효를 시킨 것으로 쌀을 한꺼번에 사용하지 않고 발효가 진행되고 있는 동안에 3회에 걸쳐서 첨가하여 만든다. 즉, 찐쌀과 쌀 코지를 7 : 3으로 하여 전체 쌀의 110%에 해당하는 물을 부은 다음 3~5일 간은 7~9℃의 낮은 온도에서 쌀이 으깨지도록 젓고 코지 중의 효소를 용출시켜 다음에 번식될 미생물의 증식을 기다린다. 점차 온도를 올려 30~35℃로 15일 정도 놓아두면 질산 환원 세균, 젖산균, 효모의 순으로 번식 소멸하면서 아질산과 젖산의 생성, 아질산의 소실, 아미노산과 당분의 함량변화 등이 일어난다. 그 후 효모 증식이 충분해지면 품온을 7℃ 정도로 하여 휴지시킨다.

이와 같이 만들어진 주모에 찐쌀, 코지, 물을 넣으면서 1일, 3일, 4일째에 반복하여 담금을 하는데 술덧 총 1,500kg에 물을 1,900L를 가하여 14℃의 저온에서

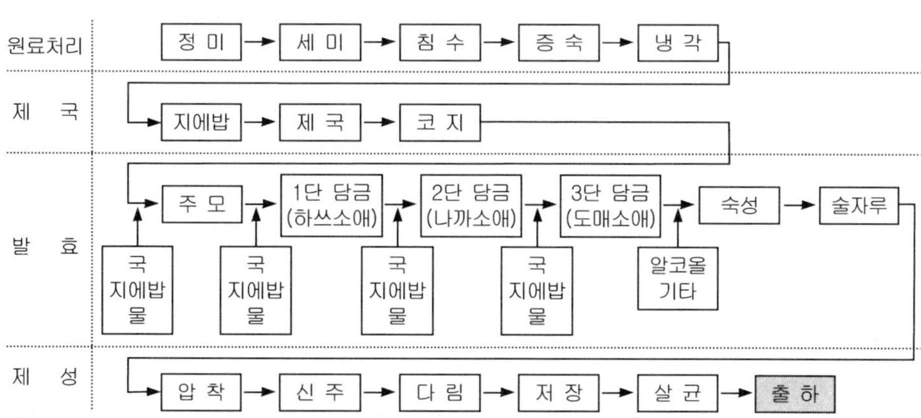

[그림 15-8] 청주의 제조공정

발효하면 알코올 생성량이 많아지고 향미가 우수해진다. 숙성 후 24~25일이 지난 술덧에 알코올을 첨가하고 다시 숙성시켜 여과한 다음 50~60℃로 살균하여 포장한다.

(3) 약주, 탁주

우리나라의 서민들이 가장 즐기던 술로서 탁주는 곡류 등 전분질 원료와 누룩에 물을 가하여 숙성시킨 다음 물을 다시 가하여 추출한 것으로 여과하지 않는다. 알코올 함량이 6~8% 정도이다. 약주는 같은 방법으로 만들되 코지를 탁주의 경우보다 2배 사용하고 여과하여 제성한 것으로 알코올 함량이 11%인 것을 말한다.

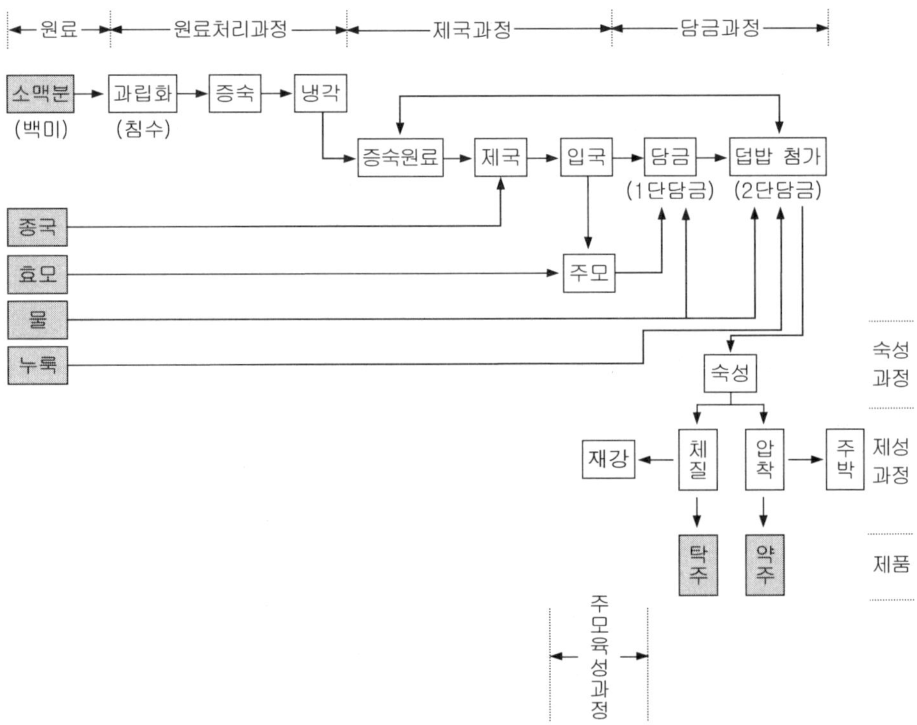

[그림 15-9] 약주와 탁주의 제조공정

이 때 사용하는 누룩(코지)은 밀이나 호맥을 분쇄한 것에 *Rhizopus*, *Absidia*, *Aspergillus*, *Mucor* 등의 곰팡이와 효모 및 기타 세균이 증식되어 있는 발효제의 일종이다.

약, 탁주의 술덧은 2단 담금을 하는데 1단 술덧 담금은 주모에 물과 입국만을 담가 24~48시간 지나면 효모증식이 왕성해진 후 본 담금을 한다. 즉, 1단 담금 술덧에 전분원료, 입국 기타 발효제를 가하여 숙성시키되 탁주는 2~3일 만에, 약주는 4~5일 만에 제성한다.

여기서 입국은 밀가루 반죽을 지름 1cm 정도의 알갱이를 만들어 증자한 후 *Asp. kawachii, Asp. shirousamii*를 접종 배양한 것이고 주모는 술덧의 주 발효를 주도할 효모를 증식, 배양한 것이다.

(4) 과실주

과실주는 자연 발효에 의해서 쉽게 만들어지므로 곡주보다 그 역사가 오래되어 청동기시대에서부터 이용되었다고 한다. 포도주는 포도과즙을 발효시킨 것으로 빛깔에 따라 적포도주와 백포도주로 구분되는데 적포도주는 과피와 함께 주모(포도주 효모 배양액)를 첨가하는데 이 때 잡균의 번식을 억제하기 위하여 아황산을 80~100ppm 첨가하고 총 당 함량이 약 25%가 되도록 설탕을 더 넣어 준 다음, 25℃에서 5~7일 발효시킨다. 술덧을 압착기로 착즙하고 당분이 소실될 때까지 발효시킨 후 밑에 침전되는 주석산을 제거하고 통에 넣어 1~3년간 숙성시킨다. 이 때 젖산균이 번식하여 말산이 젖산과 탄산가스로 분해되는데 이 반응을 malo-lactic 발효라 한다. 저장, 숙성과정을 거친 후 여과, 포장하여 12℃에서 장기 저장한다. 샴

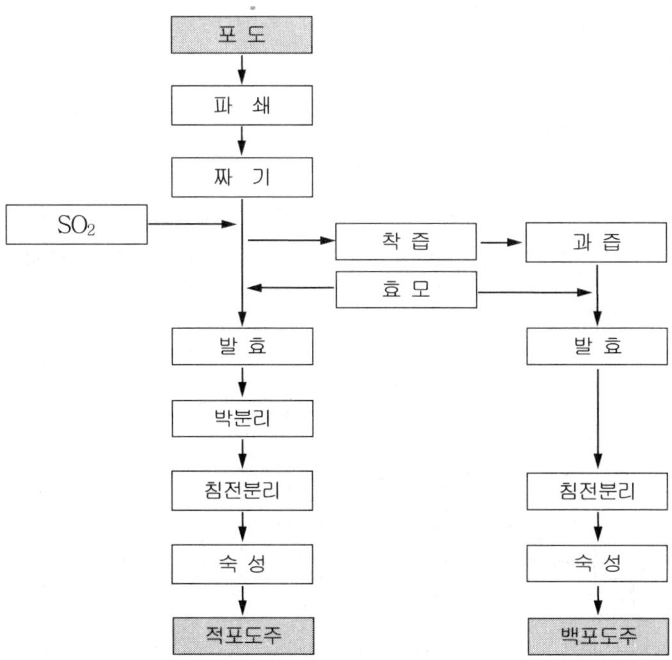

[그림 15-10] 포도주의 제조공정

페인 등 발포성 포도주는 백포도주에 일정량의 설탕과 효모를 첨가하여 병에서 재발효시킨 것이다.

(5) 증류주

증류주의 대표적인 것에는 위스키, 브랜디, 소주 등이 있다. 위스키는 11~12세기 경 아일랜드에서 만들어지던 것이 스코틀랜드로 전파되었다. 위스키는 산지에 따라 스카치 위스키(Scotch whisky), 아이리쉬 위스키(Irish whisky), 아메리칸 위스키 등으로 불리기도 하며, 사용된 재료에 따라 맥아 위스키(malt whisky), 곡류 위스키(grain whisky), 혼합 위스키(blended whisky) 등으로 구분된다.

위스키는 발아곡류(주로 맥아)를 당화, 발효, 증류하여 만든다. malt whisky는 맥아를 건조시킬 때 이탄을 사용하여 가열, 건조하는데 처음에는 30℃에서 24시간, 다음에는 50~70℃에서 48시간 처리한다. 이 때 맥아에 부착된 이탄의 훈연취가 제품에 남는다. 건조한 맥아를 제근, 분쇄, 당화시킨 후 당액에 효모를 가해 25℃에서 3~4일간 발효된 것을 2회 증류하면 60~68% 알코올분이 되는데 이것을 통에 담아 장기 저장한다.

한편 grain whisky는 옥분과 훈연하지 않은 맥아로 당화(4배의 물, 10~30% 맥아, 60℃)한 후 이것을 효모로 발효시키고 연속식 증류기로 증류한 다음 통에 담아 저장한다. 위스키는 물과 알코올 등 여러 가지 휘발성 향미성분으로 되어 있으며. 알코올분은 40% 내외이다.

소주는 고려 말에 원나라로부터 도입된 증류주로서 원료곡류를 증자 후 소주 코지로 당화 발효시켜서 만든다. 즉, 코지균은 흑국균 또는 그 변이주인 백국균을 사용한다. 당화가 끝난 것에 효모를 첨가하여 20~25℃, 10~20일 간 발효시키면 쌀은 16~19%, 고구마 14~16%의 알코올이 생성되는데 이것을 증류한 후 도수를 맞추고 저장하여 출하한다.

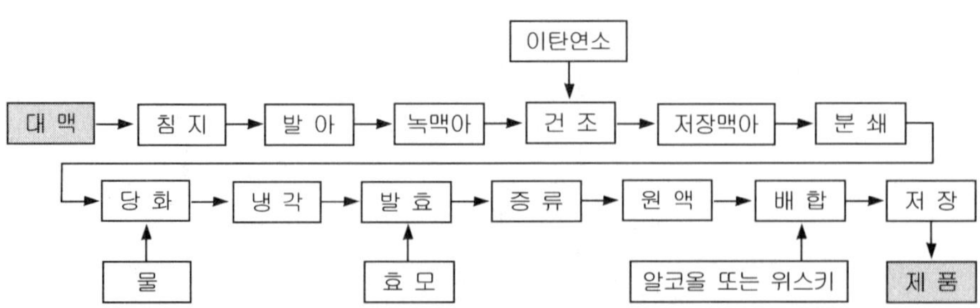

[그림 15-11] 위스키의 제조공정

소주는 알코올을 함유한 술덧을 증류한 것으로 물과 휘발성 성분이 주체를 이루고 비휘발성분은 거의 없다. 미량으로 들어 있는 알코올 이외의 휘발성 성분이 품질을 좌우한다. 우리나라는 식량 절감정책으로 정제된 주정을 희석하고 향미를 가하여 만든 소위 희석식 소주가 대부분 이용되고 있다.

만주지방이나 중국에서 많이 이용되는 고량주는 소주와 비슷한 증류주인데 원료가 고량이라는 점과 담금할 때 용수첨가량이 소주의 경우보다 적은 점이 다르다.

(6) 주정(alcohol)

전분질 원료, 당밀, 과실 등의 원료를 발효시켜 알코올분 85% 이상으로 증류한 것을 말한다. 우리나라에서 많이 소비되는 소주는 주정을 희석해서 만들기 때문에 수요가 많아서 다른 발효공업보다 발달되었다.

우리나라에서는 주로 당밀을 주정원료로 사용하였는데 고구마나 곡류 등은 전분을 일단 당화한 후에 알코올발효를 하지만 당밀은 이미 당이 들어 있으므로 희석하여 효모를 접종하여 발효시킨 후 증류 정제하여 제품으로 한다.

알코올 발효액 중 특히 퓨젤유(fusel oil)는 단백질 분해 생성물인 아미노산에서 유래된 프로필 알코올이나 뷰틸 알코올 등이 들어 있고 두통을 일으키는 성분이므로 이것을 제거하는 것이 중요하다.

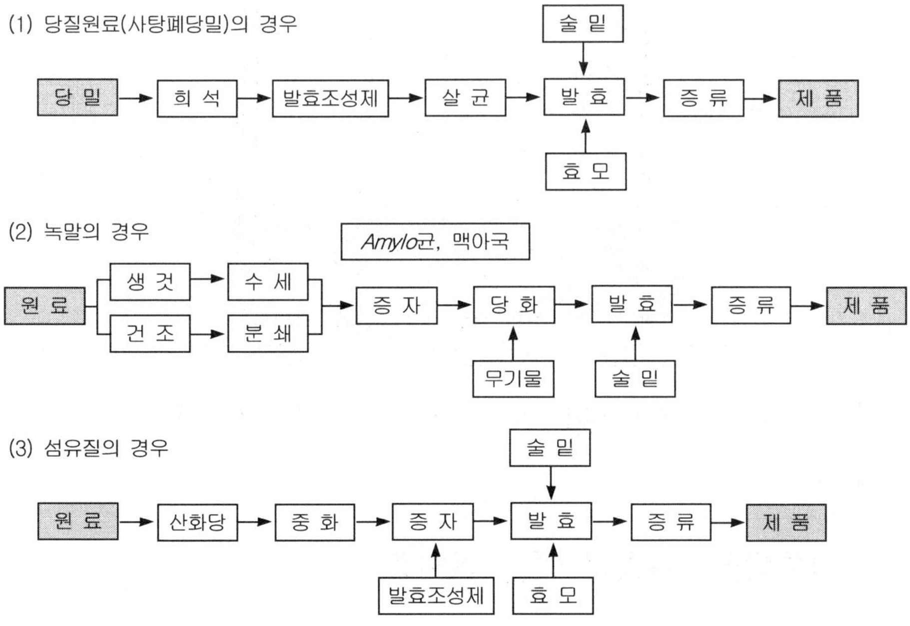

[그림 15-12] 주정 제조공정

3. 식초(vinegar)

식초는 알코올을 초산 발효하여 만드는 산미료로서 각종 식품의 조미, 보존제로 널리 쓰인다. 식용식초는 4% 전후의 초산과 소량의 알코올, 글리세린, 에스테르, 당 등을 함유하고 있다. 원료에 따라 주정초, 배초, 사과초, 현미초 등이 있다.

제조방법은 원통의 목통에 대팻밥 등을 넣어 공기가 잘 유통될 수 있게 한 다음 위에서 알코올액을 서서히 분무하여 통아래로 내려오는 발효액을 다시 펌프로 올려 흘려 내리면서 발효를 되풀이한다. 이 때 다른 균이 번식하지 못하도록 온도를 25~30℃로 맞춘다. 발효가 끝나면 걸러서 살균하여 제품으로 한다. 발효균으로는 *Acetobactor aceti, A. orleans, A. schutzenbachii* 등이 보통 사용된다.

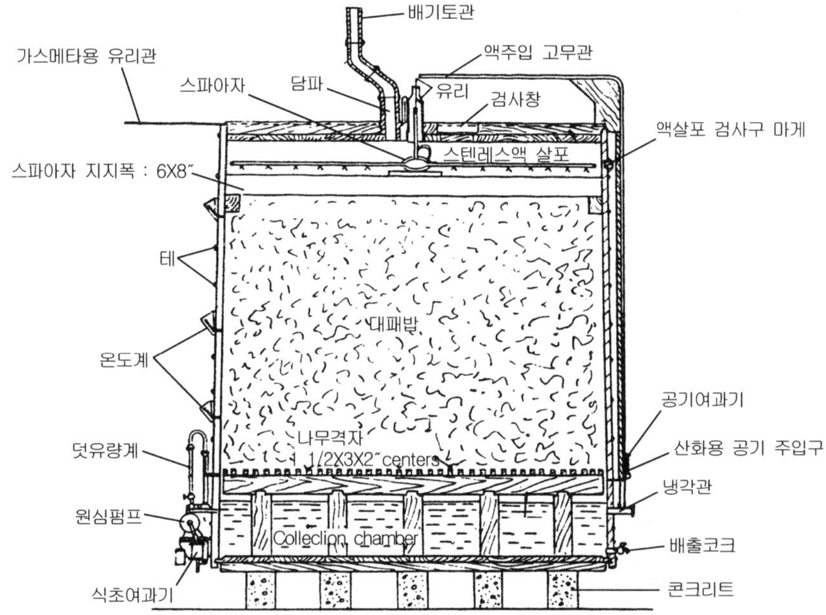

[그림 15-13] 프링그스(Frings)형 식초 발효 장치

4. 글루탐산나트륨과 핵산 조미료

화학조미료로 많이 쓰이는 글루탐산소다나 핵산 조미료도 발효법에 의해서 생산

된다. 글루탐산소다(monosodium glutamate, MSG)는 종래 밀가루 글루텐을 가수분해하여 얻은 글루탐산을 중화하여 얻었으나 지금은 발효법으로 생산하고 있다.

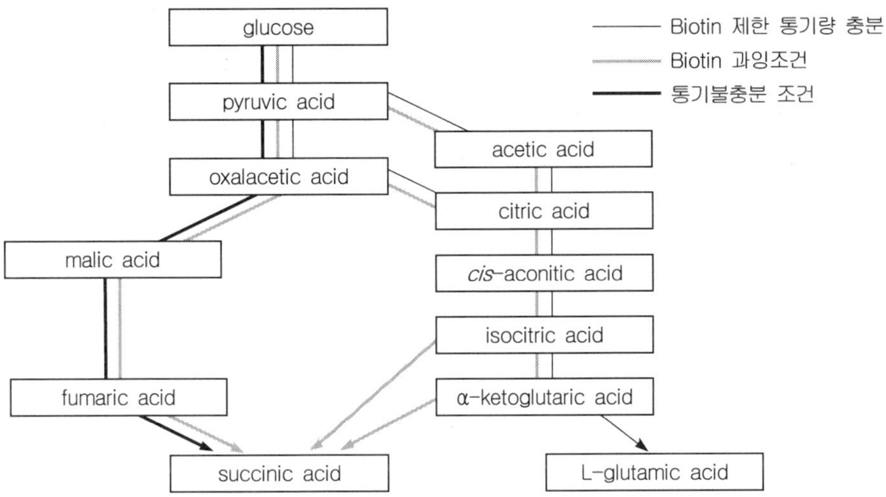

[그림 15-14] 글루탐산과 숙신산 발효

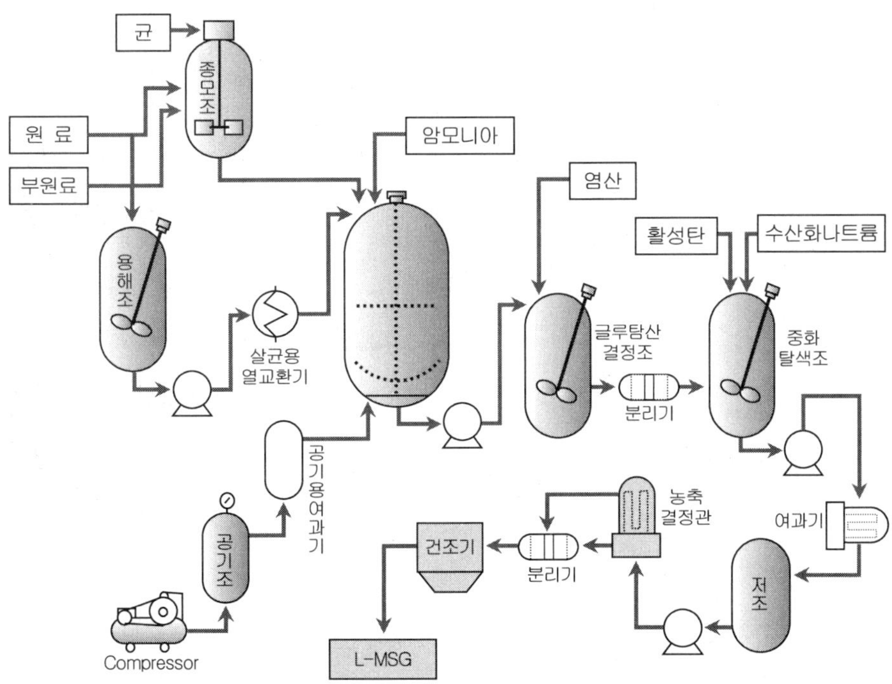

[그림 15-15] 발효법에 의한 글루탐산소다 제조공정도

즉, 당밀이나 전분당 등에 *Corynebacterium glutamicum, Brevibacterium, Microbacterium* 등을 넣어 글루탐산을 얻은 다음 이온교환수지 등을 사용하여 추출 정제하고 NaOH로 중화하여 제품을 얻는다.

MSG의 작용을 상승시켜 주는 핵산은 핵산성분의 분해물로서 inosine-5′-monophosphate(IMP)와 guanosine-5′-monophosphate(GMP) 등이 대표적인 것으로서 효모의 RNA를 분해하여 5′-adenylic acid, 5′-guanilic acid, 5′-uridylic acid 등을 생성하고 o′-위치의 아미노기를 deaminase로 이탈시켜 만들거나 발효법에 의해서 만들어진다. 공업적으로는 *Penicilium citrinum*을 밀기울 배지에서 30℃, 3일간 배양하여 물로 5′-phosphodiesterase를 추출하여 RNA를 분해한다.

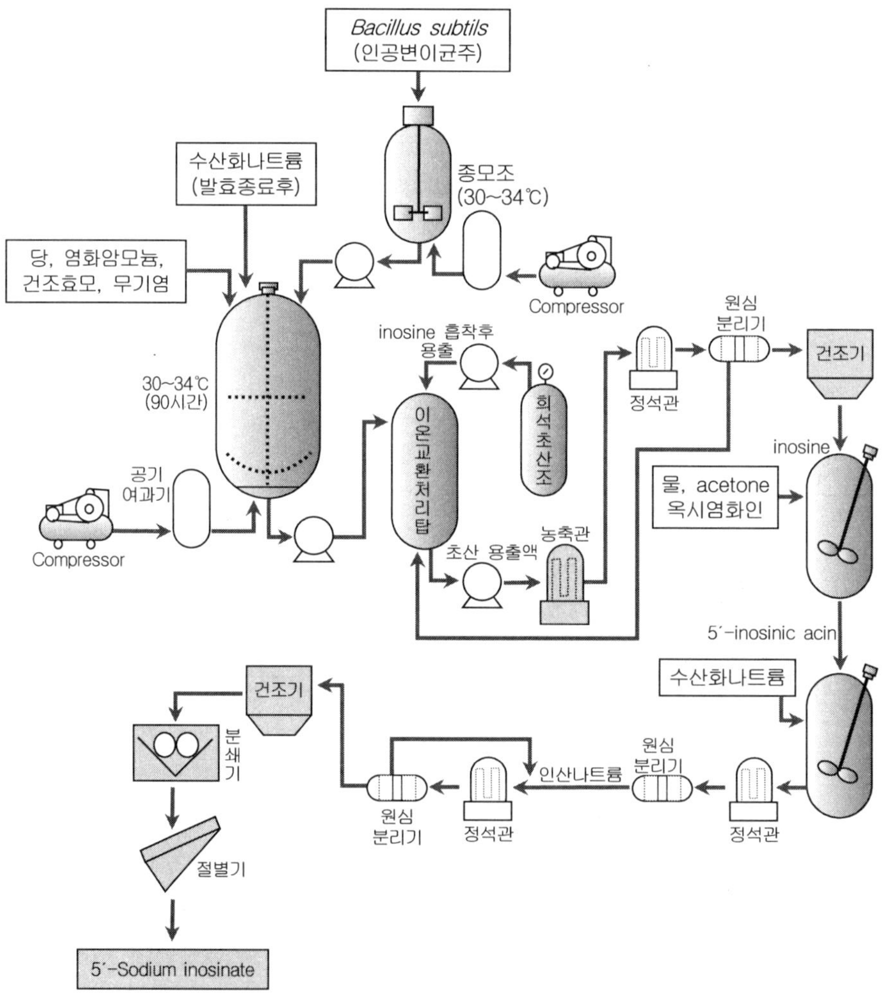

[그림 15-16] 5′-IMP 제조공정도

5. 단세포 단백질(single cell protein, SCP)

인간이 소화시키지 못하는 석유, 섬유소 기타 무기질에 미생물을 길러서 미생물체의 단백질을 추출, 정제한 것을 말한다. 재래식 식량에 비하여 SCP는 기후나 기타 환경조건에 구애받지 않고 공장 생산할 수 있어 미래식량으로서 주목받고 있다. 그러나 원유 가격이 급등하면서 경제성이 문제되어 연구가 주춤하고 있다.

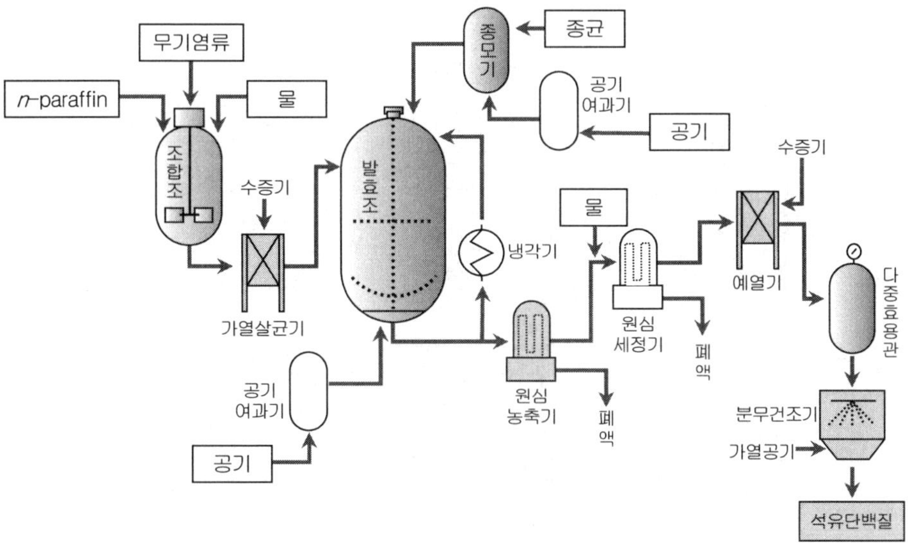

[그림 15-17] 석유단백질 제조공정도

6. 기타 발효제품

글루탐산 이외에도 리신을 비롯한 아미노산, amylase를 비롯한 각종 효소들, 덱스트린(dextran), 글리세롤 등을 모두 미생물을 이용하여 생산하고 있다.

리신은 근래에 *Corynebacterium glutamicum*을 사용하여 직접 발효하는 방법이 개발되어 이용되고 있다.

효모(yeast)는 제빵 원료 및 사료 등으로 중요하게 사용되는데 폐당밀 등 당질이나 전분질 원료에 질소원과 무기질을 가하고 종균을 배양하여 만든다.

미생물을 배양하여 아밀라아제(amylase), 프로테아제(protease), 펙틴아제(pectinase), 셀룰라제(cellulase) 등의 효소를 생산하는데 우리나라에서는 장류와 주류의 당화 및 단백질 분해효소 등 복합효소 제품으로 코오지를 생산하고 있으며 순수 효소로서 α-아밀라아제는 *Bacillus subtilis, Aspergillus*속 균주, 프로테아제는 *Bacillus subtilis, Streptomyces griseus, Aspergillus oryzae, Asp. ochraceus, Asp. sojae* 등을 이용해서 생산하고 응유효소 소위 미생물 rennet은 *Mucor pusillus,* 펙틴나제는 *Aspergillus*속 균주, *Penicillium expansum, Sclerotinia libertiana,* 셀룰라아제는 *Trichoderma koningi, T. viride, Aspergillus niger* 등이 쓰인다.

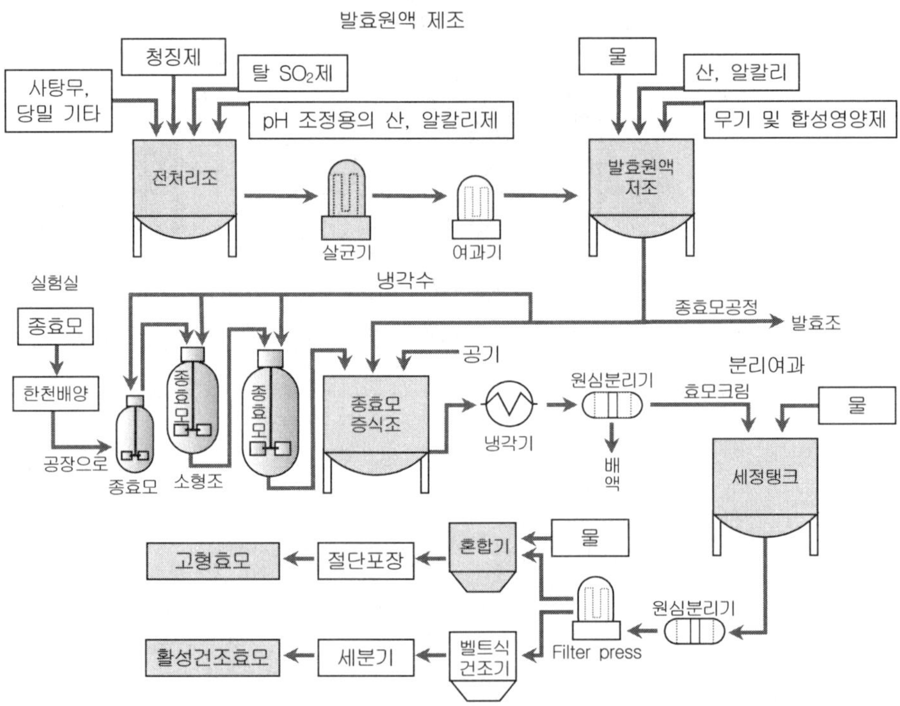

[그림 15-18] 효모 제조공정도

16장

식품첨가물

수분을 많이 함유하고 있는 식품은 미생물이 번식하여 부패되기 쉽고, 산화에 의해서 지방분은 산패되기 쉽다. 생명을 가진 양파나 감자 등은 호흡하기 때문에 품질이 저하된다. 따라서 이러한 품질변화를 억제하기 위해서 건조하거나 냉동저장을 하고 때로는 보존료를 첨가한다. 식품의 관능적 품질을 개선하기 위하여 색소를 첨가하거나 조미료를 첨가하기도 한다. 근래에 와서 인스턴트식품 섭취가 폭발적으로 증가하였는데 이러한 제품을 만들기 위해서 각종 첨가제가 쓰인다.

1. 식품첨가물의 정의

식품첨가물(food additive)이란 식품의 보존, 관능적 품질향상, 영양증진, 이용편이 또는 제조의 편이 등을 위하여 의도적으로 소량 첨가되는 물질을 말한다. 설탕이나 소금도 이런 목적으로 사용되는 것이지만 천연물질은 해롭지 않고 또 식품의 성분이기도 하기 때문에 제외하고 합성품만을 위생법에서 규제하고 있다.

식품의 제조과정에 첨가되는 것으로 전분의 당화에 쓰이는 황산, 복숭아 박피에 쓰이는 가성소다. 물의 정제에 쓰이는 규조토 등은 최종 제품에는 잔존하지 않기 때문에 문제가 되지 않는다.

식품을 가공할 때 착색, 착향, 조미 등 식품의 품질을 개량하거나 식품의 기호성을 높이기 위해서 쓰이는 것들이 많고 보존을 목적으로 보존제, 살균제, 유지 등의 산화를 방지하는 것들이 있다.

식품첨가물은 본래 식품성분이 아니기 때문에 우리 몸안에 들어가서 활용되지 않는 경우가 많을 뿐만 아니라 인체에 해로울 위험성이 있어 엄격한 안전성 시험을 거친 것만을 사용토록 하고 있다. 즉, 식품첨가물은 안전성이 입증되었거나 확인되어야 하고, 확실한 기능이 있어야 하며, 화학분석법에 의해서 성분을 검출할 수 있어야 한다.

2. 식품첨가물의 안전성

첨가물에 대한 안정성 시험은 물질의 성질에 따라 몇 년이 걸릴 수도 있다. 대부분은 쥐나 개 등 2가지 종류 이상의 동물에 혈관주사나, 경구 투여하는 실험을 한다. 이것은 급성독 시험이고, 그 다음은 준급성독 시험을 둘 또는 그 이상의 동물에 시험하는데 여기서는 90일 이상 투여시험을 하여 최대 투여량을 결정한다. 실험기간에 암수동물의 행동, 외관, 체중, 혈액과 오줌의 화학성분, 기관과 조직의 병리상태 등을 관찰한다. 이상이 없는 최고 투여량을 100 또는 그 이상으로 나누어 하루 섭취 허용량을 mg/kg 체중으로 표시한다.

만성독 시험은 쥐는 일생동안인 3년간, 개의 경우는 2년 이상 실시한다. 1일 투여량은 준 급성독 시험에서 인간에게 허용된 양의 10~100배를 투여하며, 실험동물을 주기적으로 죽여 생리 및 생화학적 검사를 한다. 이 같은 실험은 종양이나 만성 장애를 입증하는데 사용된다. 이와 같은 실험을 사람에게 적용하는 것은 불가능하지만 동물실험에서 간접적이나마 기본적인 지식을 얻는다.

번식시험은 화학물질이 암컷의 생식능력이나 자손의 크기, 중량 등에 미치는 영향을 조사한다. 첫 대에는 이상이 없지만 다음 대에 나타날 수도 있다. 번식주기가 짧은 동물이나 미생물을 대상으로 실험한다.

이상과 같은 안전성 시험은 장기간의 시간이 소요될 뿐만 아니라 경제적인 비용도 많이 소요된다.

3. 식품첨가물의 종류

각종 식품재료 및 그 가공품은 유기물질로 구성되어 있으며 아무리 건조한 식품일지라도 수분은 어느 정도 함유하고 있기 때문에 미생물이나 여러 가지 화학적인 요인에 의하여 변화될 수 있다. 따라서 식품의 저장기간을 연장하고 그 가치를 보존하기 위하여 항미생물제인 보존료와 항산화제를 사용할 수 있다.

또 외관과 식미감을 향상시키기 위하여 색소 고정제나 발색제를 사용한다. 이러한 첨가물을 식용색소라고 하며 옛날에는 천연물질에서 추출하여 사용하였으나 불안정하여 쉽게 퇴색하고 값이 비싸기 때문에 요즘은 석탄 분해산물이 tar색소를 사용한다. 그러나 유해성 논란이 끊이지 않고 있다.

맛을 좋게 하여 주는 각종 조미료와 점도 증가, 겔형성, 분산 및 유화안정, 피막형성 등에 이용하는 호료 등이 있으며 그 밖에 향료나 유지를 골고루 분산시키는 유화제, 케이크나 쿠키를 팽창시키는 팽창제, 밀가루의 품질을 개선하고 빛깔을 희게 하는 품질 개량제 및 표백제 등이 있다. 이들 가운데 널리 사용되는 식품첨가물은 다음과 같다.

1) 보존료(preservatives)

보존료는 세균, 효모, 곰팡이 등 미생물의 번식을 억제하는 물질로서 살균작용과 증식억제 작용이 있으나 인체에 미칠 수 있는 좋지 않은 영향을 고려하여 실제로 식품에 첨가되는 허용량은 살균보다는 증식억제 작용에 의한 방부효과를 주로 한다.

[표 16-1] 보존료의 종류 및 사용기준

보존료	첨가대상식품	사용기준
데하이드로초산(DHA) 및 나트륨염	치즈, 버터, 마가린	데하이드로 초산으로서 0.5g/kg
솔빈산(sorbic acid) 및 나트륨염	식육제품, 된장, 간장, 팥앙금류, 잼류 등	사용하는 식품에 따라 차이가 있음
안식향산(benzoic acid) 및 나트륨염	청량음료수(탄산음료제외), 간장	안식향산으로서 0.6g/kg
파라옥시안식향산부틸	간장	0.25g/L
파라옥시안식향산이소부틸	식초	0.1/g/L
파라옥시안식향산에틸	청량음료수(탄산음료제외)	0.1g/kg
파라옥시안식향산프로필	과실소스	0.2g.kg
파라옥시안식향산부틸	청주, 과실주, 약주, 탁주	0.05g/L
프로피온산칼슘, 나트륨	빵, 비스킷	2.5g/kg

보존료는 미생물의 세포막을 파괴하거나 효소를 저해하는 등 각종 생리작용을 억제하여 미생물의 번식을 막는다. 널리 이용되는 이들 첨가제에는 청량음료와 산성식품에 쓰이는 안식향산나트륨, 빵이나 케이크, 쿠키 등의 곰팡이를 억제하기 위한 프로피온산 칼슘, 치즈 등에 곰팡이를 억제하기 위한 소르브산, 에틸 포메이트 등과 채소나 과실의 효소적 갈변을 억제하는 이산화황 그리고 항생물질 등이 있다.

몇 가지 보존료의 용도 및 첨가량은 표 [16-1]과 같다.

2) 항산화제(antioxidant)

버터, 마가린, 식용유는 말할 것도 없거니와 육류와 같은 대부분의 식품재료에는 지방질이 함유되어 있다. 지방질은 공기 중의 산소에 의하여 산화되어 카보닐 화합물, 알데히드 등 여러 가지 불쾌한 맛과 냄새를 내는 저분자 휘발성 물질로 변환된다. 이와 같은 현상을 자동산화 또는 산패라고 하며 생성된 물질들은 인체에 매우 해롭기 때문에 이를 방지하기 위하여 항산화제를 사용한다.

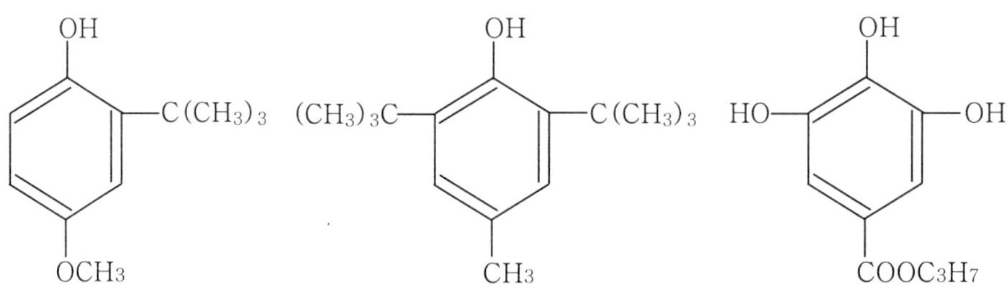

BHA　　　BHT　　　Propyl gallate

[그림 16-1] 항산화제의 구조

[표 16-2] 항산화제 및 사용기준

산화제	대상식품	사용기준
부틸히드록시톨루엔	유지, 버터, 건어패류 및 염장품냉	0.2g/kg
	동어패류	1g/kg
부틸히드록시아니졸	유지, 버터, 건어패류 및 염장품	0.2g/kg
	냉동어패류	1g/kg
프로필갈레이트	유지, 버터	0.1g/kg

항산화제에는 천연 항산화제인 비타민 E와 합성항산화제로 부틸히드록시아니졸(BHA), 부틸히드록시톨루엔(BHT), 프로필갈레이트(propyl gallate) 등이 있다.

한편 구연산이나 비타민 C의 경우 그 자체는 항산화 효과가 없지만 항산화제와 함께 사용하면 그 효과를 높일 수 있으므로 이를 상승제(synergist)라고 한다. 항산화제의 구조와 사용기준은 [표 16-2]와 같다.

3) 계면활성제(surface active agent)

계면활성제는 계면의 장력을 감소시킴으로써 섞이지 않는 두 액체를 균일하게 혼합하는 역할을 한다. 두 액체가 물과 기름으로 된 유탁액(emulsion)일 경우에 사용하는 계면활성제를 특히 유화제(emulsifier)라고 한다. 유화제는 분자 내에 친수성기와 소수성기를 함께 가지고 있어 물과 기름의 계면장력을 감소시킨다. 천연유화제에는 레시틴, 모노글리세리드, 디글리세리드와 그 유도체, 담즙산 등이 있다. 소포제나 세제도 계면활성제에 속한다.

4) 착색료(food color)

식품원료에 함유된 색소는 불안정하거나 또는 안정하다 할지라도 보존중이나 조리 가공중에 변색되는 경우가 많다. 변색된 식품은 소비자의 기호가 떨어지기 때문에 이를 방지하기 위하여 사용이 허용된 색소를 첨가한다. 천연색소를 사용하는 것이 이상적이지만 안토시안계 색소는 pH변화에 따라 색상이 달라지며 카로티노이드계 색소 또한 안정적이지 못하다. 한편 사프란과 같은 색소는 가격이 너무 비싸기 때문에 실용적이지 못하다. 따라서 착색력, 안정성, 균일성, 가격 등이 유리하고 다양한 색상을 내는 인공색소를 사용한다. 인공색소에는 타르(tar)계 색소 또는 타르색소에 알루미늄을 첨가하여 만든 레이크(lake)계 색소를 사용한다.

[표 16-3] 착색료와 발색제의 종류와 사용기준

첨가물의 종류	사용기준
식용색소 : 녹색3호, 적색3호, 청색2호 황색4호, 적색2호, 청색1호, 적색40호 황색5호 및 알루미늄레이크	생과일주스, 묵, 젓갈, 식육, 과실, 어패류 등의 천연식품류, 벌꿀, 장류, 식초, 소스, 케찹, 고춧가루 후춧가루, 식육제품(소시지제외), 어육연제품, 식용유, 버터, 마가린 등에는 사용하지 못함.
삼이산화철	바나나, 곤약에만 사용.
수용성 아나토, 베타카로틴	천연식품에는 사용불가.
동클로로필린나트륨	채소류, 과실류, 다시마, 완두콩, 한천에 사용.

5) 호료(gums)

검질, 전분, 덱스트린 등의 고분자 복합다당류와 단백질 등은 분자 내에 친수성기와 소수성기를 함께 갖고 있어 이들 물질이 물과 함께 결합하면 점도가 증가되거나 겔을 형성하여 식품을 안정화시킨다. 이들 가운데 카제인이나 전분 외의 물질들은 체내에서 소화되지 않는 비영양물질이다.

검류는 각종 식물의 수액, 종자, 뿌리 등에서 추출한 것이며 카르복시메틸셀룰로오스(carboxymethyl cellulose)처럼 셀룰로오스를 변형시킨 것도 사용된다. 이들의 종류와 용도는 [표 16-4]와 같다.

[표 16-4] 호료의 종류

천연검	변형검	합성검
수액 및 추출물	섬유소 유도체	
Arabic	Carboxymethylcellulose	비닐중합물
Tragacanth	Methylcellulose	Polyvinylalcohol
Karaya	Hydroxypropylmethylcellulose	Carboxyvinyl polymer
Ghatti	Hydroxycellulose	
종자, 뿌리	전분유도체	
Locust bean	Carboxymethyl starch	아크릴중합물
Guar	Hydroxyethyl starch	Polyacrylic acid
Psyllium seed	Hydroxypropyl starch	Polyacrylamide
Quince seed		Ethylene oxide
해조추출물	발효검	
Ager	Dextran	
Algin	Xanthan gum	
Carrageenan		
Furcellarian		
기타	기타	
Pectin	Low methoxyl pectin	
Gelatin	Propylene glycol alginate	
Starch	Carboxymethyl guar gum	

6) 감미료(sweetener)

설탕, 꿀, 물엿 등의 천연 감미료와는 달리 사카린, 솔비톨 등의 합성 감미료는 식품첨가물로 규정하여 사용이 제한된다. 사카린은 나트륨이나 칼슘염의 상태로 사용하며 감미도는 설탕의 약 500~700배 정도이다. 0.02~0.03% 정도 사용하며 그 이상의 농도에서는 쓴맛을 낸다. 다른 감미료와 함께 사용하면 쓴맛을 줄일 수 있다.

솔비톨은 포도당의 환원체로서 해조류에 많이 들어 있으며 부드럽고 상쾌한 단맛을 낸다. 보습효과가 있기 때문에 조미오징어 등 여러 가지 가공식품에 널리 사용된다. 최근에는 설탕보다 100~200배 정도 감미도가 높은 아스파탐(aspartame)이 개발, 사용이 허용되었다.

[표 16-5] 가공식품 중 호료의 이용

성 질	용 도	보 기
접착제	양 갱	한 천
결착제	소시지	locust bean gum
부형제	저열량액	gum arabic
결정방지제	아이스크림, 시럽	sodium alginate, CMC
청징제	맥주, 포도주	한 천
혼탁방지제	과일주스	gum arabic
도포제	제과	gum arabic
피막형성제	소시지 포장, 보호막	sodium alginate
기포안정제	휘핑크림, 맥주	propylene glycol alginate
겔화제	푸딩, 디저트	해조추출물
이형제	젤리, 캔디, 검	gum arabic
보호교질	향료유화액	gum arabic
안정제	맥주, 마요네즈	CMC
분산제	초코밀크	carrageenan
팽윤제	가공육류	guar gum
syneresis 억제	치즈, 냉동식품	guar gum
유화제	샐러드 드레싱	propylene glycol alginate
피복제	고정분말향료	gum arabic

7) 산미료(acidulent)

새콤한 맛은 청량감을 주고 식욕을 돋궈준다. 식품가공 및 조리에 널리 사용되는 산미료는 식초와 구연산이 있다. 식초의 경우 합성품은 식품에 사용할 수 없다. 구연산은 종래에는 감귤류 등의 과일에서 추출하였으나 지금은 발효법에 의해 만들고 있다. 식품첨가용으로 사용되는 유기산은 사과산, 주석산, 호박산, 초산 등이며 그 사용기준은 설정되지 않았다.

8) 표백제, 숙성촉진제

숙성시키지 않은 밀가루는 황색을 띠며 제빵적성도 좋지 않다. 그러나 제분하여 일정기간 저장해 놓으면 공기 중의 산소에 의하여 산화되어 하얗게 되며 제빵적성이 좋아진다. 과산화벤조일과 같은 산화제를 사용하면 표백과 숙성작용을 동시에 행한다. 질소산화물, 이산화염소 등도 밀가루의 표백과 숙성을 돕는다.

9) 착향료(flavor)

착향료는 천연향과 합성향으로 구분되며 천연향료에는 향신료, 오렌지유, 레몬유 등의 정유와 여러 가지 식물성 추출물 등이 있고 합성향에는 벤즈알데히드(체리), 에틸뷰티레이트(파인애플), 메틸안트라닐레이트(포도) 등 1,200여 종 이상의 향료가 사용되고 있다. 향료는 바닐린, 멘톨 등 화학적으로 단일성분인 단품 향료나 식품 자체의 향이 여러 성분과 compound flavor로 구분되고 사용목적에 따라 강화, masking, 기타 flavor로 구분된다. 향료의 천연소재로 수증기 증류법으로 추출한 정유(essential oil)인 citrus oil, mint oil 등이 있고, 용제 추출한 oleoresin으로는 향신성인 것들이 있으며, 그 밖에 tincture, extract, distillate, 천연과즙 등이 있다.

합성향료에는 천연의 향기성분을 화학적으로 합성하여 조합한 것과 천연물과는 관계가 없는 향기성분이 있다. 합성향료로 사용되는 부류에는 26종류가 있으며 이들은 [표 16-6]과 같다.

[표 16-6] 중요한 향료

계피알데히드	초산에틸	에테르류	지방족고급탄화수소류
바니린	고급케톤류	이소치오시아네이트류	치오알코올류
에틸바니린	락톤류	인돌 및 그 유도체	치오에테르류
벤즈알데히드	방향족 알데히드류	지방산류	테르펜계 탄화수소류
벤질알코올	방향족	고급알데히드류	페놀류
시트랄	에스테르류	지방족고급알코올류	훌후랄 및 그 유도체
dℓ-멘톨	ℓ-멘톨	페놀에테르류	

10) 팽창제(leavening agent)

빵, 케이크, 과자 등을 부풀리는데 팽창제가 이용된다. 천연팽창제로는 효모가 있으며 카스텔라와 같은 것은 달걀의 공기팽창력을 이용한다. 화학적 팽창제는 가열이나 화학적 반응에 의하여 탄산가스나 암모니아 가스를 방출하며 중조, 베이킹 파우더, 탄산암모늄 등이 있다.

11) 영양강화제

식품의 가공조리 및 저장 중 손실된 영양소를 보충하거나 원래 식품에 부족되기 쉬운 성분을 보충해 주는 것을 영양 강화라고 한다. 우리나라는 쌀을 주식으로 하는 까닭에 비타민 B_1과 lysine이 부족 되기 쉽다. 따라서 쌀에 이러한 영양소를 보충해 줄 필요가 있다. 영양을 강화시키는 제품에는 쌀, 소맥분, 맥류, 빵, 면류, 버터, 분유, 청량음료 등이며 지정된 영양 강화제는 [표 16-7]과 같다.

[표 16-7] 첨가물로 지정된 영양강화제

비타민류	니코틴산, 니코틴산아마이드, 디벤조일티아민산염, 디벤조일티아민, 비타민 A유, 유성비타민 A, 지방산에스테르, 분말비타민 A, 비타민 B_1, 비타민 나프탈린-1-5-디설폰산염, 비타민 B_1, 염산염, 디벤조일치아민염산염, 비타민 B_1, 나프탈린-2, 6-디설폰산염, 비타민B_{12}, 비타민B_6, 비타민B_2, 인산에스테르나트륨, 비타민D_2, 비타민 B_1, 탄산염, 비타민 B_1, 라우릴황산염, 비타민 D_3, 비타민 E, 판토텐산나트륨 비타민 B_1, 질산염, 엽산, 이노시톨, 지용성비타민 P
아미노산류	L-라이신염산염, DL-트립토판, L-트립토판, L-페닐알라닌, DL-메치오닌, L-메치오닌, L-발린, DL-스레오닌, L-스레오닌, L-이소로이신, L-히스티딘염산염
무기염류	구연산칼슘, 염화칼슘, 제3인산칼슘, 글루콘산칼슘, 젖산칼슘, 탄산칼슘, 수산화칼슘, 판토텐산칼슘, 구연산철, 구연산암모늄, 젖산철

*Ca으로 1%, 식품의 제조 또는 가공 상 필수 불가결한 경우 및 영양강화 이외의 목적으로 사용할 수 없다(단 껌류에는 2%까지 허용).

17장

식품포장

인류가 사회생활을 하기 시작한 후로 각종 식품을 항상 풍족하게 먹기 위한 욕망을 채우기 위해서 여러 가지 저장법이나 가공법이 개발되어왔다. 그래서 식품을 저장하기 위한 용기로 나뭇잎, 가죽, 대나무, 토기 등이 쓰였고, 19세기 초기에 프랑스의 니콜라 아뻬르(Nicholas Appert)에 의해서 통조림이 개발되어 장기저장용 포장용기가 등장하였으며 1940년대 석유화학 공업제품으로 플라스틱이 개발되어 식품포장에 다양하게 이용되고 있다.

1. 식품포장의 목적

식품재료가 생산되어 저장, 가공, 수송 등의 과정을 거쳐서 소비자에게 도달하는 동안 충격, 진동, 압축 등의 기계적 충격과 습기, 가스, 광선, 온도 등 외부 환경적 영향, 수송보관상 작업능률 향상과 경비절감, 판매시 상품가치 향상 및 소비시의 간편성 향상에 의한 상품가치 증진과 판매촉진 등의 제반욕구를 만족시키기 위하여 식품을 여러 가지 형태로 포장한다.

(1) 저장성

식품은 금속, 섬유, 종이 등과 달라서 온도 및 습도 변화에 따라 성분변화가 빨리 진행되어 화학적, 물리적, 생물학적 변화를 일으킨다. 또 공기 중의 산소나 광선에 의해서도 변화하며 미생물이 번식하면 변패된다. 따라서 식품을 포장한다는 것은 단순히 먼지나 빛, 습기를 차단하고 충격이나 진동으로부터 보호하는 것 이외에도 많은 기능을 갖는다.

내용식품의 품질은 포장재료 자체의 물리적 성질이나 화학적 성질에 따라 좌우되고 다음은 포장한 후의 환경조건(온도, 습도, 광선, 기체, 기계적 충격)에 의해 달라진다.

식품의 성분변화는 포장한 환경조건(온도, 습도, 광선)이 일정하면 포장 재료의 투과성(특히 산소) 및 용출하는 금속이온에 의해서 촉진되고 미량의 산소가 존재해도 빛(특히 자외선)에 의해서 촉진된다. 생식품일 경우 환경, 습도에 의해서 이화학적 특성이 단기간에 변화된다. 따라서 가공식품의 경우는 투습성이 없는 재료가 필요하고 산화에 의한 변질을 방지하기 위해서는 기체투과성이나 광 투과성이 없어야 하며 기계적 손상을 방지하기 위해서 내포장이나 외포장이 필요하다.

플라스틱 포장 재료는 금속관이나 유리병에 비해서 투습, 투광, 기체 투과 면에서 떨어지지만 생식품의 경우에는 투습성과 기체투과성이 품질유지에 오히려 유리한 면도 있다.

(2) 위생성

포장 후 미생물에 의한 오염이나 부패는 포장 재료에 pin hole이나 균열 등이 없는 한 살균처리에 의해서 방지된다. 포장 또는 포장살균 후의 해충에 의한 피해는 금속관, 유리병의 경우 피해가 적지만 플라스틱필름의 경우는 문제가 된다. 금속관의 경우 포장재료 자체로부터 주석 등이 용출되는 문제가 있고 유리병은 납 기타 중금속이 용출될 수 있다. 이에 반해서 플라스틱은 고분자물질이므로 화학적으로 비교적 안정하다.

플라스틱 필름의 물리적 성질을 보완하거나 포장 작업성을 향상시키기 위해서 안정제, 가소제, 유연제, 자외선 흡수제 기타 첨가제를 가하는 경우가 있는데 내용식품의 성분조성, 저장조건에 따라 이들 성분이 용출되어 문제가 된다.

플라스틱 필름 가운데 15μ 이하의 얇은 것은 pin hole이 있을 수가 있어 살균처리 후에도 2차 오염 가능성이 있지만 보통 60~70μ 이상 또는 적층필름을 사용할 경우 pin hole을 줄일 수 있다. 그런데 기계적인 pin hole, 살균조작 중 de-lamination 등에 의해서 2차 오염이 발생할 수 있다.

(3) 작업성

식품을 유통저장 판매 시에는 포장을 하지 않으면 안 된다. 오늘날 대부분의 상품은 대량생산, 판매되고 있는 까닭에 포장의 작업성을 생각하지 않을 수 없다. 거의 모든 제품이 자동 포장기를 거쳐 포장되므로 포장 재료가 기계적성을 가져야 한다.

포장 재료의 경탄성(stiffness)은 너무 강하거나 약하면 문제를 일으킨다. 저밀도 폴리에틸렌 필름은 고밀도의 것에 비하여 경탄성이 약하다. 또 slip성이 너무 크거나 나빠도 자동포장기에 문제가 된다. 파라핀지는 슬립성이 매우 떨어진다. 일반적으로 플라스틱은 그 분자의 규칙성 때문에 정전기가 쉽게 발생하여 포장작업을 어렵게 하거나 상품의 품질을 떨어뜨린다.

또한 열접착성도 포장작업에 매우 중요하다. 플라스틱 필름은 종이나 셀로판지, 알루미늄박 등에 비하여 열접착성이 매우 우수하여 쉽게 포장 마무리를 할 수 있다. 열접착성이 어려운 종이나 셀로판은 일반적으로 플라스틱을 라미네이트하여 포장지로 사용한다.

(4) 상품성

상품을 포장하는 것은 저장성, 수송성을 부여함과 더불어 상품성을 높여주는 역할을 한다. 소비자가 소매점에서 상품을 선택할 때 식품의 종류를 쉽게 알 수 있고 내용물의 품질, 단위를 알 수 있으며 구입의욕을 증진시키는 위생감, 맛 좋은 느낌을 줄 수 있도록 한다. 이 같은 조건을 충족시키기 위하여 포장지에 인쇄를 하는데 종이와 셀로판 등은 아름다운 인쇄를 할 수 있는 반면 폴리에틸렌이나 폴리프로필렌은 인쇄면이 벗겨지는 단점이 있다. 이 같은 플라스틱 필름은 인쇄적성이 좋은 필름을 라미네이트하여 사용하거나 필름표면에 코로나 방전을 시켜 극성기를 생성시키면 인쇄가 쉽게 된다.

2. 식품포장의 분류

식품이나 어느 물체를 포장할 때는 내용물의 품질, 형상, 용도, 수송방식, 저장, 보관방식 등에 따라 각각 포장재료, 포장형태, 포장조건이 달라진다.

- 기능 : 외포장, 내포장, 낱개포장
- 용도 : 산업포장, 상업포장
- 형태 : 상자, 파우치, 통조림, 병, 망주머니 등

- 포장재료의 종류 : 강성, 유연
- 내용식품의 상태 : 생식품 포장, 건조식품 포장, 냉동식품 포장
- 중점기능 : 보호포장, 수송포장, 저장포장
- 포장방식 : 방습, 방수, 진공, 열 수축, 가스충진, 무균포장
- 포장재료 : 나무상자, 종이, 플라스틱 포장 등
- 행선지별 : 국내포장, 수출포장
- 사후용도 : 재사용, 1회용 포장

이상과 같이 그 종류가 다양하지만 실제로는 각각 혼용해서 사용하고, 이용하는 포장재료도 다양하다.

3. 식품포장 재료

식품을 포장하는데 볏짚 등을 짜서 만든 가마니나 삼태기 등이 일찍부터 사용되었고 토기 등도 사용하였을 것이다. 종이가 발명되면서부터 많은 종류의 식품을 포장하는데 사용되었고 20세기에 들어서 개발된 플라스틱 필름은 대량 사용되고 있다. 식품 포장 재료가 구비해야 할 조건은 경우에 따라 다르겠지만 [표 17-1]과 같다.

[표 17-1] 식품포장 재료의 구비조건

구분	조건
위생성	무독, 식품성분과 반응하지 않음, 독성 첨가제가 없을 것
보호성	물리적 강도 - 인장강도, 파열강도, 인열강도, 충격강도, 마찰강도 등
	차단성 - 방습성, 방수성, 기체 투과성, 보향성, 단열성, 차광성 등
	안정성 - 내수성, 내광성, 내약품성, 내유성, 내한성, 내열성
작업성	포장작업, 기계적응성, 미끄러짐성, 비대전성, 열접착성, 접착적응성, 열수축성 등
간편성	개봉성, 가벼울 것, 휴대간편
상품성	광택, 투명, 평활, 백색도, 인쇄적성

(1) 종이(paper)

목재 펄프를 얇게 펼쳐 만들기 때문에 차단성이 좋지 못하여 왁스, 수지, 락카 등을 피복하기도 한다. 물리적 강도를 높이기 위하여 겹지를 사용하고 두껍게 한 골판지로 상자를 만들기도 한다.

종이의 장점은 사용하기 간편하고 아름다운 인쇄를 할 수 있으며 다른 포장 재료와 라미네이트하여 종이가 갖는 단점을 보완할 수 있다. 또한 빛을 잘 차단하며 태울 수 있어 뒤처리가 간편하다. 반면 내수성이나 차단성이 좋지 못하여 열접착성이 없는 것이 단점이다.

종이는 크게 분류하여 판지, 양지, 화지 등으로 나뉘고 판지에는 골판지, 백판지, 황판지 등이 있으며, 양지에는 인쇄용지, 크라프트지, 롤지, 모조지, 박엽지 등이 있다. 크라프트지는 매우 질긴 용지로 시멘트, 비료, 곡류 등의 포장에 쓰이고 롤지는 식품이나 일반포장지, 섬유포장지 등으로 그 용도가 매우 다양하다. 한편 박엽지는 특수 용도로 사용되는 경우가 많은데 광택이 있고 반투명성인 글라신지는 비스킷의 내포장, 약품포장 등에 쓰이고 라이스지는 담배를 마는데 사용된다.

(2) 금속용기

통조림은 얇은 강판에 주석을 도금한 양철로 만들기 때문에 차단성이 우수하다. 그러나 주석이 용해되어 제품으로 이행하는 경우가 있어 TFS(tin free steel)관이 개발되었다. 이것은 주석도금 대신 크롬도금을 한 것으로 도막의 접착성이 좋고 가공, 성형성과 내식성은 양철과 비슷하다.

알루미늄(aluminium)은 양철과는 달리 붉은 녹이 슬지 않으며 황화수소에 의한 흑변이 일어나지 않는다. 전성이 좋아 얇게 할 수 있으므로 플라스틱과 적층하여 많이 쓰이고 있으며 DI(drawn and ironed can)관을 만들 수 있다.

(3) 유리용기

유리(glass)는 규사모래(SiO_2)를 소다회(Na_2CO_3), 석회($CaCO_3$) 등을 혼합하여 1,500℃에서 녹여 용융 추출하여 성형한 것이다. 유리는 비교적 안정하지만 불화수소산(hydrofluoric acid)에 쉽게 부식되며 고온 다습 상태에 장시간 방치하면 풍화된다. 특히 물리적 힘에 약하여 파손될 우려가 높다.

유리는 투명하여 내용물을 볼 수 있으므로 청량음료, 술, 잼이나 젤리, 피클 등 여러 가지 식품용기로 사용된다. 빛을 차단할 필요가 있는 것은 갈색이나 녹색의 병으로 만든다.

(4) 플라스틱(plastic)

석유화학 공업이 발달하면서 개발된 플라스틱은 식품포장에 획기적인 발전을 가져 왔다. 플라스틱 재료는 값이 싸고 다양하게 성형할 수 있는 장점이 있다. 플라스틱 재료에는 많은 종류가 있고 그 기능도 다양하다. 중요한 것들의 특성은 다음과 같다.

셀로판(cellophane)은 황산염 펄프를 원료로 하여 만든 비스코스를 산성용액 중에서 필름 형태로 만든 것으로 투명하고 광택이 있으며 인쇄적성이 좋아 적층필름의 외부에 흔히 사용한다.

폴리에틸렌(polyethylene)은 에틸렌을 중합시켜서 만드는데 고압 PE와 저압, 중압 PE가 있고 각각의 특성이 다르다. 값이 가장 싸고 가공하기 쉬운 장점을 가지고 있으며 접착력이 좋아 내부적층 필름으로 널리 쓰인다.

폴리프로필렌(polypropylene)은 다른 플라스틱에 비해 가볍고 폴리에틸렌보다 인장강도, 경도가 크지만 찢어지기 쉽다. 단점을 보완하기 위해서 필름을 잡아 늘린 oriented polypropylene(opp, 연신필름)도 쓰인다.

폴리스티렌(polystyren)은 광택, 투명성, 경도는 좋지만 방습성, 기체투과성이 낮고 내한, 내열성이 낮아 생야채, 축육 포장에 이용되기도 한다. 장기저장이 필요 없을 때 사용하며 접시, 컵, 병 등 성형용기에 쓰인다.

폴리염화비닐(polyvinyl chloride)은 광택, 투명성이 좋으나 내한, 투습성이 좋지 않아 가소제를 첨가하여 보완하고 있다. 값이 싸서 축육, 야채 등의 포장에 쓰이고 가소제를 첨가하지 않은 것은 성형용기로 간장, 초, 식용유 등 액체식품 포장용기로 쓰인다.

폴리염화비닐리덴(polyvinylidene chloride)은 염화비닐리덴 85~90%, 염화비닐 10~15%의 공중합물로 투명하고 차단성이 좋으며 각종 약품에 대해서 안정하고 가열하면 수축하는 성질이 있어 소시지 등 육제품의 밀착포장에 쓰이는데 열접착성이 약한 것이 단점이다.

폴리카보네이트(polycarbonate)는 강인하고 내열, 내한성, 인쇄성이 좋지만 투습성, 기체 투과성은 그렇게 좋지는 않다.

폴리에스테르(polyester)는 terephthalic acid와 ethylene glycol의 축합물인 폴리에칠렌 테레프탈산을 원료로 하여 만든 것으로 무색, 투명, 광택, 기계적 강도가 우수하며 내열성, 차단성도 좋은 편이다. 열접착이 되지 않으므로 폴리에틸렌과 접합하여 사용하며 가열살균용, 냉동식품 포장용으로 쓰인다.

폴리비닐 알코올(polyvinyl alcohol)은 물에 녹지만 열처리하여 내수성을 부여한 것으로 무색투명하며 투습성은 높지만 산소차단성이 좋다. 폴리에틸렌이나 폴리프로필렌과 겹쳐 사용한다.

폴리아미드(polyamide)는 산아미드결합을 가진 고분자 화합물로서 일반적으로 나일론으로 알려져 있다. 무색투명, 유연성이 좋고 차단성, 강도, 내약품성이 좋으며 투습성은 높다. 다른 필름과 적층하여 이용된다.

(5) 적층(lamination)

플라스틱 필름은 미생물이나 먼지는 효과적으로 차단하지만 완전하게 밀폐되는 것은 아니다. 다행히 모든 식품이 반드시 기밀을 요구하는 것은 아니다. 종이, 플라스틱, 필름, 금속박지 등의 유연성 재료는 수분, 산소, 빛의 투과도, 파열강도, pin hole성 등이 각각 다르므로 이들 물질을 적절하게 겹쳐 사용하면 특성이 강화된다.

시판 겹지 가운데 특수한 목적을 위하여서는 8겹까지 하는 것도 있다. 예를 들면 인스턴트 차의 경우 포장지는 밖으로부터 인쇄 가능한 셀로판, 그 다음은 수분차단성과 열접착성이 좋은 폴리에틸렌, 강도를 주기 위한 가공지, 다음 층의 접착을 위한 카제인 접착제, 가스 차단의 주재료인 알루미늄박지, 맨 안쪽은 수분차단을 보강하고 열접착을 하는 폴리에틸렌으로 되어 있다.

적층은 접착제 용액으로 습식적층, 열가소성 접착제로 건식적층, 그 밖에 특수한 사출법 등으로 행한다. 이들 중의 한 가지는 공사출(coextrusion)이라 부르는 적층법으로써 사출기 내에서 2종의 수지가 층류를 이루면서 출구로 나와 성형된 것을 냉각하는 방법이 있다. 이렇게 만들어진 필름은 가장 완전한 적층이며, 여기에 다시 종이나 금속 박지를 붙여서 보강하기도 한다.

(6) 먹을 수 있는 필름(edible film)

때로는 포장지 그대로 먹는 것이 더 편리한 것이 있다. 프랑크후르트 소시지를 포장한 천연 케이싱이 그 예이며, 캔디의 경우 플라스틱 포장지에 붙지 않도록 먹을 수 있는 필름으로 속 포장을 하기도 한다.

식품 중 휘발성 성분의 손실이나 다른 식품과 함께 저장될 때 서로의 식품성분이 서로 반응하는 것을 막아야 되는 경우가 생긴다. 향료 등을 젤라틴, 아라비아검, 그 밖의 먹을 수 있는 물질로 엷은 보호 피복을 하는 것도 그 예이다.

우주 비행사들의 식량도 먹을 수 있는 재료로 피복한다. 이 때 사용하는 피복제는 젤라틴 등 녹는점이 높은 에멀젼 상태이다. 이는 제품의 수분과 산소를 차단함은 물론 무중력상태에서 가루가 되어 공중에 떠다니는 것을 방지한다.

아밀로스 전분, 옥수수 단백질인 제인, 카제인 등을 용해하여 펼친 다음 말리면 필름상으로 된다. 이 필름은 여러 가지 식품을 한데 포장할 때 각각 격리함으로써 서로 접촉할 때 일어 날 수 있는 좋지 못한 영향을 방지한다.

베이킹파우더는 그 재료를 함께 포장하면 서로 접촉하여 탄산가스를 발생하므로 각각을 따로 포장한 다음 큰 봉지에 넣어 두었다가 사용할 때 물에 녹이면 한데 섞인다. 이런 재료는 1차 포장 재료이며 다시 외포장이 필요하다.

4. 포장설계

포장설계란 대상이 되는 제품을 포장하여 궁극적으로 상품화하기 위한 것으로 상품적 가치를 높일 뿐만 아니라 포장방법의 경제성, 효율성, 작업성 등 모든 것을 분석 검토하고 예상되는 문제점을 고려하여 포장계획을 수립, 결정하는 작업을 말한다.

즉, 제품의 특징을 보면서 빛, 공기, 수분 등 보호대상을 결정한다. 그 다음 포장재료를 선택하고 필요하면 몇 가지 포장재료로 라미네이트하여 단점을 상호 보완한다. 설정된 포장재료가 자동포장기와 작업인원에 적합한지 작업성을 검토하며 디자인과 제품설명 등 각종 표기사항을 결정한다. 또한 소비자의 입장에서 불편한 점이나 부족한 점이 없는지에 대하여 깊이 있게 조사한다.

5. 포장시험

포장 재료와 포장용기의 보호기능을 정량적으로 측정하는 많은 시험방법이 있으며 인장강도, 신장률, 인열강도, 파열강도와 같은 기계적 성질을 정확히 측정하는 특수한 장치가 있다.

투습도는 흡습성이 있는 물질을 넣은 용기의 출구에 시험하려는 필름으로 밀봉하고 이 용기를 일정한 온도와 습도조건에 둔다. 주기적으로 이 흡습성 물질을 칭량하면 무게증가는 습기가 통과한 것이며 두께 0.001 in의 필름 100 in^2가 24시간당 통과하는 수분의 양을 중량(g)으로 표시한다.

투기도는 투습도를 측정할 때와 같이 하되 흡습성 물질 대신 진공으로 하고 압력계를 장치한 다음 24시간 후에 그 변화를 측정한다. 가스성분은 특수한 전극이 장치된 용기나 가스크로마토그래프로 측정하기도 한다. 통조림의 진공도는 바늘이 달린 진공계를 통조림에 찔러 측정한다.

산, 염기 그 밖의 용매에 대한 내성은 용매 중에 일정시간 재료를 담근 다음 용매로 용출된 양이나 그 밖의 포장 재료의 특성을 측정한다.

실제 적용시험은 각종 포장 재료에 식품을 넣고 가공, 수송, 저장 등을 일반 유통조건과 같이 하면서 파손여부와 식품의 변화여부를 측정하거나, 이러한 조건과 유사하게 장치를 만들어 시험한다.

6. 플라스틱을 이용한 식품의 포장

플라스틱은 금속이나 유리에 비하여 투습성, 기체 투과성, 휘발성 물질의 투과 등 차단성이 떨어지고 광선의 투과도 문제가 된다. 과실이나 채소의 경우 미생물 번식, 기계적 손상, 증산작용 등을 억제하기 위해서 포장을 해야 하지만 차단성이 너무 좋은 것은 습기가 포장지에 응축되어 불결한 느낌을 준다. 보통 고압법 폴리에틸렌, 폴리프로필렌, 연신경질 염화비닐 등은 투습성이 적고 기체투과성이 적당하여 저온 유통시는 적합하지만 결로성이 있고 20℃ 이상에서는 기체 투과성이 적어서 좋지 않다.

연신 폴리에틸렌, 연질 염화비닐 등은 투습성과 기체투과성이 적당하고 결로성이 낮아 과실, 야채의 포장에 적합하다.

어육류 포장은 저장 목적보다는 외관의 색이나 형태를 좋게 해줄 수 있는 것이라야 한다. 투습성이 적고 저온유통에 적합한 연질 염화비닐 등을 사용하고 접시형 용기로는 염화비닐, 발포성 폴리에틸렌, 펄프 등이 쓰인다.

7. 특수 포장

내열성 포장은 포장봉지를 물에 넣고 끓일 수 있는 포장으로서 여기에 사용되는 포장재료는 가스나 수분 차단성이 좋고 미생물이나 먼지의 침입을 막을 수 있으며 내유성이어야 한다. 끓일 때 봉지는 내부에 발생하는 수증기의 압력을 견뎌야 하며 이런 재료로서 폴리에스테르 필름을 들 수 있다. 그러나 이 필름은 열접착성이 없기 때문에 다른 필름과 적절하게 겹쳐 사용한다.

수축 포장은 오염으로부터 식품을 보호하고 육제품의 외관을 좋게 하여 용기 내에서의 건조를 막는다. 이것은 포장된 것을 가열하면 포장지가 수축하여 제품의 밀착된다. 이런 재료로는 프로필렌 필름이나 폴리비닐리덴클로라이드(PVDC) 필름이 있다. 수축포장은 특히 냉동 닭 포장에 유용하다.

진공포장은 미생물 번식, 유지의 산화, 변색 등을 억제할 목적으로 용기 내의 공기를 제거하여 밀봉하는 조작을 말한다. 진공포장 시 유의할 점은 생선육이나 형태가 일정하지 않은 가공식품의 경우 식품 내부의 공기를 잘 빼야 하고 액상식품의 경우는 접착 밀봉 부위가 불량이 나오기 쉽다. 진공포장한 것이라도 저온 유통이 필요하다.

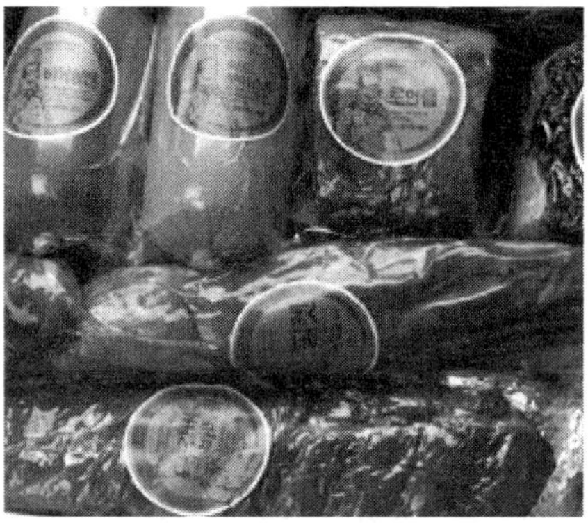

[그림 17-1] 햄의 밀착포장

가스치환 포장은 진공포장의 효과와 같다. 과자류, 유제품, 수산 및 축산식품에 적용된다. 불활성 가스로는 질소 또는 탄산가스가 쓰인다. 포장효과를 증진시키기 위해서 건조식품의 경우 산화칼슘이나 실리카 겔 등의 흡습제를 첨가하고 산화나 공기 팽창을 억제하기 위하여 철(Fe)이나 그 화합물 등 탈산소제를 첨가한다.

발포성 크림을 배출시키는데 사용되는 에어로졸 용기는 [그림 17-2]와 같다. 무균상태가 유지되고 기밀에 가까운 마개를 가진 이외에도 식품의 농축물, 압축가스, 누르면 밸브를 통하여 식품이 나오는 튜브, 자동개폐식 밸브 등으로 되어 있다. 그 밖에도 밸브나 다른 장치는 식품을 액상, 분무상, 반고형체 또는 거품상으로 나오게 한다. 발포성 크림의 경우, 병안에서는 액체상태로 있다가 나올 때 거품으로 변한다. 이러한 용기는 6.9×10^5Pa(100psi)의 압력에 견뎌야 하고 밸브를 열고 닫더라도 내용물이 위생적으로 유지되어야 한다. 발포성 크림의 경우는 니트로소 옥시드(nitrous oxide)이며 여기에 안정제로서 소량의 프레온 가스를 첨가한다.

최근 개발된 경성 플라스틱 병은 유리와 같은 투명성과 차단성을 가지면서도 유리의 결점이 보완된 것이다. 이것은 유리 무게의 절반이고 콘크리트 바닥에 던져도 깨지지 않는다. 그러나 FDA에서는 알코올성 식품에서는 이것을 쓸 수 없게 금지하였는데, 그것은 병의 재료인 폴리비닐클로리드가 용출되어 나올 가능성이 있기 때문이다.

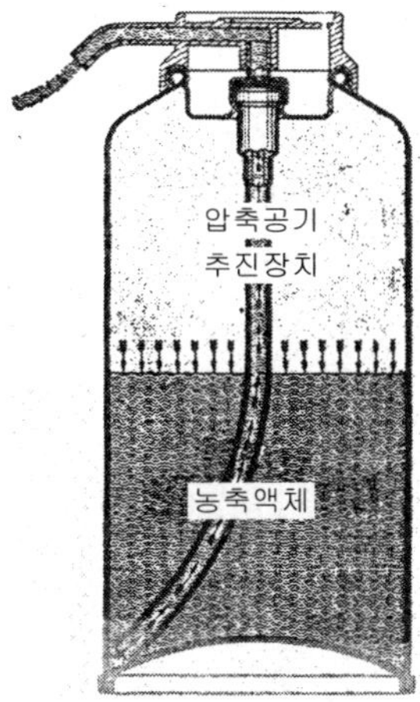

[그림 17-2] 에어로졸 용기의 한 종류

탄산음료에는 탄산가스를 차단하는 아크릴니트릴로 만든 병에 포장하면 좋으나 역시 안전성 문제로 FDA에서 금지하고 있어서 이런 용도로 폴리에스테르를 사용하는 연구가 진행되고 있다.

군대에서는 긴박한 상황에서 급식을 해야 하는 경우가 많으며, 따라서 식품을 보호하는 작용 이외에는 쉽게 취사할 수 있는 포장이 필요하다. 때로는 식품을 데울 여유가 없으므로 발열반응을 하는 화학물질을 사용하여 가열하는 경우나 압축냉매가스가 팽창하는 동안 냉각되도록 할 수 있다.

포장기술은 다각도로 발전되고 있다. 그 중 하나는 대량의 식품을 원거리로 수송하는 것이다. 이것은 제1차, 제2차, 제3차 포장까지 대단위로 포장하여 10톤이나 되는 콘테이너에 포장하여 배로 운반하고 수 10톤씩 한꺼번에 저장창고에 수송된다.

그 밖의 고려할 사항들로서는, 물론 포장이 식품을 판매하는데 매우 중요하지만 포장의 빛깔이나 상징이 중요하다. 소비자가 잘 알고 있는 지역에서는 문제되지 않지만 생소한 지역에서는 포장설계가 중요하며 상담까지 해야 한다.

중국에서는 보라색은 불행을 나타내고 흰색은 슬픔을 나타낸다. 벚꽃은 일본사람들에게 좋지만 왕궁에서만 사용하는 것으로 포장표지에는 사용하지 않는다. 그 밖의 아시아 시장에서의 예를 들면[표 17-2]와 같다.

[표 17-2] 포장의 빛깔과 상징이 나타내는 뜻

지 역	빛 깔	암 시	상 징	암 시
중 국	백 색	애도(피함)	호랑이, 사자, 용	힘(사용)
홍 콩	청 색	인기가 없음	호랑이, 사자, 용	힘(사용)
인 도	녹색, 오렌지색	좋 음	소	힌두교에서 신성(피함)
일 본	금색, 은색, 백색, 흑자색	행운, 고급	벚꽃, 국화꽃	아름다움(사용), 황실(피함)
말레이시아	황 색	황실(피함)	소	힌두교에서 신성(피함)
	황금색	장수(사용)	돼 지	회교도에게는 불결(피함)
		녹 색	회교(피함)	
파키스탄	녹색, 오렌지색	좋음(사용)	돼 지	회교도에게는 불결(피함)
싱가폴	적, 적황금	번 영	거 북	더러움, 사악
	적과 백	행 복	뱀	독
대 만	흑	피 함	코끼리	힘(사용)
태 국			코끼리	국가 상징(피함)
아 랍	백	피 함	동 물	피 함
			돼 지	종교적인 오염(피함)

다음에 중요한 것은 포장지 및 용기의 폐기문제이다. 미국의 경우 포장 폐기물이 1년에 5,000만톤 이상으로 추정된다. 특히 1회용 포장용기를 많이 사용하므로 그 양은 점차 증가하고 있는 실정이다.

다만 근래에 이르러 환경에 대한 인식이 점차 커짐에 따라 1회용 포장용기 사용을 절제하고 회수하여 반복사용할 수 있는 방법을 다각적으로 현실화시켜 가는 실정이다.

일부 지역에서는 부패되지 않는 유리, 금속, 플라스틱 등을 사용할 때는 미리 세금을 매기는 방안도 이용하고 있으며, 알루미늄 등은 회수하여 재사용하는 것을 원칙으로 하고 있다.

현재 포장의 절반을 차지하고 있는 것은 종이인데, 이것은 폐지나 연료로 재사용될 수 있으며 회수된 폐지는 상자, 신문 등을 만드는데 이용된다. 다만 재처리 과정에서 발생하는 유독성 물질에 의한 오염을 방지해야 한다. 미국의 경우 약 20% 정도의 종이가 재사용되고 있다.

18장

식품의 변패와 저장

식품은 저장하는 동안에 빛깔, 맛, 냄새 등의 관능적 특성이 변하고 영양소가 손실되며 미생물이 번식하여 때로는 우리가 먹을 수 없도록 부패된다. 일반적으로 넓은 의미에서 품질이 나쁘게 변화되는 것을 변패(deterioration)라고 한다. 이런 의미에서 대부분의 식품은 수확, 도살, 가공되는 동안 조만간 변패되어 마침내는 못 먹게 된다. 열, 저온, 빛, 산소, 수분, 건조, 식품 중의 효소, 미생물이나 곤충, 산업공해물질 등은 모두 식품을 변패시키는 요인들이다. 천연 또는 가공식품의 다양성과 변패요인이 복잡하므로 따라서 식품의 저장방법도 여러 가지로 달라진다.

[그림 18-1]은 수확된 양파로 시장출하를 위하여 수집, 운반되기를 기다리고 있는 것이다. 만일 빨리 운반되지 않고 적절한 처리를 하지 않으면 제품들이 썩게 된다.

[그림 18-1] 시장출하를 기다리고 있는 수확된 양파

각종 식품의 변패 속도는 [표 18-1]과 같다. 이 표에 표시한 것은 대표적인 동, 식물의 조직을 21℃에서 저장할 수 있는 기간이다. 즉, 식육, 어육, 조육은 실온에서 1~2일 안에 못 먹게 되고 과일, 채소, 신선한 우유, 그 밖에 천연식품도 정도의 차이는 있지만 마찬가지이다. 실내나 야외에서는 온도는 지역에 따라서 21℃가 훨씬 넘는 경우가 많다. 수분이 적고 설탕, 소금, 산이 많은 식품이나 또 다른 방법으로 처리한 가공식품은 변패속도가 느리다. 그럼에도 불구하고 에어컨이 설치되어 있는 현대 슈퍼마켓에 진열된 냉동식품일지라도 계속적으로 변하므로 저장기간 중의 식품은 일정기간이 지난 후에 버리게 되며 그 기간은 식품에 따라 다르다.

[표 18-1] 각종 식품의 저장기간

식　　품	저장기일(일, 21℃)
식 육	1~2
생 선	1~2
닭고기	1~2
건조, 염지 훈연식육과 어육	360 이상
과 일	1~7
건조과일	360 이상
엽채류	1~2
근채류	7~20
곡 류	360이상

저개발국에서는 농장이 있는 곳에서 20~30㎞만 떨어져 있더라도 식품이 썩어 식량부족 현상이 발생한다. 선진국에서는 일반적으로 식량을 효율적으로 재배하고 생산할 수 있는 지역에서 집중적으로 이루어진다. 변패요인을 조절하지 않는 한 인구 집중지역에 식품을 공급할 수 없으며, 사회가 발전할 수 없다.

옛날에는 식품의 변패와 그의 억제 여하에 따라서 역사가 바뀌고 전쟁의 승패가 결정되었다. 전쟁에서 식품의 생산지역과 멀리 떨어져서 군인에게 식품을 공급할 필요가 있을 때 항상 식품의 저장문제 관심이 집중되고 이것은 현재도 마찬가지이다. 식품 변패를 막을 수 있는 기술의 개선이 이루어진 것이 전쟁을 통하여 이루어졌다고 하는 것은 흥미로운 일이다.

18세기 프랑스는 전쟁 중이었고 나폴레옹 군대는 자주 부패된 고기와 맛이 없는 식품으로 급식을 하게 되었다. 해군이나 해상통상을 하는 동안 괴혈병의 발생을 포함한 비슷한 문제에 직면하였다. 그래서 식품의 보존기술 개발을 촉진하기 위하여 포상제도가 주어졌다. 이 때 니콜라 아뻬르(Nicolas Appert)는 식품을 용기에 밀봉하여 가열한 후, 개봉하지 않으면 오래 저장할 수 있다는 것을 알게 되었다. 이것이 통조림기술의 시초가 되었다. 그 50년 후에 파스퇴르(Louis Pasteur)에 의해서 그것은 미생물의 살균에 의한 것이란 것이 입증되었다.

식품과학의 기초는 변패요인과 그 억제를 이해하는 일이라고 할 수 있다. 그 원리를 알기 훨씬 이전부터 어느 정도의 보존 기술을 인류는 터득하고 있었다. 즉, 버터의 원료인 우유는 며칠 못 가서 변질되지만 그 중의 지방덩어리인 버터는 몇 주일 또는 수 개월 저장될 수 있었다. 마찬가지로 치즈, 훈제어육, 건조 과일처럼 변패되지 않도록 가공되었다.

1. 변패 요인

변패의 주요인은 주로 세균, 효모, 곰팡이 등의 미생물 성장과 작용, 식품에 들어있는 자가 효소의 작용, 곤충, 기생충, 쥐 등의 작용 온도 즉, 고온과 저온, 흡습과 건조, 공기 특히 산소, 빛, 시간 등이다.

이들 요인들은 자연 상태에서 별개로 작용하는 것이 아니다. 예를 들면 세균, 곤충 그리고 빛은 야외에서나 저장창고에서 식품을 변패시키는 요인이 된다. 마찬가지로 열, 수분, 공기 등의 요인은 미생물의 증식과 작용과 물론 천연식품 효소의 화학작용에 영향을 미친다.

어느 한 시점에서 각종 형태의 변패가 식품과 환경조건에 따라서 함께 일어날 수 있다. 효과적인 저장을 위해서 이들 요인을 모두 제거하거나 최소화해야 한다. 그래서 예를 들면 고기 통조림의 경우 미생물 살균과 식육에 존재하는 효소를 파괴하기 위하여 가열처리를 한다. 통조림은 곤충이나 쥐는 물론 빛깔과 영양가를 손상시키는 빛으로부터 보호할 수 있고 산소를 제거하기 위하여 진공으로 하거나 질소를 충진 시킨다.

1) 미생물

미생물에는 수많은 종류가 있으며 이들은 모두 식품에 번식할 수 있다. 그러나 미생물은 식품의 변패 만을 일으키는 것이 아니고 치즈, 김치, 일부 소시지 등에서 젖산을 생성하는 미생물처럼 저장성을 높이는 것들도 많다. 또 다른 미생물은 포도주나 맥주제조 등의 알코올 생성과 식품에 향미를 부여하기 위하여 사용된다. 하지만 선택적 접종이나 유용 미생물의 생장조건을 갖추어 특별히 이들 균을 배양하는 것을 제외하고는 식품 중의 미생물 증식은 흔히 변패의 주요 요인이 된다.

식품을 부패시키는 미생물은 토양, 물, 공기, 가축의 가죽, 닭의 깃털, 동물체의 내장 등 어느 곳에서나 발견된다. 이들은 과실, 채소, 곡류, 견과류의 껍질 등에도 존재하고 살균되지 않은 가공설비는 물론 식품을 취급하는 사람의 손, 피부, 옷 등에도 존재한다.

그러나 가장 중요한 것은 일반적으로 미생물이 동물의 살이나 식물체의 즙액 등 건강한 생체조직에는 들어 있지 않다는 것이다. 그렇지만 피부의 손상, 질병, 죽음 등으로 저항력이 약화되었을 때 미생물은 언제든지 침입한다. 이 경우 피부를 분해하고 그 속의 조직으로 침투한다.

건강한 젖소로부터 짠 우유는 분비될 때는 무균상태이지만, 그것이 나오자마자 오염된다. 소고기는 도살되어 가죽을 벗기고 특히 절단을 하는 동안 오염된다.

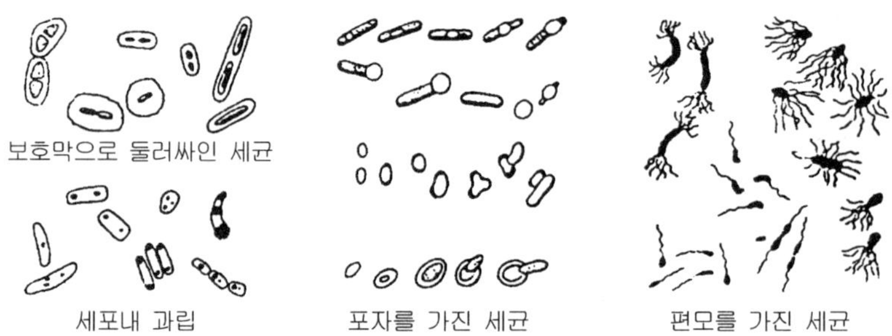

[그림 18-2] 세균의 구조

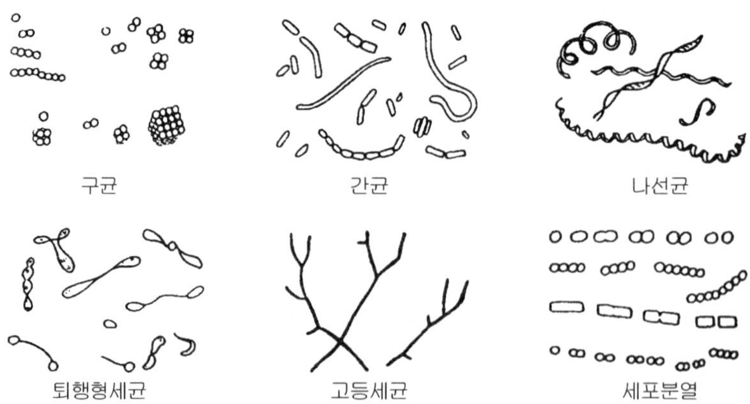

[그림 18-3] 세균의 형태

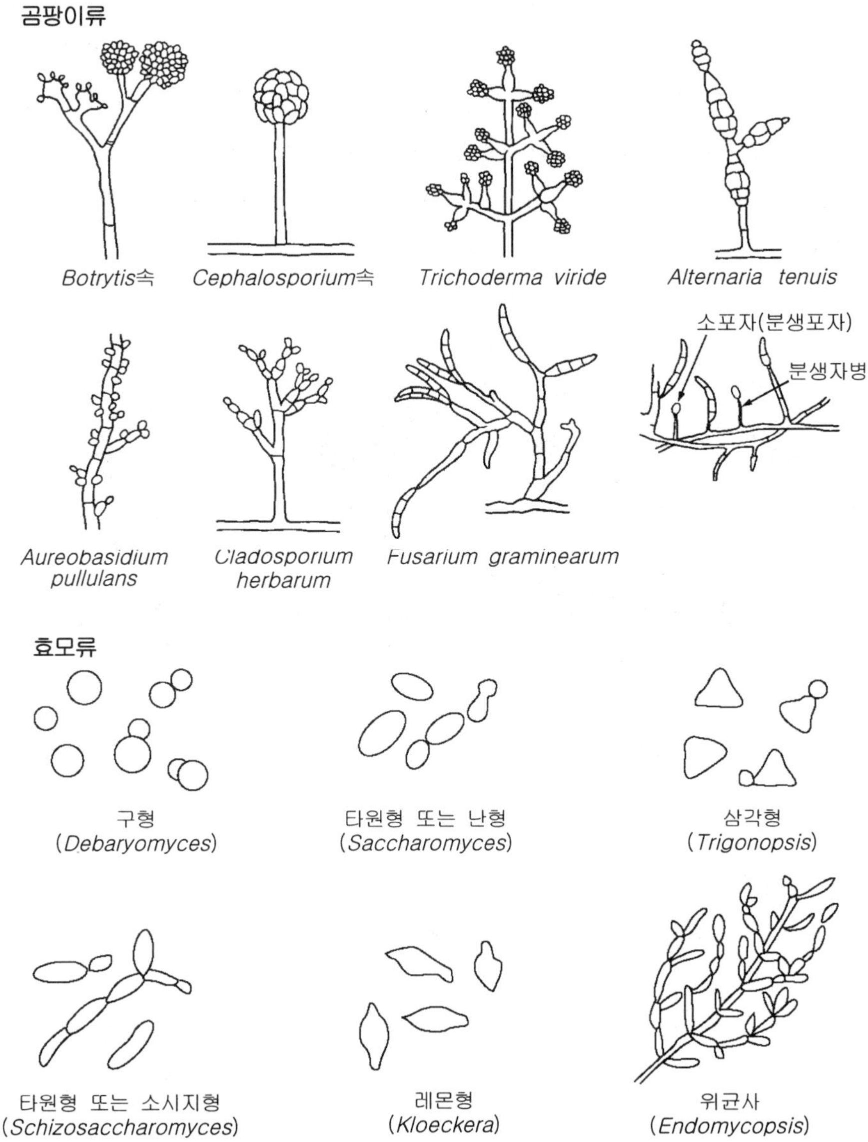

[그림 18-4] 대표적인 곰팡이와 효모의 형태

과실, 채소, 곡류 등은 외피를 파괴하거나 약화시킬 때 오염된다. 달걀의 경우도 마찬가지이다. 즉, 신선한 달걀 내부는 무균상태이지만 닭이 알을 낳을 때 달걀껍질이 많은 세균에 오염된다. 세균(bacteria)은 여러 형태의 단세포 식물이며 주로 구형, 막대형 및 나선형 등 세 가지 형태가 대부분을 차지한다. 대다수는 편모(flagellum)에 의해서 움직인다. 일부는 종자의 형태로 열, 화학물질 그 밖의 악조건에 견디는 포자(spore)를 형성한다.

세균 포자는 효모나 곰팡이 포자보다 훨씬 내성이 강하고, 대부분의 가공조건에 저항성이 크다. 따라서 살균공정은 이들 중 고도로 내성이 큰 세균의 포자를 대상으로 한다. 식품과 관련된 모든 세균은 크기가 매우 작다. 길이가 2~3㎛이고 직경은 이보다 약간 작다. 따라서 조그마한 간극만 있어도 침투할 수 있다.

효모는 다소 커서 길이 20㎛, 직경은 세균의 3배 정도이며 대부분 구형 또는 타원형이다.

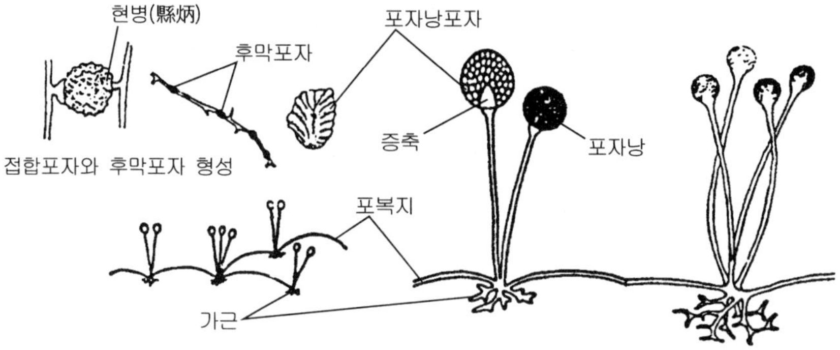

[그림 18-5] 누룩곰팡이의 균사와 분생자

곰팡이는 구조가 더 크고 복잡하다[그림 18-4, 18-5]. 이것은 균사(hyphae)라고 하는 머리카락과 같은 섬유가 망상구조로 자라고, 분생자(conidia)라고 하는 곰팡이 포자를 생성하는 자실체를 이룬다. 빵 곰팡이의 흑색, 블루치즈의 청색은 분생자에 의한다.

자실체 밑의 균사가 식품에 고착된다. 균사는 굵기가 1㎛이고 세균처럼 아주 작은 간극에도 침투하며 약화된 피부를 통하여 침입할 수 있는 통로를 만든다. 세균, 효모, 곰팡이는 모든 식품성분을 분해한다. 즉, 일부는 당을 발효하고 전분과 섬유소를 가수분해하며, 또 다른 것은 지방질을 가수분해하여 산패를 일으키며, 단백질을 분해하여 불쾌취나 암모니아 냄새를 발생한다. 어떤 것은 산을 생성하여 시어지게 하거나 가스를 생성하며 또 다른 것은 탈색이나 변색을 일으킨다. 자연 상태에서 식품이 오염되면 일반적으로 몇 가지 미생물이 함께 존재하며, 이들이 여러 가지 복잡한 변화를 일으켜 산이나 가스를 생성하거나 부패, 변색된다.

세균, 효모, 곰팡이는 고온 다습한 환경을 좋아한다. 대부분의 세균은 16~38℃에서 증식이 가장 잘되며, 이것을 중온균(mesophile)이라고 한다. 어떤 것은 낮은 온도에서 자라며 이것을 호냉균 또는 저온균(psychrophile)이라 한다. 또 80℃와 같은 높은 온도에서도 자라는 것을 내열균(thermophile)이라 한다. 대부분의 세균 포자들은 끓는 물에서도 살아남아서 온도가 낮아지면 다시 증식한다.

일부 세균과 모든 곰팡이는 생장하는데 산소가 필요하며 이것을 호기성 균이라 하고, 유리상태의 산소가 없을 때만 자라는 것을 혐기성 균이라 한다.

가장 중요한 것은 이들 미생물의 놀라운 속도로 증식한다는 것이다. 세균은 세포분열에 의해서 증식하는데 따라서 한 세포는 2개, 두 세포는 4개로 소위 기하급수적으로 늘어난다. 적당한 조건에서 세균은 매 30분마다 2배로 된다. 그런 조건에서 1mL당 초기 세균수가 100,000이던 것은 실온에서 24시간에 2천5백만이 되고 96시간이 지나면 50억개가 된다[표 18-2].

[표 18-2] 우유 중 세균의 증식

저장시간	세균수/mL
0	137,000
24	24,614,000
48	639,885,000
72	2,407,083,000
96	5,346,667,000

식품의 품질을 변경시키지 않으면서 인체에 해독을 주는 균을 식중독 균이라고 한다. 독소를 생성할 경우 섭취 후에 질병을 일으킨다.

*Staphylococcus aureus*와 *Clostridium botulinum*은 특별한 세균 독을 통해서 식중독을 일으킨다. *Aspergillus flavus*가 생성하는 아플라톡신(aflatoxin)처럼 곰팡이들도 독소를 생성한다. 아플라톡신은 사람보다 곡식에 해를 주는 경우가 많다.

감염형 식중독 균으로는 *Clostridium perfringens, Salmonella, Vibrio parahaemolyticus, Bacillus cereus, Streptococcus pyogenes* 등이다. 간염, 회백수염(poliomyelitis), 각종 호흡기장애, 내장장애 등과 같은 바이러스성 질병도 식품으로부터 옮겨진다.

2) 곤충, 기생충, 쥐

곤충은 특히 곡류, 채소류, 과실류에 손상을 준다. 야외나 저장 중에 발생하는 곡식손실은 연간 5~10%로 추정되며, 열대지방 등 일부 지역에서는 50%에 달하기도 한다. 곤충은 식품을 먹어치울 뿐만 아니라 미생물의 번식을 도와준다. 참외 중에 곤충이 침해한 작은 구멍은 그 자체는 별것이 아니지만 세균의 번식으로 부패할 수 있다. 곤충은 일반적으로 곡류, 건조과일, 향신료 등에서 메틸브로마이드(methyl bromide), 프로필렌옥시드 등의 화학약품을 훈증하여 방제하지만 수분이 많을 때 독성물질을 생성한다 하여 금지하고 있다.

곤충의 알은 내성이 강하고 밀가루 등에는 제분 후에도 남을 수 있다. 곤충의 알을 파괴하는 재미있는 방법은 엔토레터(entoleter, [그림 18-6])라고 알려진 원심분리기 형태의 단단한 표면에 밀가루를 부딪치는 방법이다. 이렇게 처리된 알은 부화되지 않는다.

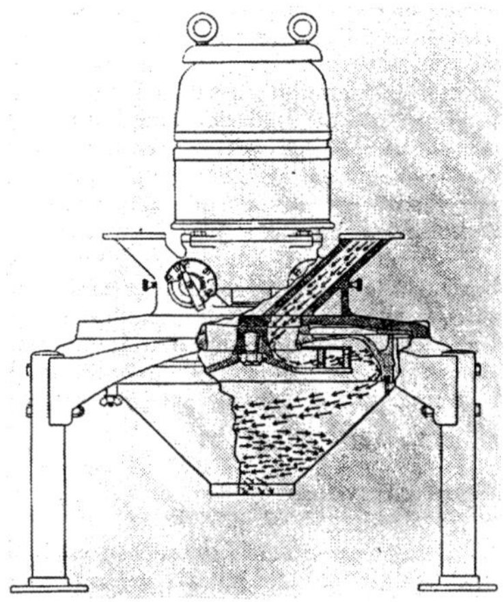

[그림 18-6] 충격에 의해서 충란을 파괴하는 엔토레터

곤충의 오염여부를 검사하기 위해서는 곤충의 생활사와 형태를 잘 알아야 한다. 초파리의 생활사를 보면 알, 유충, 번데기, 나방의 단계로 되어 있다. 이러한 곤충이나 곤충의 잔해를 완전히 없앨 수는 없으므로 한계치를 정한다. 초파리의 경우 알과 유충의 한계치는 [표 18-3]과 같다.

[표 18-3] 파리충난과 유충의 규격

식 품	시료량(g)	충난수, 유충수
토마토	500	10또는 5와 1또는 2
토마토 주스	100	10또는 5와 1또는 2
토마토 퓨레	100	20또는 5와 1또는 2
토마토 페이스트	100	30또는 15와 1또는 2

기생충에 관하여 예를 들면, 삶지 않은 음식 찌꺼기를 먹은 돼지는 선모충증을 일으키는 선충(*Trichinosis nematode*)이 감염된다. 선충은 돼지내장을 침투하여 돼지고기에서 발견되고 충분히 익히지 않은 돼지고기를 먹으면 사람에게도 감염된다. 따라서 모든 돼지고기와 그 가공품은 검사를 거치지만 먹기 전에 충분히 가열하여야 한다. 소고기 또한 기생충에 감염된다.

사람에게 감염되는 기생충은 정상적인 냉장이나 초절임에는 견디지만 가열이나 동결하면 죽는다. 그 밖의 기생충 아메바성 이질(dysentery)을 일으키는 *Entamoeba histolytica*가 있다. 이 기생충의 충란은 인분을 비료로 사용할 때 간접적으로 식품에 감염되는 경우가 아직도 있다. 오염된 물이나 비위생적인 처리로 기생충이 전파된다.

쥐에 의한 침해는 양적인 것뿐만 아니라 오염물에 의해서 식품에 해를 끼친다. 쥐의 방제가 잘되지 않는 곳에서는 쥐가 식량부족의 원인이 되기도 한다. 쥐의 오줌과 대변은 병원성 미생물을 오염시키고 살모넬라(salmonellosis), 렙토스피라증(leptospirosis), 티푸스(typhus), 페스트 등의 질병을 전파한다.

3) 효소

미생물이 발효, 산패 및 부패를 일으키는 효소를 가지고 있는 것처럼 오염되지 않은 건강한 동식물체도 그 자체의 효소를 지니고 있으며, 이것들을 수확이나 도살할 때 중요한 역할을 한다.

효소는 많은 천연 또는 가공식품에서 유리한 작용을 하는 경우가 많다. 특히 수확, 도살 후에 필요한 작용을 하기도 한다. 예를 들면 효소반응이 정상적인 생체기능을 하는 생명체에서는 균형을 이루고 있다가 동물을 죽이거나 식물을 수확하면 그 균형이 깨트려진다. 예를 들면 펩신은 동물의 내장에서 단백질의 소화를 돕지만 내장 자체를 소화하지는 못한다. 그러나 도살하여 방어기능이 상실되면 펩신은 신체기관을 분해한다.

이들 효소를 가열, 화학처리, 방사선처리 등으로 불활성화하지 않는 한 식품에서 화학반응을 계속한다. 이들 반응의 일부는 토마토를 수확한 후에 계속해서 성숙작용을 하는 것과 같이 너무 빨리 진행되지만 않으면 바람직하다. 그러나 최적기간이 지나면 변패된다. 즉, 조직이 약화되면 미생물에 감염되고 변패가 진행되어 못쓰게 된다. 이런 현상은 들판, 수퍼마켓 또는 냉장고에서 오래 보관할 때 일어난다.

4) 가열과 냉각

온도조절이 안되면 극단적인 고온과 저온도 변패를 일으킬 수 있다. 대부분의 식품이 취급되는 10~38℃의 온도에서 10℃ 상승에 따라 화학반응은 약 2배가 된다. 이것은 효소작용은 물론 화학적인 작용도 포함된다. 과도하게 가열하면 단백질이 변성되고 에멀젼이 파괴되며, 비타민이 손실되기도 한다.

낮은 온도 또한 식품을 손상시킨다. 과실과 채소를 얼렸다가 녹이면 조직이 파괴된다. 이 때 파손된 외피는 미생물의 침입을 쉽게 한다. 만약에 우유를 얼렸다가 녹이면 에멀젼이 파괴되어 지방이 분리된다. 동결하면 우유의 단백질이 변성되어 커드를 형성한다. 한편 조심스럽게 조절된 동결은 이런 손상을 적게 한다.

식품원료는 과도한 동결을 하면 오히려 냉해를 입는다. 수확된 채소와 과실도 최적온도에서 저장해야 한다. [표 18-4]는 채소와 과실류를 어는점 이상에서 차게 저장할 때 부분적으로 손상을 입는 것에 대하여 열거하였다.

[표 18-4] 어는점 이상의 온도에 냉장할 때 채소, 과일이 입는 손상

식품	안전한 저장 최저온도(℃)	0℃와 안전온도 간에 입는 손상
사 과	1~2	내부갈변, 연부
아보카도	7	내부갈변
바나나	13	성숙할 때 어두운 색
강낭콩	7~10	반 점
크랜베리	1	저온분해
오 이	7	반점, 부패
가 지	7	변 색
그레이프푸르트	7	반점, 내부갈변, 분해
레 몬	13~14	내부변색
망 고	10	내부변색
올리브	7	내부변색
오렌지	1.5~2.5	표피장애
파파야	7	분 해
파인애플	7	성숙하면 암록색
감 자	5	갈 변
호 박	10~13	부 패
고구마	13	부패, 반점, 내부변색

즉, 변색, 표면 흠집 생성 등 각종 형태의 부패가 일어난다.

따라서 바나나, 레몬, 호박, 토마토 등의 품질을 최대로 유지하기 위해서는 10℃ 이상에서 저장하여야 한다.

5) 수분과 건조

약간의 상대습도 차이에 의한 표면수분은 분말제품에 덩어리를 형성함은 물론 눅진해지고 결정을 이루는 등의 표면손상을 일으킨다. 식품의 표면에 소량의 물이 응축되면 미생물이 쉽게 증식할 수 있다.

이러한 응축은 외부요인이 없어도 일어난다. 과실과 채소를 방습 포장하면 호흡과 증산작용에 의하여 수분이 나오며 이 수분은 포장내부에 모여지고 미생물의 번식을 도와준다. 생명활동을 하지 않는 가공식품의 방습포장도 마찬가지로 식품의 내부에서 수분이 나와 포장지 내부의 상대습도를 변경시킨다. 저장온도가 낮아지면 이것들이 다시 식품의 표면에 응축된다.

6) 공기와 산소

공기와 산소는 비타민류(특히 A와 C), 빛깔, 향미 및 그 밖의 식품성분을 산화시키는 이외에도 곰팡이가 번식하는데 필수적이다. 모든 곰팡이는 호기성이고 따라서 식품의 표면이나 틈에서 자란다. 그래서 식품가공 중 진공이나 불활성 가스를 충전하거나 산소봉쇄제 등을 사용하여 산소를 제거한다.

7) 빛

일부 비타민류 특히 리보플라빈, 비타민 A, 비타민 C 등이 빛에 의해 파괴되고 식품의 빛깔을 변색시키는 것에 대하여 이미 설명하였다. 우유를 햇빛에 쪼이면 지방산패와 단백질이 변화되어 변패취를 발생한다. 모든 파장의 빛이 식품성분에 흡수되고 그 성분을 파괴하는 것은 아니다. 소시지와 식육의 표면변색은 자연광 또는 진열장의 형광하에 따라서 다르다. 이런 식품들은 빛을 차단하거나 선별 통과하는 포장재료를 사용한다.

8) 시간

식품은 도살, 수확 또는 가공 후에 품질이 가장 좋은 시기가 있다. 그러나 이런 시간은 짧은 기간 유지될 뿐이다.

미생물의 번식, 곤충의 피해, 효소작용, 식품성분의 상호작용, 휘발성 향기의 상실, 가열, 냉동, 수분, 산소, 빛의 영향 등은 시간과 비례하여 진행되며 시간이 지날수록 변패 정도가 커진다.

2. 식품저장의 원리와 방법

만일 식품을 짧은 기간 저장할 때에는 다음 두 가지 간단한 원리를 이용해서 저장한다. 첫째, 식품을 가능하면 오랫동안 살아 있도록 한다. 다시 말하면 생산지에서 소비지까지 운반하는 동안 동물이나 식물을 죽여서는 안된다. 물고기를 탱크에 넣어서 살리는 것이 그 예이다. 물고기는 죽으면 곧 변패된다. 과실, 채소 등에서도 마찬가지이지만 오랫동안 살리는 것은 힘이 드는 일이다.

둘째, 식품을 죽여야 할 경우, 그것을 깨끗하게 하고 포장을 하여 냉각시킨다. 그러나 청결, 냉각은 수 시간 또는 며칠간 변패를 억제할 뿐이다. 미생물과 식품 중의 효소는 불활성화되지 않는다. 실제로는 식품을 장기 저장할 경우가 많다. 그래서 식품의 부패요인이 되는 미생물의 불활성화나 억제를 해야 한다.

세균, 효모, 곰팡이의 중요한 억제수단으로 가열, 냉각, 건조, 산, 당, 식염 또는 화학물질 등의 첨가, 훈연, 공기조절, 방사선 조사 등이 있다. 이들이 변패를 억제하지만 때로는 변질을 일으킬 수 있다. 따라서 가열은 미생물을 죽이되 식품의 품질을 저하하지 않도록 하며, 보존료의 첨가량은 미생물을 저해하되 인체나 식품성분에 해를 주어서는 안된다. 따라서 식품저장은 첨가량이나 처리수준을 적절히 조절하는 것이 필요하다.

1) 가열살균

식품을 가열하게 되면 날 것이 익어서 소화율이나 맛이 증진되고 미생물이 죽게 된다. 그러나 영양성분이 파괴되기도 하고 색의 변화 등 품질에 나쁜 영향을 미치기도 한다. 따라서 살균을 목적으로 식품을 가열할 때는 저장목적을 충족시키면서 품질손상을 최소화할 수 있는 범위에서 가열처리를 한다.

세균, 효모, 곰팡이는 일반적으로 16~38℃에서 가장 잘 자라지만 내열성균들은 66~82℃에서도 증식한다. 세균은 82~93℃에서 대부분 죽지만 그들의 포자는 100℃의 끓는 물에서도 30분 정도 견딘다. 만일 식품을 오래 저장할 경우에는 내열성이 강한 미생물을 죽일 수 있는 121℃(습열) 부근에서 15분 이상 가열해야 한다. 이것을 멸균(sterilization)이라 한다. 실험실에서 살균가마나 공업용 레토르트(retort)에서 가압증기로 가열하면 이렇게 높은 온도로 올릴 수 있다. 그러나 일반적으로 해로운 미생물만을 죽여도 식품의 품질에 큰 영향을 주지 않는데 이러한 살균을 상업적 살균(commercial sterilization)이라 한다. 상업적 살균을 행한 통조림은 미생물이 남아 있더라도 2년 이상 저장이 가능하다.

옛날에는 이렇다 할 살균장치가 없었기 때문에 솥에 넣고 끓이는 정도로 살균을 행하였는데 이것을 저온살균(pasteurizarion)이라 하여 주로 병원 미생물만을 죽이는 것으로 해는 없지만 며칠이 지나면 남아있는 미생물들에 의해서 품질이 변할 수 있다.

일반적으로 낮은 온도에서 장시간 가열하는 것보다 높은 온도에서 단시간 가열처리하는 것이 식품의 품질을 손상시키지 않고 효과적이다. 극단적으로 150℃에서 2~3초 순간살균하는 것이 좋은 것으로 판명되어 현재 우유 살균은 이 방법이 이용되며 이러한 것을 초고온 순간살균(ultra-high temperature sterilization)이라 한다. 이러한 살균은 포장 전에만 가능하므로 일단 살균된 것은 무균 상태 하에서 자동포장 되어야 한다.

식품을 가온하는데 시간을 단축하기 위해서 초단파가열을 이용하기도 한다. 초단파 에너지 및 비슷한 주파수의 에너지는 식품공업에 이용도가 높아지고 있다. 이 방법에 의하면 식품의 중심부도 비교적 빨리 가열되기 때문에 차가운 식품을 신속하게 가온하는데 편리하다. 다만 초단파는 통조림이나 금속박지를 통과하지 못하기 때문에 특별한 포장 재료가 요구된다. 여러 가지 미생물과 온도와의 관계는 [표 18-5]와 같다.

통조림을 제조할 때 사용되는 공업용 가압살균 가마는 통조림 내의 미생물과 포자를 죽일 수 있도록 일정한 온도로 충분한 시간 살균한다. 통조림은 1년 이상 저장해야하기 때문에 공업적 살균은 필수적이다. 살균하는데 모든 식품에 동일한 정도로 열처리를 할 필요는 없다.

토마토나 오렌지 주스처럼 산성식품일 경우에는 산이 열 살균 효과를 증대시키므로 과도한 열처리를 할 필요가 없다. 예를 들면 산이 존재하면 93℃에서 15분간

[표 18-5] 온도에 따른 세균의 성장속도

온도(℃)	미생물에 대한 온도 효과
121	모든 세균을 죽이는 증기온도 15lb에서 15~20분
116	10 lb에서 30~40분 모든 세균을 죽임
110	6 lb에서 60~80분에 모든 세균을 죽임
104	2 lb 증기압력
100	물이 끓는 온도, 영양세포는 죽음
93	성장하는 미생물은 82~93℃에서 사멸함
82	62~82℃ 범위에서 내열성 균은 성장함
77	포자형성균을 제외한 중요한 병원균은 60~70℃에서 30분 처리로 사멸
38	16~38℃에서 세균은 가장 활발하게 자람
16	10~16℃ 대부분의 미생물 성장억제
10	4~10℃ 호냉균의 최적온도
0	동결, 모든 미생물은 성장정지
-18	세균은 죽지 않고 존재
-251	이 온도의 액체수소에 의해서도 대부분의 세균은 죽지 않음

으로 충분하다. 각종 식품의 살균온도와 시간에 대해서는 잘 알려져 있다.

식품보존을 위하여 병원균만 죽이고 무균상태가 아니어도 상관없을 때가 있다. 우유가 그 예로 62.8℃에서 30분간 가열하면 대부분의 세균과 모든 병원균이 죽지만 무균상태는 아니다. 이것을 냉장고에 보관하고 2~3일 내에 먹으면 문제가 없다. 그러나 연유는 수개월 저장해야 하기 때문에 무균 처리하여야 한다.

2) 냉각과 냉동

차가운 식품은 쉽게 썩지 않는다는 사실을 옛날 선조들은 빙하기를 거치면서 경험으로 알았으리라 생각된다. 따라서 찬물이나 동굴 또는 땅 속에 파묻어 온도를 낮추어 저장하는 방법이 예부터 이용되었으나 19세기 냉동기가 개발되고부터 손쉽게 냉각하고 동결할 수 있게 되었다.

저장기간이나 식품의 종류 그리고 사용목적에 따라 냉각정도를 달리 한다. 식품을 단기간 저장하거나 냉해를 입을 우려가 있는 채소류 등은 15~-2℃의 저온에서 저장하며 얼지 않게 하는데 이것을 흔히 저온저장이라 한다. 장기저장을 하거나 변패되기 쉬운 생선 등은 동결저장을 하는데 일반적으로 -30℃ 이하에서 동결하며 -18℃ 이하에 저장하는데 이러한 상태에서는 식품의 품질을 수개월 또는 수년간 유지할 수 있다.

냉장과 동결온도간의 구분은 미생물 활성과 관련하여 생각할 수 있는데 그 관계는 [그림 18-7]과 같다.

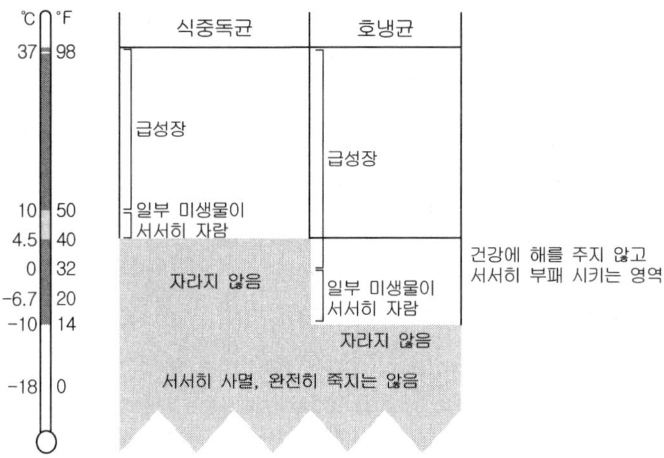

[그림 18-7] 식품미생물의 생장온도

냉장(cold storage)이나 저온저장은 미온적인 저장방법이어서 신선도를 유지할 수 있는 기간은 길지 않다.

그러나 상온에 저장한 것보다는 보존효과가 큰 것을 알 수 있다. 식품의 양이 많은 때는 충분히 열을 제거하기 전에 변질될 우려가 있으므로 급속히 냉각을 할 필요가 있다.

채소, 과일류는 호흡 중에 열이 발생한다. 특히 호흡이 왕성한 풋콩, 브로콜리, 옥수수, 완두, 시금치, 딸기 등은 저장이 어려운데 이들을 밀폐된 창고에 저장하면 표면의 공기가 차가워도 중심부위는 부패될 수 있다. 따라서 식품의 냉장에는 온도도 중요하지만 습도조절, 공기순환 등이 필요하다. 공기를 적당히 순환시키면 식품의 표면으로부터 열을 제거하는데 도움을 주지만 공기가 너무 습하면 식품 표면에 응축현상이 나타나며, 건조한 공기는 식품을 마르게 하므로 좋지 않다.

냉장 저장할 때 사과 등 호흡을 하는 식품인 경우에는 호흡을 억제할 수 있는 가스조절 저장(controlled atmospheric storage, CA 저장)이 더욱 효과적이다. 즉, 산소의 양을 줄이고 탄산가스와 질소와 같은 불활성가스의 농도를 높여줌으로써 호흡을 억제하여 품질저하를 늦출 수 있다. 감귤이나 바나나의 경우 추숙 중에 에틸렌 가스를 투입하면 성숙이 촉진되고 착색이 고르게 되는데 이것도 CA 저장의

한 응용이라 할 수 있다. 또한 감압상태에 저장하는 것도 공기조성을 조절하는 방법이다.

[표 18-6] 각종 식품의 온도별 저장수명

식 품	저장수명(일)		
	0℃	22℃	38℃
식 육	6~10	1	<1
닭고기	5~18	1	<1
어 육	2~7	1	<1
건조식육, 건조어육	>1000	>350	<100
과 일	2~180	1~20	1~7
건조과일	>1000	>350	>100
엽채류	3~20	1~7	1~3
근채류	90~300	7~50	2~20
곡 류	>1000	>350	>100

여러 가지 식품을 함께 냉장하는 경우에 냄새가 서로 교환되는 일이 발생한다. 이런 경우 포장을 하여 저장하면 냄새가 배는 것을 방지할 수 있다. 그 밖에도 냉장하는 동안 과실과 채소류의 연화, 고기의 변색, 지방의 산화, 물고기의 드립손실, 빵의 노화, 향의 손실 등이 초래된다.

냉장은 보존효과 이외에도 식품의 가공적성을 조절하고 유용 미생물과 효소작용을 조절하는데 치즈의 저온숙성, 소고기의 숙성, 포도주의 추숙 등이 그 예이다.

냉장은 품질유지가 안될 때는 동결저장(freeze storage)을 한다. 또 조리식품의 경우 미리 조리하여 동결시켜 보관하다가 소비자가 가열하여 즉석에서 먹을 수 있도록 한 제품도 있다. 동결식품은 해동만 하면 신선한 식품과 비슷해진다. 그렇지만 동결을 하면 텍스쳐와 에멀젼 상태가 파괴되고 단백질이 변성되며 그 밖의 성분변화가 수반된다.

식품을 동결할 때 수분 속에 녹아 있는 소금, 설탕, 무기질, 수용성 단백질 등은 어는점을 낮춘다. 식품 중에 들어 있는 수분과 용질의 함량이 다르기 때문에 어는점이 다르고 같은 조건하에서 동결상태에 도달하는 시간이 다르다. 식품은 동결 시 한꺼번에 액체에서 고체로 되는 것이 아니다. 예를 들면 병에 든 우유는 가장자리가 먼저 어는데 얼음결정은 순수한 물이고 무기질, 락토오스, 지방질 등은 동결이 진행됨에 따라 농축되고 충분히 낮은 온도에서는 중심부도 결국 동결된다. 물이

0℃에 언다고 하지만 실제로는 그렇지 않고 0℃보다 몇 도나 낮은 온도까지 과냉각되었다가 결정핵의 형성이나 진동이 있을 때 동결이 시작된다. 이런 자극에 의해서 얼기 시작하면 결정화 과정에서 잠재열이 발생하므로 과냉각 온도는 0℃로 다시 올라간다. 만약 물이 0℃보다 훨씬 낮더라도 물이 얼고 결정화 또는 융해잠열을 내지 않는 한 순수한 얼음과 물의 온도는 0℃ 이하로 내려가지 않고 모든 물이 얼음으로 변한 후에야 온도가 내려간다.

식품에는 수분이 들어 있지만 이 수분 중에는 각종 용질이 녹아 있으므로 그 양상은 복잡하다. [그림 18-8]은 소고기를 -18℃ 이하의 냉동고에 두었을 때의 동결곡선이다.

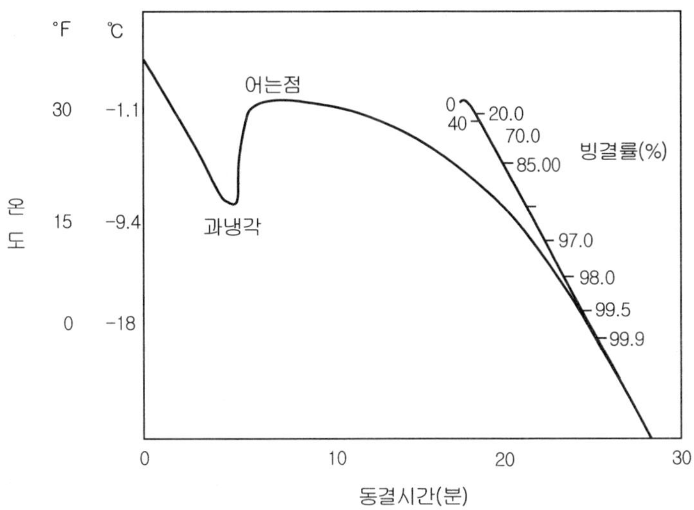

[그림 18-8] 소고기 절편의 냉동곡선

그림에서 보는 바와 같이 소고기가 냉각됨에 따라 온도는 어는점보다 약간 낮은 과냉각 온도로 떨어졌다가 핵형성이나 진동으로 얼기 시작하면 온도가 일단 올라갔다가 다시 내려간다. -4℃에서 약 70%의 물이 얼어 단단하게 언 것처럼 보이지만 -9.4℃에서도 약 3%의 물이 얼지 않고 남아 있으며 -18℃에서도 완전하게 얼지는 않는다.

온도를 서서히 내려 식품을 냉동하면 세포 밖에 있는 순수한 물이 먼저 얼게 되고 세포 안의 물은 밖으로 빠져나가 얼음결정이 크게 되어 마침내는 세포를 파괴하여 조직을 손상시키지만 급속히 온도를 충분하게 내리면 세포 안팎의 수분이 동시에 얼어 얼음결정이 미세하게 되므로 조직이 파괴되지 않는다. 따라서 식품을 얼릴 때는 급속동결을 하는 것이 좋다. 얼린 식품을 저장할 때는 텍스쳐의 변화, 성분의 화학변화, 미생물학적 변화, 냉동저장 비용 등을 감안할 때 -18℃ 이하로 유지하는 것이 바람직하다.

미생물학적으로 볼 때 병원성균은 3.3℃, 부패미생물은 -9.4℃ 이하에서 자라지 못하므로 -18℃ 이하의 온도로 유지하는 것이 안전하다. 그러나 지방 산화효소 등은 -73℃에서도 작용을 한다. 각종 식품을 저온에서 장기 저장 시 저장기간은 [표 18-7]과 같다.

[표 18-7] 각종 식품의 저장수명(월)

식 품	저 장 온 도		
	-18℃	-12℃	-6.7℃
오렌지주스	27	10	4
복숭아	12	<2	6일
딸 기	12	2.4	10일
콜리플라우어	12	2.4	10일
강낭콩	11~12	3	1
완 두	11~12	3	1
시금치	6~7	<3	0.75
닭고기(생)	27	15.5	<8
닭고기(튀김)	<3	<30일	<18일
소고기(생)	>30	5	<2
돼지고기(생)	13~14	<4	<1.5
생선(지방이 적은 것)	3	<2.3	<1.5
생선(지방이 많은 것)	2	1.5	0.8

동결식품의 경우 저장 시 0℃ 이하의 온도이더라도 3℃의 오르내림은 얼음조각의 일부가 녹았다 다시 얼게 되므로 결정이 커져서 조직을 파괴한다. 동결식품을 사용할 때에는 어차피 해동하는데 이 때 천천히 해동하면 제일 늦게 언 농축된 부분이 먼저 녹아 서로 반응하여 변화를 일으킨다. 또 빨리 해동을 하지 않으면 미생물이 번식하게 된다[표 18-8].

식품을 동결하는 데 사용되는 냉동기는 냉매의 가스를 응축, 액화하는 방식에 따라 압축식과 흡수식이 있는데 일반적으로 압축식이 널리 이용되고 있다. 냉매는 주로 대형 냉동기에는 암모니아, 가정용 소형 냉동기에는 프레온이 사용된다. 압축식 냉동기의 냉동설비와 냉동 원리는 [그림 18-9]와 같다.

[표 18-8] 동결란 해동 시 미생물 수의 변화

해동방법	소요시간(시간)	해동시 미생물 수의 증가(%)
공기 중(27℃)	23	1,000
공기 중(21℃)	36	750
공기 중(7.2℃)	63	225
흐르는 물(16℃)	15	250
21℃	12	300
교반수(16℃)	9	40
유전가열	15분	거의 없음

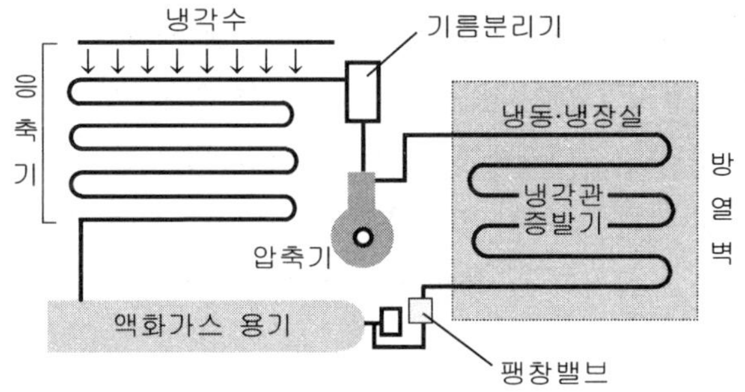

[그림 18-9] 암모니아 압축식 냉동기

식품을 동결하는데 가장 보편적으로 사용하는 방법은 공기동결이다. 송풍동결은 -29~-40℃의 냉풍을 1초당 10~15m의 속도로 고기의 표면을 순환시켜 동결시킨다. 이 때 식품의 표면이 건조되어 어두운 색으로 변하는 소위 냉동변질(freezing burn)이라는 변패를 일으킨다.

접촉식이나 침지식 동결은 냉매가 식품과 직접 접촉하여 신속하게 동결시킨다. 이 때 낮은 온도를 얻기 위하여 극초저온 냉매(cryogenic liquid)를 사용하는데 액체질소는 -196℃에서 기화하고 드라이아이스는 -79℃에서 기화하므로 급속냉각용으로 많이 쓰인다.

동결식품은 표면의 수분이 승화하여 냉동기나 저장고에 응축되어 식품의 손상뿐만 아니라 냉동효율을 저하시키므로 수분 차단성이 우수한 포장 재료를 사용해서 포장해야 한다. 대부분의 식품은 동결하면 팽창하는데 어떤 것은 10%나 부피가 팽창하는 것도 있다. 따라서 내한성이 강하고 유연성이 있으며 밀착포장보다는 공간을 둔 포장형태라야 한다. 일반적으로 동결식품은 용기에 넣은 채 해동하므로 액체가 흘러나와서는 안 된다.

3) 건조

건조(drying)는 식품의 저장수단으로 옛날부터 이용되어 왔다. 천일건조는 지금도 여러 지역에서 이용되고 있다. 즉, 가을에 벼를 베어서 논에서 말리고 감을 깎아 햇볕에 말려서 곶감을 만들고 미역을 말리는 것들이 그 예이다. 이와 같은 천일건조는 비용이 들지 않는 대신 건조시간이 오래 걸리고 인위적인 조절이 어렵다. 감자를 기름에 튀기고 곡식을 볶으며 빵을 구울 때도 수분이 제거된다. 농축은 우유를 졸여 연유를 만들거나 토마토 퓨레를 제조하는데 이용된다.

왕성히 자라는 미생물에는 수분이 80%나 들어 있다. 이 물은 물론 그들이 증식하고 있는 식품에서 얻는다. 만일 식품에서 수분을 제거하면 미생물 중의 수분도 없어지고 증식은 정지될 것이다. 부분적인 건조는 일부 미생물의 번식을 억제하지만 전체적인 건조보다 효과적이지 못하다. 세균과 효모는 일반적으로 곰팡이보다 많은 물을 필요로 한다. 그래서 곰팡이는 세균이나 효모가 자라지 못하는 반 건조 식품에서도 자랄 수 있으며 그 좋은 예가 오래된 빵이나 건조 과일에 핀 곰팡이이다.

식품이 들어 있는 창고나 포장내의 상대습도가 약간 다르더라도 미생물의 번식에는 큰 차이가 난다. 식품의 부위에 따라서 수분과 이화학적 상태가 다르므로 미생물의 미세환경조건에 유의해야 한다. 그래서 수분의 상태가 중요하고 이를 수분활성도로 표시한다. 수분활성도는 식품의 증기압과 같은 온도에서 순수한 물의 증기압의 비율이며, 평형상태의 수분활성은 RH/100과 같다.

미생물의 수분 요구량을 말할 때 식품이 용액이건 입자이건 그들이 둘러싸인 환경에서의 수분활성을 말한다. 미생물이 자랄 수 있는 일반적인 온도에서 대부분의 세균은 0.90~0.99의 수분활성이 필요하다. 그러나 일부 효모와 곰팡이는 0.65 이하에서도 서서히 자란다.

건조식품은 무균상태가 아니다. 세균이 건조식품에서 자라지 못하지만 건조식품이 흡습하면 미생물은 급속하게 번식한다.

식품을 건조하기 위해서 열전달이 빠르게 되도록 해야 한다. 이를 위해서 식품을 얇게 절단하거나 분쇄하면 표면적이 증가하여 열전달 거리와 내부수분의 확산거리가 단축된다. 또 식품주위의 온도를 높이고 습한 공기를 빨리 제거해서 항상 건조한 공기가 접촉하도록 하는 것도 필요하다. 때로는 감압상태로 하여 수분의 증발을 빨리 하도록 한다.

대부분의 건조는 열을 사용하고 식품성분은 열에 예민하므로 가능하면 식품의 품질을 유지할 수 있는 낮은 온도로 건조해야 한다. 건조과정 중 수분증발 속도는 초기에 빠르고 후기에 느려진다[그림18-10].

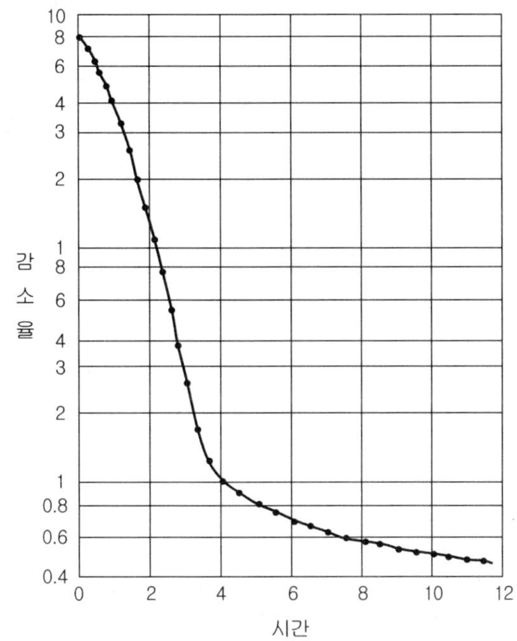

[그림 18-10] 당근절편 건조 시 수분감소율 변화

즉, 그림에서 보는 바와 같이 90%의 수분을 4시간에 건조할 때 나머지 10%를 건조하는데도 4시간이 걸린다. 초기 4시간은 일정한 속도로 증발되는데 이것을 항율건조라 하고 그 이후의 건조를 감율건조라 한다. 식품의 건조는 식품의 종류, 건조장치의 건조조건에 따라서 달라진다. 다시 말해 식품 중의 지방질의 분포, 용질 농도, 자유수 함량, 세포구조 등이 영향을 미치고 건조됨에 따라 수축되어 수분의 이동통로를 차단하는 표면경화에 의해서 증발이 억제된다. 이렇게 수축된 것은 사용할 때 물을 가해도 복원이 더디다.

건조기는 대개 가열기, 건조실, 송풍기, 식품지지대로 구성되어 있고 공기는 연소가스와 직접 접촉하거나 뜨거운 표면에 공기를 접촉시켜 가열한다. 선반식 건조기(cabinet dryer)는 건조실 안에 선반을 만들어 식품을 얹고 양 옆에서 건조공기를 불어 넣어 말린다. 또 이런 선반식 건조기가 이동식으로 되어 있고 긴 터널 속에서 이동하면서 건조시키는 장치를 터널건조기(tunel dryer)라 한다.

[표 18-9] 일반적으로 쓰이는 건조기의 종류

건 조	식품의 형태
대류식 건조기	
kiln	조각
선반식	조각, 퓨레, 액상체
터널	조각
연속식 컨베어벨트	퓨레, 액체
진동식	작은 조각, 입자
분무식	액체, 퓨레
전도식 건조기(드럼 또는 화전건조기)	
상압	퓨레, 액체
진공	퓨레, 액체
진공식 건조기	
진공벨트	퓨레, 액체
냉동건조	퓨레, 액체

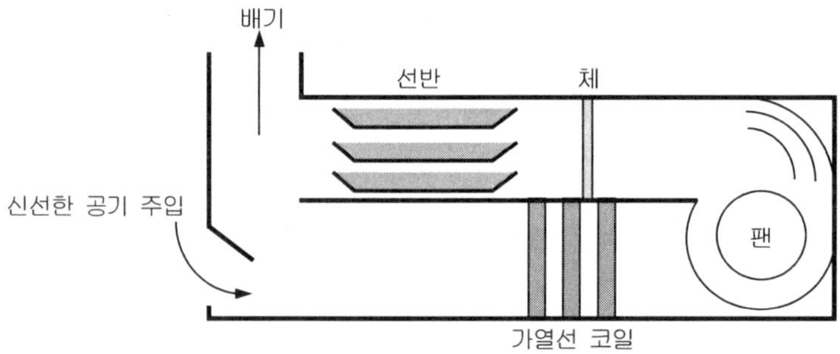

[그림 18-11] 선반식 건조기의 예

액상식품의 경우 어느 정도 농축한 후에 안개처럼 뿜어내고 뜨거운 공기를 함께 집어넣으면 떨어지는 동안에 건조가 된다. 이러한 건조방법을 분무건조(spray drying)라 한다. 반죽상 식품은 드럼통 표면에 바르고 내부에 뜨거운 공기를 넣어서 말리는데 이런 건조법을 드럼건조(drum drying)라 한다.

냉동건조(freeze drying)는 식품 중의 수분이 기화되지 않고 얼린 고체상태에서 직접 승화되므로 열 손상을 입지 않고 진공상태 하에서 행하기 때문에 수축이 일어나지 않아 나중에 복원이 잘되는 장점을 가지고 있지만 값이 비싸고 부스러지기 쉬우며 쉽게 흡습되므로 포장을 잘해야 하는 단점이 있다.

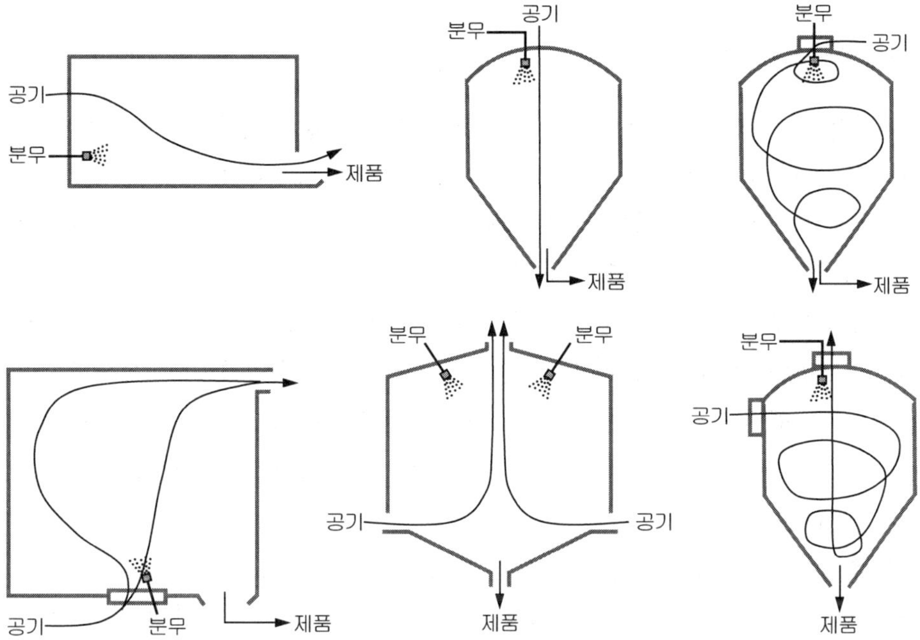

[그림 18-12] 분무 건조기의 여러 가지 형태

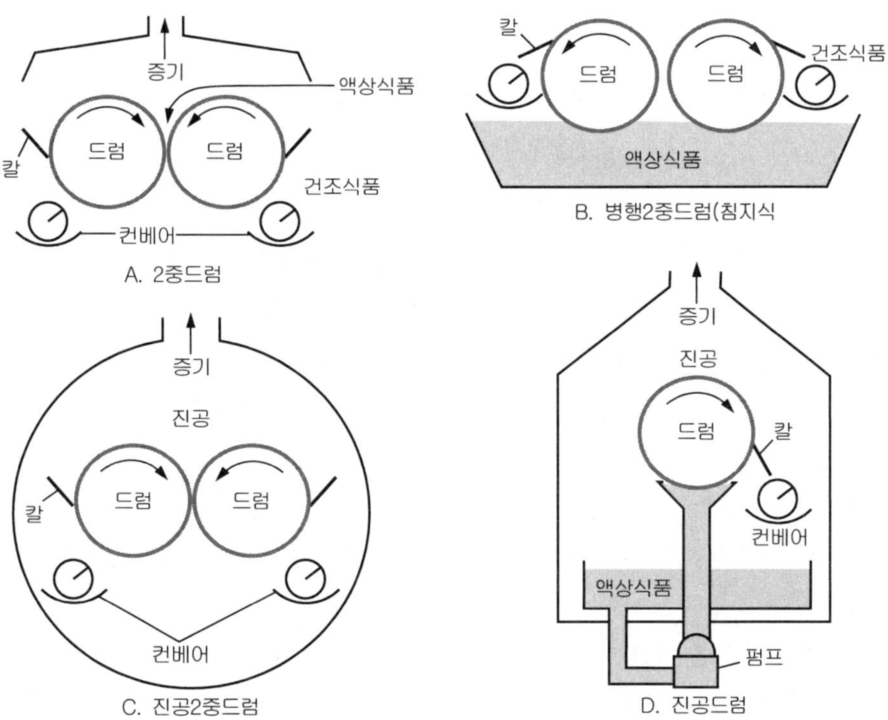

[그림 18-13] 드럼 건조기의 종류

4) 농축(evaporation)

식품을 농축하면 저장성이 증진되고 무게와 부피를 줄여 편리하게 취급할 수 있다. 대부분의 액상식품을 건조하기 전에 일단 농축하는데 이것은 건조장치보다 농축장치에서 수분을 제거하는 것이 경제적이기 때문이다. 대표적인 농축식품은 연유, 과실주스, 넥타, 시럽, 잼, 젤리 등이다.

농축의 가장 간단한 방법은 태양에너지를 이용하는 것으로 천일염을 만드는 것이 그 대표적인 예이다. 어떤 식품은 증기로 가열하는 개방식 가마솥에서 농축하며 수프, 젤리, 잼 등이 여기에 해당된다. 농축하는 동안 대부분의 식품은 품질이 손상될 뿐만 아니라 농축 솥의 바닥에 눌어붙고 이는 열전달 속도를 늦추어 농축을 더디게 한다.

열에 민감한 식품은 낮은 온도에서 진공 농축하는 것이 가장 보편적인 방법이다. 가열농축 방법 이외에 동결농축을 하는 방법으로 액상식품은 초기에 물이 얼게 되므로 먼저 언 얼음덩어리를 제거하면 나머지 성분이 농축된다. 또 반투막을 사용해서 선택적으로 물을 제거하거나 역삼투압법으로 농축하기도 하는 방법이 최근에 이용되고 있다.

5) 중간수분 식품(intermediate moisture food)

근래에 수분활성을 조절하여 반 고형식품의 보존성을 높이는 방법이 개발되고 있다. 즉 20~30%의 수분을 함유하여 신선한 과실, 채소류와 같은 텍스쳐를 갖지만 여기에는 용질이 들어 있어 미생물의 번식을 억제할 만한 낮은 수분활성을 유지한다. 그래서 중간수분 식품은 살균하거나 냉장할 필요가 없다. 천연의 이런 식품으로는 설탕이 많은 캔디류, 건조과일 등이 있고 63% 가당연유도 여기에 속한다고 할 수 있다. 이런 제품은 용질의 삼투성과 소금, 산 그 밖의 용질에 의해서 저장성이 강화된다.

미국에서 애완견먹이가 중간수분 식품으로 개발되어 이용되고 있다. 즉, 각종 재료에 글리세린 등 설탕보다 단맛이 적으면서 수분활성을 낮추는 용질을 첨가하여 제품을 만들고 있다.

햄버거와 유사한 애완견 먹이는 수분을 20% 정도 함유하고 있는 육가공 부산물을 분쇄하여 만든 것으로 수분활성이 0.78이며 이것은 세균의 번식을 억제할 수 있다. 여기에 보존료인 소르브산 칼륨을 첨가하여 곰팡이를 억제한다. 용질로 프로필렌 글리콜을 첨가하는데 이것은 방부작용과 약간의 수분활성 저하작용을 한다. 이러한 제품은 저장성이 좋을 뿐만 아니라 수분이 많기 때문에 부드러운 촉감을 주어서 텍스쳐도 좋다.

중간수분 식품에 미생물은 증식하지 못하지만 효소작용까지 억제되지는 못한다. 따라서 효소작용 억제를 위해서 살균을 행하거나 이산화황, 아스코르브산, 시트르산 등으로 처리한다. 마이야르 반응과 같은 비효소적 갈변도 특별한 처리를 하지 않는 한 진행된다.

설탕과 글리세롤이 수분활성을 저하시키는데 이용되지만 맛이 너무 강하기 때문에 사용에 제한을 받고 있으며 따라서 원제품의 맛을 크게 변화시키지 않는 재료를 찾고 있다. 단백질 유도체나 덱스트린이 이런 목적으로 쓰일 수 있다.

6) 첨가제에 의한 보존

(1) 산(acid)

충분한 산은 미생물의 단백질을 변성시킨다. 변성에 대한 저항성은 서로 달라서 발효가 진행되는 동안에 생성된 산은 그 밖의 미생물을 변성시킨다. 이것이 단백분해균인 그 밖의 유해균을 억제하여 발효식품을 보존하는 원리이다. 산을 생성하는 미생물을 접종하여 식품에 산을 부여하거나 시트르산(citric acid)이나 인산을 소다팝 등의 음료에 직접 산을 첨가한다. 토마토, 오렌지주스, 사과 등은 천연적으로 산을 함유한다.

식품에 따라 각종 유기산은 각각 보존성이 다르다. 이들의 대부분은 pH로 표시

[표 18-10] 각종 pH에서 여러 가지 식품 중 클로스트리디움 보툴리눔의 포자사멸에 필요한 시간

식 품	식품의 pH	온 도(℃)				
		90	95	100	105	108
		시 간(분)				
옥수수	6.45	555	465	255	30	15
시금치	5.10	510	345	225	20	10
강낭콩	5.10	510	345	225	20	10
호 박	4.21	195	120	45	15	10
배	3.75	135	75	30	10	5
자 두	3.60	60	20	-	-	-

되는 수소이온농도에 의한다. 그러나 신맛이 적당한 정도의 산으로 미생물을 완전히 억제할 수 없는 것은 잘 알려져 있다. 전술한 바와 같이 가열과 결부된 산은 미생물의 살균효과가 더 크다. [표 18-10]에서는 혐기성 독소생성균인 클로스트리디움 보튤리늄의 포자를 죽이는데 필요한 조건을 열거하였다.

(2) 설탕과 소금

과실은 설탕시럽에 담그고 고기는 식염수에 넣어 저장한다. 세균, 효모, 곰팡이는 세포막이 있다. 이 막은 물을 자유롭게 통과시킨다. 활성인 미생물은 80% 이상의 수분을 갖는데 고농도의 설탕이나 식염수에서는 물이 세포 밖으로 나오게 된다. 이런 현상을 삼투(osmosis)라고 하며, 이러한 과정 중에 세포 내부의 수분함량은 30~40%로 감소된다. 이렇게 되면 수분함량이 평형에 도달하려는 경향 때문에 미생물 증식을 억제하는 원형질 분리현상을 일으킨다.

한편 증류수에 미생물을 넣으면 물이 세포내부로 침투하여 세포를 파괴한다. 이런 현상은 모두 수분활성과 연관된다. 용질농도가 높은 용액은 높은 삼투압을 가지며 수분활성이 낮고 묽은 용액은 삼투압이 낮고 수분활성이 높다. 삼투압과 수분활성에 미치는 정도는 용질의 분자량에 반비례한다.

미생물의 종류에 따라 삼투압과 당 및 소금에 대한 저항성이 다르다. 효모와 곰팡이는 세균보다 저항성이 커서 세균이 자라지 못하는 과일 잼에서도 발견된다.

(3) 보존료

식품의 변패는 미생물의 번식, 산화 및 자체 호흡이 주요인이므로 이러한 요인에 의한 변패작용을 억제할 목적으로 옛날부터 소금이나 식초 등을 사용하였다.

그러나 이들은 짠맛이나 신맛이 강하여 모든 식품에 사용할 수 없다. 그래서 소량으로도 변패를 억제할 수 있는 보존료나 산화방지제가 개발되어 이용되고 있다. 그러나 이들 보존료는 미생물 세포의 작용을 억제하므로 인체의 세포에도 영향을 미칠 우려가 있으므로 엄격한 독성시험을 거쳐서 안전한 수준의 양만을 첨가하도록 하고 포장지에는 보존료가 첨가된 것을 명시하도록 하고 있다.

미생물을 죽이고 성장을 정지시키는 화학물질은 많지만 대부분이 사용 금지되고 있다. 벤조산나트륨(sodium benzoate), 소르브산(sorbic acid), 프로피온산 칼슘 또는 나트륨염, 이산화황(sulfur dioxide) 등의 몇몇 화학물질을 소량, 한정된 식품에만 사용한다.

7) 훈연(smoking)

다른 저장방법과 마찬가지로 오랜 옛날부터 저장수단으로 훈연방법을 이용하였다. 육류나 어류를 훈연할 때 여러 가지 복합작용이 일어난다. 연기 중에는 나무가 탈 때 생성되는 소량의 포름알데히드(formaldehyde)와 그 밖에 보존성을 주는 여러 가지 화학물질이 들어 있다. 식품은 건조되면서 이들 물질들과 복합적인 반응을 한다.

불 위에서 그슬리는 훈연방법은 식품을 저장하는데 효과적이지만 지금은 향미만을 목적으로 그슬리지 않고 연기 향을 집어넣는 수도 있으며 이때 실질적인 보존효과는 아주 낮다. 육제품의 경우 [그림 18-14]에서 보는 바와 같이 다른 보존료와 훈연을 병행하여 보존효과보다는 향미증진 목적으로 사용한다.

[그림 18-14] 각종 소시지에 훈연과 함께 여러 가지 저장성을 부여하는 처리

8) 진공

특히 산소를 필요로 하는 미생물은 공기를 제거하고 반대로 공기가 있으면 잘 자라지 못하는 미생물이 있을 때는 공기를 공급해 준다. 곰팡이를 억제하기 위하여 공기를 제거하는 것은 쉽다. 치즈의 왁스피복(wax coating)이나 산소차단 플라스틱 필름으로 밀착 포장하는 것이 효과적이다.

편성혐기성 미생물을 억제하는데 산소를 공급하는 것은 특히 덩어리가 큰 식품에서 어렵고 위험하다. 이것은 여분의 공기가 포장내부의 공간에 남아 있더라도 식품의 중심부는 혐기상태이기 때문이다. 또한 일부 미생물이 산소를 소비하여 호기상태가 혐기상태로 변하므로 처음에는 호기성균이 다음에는 혐기성균이 각각 자라서 미생물이 변패된다.

지방질은 산소에 의해서 산화되면 산패취를 낸다. 따라서 산소와 식품이 접촉하지 못하도록 진공포장이나 가스충전 포장을 한다.

9) 방사선 조사(irradiation)와 초단파 가열(microwave heating)

X-선, 초단파, 자외선, 이온화 방사선들은 파장이 다른 전자선으로 식품살균에 이용하는 연구는 2차 세계대전이 끝난 후 방사선의 평화적 이용의 일환으로 활발하게 이루어졌다. 1963년 미국의 FDA는 베이컨에 방사선 살균처리를 허용하였다.

각종 물질로부터 나오는 방사에너지도 파장, 주파수 그 밖의 생물체에 미치는 효과 등이 다른 몇 가지가 있는데 이들의 미생물 살균력은 [표 18-11]과 같다.

[표 18-11] 여러 가지 파장의 방사에너지에 의한 살균효과

분 류	파장(nm)	살균효과
보이지 않는 장파장		
라디오	아주 장파장	없음
적외선 가열	800	온도를 올려야 함
가시광선		
적, 황, 녹, 청, 자	400~800	거의 없음
보이지 않는 단파장		
자외선 영역		
		13.6~400
	320~400	형광범위
	280~320	피부 그을림, 비타민D형성
	200~280	최대살균
	150~200	슈만(Shuman)영역
	100	오존형성, 적당한 농도에서 살균력
x선	100~150	
α, β, γ선	100 이하	살균
우주선	아주 단파장	살균 가능

방사에너지는 원자구조가 파괴되면서 발생한다. 이러한 물질은 방사성을 갖는다고 한다. 우라늄과 같은 원소는 천연의 방사성 원소이지만 ^{60}Co처럼 천연원소에 고

에너지를 부딪쳐서 방사선을 발생시키기도 한다. 또 다른 형태의 에너지는 양이온관으로부터 발생시킬 수 있는 것과 같이 전자흐름과 관련된 것으로 이들 전자나 양이온은 특별한 전자장치를 통과시킴으로써 고에너지를 얻을 수 있다.

이런 에너지 가운데 너무 강하여 방사성을 남기거나 너무 약하여 투과하지 못하는 것들은 식품의 살균에 이용할 수가 없고 투과력이 있으면서 방사성을 남기지 않는 것들만 이용할 수 있다.

방사성원소와 핵반응로에서 생산되는 방사성 동위원소는 붕괴되는 동안 α-, β-, γ-선 그리고 중성자 등의 방사성 입자를 방출한다. 이들은 투과력이 각각 달라서 α입자는 종이장도 투과하지 못하고, β입자 또는 전자들은 조금 더 세지만 알루미늄 박지를 투과하지 못하며 γ선은 어느 정도 두께의 납까지 투과할 수 있다.

식품에서는 투과력이 강하여 표면은 물론 내부의 미생물과 효소를 파괴하는 것이 바람직하다. 하지만 너무 강하여 식품을 구성하는 원소까지 파괴하여 방사성을 일으켜서는 안된다. 그래서 일반적으로 감마선과 베타선이 쓰인다. 이들은 핵반응로에서 사용되고 나오는 우라늄으로부터 얻을 수 있다. 이들 방사선 물질을 격리된 곳에 놓고 식품을 쪼인다.

(1) 방사선의 단위

방사선의 강도나 조사량을 정량적으로 나타내는데 여러 가지 단위가 쓰인다. 1뢴트겐(roentgen)은 1야드 떨어진 거리에서 1g의 라듐으로부터 1시간동안 받는 방사선의 양으로서 이것은 건조공기 $1cm^3$당 2.08×10^9 이온쌍을 생산하는 양이다.

뢴트겐 당량(Roentgen equivalent physical, rep)은 물질 $1cm^3$당 93erg의 에너지를 흡수하는 것인데 근래에는 rad로 대치되어 사용되고 있다. 1rad는 1g의 물질이 10^{-5}joul(100erg)의 에너지를 흡수하는 것이다.

방사선 조사에서 중요한 것은 조사량인데 물질에 따라 흡수하는 정도가 다르다. 1rad는 감마선이나 베타선 또는 이들이 복합된 것이건 간에 흡수된 에너지의 양으로 표시된다. 방사선 동위원소의 위력은 매 초당 붕괴되는 양인 큐리(curie)로 나타낸다.

(2) 방사선의 작용

적당량의 방사선 에너지가 식품을 통과할 때 이온화 방사선은 식품성분에 충돌한다. 이들 충돌 에너지가 원자궤도로부터 전자를 끌어내는데 충분할 경우에는 이온쌍이 생성되고 원자 간의 화학결합을 끊어낼 만큼 충분한 에너지를 공급하면 분자에 변화가 일어나 반응성인 유리기가 생성된다. 이 유리기는 일부의 분자 또는 쌍을 이루지 못한 전자를 가지는 원자의 부분들이다. 이들은 상호간 또는 다른 분자와 반응하여 홀수의 전자는 쌍을 이루어 안정된 상태가 되려고 한다.

방사선을 조사하는 동안 이온쌍, 유리기, 다른 분자와 유리기의 반응, 유리기의 재결합 그 밖에 이와 관련된 이화학적 반응 등이 미생물, 효소 및 식품성분에 변화를 가져온다.

생체세포와 조직에서 방사선 조사에 의한 파괴효과와 돌연변이는 주로 고에너지와 세포액이 직접 접촉하여 일어나고 생명이 없는 식품에서도 마찬가지 반응이 일어난다. 예를 들면 식품의 빛깔과 텍스처의 변화는 감마선 또는 고에너지 베타선이 특정한 색소나 단백질 분자와 직접 충돌할 때 일어난다.

식품 중에는 물이 있고 방사선이 이 물과 충돌하여 활성이 강한 수소와 히드록실기를 생성하며 이것들의 상호작용, 용존 산소와의 작용, 물에 녹아 있는 무기 및 유기이온들과의 작용 등이 일어 날 수 있다. 예를 들면 두 개의 히드록실기가 결합하여 과산화수소를 생성하고 두 원자의 수소는 수소가스를 생성한다.

$\cdot OH + \cdot OH \rightarrow H_2O_2$

$\cdot H + \cdot H \rightarrow H_2$

또 수소는 용존산소와 결합하여 페르옥시기를 생성하고

$\cdot H + O_2 \rightarrow \cdot HO_2$

2개의 페르옥시기는 과산화수소를 생성한다.

$\cdot HO_2 + \cdot HO_2 \rightarrow H_2O_2 + O_2$

이렇게 생성된 과산화수소는 강력한 산화제이며 생물학적인 저해물질로서 유기물과 반응하여 분자구조를 변경시킨다. 생체세포와 식품은 모두 물을 가지고 있으며 방사성 물질에 의해서 물분자로부터 생성된 성분이 생체세포를 죽이고 식품성분을 변화시킨다.

식품에 방사선을 조사하는 것은 해로운 미생물과 효소를 파괴하되 식품성분의 변화는 최소로 하여야 한다. 미생물과 효소는 고에너지의 직접적인 효과에 의해서 파괴되지만 식품성분은 물이 분해되어 2차적으로 작용하는 간접적인 효과에 의해서 변화된다. 간접적인 영향을 최소화하기 위해서 다음과 같은 처리가 시도되고 있다.

① 유리기는 동결수에서도 생기지만 그 정도가 약하고 유리기가 이동을 방해하

므로 동결상태에서 조사하는 것이 바람직하다.

② 진공상태나 불활성가스 충전 상태 하에서 방사선을 조사하면 산소가 없기 때문에 과산화수소의 생성이 적어져서 식품성분의 변화를 적게 한다.

③ 아스코르브산처럼 유리기를 봉쇄하는 물질을 첨가함으로써 빛깔과 향미변화를 억제할 수 있다.

(3) 조사량의 결정

방사선을 식품에 조사할 때 잔류 방사선 양과 식품의 관능적 손상, 미생물의 저항성, 효소의 저항성 및 경제성을 고려하여 결정해야 한다.

방사선에 저항성이 가장 큰 미생물은 클로스트리디움 보툴리눔지만 pH 4.6 이하에서는 자라지 못한다. 또 효소는 미생물의 포자보다도 저항성이 강하므로 방사선 조사와 가열처리를 병행하는 것이 효과적이다.

고선량을 얻기 위해서는 강력한 방사급원을 사용하거나 식품을 장시간 노출시켜야 한다. 어떤 식품은 방사선 살균이 효과적이지만 일반적으로 가열살균, 냉장 또는 냉동법보다 비용이 많이 든다. 그렇지만 냉장하는 수산물, 과실, 채소 등은 저선량 처리로 신선도가 2~3일에서 수주일간 연장된다.

방사선 조사가 안전하다고 판정되었지만 그의 이용은 통제되고 있어서 현재 몇 나라에서 향신료의 살균과 양파나 감자의 발아억제에 사용되고 있을 뿐이다.

[표 18-12] 식품의 방사선 조사

식 품	처리목적	조사량(rad)	선량계	포 장	저장온도	선도유지
감자류	발아억제	7,500	ferrous sulfate	개방, 다공성	5℃, 85RH	2년 이상
					20℃	10월 이내
밀가루	살충	50,000	ferrous sulfate	지대, 포대, 외포장	실온	2년 이상
육어류(절편)	살균살충	1,000,000	ceric sulfate	기밀포장	4.4℃	5년 이상
육어류, 채소	효소불활성화	4,500,000	ceric sulfate	진공포장	실온	2년 이상
					0℃	5년 이상
과일류	효소불활성화	2,400,000	ceric sulfate	진공포장	실온	2년 이상
					0℃	5년 이상

(4) 초단파 가열

방사선과는 달리 초단파에 노출시켜서 에너지를 발생시키는 것으로 식품의 가열에 이용된다. 초단파는 라디오파와 적외선의 중간인 2.5×10^6~0.75×10^8nm이고 이것은 대략 0.025~0.75m에 해당되고 20,000~400메가헤르츠(1헤르츠는 1cycle /sec.)에 해당된다. 초단파는 라디오파의 주파수와 가깝고 레이다파 범위와 중복되기 때문에 당국의 통제를 받는다. 식품에 허용된 것은 2,450㎒와 915㎒이다.

이것은 빛처럼 직진하고 금속에는 반사되며 공기, 대부분의 유리, 종이, 플라스틱을 통과한다. 식품 중 물을 포함한 성분들에 흡수되면 열을 발생하고 따라서 식품에 따라 가열정도가 달라진다. 초단파가 식품을 통과할 때 물과 같은 극성을 가진 성분들은 전자장에서 일정하게 배열하려고 하는데 1초 동안에 915 또는 2,450 백만 번 바뀌면서 분자간에 극심한 마찰이 일어나 열이 발생되는 것이 초단파 가열의 원리이다.

보통 식품을 가열하면 외부에서부터 열이 침투되지만 초단파는 식품의 내부까지 균일하게 신속하게 가열되며 수분이 있는 한 100℃ 이상으로 가열되지 않는다. 그래서 표면이 변색되거나 타지 않으므로 빵을 굽거나 고기를 굽는 등 표면을 일부러 갈변시키려 하는 경우에는 부적당하다. 그런 경우 만일 초단파 가열을 한다면 재래적인 가열방식을 병행하여 갈변이 일어나도록 해야 한다.

(5) 초단파 발생장치

초단파 발생장치로 사용되는 보편적인 것은 마그네트론(magnetron)이라고 하는 일종의 전자장치이다[그림 18-15].

1. 다중공극 배열을 한 공냉식 음극
2. 영구자석
3. 양극
4. 방사안테나
5. 시료 넣는 곳

[그림 18-15] 마그네트론 장치

이 장치는 고주파 방사에너지를 발생하는 자장 내에 전자관을 장치한 것이다. 간단한 전자 오븐은 마그네트론이 들어 있는 금속상자로 되어 있다[그림 18-16].

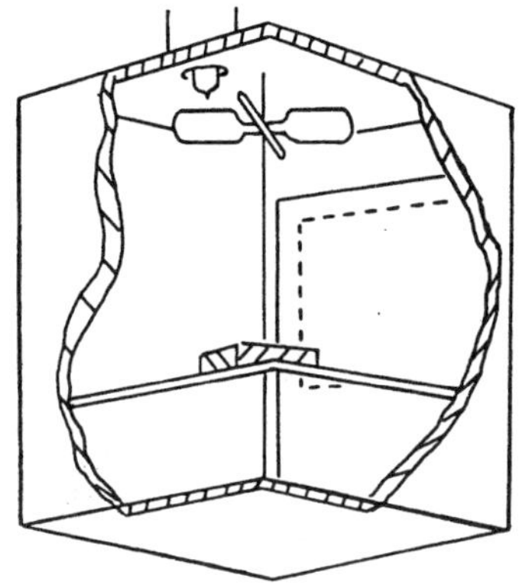

[그림 18-16] 마그네트론이 위에 장치된 간단한 마이크로웨이브 오븐

전자오븐 내부에 금속 팬을 달아 전자파가 고루 분포하도록 해준다. 초단파는 금속상자 벽에 부딪혀 반사된다. 식품은 사방에서 초단파가 잘 투과하도록 회전선반에 올려놓는다. 포장식품은 구멍을 뚫어 놓지 않으면 발생한 수증기 압력으로 포장지가 터지는 경우가 생긴다.

대량의 식품을 가열할 때는 보다 복잡한 구조의 초단파 터널오븐을 사용한다. 대부분의 가정에서는 전자오븐이 보급되어 있다. 식품의 농축, 조리, 건조, 효소의 불활성화, 가열, 살균 등 다양한 목적으로 그 용도가 확대되고 있다.

19장

식품의 품질관리

식품의 품질이란 제품의 유용성을 결정하고 제반 구성요소 및 소비자에게 제품의 만족도를 결정하는데 중요한 제반 특성을 말한다. 이들을 수치로 표시 할 수 있는 것들(무게, 크기, 비중, 용해도 등)과 수치화할 수 없는 관능적 요소(냄새, 맛, 촉감 등)로 구분할 수 있다. 일반적으로 식품의 품질특성은 주어진 허용범위 내의 규격으로 표시된다. 어떤 식품을 가공할 때는 시장조사를 통하여 소비자의 요구에 맞추어 설계하고 가공한다. 이렇게 가공된 것은 소비자에 의해서 평가된다. 그래서 설계품질, 제조품질, 시장품질로 구분된다. 이렇게 설계, 제조, 소비의 단계별로 적정한 품질을 경제적으로 유지하도록 관리하는 것을 품질관리라 한다.

상품화된 식품은 그 품질이 표준화되어야만 소비자가 믿고 선택할 수 있다. 즉, 그 제품의 규격이 제정되어야 하는데 규격은 제정하는 주체에 따라 회사내 규격, 관공서 규격, 단체규격, 국가규격, 국제규격 등이 있어서 제품을 제조하거나 제품의 품질을 검사하는데 필요한 것을 표준화할 필요가 있다. 특히 국제 간에 거래가 활발해진 현대사회에서는 국제적으로 원활히 통용될 수 있는 국제규격이 만들어지고 있다.

제품을 만드는 공장에서는 품질관리(quality control)를 담당한 부서가 있어서 여기서는 원자재, 제조공적, 포장, 완제품에 관한 규격 등을 작성하고 검사방법을 확립하여 기록하고 보고하며 문제의 해결 그리고 생산관리요원을 교육하게 된다.

1. 식품의 품질요소

식품을 구성하고 있는 요소는 영양적인 것, 위생적인 것, 관능적인 것으로 구분할 수 있으나 이들은 서로 상관관계를 가지고 있다.

식품을 먹는 것은 우리 몸에 필요한 영양소를 섭취하기 위한 것이며 따라서 영양소가 골고루 많이 들어 있는 것이 필요하다. 또 영양소를 저해하는 요소들이 들어 있어서는 안되고 독성물질이나 해로운 미생물에 오염되어 있어서도 안 된다. 근래에는 식품첨가물이 많이 사용되고 있어서 식품을 고를 때 위생적으로 안전한 것을 제일 중요시하고 있다.

그러나 영양이나 위생적인 요소보다 앞서는 것은 관능적인 품질이다. 즉, 모양이나 빛깔이 좋고 맛과 향이 좋아야 한다. 또 이들 관능적 평가로 신선도나 위생 상태를 어느 정도 추정할 수 있다. 그밖에도 간편성이나 경제성도 고려되어야 한다.

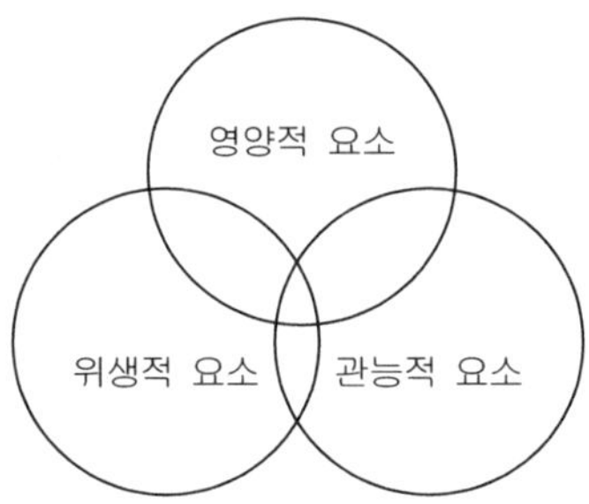

[그림 19-1] 식품의 품질 3요소

2. 식품의 관능적 품질

우리가 식품을 고르고 먹을 때 물리적인 감각을 이용한다. 즉, 시각, 촉감, 후각, 미각 때로는 청각까지도 동원한다. 비스킷의 아삭아삭한 촉감은 텍스쳐 특성이며 그 소리를 듣고도 알 수 있다. 우리는 눈, 손가락, 혀, 입 천정, 이, 코 등으로 느끼면서 먹는다. 이들 관능적 품질요소는 [표 19-1]과 같다.

[표 19-1] 식품의 관능적 품질특성

외관(눈으로 판단할 수 있는 것), 크기, 형태, 건전성
흠 : 손상, 협잡물, 침전
빛깔 : 광택, 투명성, 혼탁성
점조성 : 점도, 겔, 흐름, 퍼짐(이들은 또한 촉감에 의해서 판단됨)
텍스쳐(접촉기관으로 판단되는 것)
손의 촉감 : 경도, 연도, 다즙성
입의 촉감 : 씹음성, 섬유성, 껄끄러움, 강한 점성
향미(미각과 후각에 의한 것)
냄새 : 향기, 산, 탄냄새 등
맛 : 단맛, 신맛, 짠맛, 쓴맛 등
불쾌취 : 효소적, 생리적, 화학적, 오염, 지나친 가열, 노화 등

1) 외관 특성

크기와 형태는 시각적인 것 이상으로 가공의 균일성을 위해서 중요하며 피클 등은 구부러지는 정도에 따라서 등급을 매긴다.

빛깔은 향 및 텍스쳐와 함께 기호성에 크게 기여한다. 또한 갈변이나 카라멜화처럼 가열하는 동안 식품 중의 화학변화 정도를 나타내는 지료가 된다. 유지나 음료 등 몇 가지 액상식품을 제외하고 식품의 빛깔은 투과보다는 반사에 의한다.

빛깔은 사람의 눈에 들어 있는 망막에 빛이 도달하였을 때 신경작용이 관여하며 광원의 스펙트럼 조성, 대상물체의 이화학적 특징, 눈의 스펙트럼 감도 특성 등 3가지 요소를 포함한다.

식품의 빛깔 특성을 다루기 위해서 다른 두 요소를 표준화하는 것이 필요하다. 다행히 여러 사람들이 빛깔을 보는 특성은 거의 비슷하므로, 일정한 결과를 얻을 수 있는 장치를 이용한다. 빛깔을 분류하는 데에는 국제 조명위원회의 방법(CIE system), Hunter법 및 Munsell법 등이 있다. 빛깔이 다른 대상물의 반사도를 분광분석법에 의해서 측정하면 [그림 19-2]와 같은 곡선을 얻을 수 있다.

백색 물체는 전체 가시파장 범위를 균일하게 반사하고 회색과 흑색물체 또한 이러한 범위에 걸쳐 균등하게 반사하지만 그 정도가 낮고 적색물체는 높은 파장 범위를 반사하고 낮은 파장은 흡수하며 청색물체는 낮은 파장 범위를 반사하고 높은 파장 범위를 흡수한다.

만일 포도주나 맥주, 포도주스 등 투명하거나 착색된 추출물을 식품으로부터 얻을 수 있다면 각종 색도계나 분광 광도계를 사용해 측정할 수 있다. 이들 장치[그림 19-2]의 착색물질은 분광곡선에서 선정된 파장의 빛을 튜브에 통과시키면 빛깔의 종류와 강도에 따라 다르게 흡수한다. 이런 장치는 빛의 통과량에 따라 액체의 투명도와 혼탁도를 측정할 수 있다.

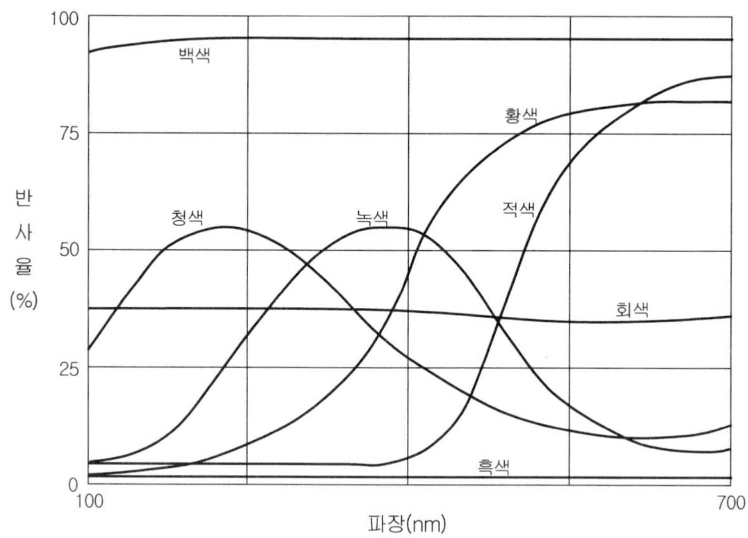

[그림 19-2] 착색물질의 분광곡선

또 식품이 고체일 경우에는 표준색 디스크와 비교하여 측정할 수 있다. 멕베드-먼셀 디스크 색도계(Mecbeth-Munsell Disk Colorimeter)의 경우 식품을 두 디스크 사이에 놓고 빛깔을 조정된 빛 아래서 측정한다. 즉, 토마토 제품의 빛깔을 나타내는 적색, 황색, 흑색, 회색의 디스크를 바꾸며 비교 측정하여 표준등급을 매긴다. 또한 빛깔은 다음과 같이 정량적으로 나타낼 수 있다. 식품으로부터 반사되는 빛은 어둡거나 밝은 반사의 정도인 명도(lightness), 선택적으로 반사하여 주파장과 관계되는 색상(hue) 및 특정한 빛이 반사되는 양 즉, 빛의 세기인 채도(彩度, chroma)로 구분된다. 식품의 빛깔은 이들 3가지 요소가 여러 값으로 나타난다.

또 다른 방법은 밝기, 어둡기, 황색~청색, 적색~녹색 등을 사용한다. 3자극 비색계(tri-stimulus colorimeter)의 한 예로 헌터랩(Hunter Lab)의 색도 측정기를 사용하면 빛깔을 정량적인 수치로 나타낼 수 있다. 물론 이들 수치는 명도, 색상, 채도를 나타내는 수치로 색좌표[그림 19-3]을 사용한다.

이들 수치의 변화를 통하여 제품이 성숙, 가공, 저장되는 동안 전체적으로 또는 부분적으로 품질이 변화하는 것을 알 수 있다.

빛깔에 곁들어 또 중요한 요소 중의 하나로 광택을 들 수 있는데 이것은 물체의 반사성에 따라 확산하거나 하지 않는 정도를 말하는데 역시 정량적으로 측정하는 장치가 있다.

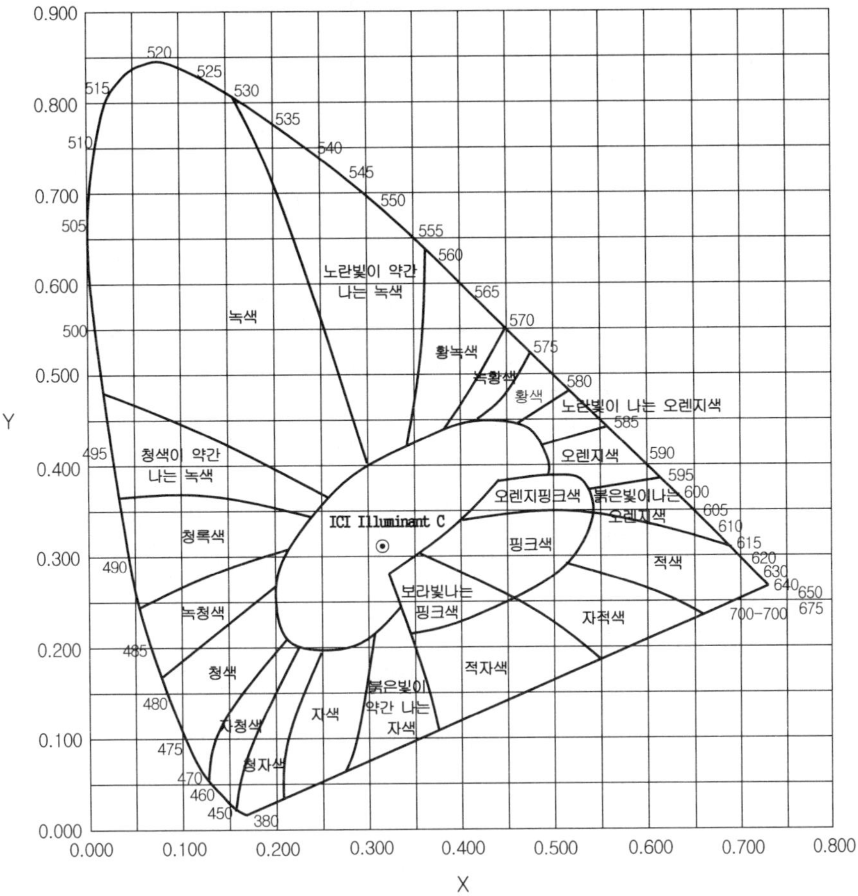

[그림 19-3] CIE 색좌표

2) 텍스쳐 특성

텍스처(texture)란 손가락, 혀, 입천정, 치아 등으로 느낄 수 있는 식품의 품질을 말한다. 껌은 씹음성이 좋아야 하고 크랙커나 감자칩은 아삭아삭해야 한다. 또 참외나 빵은 눌러 보아서 신선도를 판정한다. 텍스쳐는 식품의 구성성분과 구성요소가 배열된 양식, 조합 그리고 이 구조가 흐름이나 변형 등의 외적인 형태 등으로 표현되는 것이다. 대부분의 식품은 복잡하나 이화학적인 관계를 이루고 있어서 화학적인 조성, 물리적 구조, 물리적 성질 등이 상호 관련된다.

텍스쳐 특성은 점조성(consistency), 경도(hardness), 부서짐성(brittleness), 점착성(stickiness) 등 몇 가지 용어로 표현된다. 대부분 이들 용어는 객관적인 물리적 용어가 없고 광범위하게 적용할 수 있는 단위로 표현할 수도 없다. 텍스쳐 단면을 객관적으로 측정하기 위한 장치가 개발되었지만 대부분이 실험실 조작에 바탕을 둔 것으로 상호 비교가 어렵다.

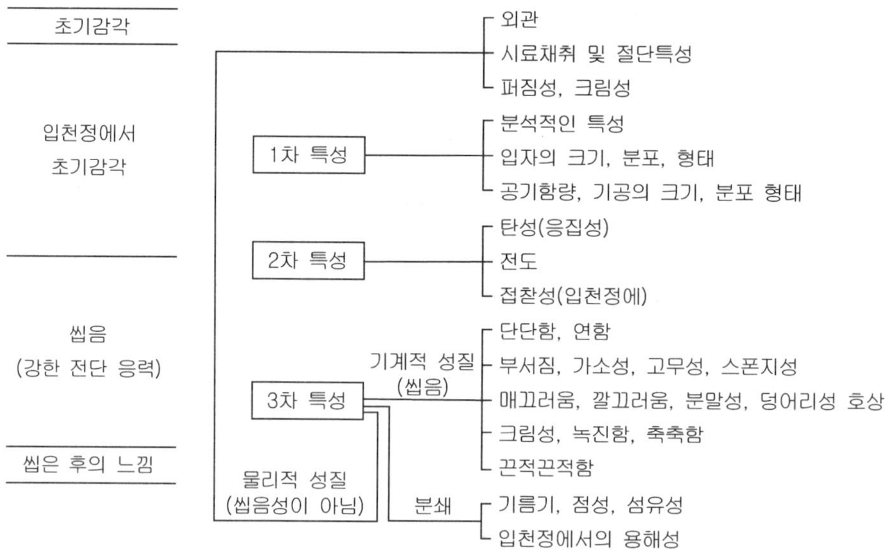

[그림 19-4] Sherman법에 의한 텍스쳐 지연

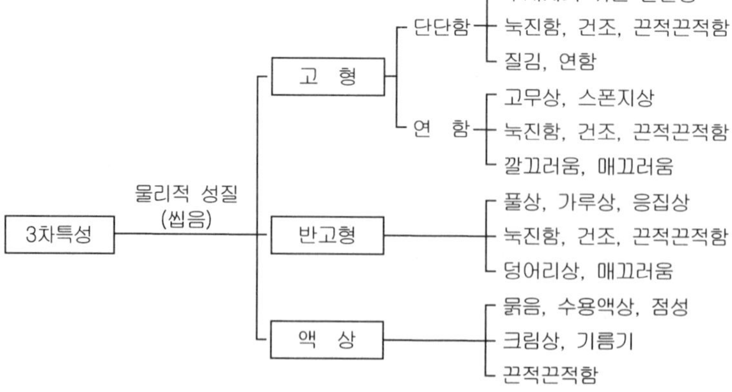

[그림 19-5] Sherman법에 의한 씹음의 3차 특성과 관련된 관능성

(1) 텍스쳐 단면

텍스쳐 특성을 물리적 특성, 입체적 특성 및 기타 수분과 지방에 관련된 특성으로 구분한 예를 들면 [표 19-4]와 같다.

그러나 면밀한 시험으로 입체구조와 물리적인 특성치 간에 뚜렷한 구분이 없어 다음과 같이 세 부류로 특성을 구분하였다.

식품은 물리적 특성에 따라 탄성체, 점성체, 점탄성체, 가소성체, 직소트로픽체(Thixotropic) 등으로 구분할 수 있다.

[표 19-2] 텍스쳐 특성의 분류

물리적 특성		
1차 지표	2차 지표	일상용어
경도		부드러움 → 단단함 → 딱딱함
응집성	부서짐성	crumbly → crunchy → brittle
	씹음성	연함 → chewy → 질김
	점성	short → mealy → pasty → gummy
점도		묽은 → 점성
탄성		가소성 → 탄성
점착성		sticky → tacky → gooey
입체적 특성		
부류		예
입자크기와 모양		grutty, grainy, 거치름성 등
입자형태와 형성과정 등		섬유질상, cellular, 결정성 등
기타 특성		
1차 지표	2차 지표	일상용어
수분함량		건조 → 습기있는 → 젖은 → 물기있는
지방함량	기름기	oily
	구리스 촉감	greasy

3) 텍스쳐의 측정

식품의 텍스쳐는 힘에 대한 저항을 측정하는 것으로 단순화시킬 수 있다. 즉, 눌러 보는 압착, 씹을 때처럼 한쪽으로 쏠리는 전단, 힘이 강하여 쪼개지는 절단, 잡아당기는 인장 등으로 측정한다[그림 19-6].

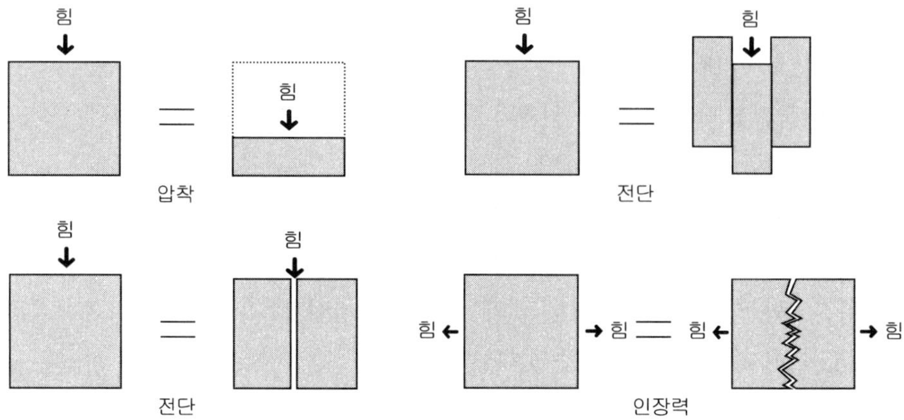

[그림 19-6] 텍스쳐 측정원리

고기를 씹을 때 질기거나 부드럽다고 하는 것은 여러 가지 이들 힘의 복합된 것에 의한 항복치이다. 서큘로메터(succulometer)는 다즙성을 측정하는 것으로 이 장치는 원료로부터 주스를 짜는 것과 같은 압착의 힘을 이용한 것이고 텐더로메터(tenderometer)는 강낭콩의 유연도를 측정하는데 압착과 전단의 힘을 이용하고 Lee-Kramer의 전단압착기는 경도와 부서짐성을 측정한다.

이들과 유사한 장치로 움직이는 기록용 차트를 사용하는 것들도 있다. 차트상의 「시간-힘」 곡선은 식품의 레올로지 특성을 그래프로 나타낸 것이다. 사과조각을 시험할 경우 처음은 외피를 파괴하는데 많은 힘이 필요하고 그 다음 사과 과육층으로 통과하는 힘은 「압착-전단」 요소의 힘으로 변화한다. 각종 페니트로메터(penetrometer)가 이런 목적으로 사용된다.

입안의 씹음 동작을 모방한 텍스쳐미터(texturometer)는 변형을 주는 장치가 시료위에서 왕복운동을 함으로써 힘의 기록이 텍스쳐 단면곡선으로 표시되고 이 곡선으로부터 각종 레올로지 특성치를 얻을 수 있다.

텍스쳐와 빛깔이 상관관계가 있는 채소, 과실류는 컨베어 벨트를 지나가는 동안 빛깔을 측정하여 숙도를 판정하고, 치즈를 손가락으로 눌러나는 소리로 텍스쳐를 추정한다. 식품을 파괴하지 않고 텍스쳐를 측정하는 새로운 방법으로 음향에너지를 이용하는데 이것은 경도에 따라서 에너지를 흡수하는 양이 달라지는 원리를 이용한 것이다.

식품의 텍스쳐는 시간이 지남에 따라 변화되는데 가장 중요한 것은 수분함량의 변화이다. 또 천연식품은 숙성하는 동안에 변화한다. 즉, 신선한 과실은 세포벽이 파괴되어 물을 잃으면 물렁해지고 더 잃게 되면 말라서 질겨진다.

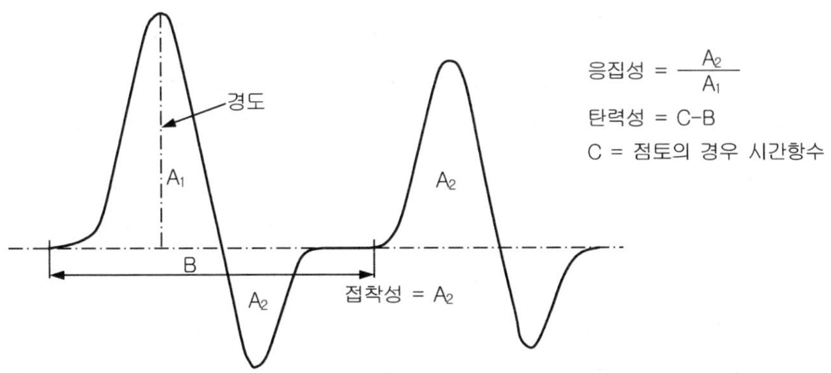

[그림 19-7] 대표적인 텍스쳐 단면곡선

[표 19-3] 식품의 일반 물리 검사법

물리적 요소	방 법	내 용
색도(color)	Color difference meter	색의 삼원소 측정
	Munsell color system	color disk 기준으로 함
	Spectrophotometer(Agtrons)	여러 파장에서 반사광 측정
	Oswald viscometer	모세관을 통과하는 속도측정
점도(viscosity/ consistency)	Rotating spindle	회전하는 스핀들이 받는 스트레스
	Falling weight	샘플을 함유한 튜브를 통과하는 시간
텍스쳐(texture)	Texture value(tenderometer, texturemeter, shear press)	텍스쳐, 경도, 전단력
	Mouth feel	질긴 정도, 섬유질 정도 등
	Finger feel	단단한 정도, 연한 정도 등
용기(container)	중량, 용적, 진공도	net weight, drain weight 등
크기 및 모양(size, shape)	중량, 용적, 길이, 넓이, 반지름	일률성(uniformity)
결점(defects)	수, 크기측정	이물질, 흠집 등

3. 식품의 영양적 품질

식품을 이용하는 것은 말할 필요도 없이 그 속에 들어 있는 영양소를 섭취하기 위한 것이다. 따라서 우리가 원하는 영양소가 얼마만큼 들어 있어 영양가가 높은지가 중요하다. 우유나 달걀 등은 여러 가지 영양소를 고루 갖추고 있어서 영양가가 높다고 하지만 어느 식품이 여러 가지 영양소를 고루 갖출 필요가 없는 경우도 많다. 예를 들면 설탕이나 전분은 순도가 높을수록 좋은 제품이다.

일반적으로 단백질 식품이 값비싸고 부족되기 쉬우므로 단백질 함량이 높은 식품이 영양가가 높다고 하지만 단백질의 종류는 많고 그 품질이 다양하므로 단순히 그 함량만으로 영양가를 판정할 수 없다. 한국인은 쌀을 주식으로 하지만 쌀 단백질은 동물성 단백질에 비해서 품질이 떨어진다.

최근에 와서는 영양성분 이외에 건강에 도움을 주는 생리활성물질을 중요시하여 이들 성분이 많이 들어 있는 것들이 주목받기도 한다.

[표 19-4] 식품의 일반 화학 검사법

화학적 요소	방 법	내 용
수분 및 고형분	건조	수분증발에 의한 중량감소 측정
비 중	hydrometer	가용성 물질의 농도
지 방	에테르(ether)추출법	건조, 분쇄된 시료의 지방분을 에테르로 추출
단백질	Kjeldahl법	총질소의 측정
탄수화물	Molisch´s general test	naphthol과의 정색반응
무기물	550℃에서 회화	specific chemical reaction에 의한 무기물
		분석 또는 atomic absorption spectrophoto meter
효 소	catalase, peroxidase	H_2O_2와 지시약과의 화학반응
비타민	특수화학분석 또는 bioassay	각 비타민의 분석방법 적용
pH 산도	수소이온농도 측정	산도 또는 염기도 측정
chlorine	화학적 적정법	잔류염소 측정

4. 식품의 위생적 품질

관능적으로나 영양적으로 품질이 좋다 하더라도 독성물질이 들어 있거나 미생물이 오염되어 있다면 그 식품은 버려야 한다. 특히 요즈음처럼 수질오염, 농약의 잔류, 첨가물의 남용 등의 식품공해가 심한 경우 위생적으로 안전한 것이 중요함을 말할 필요도 없다. 전통적으로 만들어 이용하고 있는 각종 식품 중에 여러 가지 독성물질이 들어 있다는 것이 하나 둘 밝혀지면서 식품의 독성에 관심을 기울이고 있다. 그 구체적인 것은 제20장 식품의 위생에서 다루었다.

5. 품질의 측정

식품의 품질을 측정하는 방법은 주관적인 방법과 객관적인 방법으로 구분된다. 품질에 관한 최종 판단은 소비자에 의해서 주관적으로 이루어지고 있는데 이 방법은 때와 장소 그리고 측정하는 사람에 따른 오차가 많으므로 가능하면 기기를 사용하는 객관적인 방법으로 대체 또는 병용하는 경향이다.

주관적 측정은 검사자의 훈련, 경험, 개인의 선호에 의한 생리적 방응 등을 기초로 한 것으로 오관을 활용하여 정성 또는 정량적으로 표시하게 되므로 관능검사법이라고도 한다.

객관적인 방법은 공인된 과학적 시험방법으로 현대적 품질관리의 기본이 되며 물리적 측정법, 화학적 측정법, 현미경적 측정법으로 구분된다.

6. 관능적 특성검사

우리가 식품을 대할 때는 먼저 모양과 색깔 그리고 냄새, 촉감, 맛의 순서로 평가하게 되고 이어서 성분분석을 행한다.

[그림 19-8] 관능 검사실

이들 오관을 통해서 품질을 분석하는 일은 사람마다 그 능력이나 취향이 다르고 심리적인 요소가 관여하므로 매우 어려운 일이다. 무엇보다 중요한 것은 공정한 판단을 위해서 관능검사를 실시하는 검사원을 선정하고 훈련시키고 검사하려는 시료의 양이나 온도, 용기, 배열순서 등을 선입관이 가지 않도록 제거하여 제시한 시료 간의 차이, 품질의 차이를 순위, 채점, 기호도 등으로 시험하고 시험결과를 통계 처리하여 품질을 판정한다.

전형적인 관능 검사실은 검사원들이 서로 격리되도록 칸막이가 되어 있어 다른 검사원의 관찰이나 표현을 모방하지 못하도록 한다. 적당한 조명을 하고 시료는 문을 통하여 주며 어떻게 만들어졌는지 알 수 없도록 하며 제품의 상표가 없이 번호나 기호를 매긴다.

검사원이 작성하는 평가서는 여러 가지가 있는데 그 하나는 [그림 19-9]와 같이 주어진 시료에 대하여 아주 좋다, 좋다, 보통이다, 싫다, 아주 싫다 등의 서술적인 난을 표시하고 그밖의 특기사항을 기입한다. 이들은 지도자에 의해서 매겨진 순위로 표시하여 아주 좋다 5, 아주 싫다 1로 하여 점수로 표시한다.

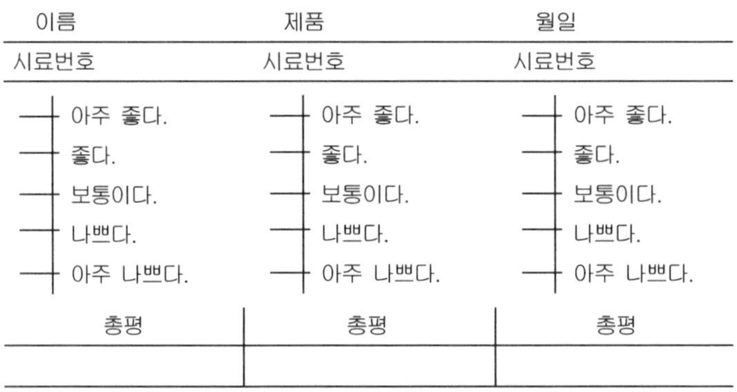

[그림 19-9] 순위법에 의한 품질평가

모든 평가서가 완결되면 종합 집계하여 평균치를 낸다. 풍미나 그 밖의 품질특성에 이러한 순위법을 사용한다. 기호성 시험에는 두 시료 중 하나를 선택하도록 하는데 이 경우는 구분이 안 되더라도 하나를 선택해야 한다. 이때 3개의 시료를 사용하기도 하는데 검사원은 3 시료 중 같은 것 2개를 선택하도록 하고 정확히 지적하지 못할 때 유의성이 없음을 뜻한다. 이것을 3점 시험법이라 하고 이들 결과는 통계 분석한다.

맛감각이 둔해지지 않고 한자리에서 정확히 판단할 수 있는 시료의 수는 아주 제한된다. 이것은 제품에 따라 다르지만 대략 4~5개 이내이다. 시험할 때 시료의 시험이 끝나면 입을 헹구도록 하고 같은 효과를 얻기 위해서 크랙커를 주기도 한다.

관능검사는 연구, 제품개발, 새롭고 경쟁적인 제품의 개선 등에 이용되고 풍미는 물론 텍스쳐, 빛깔 그 밖의 다른 품질요인도 어느 정도 정확하게 측정할 수 있다.

7. 품질규격

식품의 품질기준은 규격으로 표시한다. 제품의 개발이나 품질을 관리하기 위하여 연구실 자체에서 규격을 설정하고 식품이나 원료를 거래할 때 사양규격, 정부의 관리를 위한 정부규격 등이 있다.

우리나라는 식품의 종류에 따라 표준공업 규격, 보사부 규격, 농수산부 규격, 군급식 규격 등 다양하며 미국에서는 연방 규격이 있어 농무성에서 관장한다. 육제품의 경우 등급을 매기는 연방정부의 관리원은 도체의 형태, 체지방의 형태와 분포, 연령, 지방의 상강도를 포함한 고기의 경도와 텍스쳐, 살코기의 빛깔 등을 감안한 고기의 전반적인 품질을 평가한다.

8. 품질관리

농산물이나 이것을 원료로 하여 만든 식품은 체계적인 관리가 필수적이다. 소비자가 원하는 품질규격과 시장유통의 요구를 위해서 품질관리가 필요하다. 소비자가 지불할 수 있는 값으로 만들 수 있는 품질의 수준과 법적인 요구를 충족시킬 수 있는 품질은 어떤 것인가를 알아야 한다. 이들 요구에 부합되도록 제품의 검사방법과 생산관리 체계를 설립해야 한다.

품질관리 부서의 한 예는 [그림 19-10]에 나타난 바와 같이 광범위하게 구성된다. 여기서는 품질의 결함을 발견하고 교정함은 물론 결함의 가능성을 예방하는 품질보증까지를 포함한다.

식품가공 공장에서 품질관리 검사는 원료에서부터 시작된다. 원료의 시료채취와 시험은 그 원료의 선택여부를 결정해주고 최종제품의 우수한 품질과 저장성을 부여하기 위한 원료의 적절한 취급방법을 제시한다.

가공, 포장 그리고 저장을 하는 동안 제품에 대한 품질관리와 검사가 소비자의 요구와 법적인 규격을 충족시키는데 필수적이다. 원료간은 물론 가공조건을 반복해서 측정할 때 차이가 나기 때문에 시험은 더욱 복잡해진다. 변화의 폭이 허용범위 이내이고 가공공장의 고유능력 범위 이내인지 그렇지 않으면 품질관리 범위의 한계를 넘어 서는 것인지를 알아야 한다. 그러한 문제는 주어진 제품의 품질특성이나 가공조건을 반복해서 측정하여 통계처리를 함으로써 알 수 있다. 반복된 측정은 평균치, 범위, 변량에 대한 빈도 분포 등을 결정하는 자료를 제공해준다.

품질관리부서

검사	실험실	위생 및 미생물시험	연구개발
들어오는 원료등급	관능검사	공장내 검사	신제품개발
-등급	-맛	-검사원	공정개선
-결함의 종류	-냄새	-장치	품질개선
공장내 검사	-빛깔	-기기	소비자 기호
-세척효율	화학분석	-바닥	원료생산자 기호
-선별효율	-고형물	-배수장치	영양평가
박피효율	-가용성	-벽	신선도 평가
-염기농도	-불용성	-천정	
-온도	-탄수화물	-창문	
-시간	-단백질	야외검사	
혼합조작	-무기질	-잡초게거	
배합원료의 품질	-비타민 A, C	-곤충방제	
배합원료의 중량	-색소	-쥐방제	
충전조작	-효소	-건물외부	
-충전온도	-pH와 총산	미생물 검사	
-충전시 윗공간	-염류	-곰팡이 수	
밀봉온도	물리적 시험	-파리, 충란	
용기특성	-경도	-곤충잔해	
진공	-점조성	-부패시험	
중량	-비중	-총균수	
-제품의 기호	-빛깔	물과 폐기물	
-가열살균	-크기	-염소처리	
온도	-균일성	-BOD	
시간	-비율	-COD	
-냉각	결함	-경도	
품온	-병원균	-용존산소	
수온	-곤충	-고형물	
잔류염소	-기계적 손상		
표지결함	-혼입율		

보고서 및 처리

[그림 19-10] 품질관리부서의 기능

그러한 자료는 [그림 19-11]과 같은 품질관리도를 작성하는데 이용될 수 있다. 이 관리도는 시간에 따른 평균값(X)으로부터 측정된 특성의 변화를 그린 것이다. 관리도는 또한 측정된 특성의 정상빈도분포에 바탕을 둔 상한치와 하한치의 한계를 알려 준다.

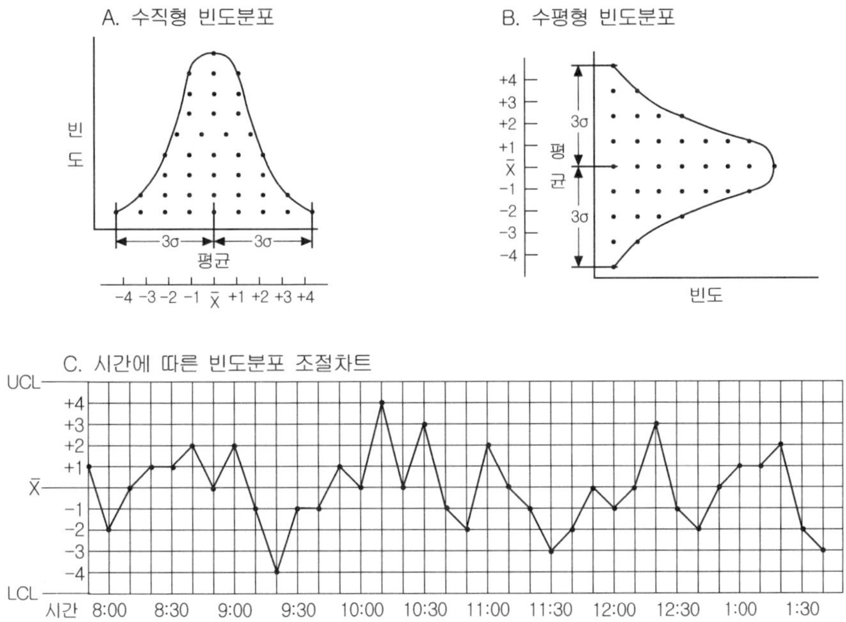

[그림 19-11] 정규빈도분포에 대한 $\overline{X}$조절 차트의 관계

이 범위 밖의 무게로 채워진 통조림은 불합격이고 밀봉 전에 제외된다. 이런 종류의 관리도는 또한 가공중 기계조작 조건을 제시한다.

통계적인 품질관리도는 많은 종류가 있고 이것은 크기, 빛깔, 텍스처, 향미, 원료성분, 영양소, 미생물수, 각종 가공조건 등을 측정할 수 있는 장치를 만들 수 있게 한다. 또한 식품규격에 합치되도록 품질관리를 하는 것은 시장요구에도 필수적이다.

20장

식품의 위생

식품을 먹는 것은 우리에게 필요한 영양분을 섭취하기 위한 것인데 자연식품에는 우리에게 불필요하거나 해로운 성분들도 들어 있다. 이런 것은 가공을 통하여 제거하거나 불활성화시킨다. 그런데 요즈음에 와서는 가공의 편의상 여러 가지 첨가물들을 사용하고 재배나 유통 중에 해로운 농약 등을 살포한 것이 그대로 남아서 해를 끼친다. 또 대기나 수질, 토양 등이 공해물질로 오염되어 있고 이것들이 식품에 이행되기 쉬어서 해를 끼치기도 한다.

뿐만 아니라 식품은 저장, 유통하는 동안에 미생물이 작용해서 직접 또는 간접적으로 해를 끼치는 경우도 많아 이들을 모두 합해서 식중독이라고 할 수 있다. 이러한 식중독은 여러 형태로 우리의 건강을 위협하고 있다.

식품에 의한 건강장애는 [표 20-1]과 같고 식중독의 종류와 예방법은 [표 20-2]와 같다.

[표 20-1] 식품에 의한 건강장애

건강장애의 분류		주요 질병 또는 원인 미생물, 물질
경구전염병		콜레라, 장타푸스, 파라티푸스, 전염성설사, 결핵, 탄저, 부르셀라증, 살모넬라증
기생충		회충, 촌충, 요충, 간디스토마 등
식중독	세균성	감염형 : 장염비브리오, 살모넬라, 설사형 대장균
		독소형 : 황색포도상구균, 보툴리눔균
	자연독	동물성 : 복어독, 조개독 등
		식물성 : 독버섯, 청매실, 맥각 등
기타		mycotoxin, 알레르기성 식중독, 중금속 중독

[표 20-2] 식중독의 예

흔히 일어나는 중독

중독명칭	원인물질	관여하는 식품	식품에 감염경로	예방법
스테필로스코쿠스 중독	스테필로스 코쿠스	육제품, 푸딩, 소스 생선, 샐러드	식품을 취급하는 사람의 코와 감염부위	냉장, 가급적 사람 손이 적게 가도록 함, 불결한 사람은 접촉하지 않도록 함
페르프리겐스 중독	클로스트리디움 페르프리겐스	육제품	자연적인 오염	신속한 냉장
살모넬라 중독	소화장애를 일으키는 800종 이상의 살모넬라균	육제품,어패류,소스, 달걀제품, 수프	사람의 배설물, 살균하지 않은 달걀, 우유, 고기	충분히 가열, 냉장 파리, 쥐의 접근금지
살모넬라 중독	살모넬라티푸스	대부분의 식품	식품을 취급하는 사람, 그밖의 감염물질	위생적인 식품의취급, 파리 등의 제거
티브스파라티푸스A	살모넬라파라티푸스A	유제품, 채소, 물		

가끔 일어나는 식중독

스트렙토코쿠스중독 (베타형성홍열)	베타용혈성 스트랩토코쿠스균	감염식품	감염자의 기침	감염자의 접근금지
스트렙토코쿠 중독 (알파형)	엔토로코쿠스균	불결한 손으로부터 배설물이 감염된 식품	식품의 불결한 취급	감염자의 접근 방지
보툴리즘	클로스트리디움 보툴리눔의 독	살균부족과 냉장하지 않은 저산성식품	흙, 먼지, 살균되지 않은 포자	pH40이상의 식품 가압살균 통조림식품도 20분 이상 끓임
세균성 이질	쉬겔라균	불결한 손, 배설물이 감염된 식품	불결한 취급	위생적인 처리 냉장
아메바성 이질	엔도아메바 히스토리티카	불결한 손, 배설물이 감염된 식품	불결한 취급	충분히 살균
촌충감염	유충	유충이 죽지않은 감염된 육제품	감염된 육제품	충분히 가열
비소, 불소, 납중독		오염된 식품	재배시에 오염	채소, 과일은 충분히 세척
구리중독	구리	산성식품, 탄산음료	금속과 산성식품 탄산음료의 접촉	구리용기와의 접촉방지
카드뮴과 아연중독	카드뮴, 아연	이들 금속도금용기에 포장된 과일주스	용기	이들 금속도금 용기 사용금지
시아니드	silver polish		용기를 충분히 세척하지 않았을 때	용기의 완전세척

1. 식중독 발생상황

우리나라 식중독 발생건수는 약간 감소하는 경향이지만 환자 수는 일정한 수준을 유지하여 대형화 경향을 나타내고 있다. 식중독의 섭취장소별 발생상황은 단체급식소에서 65%를 차지하고 있으며 음식의 종류별로 육류, 어패류, 곡류 등에 의하고 자연 독에 의한 것은 적지만 치사율이 높다.

2. 자연식품 중의 천연독소

식물체는 자체 방어수단으로 유독성분을 2차 대사산물의 형태로 합성하여 곤충이나 초식동물의 침해를 막는다. 동물은 유독식물을 구분하는 능력이 약하고 먹이에 대한 선택의 여유가 없으므로 유독성분은 자연적으로 동물체내에 들어가게 되고 급성의 피해를 주지 않는 한 사람이 먹는 식품으로 이행되어 독성을 나타낸다. 또 어떤 동물은 자체 방어수단으로 유독성분을 합성하기도 한다.

시안생성 배당체는 많은 종류의 식물에 들어 있지만 대부분 비식용 식물체에 들어 있다. 리마콩이나 카사바를 먹는 국민들에게 중독이 일어나고 있다.

Glucosinolate는 70여 종류가 확인되었으며 모든 십자화과 식물에 들어 있고 겨자, 와사비, 고추냉이의 자극취의 원인성분이며 thioglucosidase에 의해서 iso-thio-cyanate와 thiocyanate로 분해되어 갑상선 기능을 방해하므로 goitrogen으로 불리어지고 있다.

정상적인 소비수준에서 이 성분이 사람에게 유해하다는 증거는 아직 없고 하루에 500g의 생양배추를 2주일간 섭취할 때 갑상선에 이상을 미쳤다고 한다. 몇 가지 식물성 식품 중 glucosinolate 함량을 보면 [표 20-3]과 같다.

생물계에서 분리된 아미노산은 200종 이상이지만 정상적인 대사작용에 관여하는 것은 25~30종에 불과하다. 나머지는 인체나 동물체에 들어가 아미노산 대사를 방해해 독성을 나타낸다. 인도와 알제리 지역에서는 Lathyrus종의 두류를 주식으로 할 때 lathyrism 이라 부르는 중독증상을 일으켰다. 그 원인성분은 α,γ-diaminobutyric acid, N-γ-oxalyl-α, γ-diaminobutyric acid 등이며 통틀어 lathyrogen이라고 부른다.

[표 20-3] 시안생성 배당체를 함유하는 식용식물

식 품	부 위	HCN 생성량(mg/100g)
아몬드(bitter almond)	종 자	290
	어린잎	20
살구(apricot)	종 자	60
복숭아(peach)	종 자	160
	잎	125
수수(sorghum)	종 자	0
	백색화된 새싹	240
	어린잎	60
카사바(cassava)	잎	104
	뿌리껍질	84
	뿌리내부	33
리마콩(lima bean)	Puerto Rico산, 흑색	400
	Java산	312
	Burma산, 백색	210
	Jamaica산, 백색	17
	Arizona산	17

아민은 아미노산의 분해산물로서 혈관수축에 관여하여 혈압에 영향을 미치므로 pressor amine이라 부른다. 식물체에서 검출된 아민으로는 serotonin, nor-epinephrine, tyramine, tryptamine, dopamine 등이 있다.

알칼로이드(alkaloid)란 함 질소염기인 식물성분으로서 동물체에 들어가 현저한 생리활성과 쓴맛을 낸다. 약 600종이 알려져 있고 모든 식물의 약 1/4에 들어 있다. 가축은 여러 가지 식물을 먹기 때문에 이 성분에 의한 중독현상이 흔히 일어나지만 식품으로 가공 조리할 때 선별하여 이용하므로 큰 문제가 되지 않는다.

그 중에서 solanine은 감자가 싹이 트거나 햇볕에 쪼여 녹색으로 변한 부분에 들어있고 사과, 가지, 사탕무 등에 소량 존재한다. 다량 섭취 할 경우에는 신경계통에 독성을 나타낸다. 솔라닌에 대한 안전기준은 대략 20mg/100g으로 생각되며 감자를 가열하더라도 그 함량이 감소되지 않는다.

pyrrolizidine계 알칼로이드 약 250가지가 6,000여 종의 식물에 들어 있고 어떤 것은 간 질환을 일으킨다. 이 물질이 들어 있는 잡초가 밀, 옥수수와 같은 곡류와 섞여 수확된 것을 먹을 때 중독되는데 아프가니스탄에서는 *Heliotropium*종이 섞인 밀을 소비하여 나타났고 인도의 경우에는 *Crotalaria*종이 섞인 곡류 때문에 문제가 되었다.

caffeine은 커피, 차에는 theophylline, 코코아에는 theobromine이 들어 있으며 이것들은 개체에 따라 민감도가 달라서 유해성이 논란되고 있지만 아직 큰 문제가 되지 않는다.

[표 20-4] 식품 중 glucosinolate 함량(μg/g)

종 류	범 위	평 균
겨자(백)	22,000~52,000	
겨자(흑)	18,000~45,000	
고추냉이(horse radish)	33,200~35,400	
꽃양배추(cauliflower)	100~180	160
무(알타리)	420~1,170	680
무(일본)	660~2,530	1,390
무(한국)	704~1,650	1,090
배추	170~1,360	540
방울양배추(brussels sprouts)	600~3,900	2000
순무(turinp)	210~600	420
양배추	260~1,560	530
유채씨-고농도	>42,000	
유채씨-중간농도	25,000	
유채씨-저농도	13,000	

자연식품 중에는 영양결핍을 일으키거나 영양소의 이용과 기능을 억제하는 성분들 이 들어 있어서 소화기관이나 조직 안에서 또는 인체 밖에서는 그 영향을 나타내며 다른 유독성분과는 달리 다량 섭취하면 관찰된다. 이들 물질에는 다음과 같은 것들이 있다.

① 단백질의 소화 또는 아미노산의 흡수, 이용을 저해하는 것
　: lectin(hemagglutinin), saponin

② 무기원소의 흡수 또는 대사적 이용을 저해하는 것
　: phytic acid, oxalate, goitrogen

③ 비타민을 불활성화 또는 파괴하는 물질 및 비타민의 대사를 억제하는 것
　: antithiamin, ascorbic acid oxidase, antiretinol, antitocol 등

독버섯 중에는 세포독성, 용혈작용, 신경독, 환각작용, 위장장애 등을 일으키는 독성성분을 가지고 있어서 중독을 일으키기도 한다.

(1) 동물성 식품의 유독성분

수산동물류는 유독성분을 가진 것들이 많은데 복어에 tetrodotoxin이 들어 있는 것은 널리 알려진 것이며 치사율이 대단히 높다. 또 조개류의 마비성 조개중독 등이 알려져 있다.

3. 세균성 식중독

세균성 식중독에는 병원균이 대량 들어 있는 음식을 먹어 균의 감염에 의한 중독과 균체가 생성한 독소에 의해서 중독되는 경우가 있다.

Salmonella 식중독은 전 세계적으로 발생하며 *Samonella enteritidis*나 *S. typhimurium* 등 *Salmonella* 속 균에 의하여 발생되며 인체에 잠복기간은 12~24시간이다. 주된 증상은 오심, 구토, 복통, 설사, 발열 등이다. 1~3일에 끝나고 약 1주일 이면 회복되며 치사율은 1% 이하이다. 쥐, 가축, 가금류 등에 의해서 전염되며 식육류나 어패류 등에서 특히 감염되기 쉽다.

장염 *vibrio* 식중독은 *vibrio* 균(*Vibrio parahaemolyticus*)에 의하여 어패류와 그 가공품에서 감염된다. 잠복기는 평균 10~18시간이지만 섭취만 균량에 따라 많을수록 짧아지고 증상은 심해지는데 그 증상은 복통, 설사, 구토, 발열 등 전형적인 급성 위장염 증상을 나타낸다. 장염 비브리오는 연안의 해수, 뻘, 플랑크톤 등에 널리 분포하며 특히 육지로부터 오염되기 쉬운 해역에 많다.

병원성 대장균 식중독(enterotoxigenic *Escherichia coli* food poisoning)은 젖먹이 어린이의 하절기 설사의 원인균으로 인정되고 성인의 경우 10^6/g 이상 대량의 균이 경구 감염되는 경우에만 나타난다. 또 장관침습성과 독소원성 대장균의 중독도 있다.

Welchii 균에 의한 식중독은 사람이나 동물의 분변, 토양 등에 의해서 오염되며 내열성 A형균의 경우 8~20시간의 잠복기를 거쳐서 수양성 설사를 일으키는데 증상은 비교적 가벼우며 1~2일이면 완전히 회복된다.

4. 독소형 식중독

황색포도상구균(*Staphylococcus aureus*)이 식품 중에 증식하여 enterotoxin이 생성된 것을 섭취하여 발생되는 급성 위장염형 식중독으로 잠복기가 대단히 짧고 enterotoxin의 내열성이 커서 보통의 가열 조리로는 파괴되지 않으므로 일단 이것이 식품에 생성되면 피하기가 어렵다.

보툴리눔 식중독은 *Clostridium botulinum* 균이 생산한 독소에 의한 것으로 잠복기는 12~36시간이고 메스꺼움, 구토, 복통, 설사 등의 전구증상에 이어 시력저하 등 신경증상, 호흡마비 등을 일으키며 중증일 경우 4~8일 이내에 사망하는데 치사율은 30~80%이다.

그밖에 *Bacillus cereus, Sterptococcus faecalis, Streptococcus faecium, Proteus* 속 균, *Aeromonas* 균 등에 의해서 중독을 일으키며, 단백질의 부패할 때 생성되는 histamine에 의해 알레르기 증상을 나타낸다.

5. 곰팡이 독(mycotoxin)

곰팡이로부터 생성되는 독소들은 여러 가지 장애를 일으키는데 식중독 유래 mycotoxin의 특성은 [표 20-5]와 같고 생성하는 독소들의 화학구조는 [그림 20-1]과 같다.

Mycotoxin 중독 중에서 세계적으로 문제가 되었던 것들은 다음과 같다. 식중독성 무백혈구증(alimentary toxic aleukia, ATA)은 동부시베리아에서 1941년부터 47년까지 식중독 사고가 자꾸 발생하였다. 세계대전 중 노동력이 부족하여 농작물(주로 수수)이 밭에 그대로 방치된 상태에서 *Fusarium* 및 *Cladosporium* 속의 곰팡이가 늦가을에서부터 봄에 걸쳐 독소를 생성하였던 것으로 추정하고 있다. ATA의 증상은 위염, 구토 등을 일으켜 죽게 되는데 아급성 중독에서는 백혈구 감소와 임파구의 증가를 나타내는 잠복기(3~8주간)를 지나 인두염, 장기출혈, 백혈구의 극단적인 감소, 혈액응고 시간지연 등이 나타난다. Fusarium 중독은 주로 가축사료에서 기인한다.

[표 20-5] 식중독 유래 mycotoxin의 특성

장해부위	mycotoxin	생산균	중독사례	실험동물 장해
간	aflatoxin B_1, B_2, G_1, G_2	*Aspergillus flavus* *A. parasiticus*	칠면조 X병 어린이 급성 중독 급성중독성 간염	LD_{50}(오리새끼;경구,μg/kg) B_1 240 B_2 1,700 G_1 784 G_2 3.450 쥐-경구발암성
	Rubratoxin B	*Penicillium rubrum* *P. purpurogenum*	소, 돼지 간 장해 장기출혈	LD_{50} 400mg/kg
신장	Ochratoxin B	*A. ochraoeus* *P. viridicatum*	돼지, 말 신장장해 사람 신장염	LD_{50}(오리새끼;경구) 250μg/kg
신경	Maltoryzine	*A. oryzae var. microsporum*	젖소 마비, 식욕 감퇴	LD_{50}(생쥐;복강) 3μg/kg
	Patulin	*P. urticae* *P. expansum*		LD_{50}(생쥐;피하) 10mg/kg
피부	Sporidesmin	*Pithomyces chartarum*	양, 소 광과민성 안면 피부염	LD_{50}(양;경구) 1mg/kg
	Psoralen	*Sclerotinia sclerotiorum*	사람, 가축 피부염	광과민성 피부염
기타	Zearalenone	*Gibberella zeae*	가축 발정성 증후 번식 장해	외음부 비대 젖샘 비대
	ATA 원인물질	*Fusarium poce* *F. sporotrichioides*	사람-식중독성 무백혈구증	조혈조직 장해 괴사
	Trichothecin	*Trichothecium roseum*	가축;설사,장기출혈 사람;급성위장염	LD_{50}(생쥐 ; 경구) 300mg/kg
	Diacetoxy Scirpenol	*Fusarium scirpi* *F. tricinctum*	피부자극	LD_{50}(생쥐 ; 경구) 7.3mg/kg
	T-2 toxin	*F. tricinctum*		4mg/kg
	Nivalenol	*F. nivale*		4.4mg/kg

황변미독(yellow rice toxicosis)은 쌀에 곰팡이가 오염되어 독소를 생성한 것으로서 *Penicillium citreoviride*가 만들어 내는 citreoviridin, *P. citrinum*이 생성하는 citrinin, *P. islandicum*이 생성하는 islanditoxin과 luteoskyrin 등이 있으며 이들은 신경독이나 발암성을 나타낸다.

아플라톡신 중독증은 *Aspergillus flavus*가 생성하는 aflatoxin에 의한 것으로 B_1, B_2, G_1, G_2, M_1, M_2 등 13종이 알려져 있으며 강력한 발암성을 나타낸다.

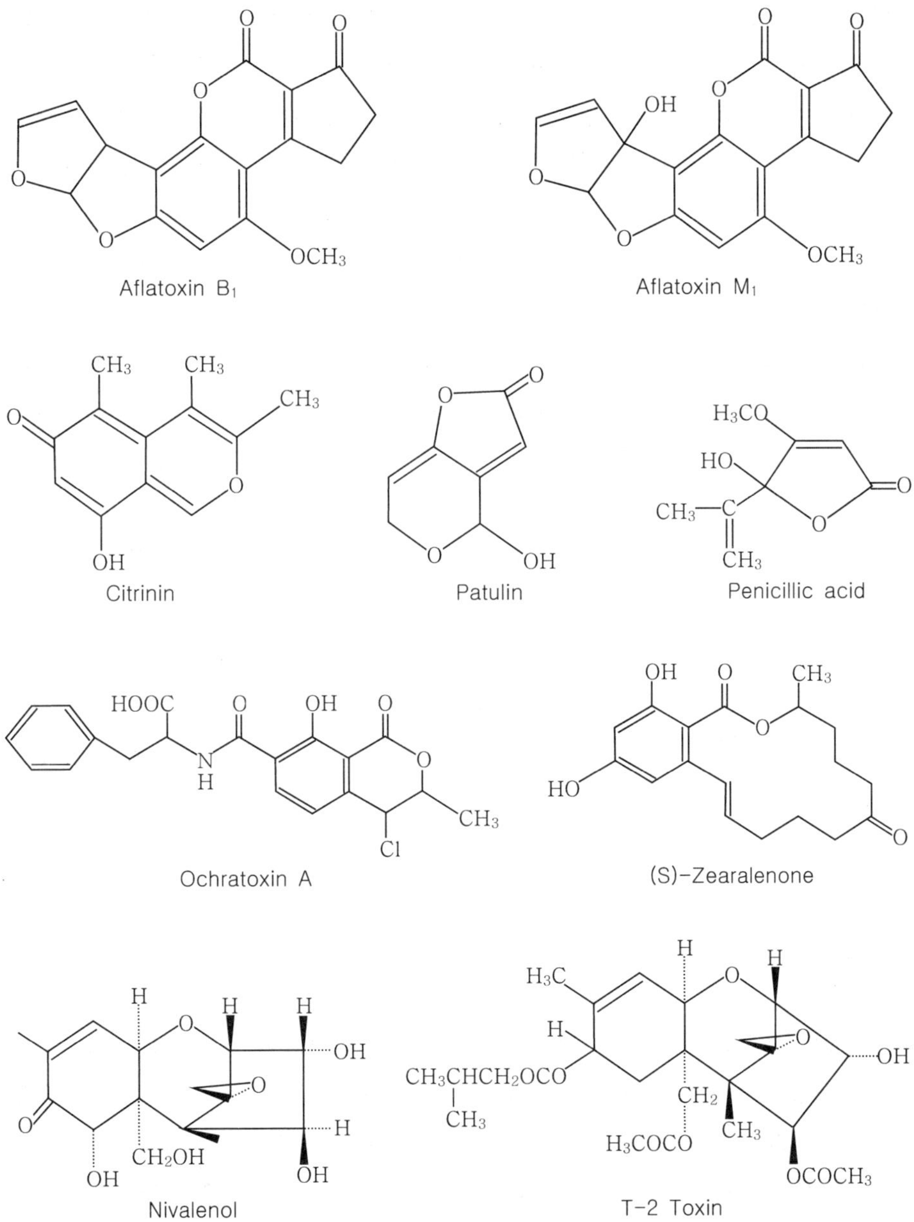

[그림 20-1] 중요한 mycotoxin의 화학구조

6. 조리가공 중 생성되는 유해성분

산소가 부족한 상태에서 식품이나 유기물을 가열할 때 tar상 물질인 다환성 방향족 탄화수소(polycyclic aromatic hydrocarbon, PAH)가 생성되는데 그 중 benzopyrene은 강력한 발암성을 나타낸다. PAH는 300℃ 이상의 온도에서 생성되므로 고기를 굽거나 튀김을 할 때 만들어질 가능성이 높다. 훈제품에서는 나무나 다른 연료를 태울 때 생성되는 PAH가 제품에 오염된다. 훈연어묵에서는 1.0~6.0ppb, 훈연육류에는 3.7~11.2ppb가 들어 있고 가열하지 않은 식품에도 오염에 의해서 검출된다.

식품 중에 들어 있는 dimethyl 및 trimethyl amine이 보존료로 첨가한 아질산염과 반응하면 발암성 물질인 N-nitrosodimethylamine을 생성한다는 사실이 1964년에 발표되었다. 서구에서는 햄, 소시지 등에 발색제로 아질산을 사용하는데 이것이 육류성분과 반응하여 이 물질을 만들어낼 가능성이 있어 비상한 관심을 가지게 되었다. N-nitrosoamine의 함량은 조리조건에 따라 달라서 생 베이컨에서는 검출되지 않지만 튀기면 증가하고 온도가 높을수록 더 많이 검출된다.

식용 유지나 유지식품은 고온에서 가열하면 유지성분이 변화되어 과산화물, 분해산물, 기타 중합체가 생성되어 동물에 독성을 나타낸다. 과량 섭취할 경우에는 식욕감퇴, 설사, 간, 신장의 비대, 동맥경화, 기타 조직의 변화를 가져와 마침내는 사망하기도 한다.

7. 식품과 기생충

채소류를 살균하지 않고 생채소로 먹는 경우가 많은데 이 때 오염되기 쉬운 것은 회충이다. 특히 농촌주민이나 유아, 어린이 등에 기생율이 높은데 이것은 주로 소장에 기생하지만 대장, 항문을 거쳐 외부로 나오거나 위, 식도를 거쳐 토해내기도 한다. 심하게 감염되면 복통, 권태, 피로감, 두통, 발열 등을 일으킨다.

십이지장충은 hook worm이라고 하며 십이지장보다 조금 아래 부위에서 예리한 두 쌍의 이빨을 장벽에 박고 부착하여 살아간다. 알을 낳으면 분변을 통하여 배출된 것이 오염원이 되기도 한다. 채소나 음료수를 통하여 감염되고 때로는 피부를 통하여 들어가기도 한다. 심한 빈혈에 이어 식욕부진, 전신권태, 미열 등이 일어나고 팔다리의 부종, 피부건조, 손톱의 변화 등을 일으킨다. 그 밖에도 선충, 편충, 요충 등이 채소류로부터 감염된다.

불충분하게 익힌 소고기나 육회에는 무구촌충(민촌충)이 감염되고 돼지고기로부터 감염되는 유구촌충(갈고리촌충)등은 소화장해, 오심, 구토, 빈혈 등을 일으킨다. 담수어의 경우는 지역에 따라 간디스토마나 페디스토마는 가재, 민물게, 다슬기 등의 중간숙주를 통하여 인체에 오염되는데 심할 때는 간 비대, 복수, 황달, 빈혈, 기침, 객담, 각혈 등을 일으킨다.

8. 환경오염과 식품위생

유해물질의 환경오염 경로는 수질오염, 토양오염, 대기오염 등으로 대별할 수 있는데 초기 단계에서의 오염은 농도가 아주 희박해서 무시할 정도이지만 먹이사슬에 의해서 몇 단계의 생물체를 지나는 동안에 계속 농축되고 이런 것을 오랫동안 먹게 되면 인체에 축적되어 중독을 일으킬 수 있는 양에 이른다.

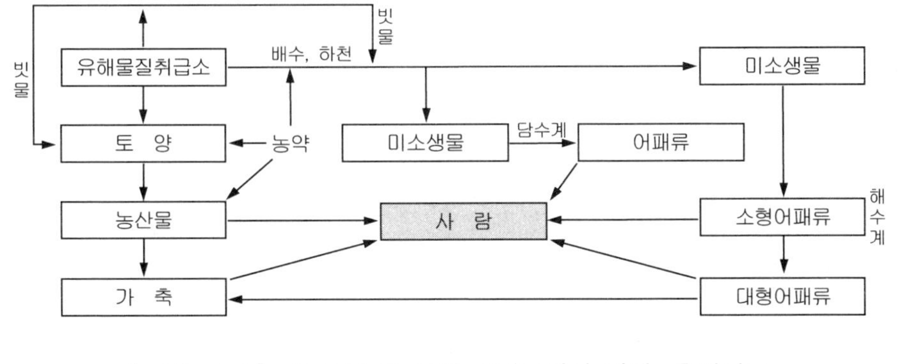

[그림 20-2] 먹이사슬에 의한 유해물질의 이행, 축적경로

1953년 일본의 미나마타만에서 잡힌 어패류를 오랜 기간에 걸쳐 많이 먹은 주민들이 중추신경계 질환으로 죽거나 폐인이 되었는데 이것은 공장폐수에 들어있던 유기수은인 메칠수은 화합물에 중독된 것이다. 또 일본의 후지야마현에서는 광산폐수에 오염된 카드뮴이 하천으로 흘러내려 농작물에 흡수되고 이것을 먹은 사람들이 중독현상을 일으킨 일이 있다.

농약에 의한 식품오염은 가장 큰 문제가 되고 있어 엄격하게 규제하고 있다. 나라마다 사용하는 농약이 다르고 용도에 따라 여러 가지 농약을 사용하고 있는데 국제교류가 활발한 현 실정에서 규제에 어려움이 따르고 있다.

방사선물질에 의한 오염은 흔한 일은 아니지만 그 반감기가 길어서 일단 오염된 것은 오랫동안 남아서 해를 끼칠 수 있다.

9. 발암성 물질(chemical carcinogen)

현대 사회에서 암은 사망원인의 1/4을 차지하는데 가장 중요한 원인은 화학물질이고 이것은 식품 중에 자연적으로 존재하거나 환경오염에 의해서 옮겨진다. 암의 발생은 식생활 환경이나 식생활 자체가 영향을 미친다.

[표 20-6] 암에 의한 사망의 요인별 비율(미국)

요 인	최적 추정치(%)	사망률 범위(%)
흡 연	30	25~40
알코올	3	2~4
식 사	35	10~70
식품첨가물	<1	−5*~2
생식, 성행위	7	1~13
직 업	4	2~8
공 해	2	<1~5
공산품	<1	<1~2
의약품, 진료행위	1	0.5~3
자연환경(자외선)	3	2~4
감 염	3	1~?
미확인	?	?

*산화억제제의 항암효과 감안

암의 진행과정은 [그림 20-3]에서 보는 바와 같이 정상세포가 암유발 원인(initiator)에 의해서 DNA가 변하여 신생물 세포가 되고 여기에 촉진제(promotor)가 작용하면 악성 종양세포로 진전되며 면역 독성물질에 의하여 가시적 종양인 암으로 나타난다.

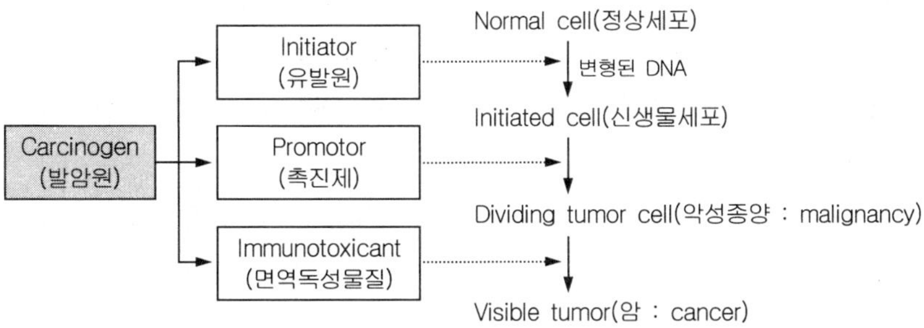

[그림 20-3] 가시적 종양의 생성과정

발암물질의 만성 독시험은 막대한 노력, 시간 및 경비가 소요된다. 특히 화학물질은 그의 작용방식이 다양한데 발암 가능성 시험에 이용되는 전형적인 방법과 시험단계별 판정지점은 [그림 20-4]와 같다.

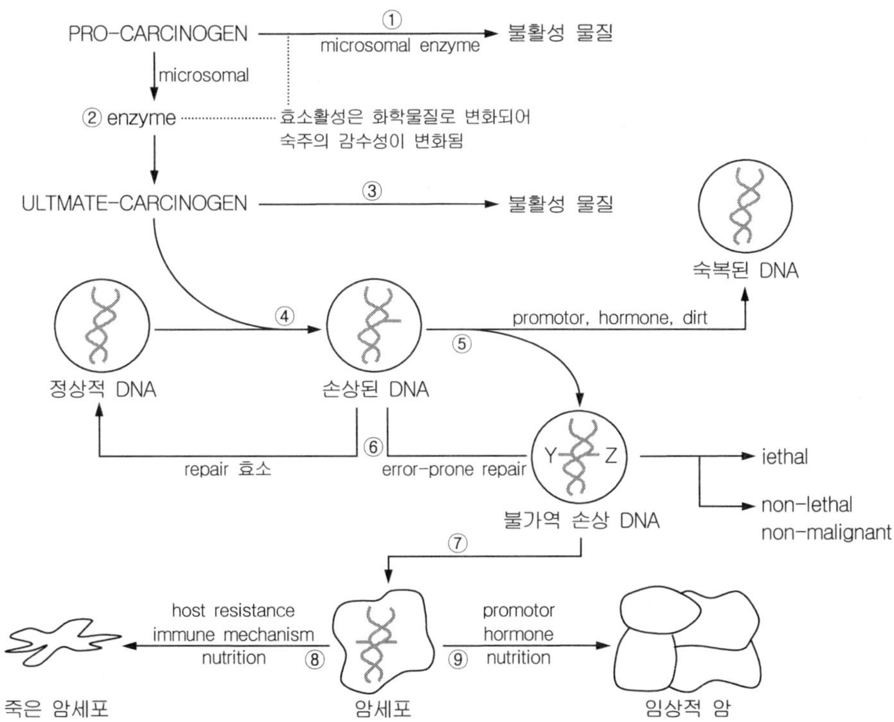

[그림 20-4] 암의 발생과정과 여러 요인과의 관계

발암물질은 DNA 반응성 발암물질(genotoxic carcinogen), 후천적 발암물질(epigenetic carcinogen) 및 기타 물질로 구분되며 음식 중에 존재하는 발암성 물질은 오염물질, 천연성분 그리고 조리 가공 중에 생성되는 것으로 나눌 수 있는데 천연성 발암물질로는 hydrazine류(버섯류), solanine(감자), quinone류(많은 식품), pyrrolizidine 알칼로이드(많은 식품), gossypol(목화씨) 및 그 밖에 많은 성분들이 발암성 물질로 밝혀지고 있다.

조리식품 중에는 polycyclic aromatic hydrocarbon(탄 식품), nitrosoamine류(절임식품, 훈제품), protein pyrolysate(가열, 갈변물질) 등이 있고 오염물질로는 잔류농약, 중금속, 첨가물 등이 있다.

한편 식품 또는 인체성분 중의 항암물질로는 tocopherol, β-carotene, selenium, glutathione, ascorbic acid, uric acid 및 그 밖에도 많은 성분들이 밝혀지고 있다.

10. 독성물질의 안전성 평가

모든 물질은 독성을 나타낼 수 있으며 사용량에 따라 독이 되거나 약이 되기도 한다. 화학물질의 독성은 화합물 자체의 독성 등 외부적인 요인과 체내에서의 반응 등 내부적 요인에 의해서 결정된다.

어떤 물질의 독성을 시험하는데 과장된 조건하에서 실험동물을 이용한 독성시험의 결과로부터 최대 부작용 양을 구하고 여기에 관례적으로 100~1,000의 안전수율을 적용하여 사람에 대한 안전기준으로 이용해 왔다. 독성시험은 2주일 이내에 나타나는 급성독, 2대에 걸쳐 시험하는 아만성 및 생식독성, 장기간(설치류의 경우 24개월) 시험하는 만성 독성시험을 하고 안전계수로 10~100을 택하고 있다.

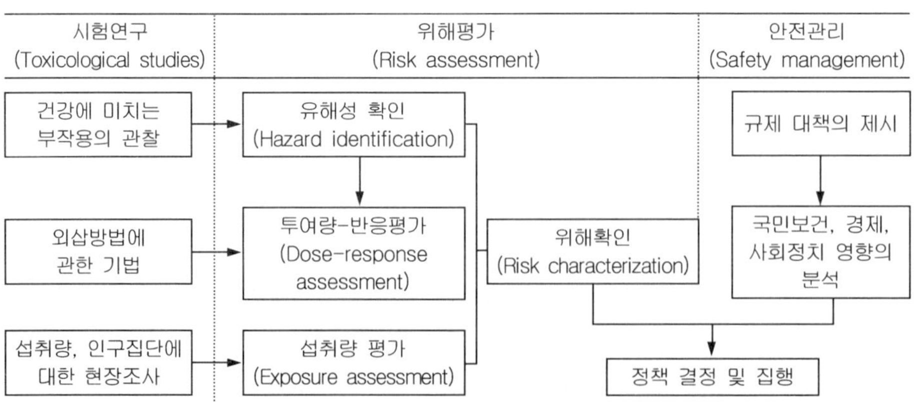

[그림 20-5] 안전성 관리의 상호관계

11. 폐수처리

식품공장 폐수는 고기, 배설물, 혈액, 낙농폐기물, 세제 등 다양한 성분들이 들어 있다. 이들은 침전, 부유, 현탁 상태로 들어 있고 또 일부는 물에 녹아 있거나 녹지 않는 것들도 있다. 한편 이들은 유기물과 무기물로 나눌 수 있으며 유기물은 다시 질소화합물과 탄수화물의 비율에 따라 세분할 수 있다.

질소화합물이 많으면 폐수처리 미생물이 생장하여 분해를 촉진해주므로 폐수처리 시설은 질소가 풍부한 폐기물을 받도록 설계되어 있다. 반대로 탄수화물이 많고 질소가 적은 폐기물은 pH를 낮추고 분해세균의 대사 작용을 억제하므로 pH가 6~9 사이가 되도록 처리 전에 산이나 염기로 중화한다.

식품공장의 폐기물은 대부분 유기물이고 생물학적인 분해에 의해서 처리되는데 일반적으로 호기성 미생물이 작용하여 이들을 탄산가스와 물로 변화시키고 질소화합물은 질산염과 같이 고도의 산화상태로 만든다. 그런데 산화가 불완전하면 알코올, 산, 아민, 암모니아 등이 남는다. 이들은 냄새가 나고 때로는 식물이나 물고기에 독성을 나타내며 자연 상태에서 계속 분해된다. 이런 분해가 강물이나 호수에서 일어나면 산소 부족으로 물고기를 죽인다.

[그림 20-6] 활성오니법에 의한 폐수 처리

음료수를 가공용수로 사용하기 위해서 연화, 이온교환, 탄소흡착 등을 행하는데 이런 방법을 식품공장 폐수에 적용할 수 있다. 먼저 굵은 입자는 진동체나 원심분리 등으로 제거하고 미세입자는 탱크에 침전시키거나 뜨도록 한다.

위에 뜨는 기름과 같은 물질은 떠내고 침전된 것을 제거하기 위해서 위의 액체를 따라낸다. 침전을 촉진하기 위해서 흔히 침전제를 사용한다. 이렇게 처리되면 BOD는 40%가 감소되고 고형분은 75%가 제거된다.

대형 식품공장에서는 폐수처리 시설을 갖추어 처리하는데 위의 처리가 끝난 것은 고도의 호기조건에서 폐수와 분해세균을 한데 혼합하여 유기물을 산화시키는데 이런 작용을 할 수 있는 일련의 장치를 통과하고 나면 BOD를 90~95%까지 줄일 수 있다.

12. 생물학적 산소요구량과 화학적 산소요구량

폐수처리시 중요시 되는 것은 미생물이 유기물을 분해하는 동안 산소를 소비하는 능력이다. 이것이 폐수의 오염정도로 표시되며 폐수를 처리한 후에는 산소요구량(biological oxygen demand, BOD)이 감소한다.

BOD가 너무 높으면 미생물이 산소를 빼앗아 물고기가 질식하여 죽게 되고 강물의 상태를 바꾸어 놓게 된다. BOD의 단위는 호기성 폐기물이나 폐수를 20℃에서 5일간 유지하는 것과 같은 특정한 조건하에서 필요한 산소의 양을 ppm으로 표시한다. 또 다른 단위는 화학적으로 산화시키는 것으로, 이를 화학적 산소요구량(chemical oxygen demand)이라고 하며 이것은 크롬산칼슘과 같은 강력한 화학적 산화제로 처리하여 2~3시간 내에 유기물질이 산화하는데 필요한 산소요구량을 ppm으로 나타낸 것이다. BOD나 COD는 모두 산소요구량을 나타내지만 방해물질과 여러 가지 요인들이 차이 나기 때문에 두 시험치가 항상 일치하지는 않는다.

각종 식품 폐기물의 BOD는 [표 20-7]과 같다.

13. 물의 염소 소독

물을 염소처리하는 것은 해로운 미생물을 살균하기 위한 것이다. 염소의 투여량은 물에 들어 있는 유기물, 미생물 무기질(철, 망간, 아질산, 아황산 등) 등을 제거하는데 필요한 양이다. 염소화합물의 종류는 여러 가지여서 대량의 물을 처리할 때는 염소가스를 사용하지만 소량의 물을 살균할 때는 과염소산 칼슘이나 나트륨염을 사용한다.

[표 20-7] 각종 식품 가공폐기물의 분량, BOD, 현탁 고형물

식 품	상자당 용적 (3.785L)	BOD(5일간) (ppm)	부유고형물 (ppm)
사 과		1,700~5,500	300~600
살 구	57~80	200~1,000	260
아스파라거스	70	20~100	30~180
볶은 콩	35	900~1,400	220
홍당무	27~70	1,580~7,600	740~2,220
당 근	23	520~3,030	1,830
감 귤	1,000[1)]	1,000~5,000	1,200
옥수수	25~70	1,120~6,300	300~4,000
푸줏간	2,000~8,000	600~1,600	400~720
유가공 공장	3~5[2)]	20~650	30~363
양송이	6,600	80~850	50~240
복숭아	1,300~2,600[1)]	1,350~2,240	600
감자칩	4,000[1)]	730~1,800	800~2,000
고구마	82	1,500~5,600	400~2,500
감 자		200~2,900	990~1,180
도계장	11/2[3)]	725~1,148	769~1,752
호 박	20~50	1,500~11,000	785~1,960
사우어크라우트	3~18	1,400~6,300	60~630
시금치	160	280~730	90~580
토마토	3~100	180~4,000	140~2,000

※ [1)]톤당, [2)]우유 3.785L, [3)]닭 한 마리당

INDEX

찾아보기

인지
생략

식품과학

2012년 7월 20일 초판 발행
2013년 8월 7일 1쇄 발행

저 자 : 황 성 연 신 언 환

발행인 : 임 종 철

발행처 : 도서출판 **진 로**
등록 : 제305-2003-28호
주소 : 서울특별시 동대문구 고미술로 49
(의증빌딩 3층)
TEL : 02-2215-0203
FAX : 02-2216-0208
ISBN : 978-89-86877-67-0(93570)

정가 **20,000** 원